微分積分の演習

Exercises for Calculus

三宅敏恒著

培風館

本書の無断複写は，著作権法上での例外を除き，禁じられています．
本書を複写される場合は，その都度当社の許諾を得てください．

序　文

　本書は「線形代数の演習」に引き続き，微分積分の演習書として表したものである．線形代数に比べて，微分積分はさらに演習によって学ぶことが必要である．
　今や自然科学を学ぶ者にとって常識である微分積分の理論は，17世紀にニュートンやライプニッツらによって始められ，それ以降幾多の数学者により高度に発展され，また厳密化されてきた．微分積分の内容は多岐にわたるために，微分積分の理論を理解して，いろいろな分野に応用するためには，数多くに演習問題を行い，計算に習熟する必要がある．本書では，問題を整理して，なるべく多くの人の役に立つような問題をできるだけ数多く収録したつもりである．
　本書の特徴は次の通りである．
　(1) 各節のはじめに要約として，定義および定理をまとめた．この要約は微分積分の知識のまとめとしても利用できると思う．もちろん本書は「入門 微分積分」とは無関係に書かれたものであるが，ほとんどの定義のさらに詳しい説明，および定理の証明は，「入門 微分積分」に見つけることができる．
　(2) 「入門 微分積分」の読者のみを対象としていないので，「入門 微分積分」の問題も取り入れた．「入門 微分積分」の読者に対しても，微分積分では理解はしていてもどうしても答が合わないことが起こりがちであるから，本書にある解答が参考になるであろう．
　(3) 章末問題のうちAには内容が理解できたかを試す比較的やさしい問題を，Bには証明問題を中心とする若干難しいものを配置した．
　できるだけ多岐にわたる問題を数多く解くことにより，学生諸君の微分積分の理解が一層深まれば幸いである．
　本書執筆中，編集部 江連千賀子氏 には大変お世話になりました．心より感謝を申し上げます．

2017年1月

三宅敏恒

目 次

1. 連続関数 — 1
1.1 実　数　1
1.2 連続関数　9
1.3 初等関数　17

2. 微分法 — 23
2.1 関数の微分　23
2.2 曲線の接線，平均値の定理，ロピタルの定理　31
2.3 高次導関数と曲線　40
2.4 ニュートン近似，ライプニッツの公式，テイラーの定理　47

3. 積分法 — 59
3.1 定積分と不定積分　59
3.2 特別な形の関数の積分　66
3.3 広義積分　77
3.4 区分求積法，図形の面積と曲線の長さ　86

4. 偏微分 — 97
4.1 多変数関数　97
4.2 全微分可能性と合成関数の微分　105
4.3 高次偏導関数とテイラーの定理　113
4.4 陰関数の定理　122

5. 重積分 — 133
5.1 重積分　133

5.2　重積分の変数変換と図形の面積，体積　141
　　5.3　線積分，領域の面積，曲面積　152
　　5.4　ガンマ関数とベータ関数　160

6. 級　数　169
　　6.1　級　数　169
　　6.2　整　級　数　176

7. 微分方程式　189
　　7.1　1階微分方程式　189
　　7.2　定数係数の線形微分方程式　200

付　録　215
　　三角関数の基本公式
　　基本的な関数の導関数
　　基本的な関数の不定積分
　　基本的な関数の整級数展開
　　逆三角関数の関係式
　　二項係数・二重階乗の定義

章末問題略解　219

索　引　253

1 連続関数

1.1 実数

─ 要約 ──────────────────────────── 実 数 ─

1.1.1 **自然数**とは $1, 2, 3, \cdots$ をいい，自然数全体の集合を $\boldsymbol{N}$ と表す．**整数**とは，$0, \pm 1, \pm 2, \pm 3, \cdots$ をいい，整数全体の集合を $\boldsymbol{Z}$ と表す．整数の商 $\dfrac{m}{n}$ (m, n: 整数, $n \neq 0$) を**有理数**という．有理数全体の集合を $\boldsymbol{Q}$ と表す．

直線上に**原点** 0 と単位の長さ l (> 0) を指定したものを**数直線**という．有理数 a に対し，数直線上に $a > 0$ ならば原点 0 の右側に，$a < 0$ ならば 0 の左側に，原点から $|a|l$ の距離にある数直線上の点を対応させる対応は 1 対 1 の対応である．この対応によって，有理数は数直線上にあると考える．数直線上の点を**実数**という．実数全体の集合を $\boldsymbol{R}$ と表す．

1.1.2 次のような $\boldsymbol{R}$ の部分集合を**区間**という．

$(a, b) = \{x \mid a < x < b\}$　　a は実数または $-\infty$, b は実数または ∞.
$[a, b) = \{x \mid a \leqq x < b\}$　　a は実数，b は実数または ∞.
$(a, b] = \{x \mid a < x \leqq b\}$　　a は実数または $-\infty$, b は実数.
$[a, b] = \{x \mid a \leqq x \leqq b\}$　　a, b は実数.

$\boldsymbol{R} = (-\infty, \infty)$ と書ける．(a, b) を**開区間**，$[a, b]$ を**閉区間**という．

$\boldsymbol{R}$ の部分集合 A に対して，A のどの元よりも大きい (小さい) 実数が存在するとき，A は**上に (下に) 有界**であるという．A が上下に有界であるとき，A は**有界**であるという．有界である $\boldsymbol{R}$ の部分集合を**有界集合**という．

1.1.3 自然数 n に数 a_n を対応させたものを $\{a_n\}$ と表し，**数列**という．本書では数列は実数列のみ考える．a_n がすべて有理数となる数列を**有理数列**という．数列 $\{a_n\}$ は集合として有界であるとき，**有界数列**という．

1.1.4 数列 $\{a_n\}$ が**単調増加**であるとは $a_1 \leqq a_2 \leqq a_3 \leqq \cdots$ のときにいう．数列が**単調減少**も同様．単調増加数列，単調減少数列を合わせて**単調数列**という．

1.1.5 数列 $\{a_n\}$ の**極限 (値)** が実数 α であるとは，n を大きくすると a_n が α に限りなく近づくときにいい，$\{a_n\}$ の極限が $\alpha = \infty(-\infty)$ とは，n を大きくすると，a_n が限りなく大きく (小さく) なるときにいう．これを

$$\lim_{n \to \infty} a_n = \alpha$$

と表す．数列 $\{a_n\}$ が実数 α を極限にもつとき，数列 $\{a_n\}$ は**収束する**という．数列 $\{a_n\}$ は収束しないときに**発散する**という．

要約 　　　　　　　　　　　　　　　　　　　　　　　　　　　　　　　**実数の連続性**

1.1.6 (**実数の連続性の公理**) 有界な単調数列は収束する.

1.1.7 (**無限小数**) 　　$\alpha = m.n_1 n_2 n_3 \cdots$ 　 (m, n_i: 整数 ($\geqq 0$), $0 \leqq n_i \leqq 9$) を次のような数列 $\{a_n\}$ の極限であると定義する.

$$a_0 = m, \quad a_1 = m.n_1, \quad a_2 = m.n_1 n_2, \quad a_3 = m.n_1 n_2 n_3, \quad \cdots$$
$$a_k = m.n_1 n_2 n_3 \cdots n_k, \quad \cdots$$

数列 $\{a_n\}$ は単調増加数列で, $m \leqq \alpha \leqq m+1$ であるから有界な数列である. 実数の連続性の公理により, 無限小数の存在がわかる.

1.1.8 $\mathbf{R}$ の部分集合 A の元 m が A で**最大**であるとは

$$a < m \quad (a \in A, \ a \neq m)$$

が成り立つときにいう. m を A の**最大元**であるという.

同様に, A の元 n が**最小**であるとは $a > n$ ($a \in A, \ a \neq n$) が成り立つときにいう. n を A の**最小元**であるという.

1.1.9 数列 $\{a_n\}$ が α に収束する定義は通常は上の定義で差し支えないが, 精密な議論をする場合には次のような定義が必要である. 次に述べる定義と論法のことを **ε 論法**という.

数列 $\{a_n\}$ が実数 α に収束するとは, 任意の正の数 ε に対して $N \leqq n$ ならば $|a_n - \alpha| < \varepsilon$ が成り立つ自然数 N が存在するときにいう.

数列 $\{a_n\}$ が ∞ に収束するとは, 任意の実数 K に対して $N \leqq n$ ならば $K < a_n$ となる自然数 N が存在するときにいう.

数列 $\{a_n\}$ が $-\infty$ に収束するとは, 任意の実数 K に対して $N \leqq n$ ならば $a_n < K$ となる自然数 N が存在するときにいう.

1.1.10 数列 $\{a_n\}$ が**コーシーの条件**をみたすとは, 任意の正の数 ε に対して, 次の条件をみたす自然数 N が存在するときにいう.

$N < m, n$ をみたすすべての m, n に対して, $|a_n - a_m| < \varepsilon$ が成り立つ. コーシーの条件をみたす数列を**コーシー列**といい

$$\text{数列 } \{a_n\} \text{ が収束する} \iff \text{数列 } \{a_n\} \text{ がコーシー列になる}.$$

1.1.11 (**有理数の稠密性**) 任意の実数 α と任意の正の数 ε に対して, $|\alpha - a| < \varepsilon$ となる有理数 a が存在する.

1.1.12 (**ネピアの定数**) $\displaystyle\lim_{n \to \infty} \left(1 + \frac{1}{n}\right)^n$ は収束する. この値を e と表し, ネピアの定数という (例題 1.2 参照).

1.1.13 (**アルキメデスの原理**) 任意の正の数 a, b に対し, $a < nb$ となる自然数が存在する.

例題 1.1 ────────────────────────── 数列の極限

次のように定義される数列 $\{a_n\}$ の極限を求めよ.
$$a_1 = \sqrt{2}, \quad a_{n+1} = \sqrt{2+a_n}.$$

考え方 数列の収束が不明の場合は,まず収束を示す必要がある. そのためには,数列が有界で単調増加であることを示し,要約 1.1.6 を用いて極限が存在することを示す. さらに,a_n と a_{n+1} の関係式を用いて,$n \to \infty$ として極限値を求める.

解答 数列 $\{a_n\}$ が収束することを示すために, $\{a_n\}$ が有界で単調増加な数列であることを示す.

(1) $\{a_n\}$ は単調数列であることをいうため,帰納法で $a_n < a_{n+1}$ を示す.

a_n の定義により,$a_n > 0$ であるから $a_{n+1} = \sqrt{2+a_n} \geq \sqrt{2}$.

$n=1$ のときには $a_2 = \sqrt{2+\sqrt{2}} > \sqrt{2} = a_1$ である.

$a_{n-1} < a_n$ が成り立つと仮定して,$a_n < a_{n+1}$ が成り立つことを示す.
$$a_{n+1}^2 - a_n^2 = (2+a_n) - (2+a_{n-1}) = a_n - a_{n-1} > 0$$
である. $a_{n+1}, a_n > 0$ なので $a_{n+1} > a_n$.

(2) $\{a_n\}$ は有界数列であることをいうため,帰納法で $a_n < 1+\sqrt{2}$ を示す.

$n=1$ とすると,$a_1 = \sqrt{2} < 1+\sqrt{2}$.

$a_{n-1} < 1+\sqrt{2}$ が成り立つと仮定して,$a_n < 1+\sqrt{2}$ が成り立つことを示す.
$$a_{n+1}^2 = 2+a_n < 2+1+\sqrt{2} < 1+2\sqrt{2}+2 = (1+\sqrt{2})^2.$$

$a_n > 0$ であるから,両辺の平方根をとると $a_{n+1} < 1+\sqrt{2}$ となり,$\{a_n\}$ は有界数列である.

(1),(2) より,$\{a_n\}$ は有界で単調増加な数列となるので,実数の連続性の公理 (要約 1.1.6) により,数列 $\{a_n\}$ は収束する. 数列 $\{a_n\}$ の極限を $\alpha = \lim_{n\to\infty} a_n$ とおく. 定義より
$$a_{n+1} = \sqrt{2+a_n}$$
である. 両辺で $n \to \infty$ とすると
$$\alpha = \sqrt{2+\alpha}.$$

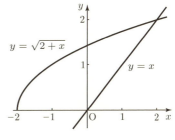

図 **1.1**

両辺を 2 乗すると,α の 2 次方程式 $\alpha^2 = 2+\alpha$. この方程式を解くと $\alpha = 2, -1$ となる. $a_n > 0$ であるから,$\alpha > 0$ となり,$\alpha = -1$ は極限ではない. よって,数列 $\{a_n\}$ の極限 $\alpha = 2$.

グラフを用いると (図 1.1),α が $y=x$ と $y=\sqrt{2+x}$ の交点であることがわかる. ∎

例題 1.2 ──────────────────────── ネピアの定数 e

$\lim_{n\to\infty}\left(1+\dfrac{1}{n}\right)^n$ は収束することを示せ (この極限値をネピアの定数といい e と表す).

考え方 数列 $\lim_{n\to\infty}\left(1+\dfrac{1}{n}\right)^n$ が収束することを示すには，この数列が有界で単調であることを示す (要約 1.1.6).

解答 $a_n=\left(1+\dfrac{1}{n}\right)^n$ とおき，数列 $\{a_n\}$ が有界で単調増加であることを示す.

(1) $\{a_n\}$ が単調増加数列であること：a_n の定義式を二項展開すると

$$a_n = \sum_{k=0}^{n} \binom{n}{k}\left(\frac{1}{n}\right)^k$$

$$= \binom{n}{0}\left(\frac{1}{n}\right)^0 + \binom{n}{1}\left(\frac{1}{n}\right) + \binom{n}{2}\left(\frac{1}{n}\right)^2 + \cdots + \binom{n}{n}\left(\frac{1}{n}\right)^n$$

$$= 1 + n\frac{1}{n} + \frac{n(n-1)}{2!}\frac{1}{n^2} + \cdots + \frac{n(n-1)\cdots 1}{n!}\frac{1}{n^n}$$

$$= 1 + 1 + \frac{1}{2!}\left(1-\frac{1}{n}\right) + \cdots + \frac{1}{n!}\left(1-\frac{1}{n}\right)\left(1-\frac{2}{n}\right)\cdots\left(1-\frac{n-1}{n}\right)$$

$$\leqq 1 + 1 + \frac{1}{2!}\left(1-\frac{1}{n+1}\right) + \cdots + \frac{1}{n!}\left(1-\frac{1}{n+1}\right)\left(1-\frac{2}{n+1}\right)\cdots\left(1-\frac{n-1}{n+1}\right)$$

$$+ \frac{1}{(n+1)!}\left(1-\frac{1}{n+1}\right)\left(1-\frac{2}{n+1}\right)\cdots\left(1-\frac{n}{n+1}\right)$$

$$= a_{n+1}.$$

よって，数列 $\{a_n\}$ は単調増加数列である.

(2) $\{a_n\}$ が有界数列であること：(1) を用いると

$$a_n \leqq 1 + 1 + \frac{1}{2!}\left(1-\frac{1}{n+1}\right) + \cdots + \frac{1}{n!}\left(1-\frac{1}{n+1}\right)\left(1-\frac{2}{n+1}\right)\cdots\left(1-\frac{n-1}{n+1}\right)$$

$$\leqq 1 + 1 + \frac{1}{2!} + \cdots + \frac{1}{n!} \leqq 1 + 1 + \frac{1}{2} + \frac{1}{2^2} + \cdots + \frac{1}{2^{n-1}}$$

$$= 1 + \frac{1-1/2^n}{1-1/2} \leqq 3$$

となり，数列 $\{a_n\}$ は有界である.

したがって，(1), (2) より，数列 $\{a_n\}$ は収束する. ∎

(1) を用いると

$$a_n = 1 + 1 + \frac{1}{2!}\left(1-\frac{1}{n}\right) + \cdots + \frac{1}{n!}\left(1-\frac{1}{n}\right)\left(1-\frac{2}{n}\right)\cdots\left(1-\frac{n-1}{n}\right) \geqq 2.$$

$2 \leqq a_n \leqq 3$ であることより，$2 \leqq e \leqq 3$ であることがわかる. 実際に数列を計算すると，$e = 2.718281828459045\cdots$ となる.

問題 1.1

1. 次を示せ．

(1) $\displaystyle\lim_{n\to\infty} a^n = \begin{cases} \infty & (a > 1), \\ 1 & (a = 1), \\ 0 & (0 \leqq a < 1). \end{cases}$
(2) $\displaystyle\lim_{n\to\infty} \sqrt[n]{a} = 1 \quad (a > 0).$

2. 次の極限値を求めよ．

(1) $\displaystyle\lim_{n\to\infty} \frac{2n^2 + 6}{5n^2 - 2}.$
(2) $\displaystyle\lim_{n\to\infty} \sqrt{n}(\sqrt{n+1} - \sqrt{n}).$
(3) $\displaystyle\lim_{n\to\infty} \frac{\sqrt{n^2 + 3}}{1 - 3n}.$
(4) $\displaystyle\lim_{n\to\infty} \frac{\sqrt{n+2} - \sqrt{n+1}}{\sqrt{n+3} - \sqrt{n+2}}.$
(5) $\displaystyle\lim_{n\to\infty} \left(1 - \frac{1}{n}\right)^{-n}.$
(6) $\displaystyle\lim_{n\to\infty} \left(\frac{n}{n+2}\right)^n.$
(7) $\displaystyle\lim_{n\to\infty} \frac{n!}{5^n}.$
(8) $\displaystyle\lim_{n\to\infty} \sqrt[n]{a^n + b^n + c^n} \quad (a, b, c > 0).$

3. 次の数列 $\{a_n\}$ は極限値をもつか調べ，極限値をもつならば極限値を求めよ．

(1) $a_n = 3 + (-1)^n \dfrac{1}{n}.$
(2) $a_n = 2 + (-1)^n 2.$
(3) $a_n = \sin(n\pi).$
(4) $a_n = \dfrac{1 - 3 + 5 - \cdots + (-1)^{n+1}(2n - 1)}{n}.$

4. 次のように帰納的に定義される数列 $\{a_n\}$ の極限値を求めよ．

(1) $a_1 = 1,\ a_{n+1} = \dfrac{3a_n + 2}{a_n + 1} \quad (n \geqq 1).$

(2) $a_1 = 1,\ a_{n+1} = \dfrac{1}{2}\left(a_n + \dfrac{3}{a_n}\right) \quad (n \geqq 1).$

(3) $a_1 = 1,\ a_{n+1} = \sqrt{a_n + 1} \quad (n \geqq 1).$

5. 次を示せ．

(1) (算術・幾何平均) $0 \leqq a_1 \leqq b_1$ とする．$a_{n+1} = \sqrt{a_n b_n},\quad b_{n+1} = \dfrac{a_n + b_n}{2}$ とおくと，級数 $\{a_n\}, \{b_n\}$ は同じ極限値をもつ．

(2) $\displaystyle\lim_{n\to\infty} a_n = \alpha$ ならば $\displaystyle\lim_{n\to\infty} \frac{a_1 + a_2 + \cdots + a_n}{n} = \alpha.$

略解 1.1

1. (1) $a>1$ とする．$a=1+h\ (h>0)$ とおくと，$a^n=(1+h)^n=1+nh+\dfrac{n(n+1)}{2}h^2+\cdots+h^n\geqq 1+nh$ で，$nh\to\infty$ であるから（アルキメデスの原理（要約 1.1.13）），$\lim_{n\to\infty}a^n=\infty$．$a=1$ ならば，明らかに $\lim_{n\to\infty}a^n=1$．$a<1$ ならば，$b=\dfrac{1}{a}(>1)$ とおく．$\lim_{n\to\infty}b^n=\infty$ であるから $\lim_{n\to\infty}a^n=\lim_{n\to\infty}\dfrac{1}{b^n}=0$．

(2) $a>1$ とする．$a=1+h\ (h>0)$ とおく．任意の正の数 x に対して $\left(1+\dfrac{h}{n}\right)^n=1+h+\dfrac{n(n-1)}{2}\left(\dfrac{h}{n}\right)^2+\cdots+\left(\dfrac{h}{n}\right)^n\geqq 1+h$ であるから，$\left(1+\dfrac{h}{n}\right)^n\geqq 1+h=a>1$．よって，$1+\dfrac{h}{n}\geqq\sqrt[n]{a}\geqq 1$．$n\to\infty$ とすると，不等式の両辺は 1 に収束するから $\lim_{n\to\infty}\sqrt[n]{a}=1$．$a=1$ のときは明らかに $\lim_{n\to\infty}\sqrt[n]{a}=1$．$a<1$ ならば，$b=\dfrac{1}{a}(>1)$ とおくと，$\sqrt[n]{a}=\dfrac{1}{\sqrt[n]{b}}$．$\lim_{n\to\infty}\sqrt[n]{b}=1$ であるから $\lim_{n\to\infty}\sqrt[n]{a}=\lim_{n\to\infty}\dfrac{1}{\sqrt[n]{b}}=1$．

2. (1) $\displaystyle\lim_{n\to\infty}\dfrac{2n^2+6}{5n^2-2}=\lim_{n\to\infty}\dfrac{2+6/n^2}{5-2/n^2}=\dfrac{2}{5}$.

(2) $\displaystyle\lim_{n\to\infty}\sqrt{n}(\sqrt{n+1}-\sqrt{n})=\lim_{n\to\infty}\dfrac{\sqrt{n}((n+1)-n)}{\sqrt{n+1}+\sqrt{n}}=\lim_{n\to\infty}\dfrac{\sqrt{n}}{\sqrt{n+1}+\sqrt{n}}$
$=\displaystyle\lim_{n\to\infty}\dfrac{1}{\sqrt{1+1/n}+1}=\dfrac{1}{2}$.

(3) $\displaystyle\lim_{n\to\infty}\dfrac{\sqrt{n^2+3}}{1-3n}=\lim_{n\to\infty}\dfrac{\sqrt{1+3/n^2}}{1/n-3}=-\dfrac{1}{3}$.

(4) $\displaystyle\lim_{n\to\infty}\dfrac{\sqrt{n+2}-\sqrt{n+1}}{\sqrt{n+3}-\sqrt{n+2}}=\lim_{n\to\infty}\dfrac{\sqrt{n+3}+\sqrt{n+2}}{(n+3)-(n+2)}\dfrac{(n+2)-(n+1)}{\sqrt{n+2}+\sqrt{n+1}}$
$=\displaystyle\lim_{n\to\infty}\dfrac{\sqrt{1+3/n}+\sqrt{1+2/n}}{\sqrt{1+2/n}+\sqrt{1+1/n}}=1$.

(5) $\displaystyle\lim_{n\to\infty}\left(1-\dfrac{1}{n}\right)^{-n}=\lim_{n\to\infty}\left(\dfrac{n}{n-1}\right)^n=\lim_{n\to\infty}\left(1+\dfrac{1}{n-1}\right)\left(1+\dfrac{1}{n-1}\right)^{n-1}=e$.

(6) $\displaystyle\lim_{n\to\infty}\left(\dfrac{n}{n+2}\right)^n=\lim_{n\to\infty}\left(\dfrac{n+2}{n}\right)^{-n}=\lim_{n\to\infty}\left(\left(1+\dfrac{2}{n}\right)^{n/2}\right)^{-2}=\dfrac{1}{e^2}$.

(7) $C=\dfrac{5!}{5^5}$ とおく．$6\leqq n$ ならば $\dfrac{n!}{5^n}=\dfrac{5!}{5^5}\dfrac{6\cdot 7\cdots n}{5^{n-5}}\geqq C\left(\dfrac{6}{5}\right)^{n-5}$．問題 1.1-1(1) により，$\displaystyle\lim_{n\to\infty}\left(\dfrac{6}{5}\right)^{n-5}=\infty$ であるから $\displaystyle\lim_{r\to\infty}\dfrac{n!}{5^n}=\infty$．

(8) $M=\max\{a,b,c\}$ とおくと，$M^n\leqq a^n+b^n+c^n\leqq 3M^n$ である．よって，$M\leqq\sqrt[n]{a^n+b^n+c^n}\leqq\sqrt[n]{3}M$．問題 1.1-1(2) より，$\displaystyle\lim_{n\to\infty}\sqrt[n]{3}=1$ であるから
$$\lim_{n\to\infty}M=\lim_{n\to\infty}\sqrt[n]{3}M=M.$$
したがって，$\displaystyle\lim_{n\to\infty}\sqrt[n]{a^n+b^n+c^n}=M=\max\{a,b,c\}$．

1.1 実数

3. (1) $|a_n - 3| = \left|(-1)^n \dfrac{1}{n}\right| = \dfrac{1}{n} \to 0 \ (n \to \infty)$. よって, $\displaystyle\lim_{n\to\infty} a_n = 3$.

(2) $a_n = 2 + (-1)^n 2 = \begin{cases} 0 & (n:\text{奇数}), \\ 4 & (n:\text{偶数}) \end{cases}$ であるから, $\displaystyle\lim_{n\to\infty} a_n$ は極限値をもたない.

(3) $a_n = \sin(n\pi) = \begin{cases} 0 & (n = 2k,\ 2k+1), \\ 1 & (n = 2k + 1/2), \\ -1 & (n = 2k + 3/2) \end{cases}$ であるから, $\displaystyle\lim_{n\to\infty} a_n$ は極限値をもたない.

(4) $A_n = 1 - 3 + 5 - \cdots + (-1)^{n+1}(2n-1) = (-1)^{n+1} n$ を帰納法で示す.

$n = 1$ のときには, 両辺はともに 1 となり成り立つ.

$n-1$ のときに成り立つと仮定すると, $A_{n-1} = (-1)^n (n-1)$ である. 両辺に $(-1)^{n+1}(2n-1)$ を加えて

$$A_n = A_{n-1} + (-1)^{n+1}(2n-1) = (-1)^n(n-1) + (-1)^{n+1}(2n-1)$$
$$= (-1)^{n+1}(-(n-1) + 2n - 1) = (-1)^{n+1} n$$

となり, n のときにも成り立つ. したがって, $a_n = \dfrac{A_n}{n} = (-1)^{n+1}$ となるから, $\displaystyle\lim_{n\to\infty} a_n$ は極限値をもたない.

4. (1) 有界な単調数列であることを示せば, 収束がわかる (要約 1.1.6). 定義より $a_n > 0$ であるから, 極限値 α は $\alpha \geqq 0$.

(有界性) $a_1 = 1 < 3$. $n > 1$ ならば, $a_{n+1} = \dfrac{3a_n + 2}{a_n + 1} = 3 - \dfrac{1}{a_n + 1} < 3$.

(単調性) 単調増加数列であることを帰納法で示す. $a_2 - a_1 = \dfrac{3}{2} > 0$. $a_{k-1} < a_k$ が $k = n-1$ まで成り立つと仮定する. $n > 2$ ならば

$$a_{n+1} - a_n = \dfrac{3a_n + 2}{a_n + 1} - \dfrac{2a_{n-1} + 2}{a_{n-1} + 1} = \dfrac{a_n - a_{n-1}}{(a_n + 1)(a_{n-1} + 1)} > 0 \quad (\text{帰納法の仮定}).$$

よって, 数列 $\{a_n\}$ は収束する. 極限を求める. 極限値を α とする. $a_{n+1} = \dfrac{3a_n + 2}{a_n + 1}$ の両辺で $n \to \infty$ とすると $\alpha = \dfrac{3\alpha + 2}{\alpha + 1}$. これを解くと $\alpha = 1 \pm \sqrt{3}$. $\alpha \geqq 0$ であるから $\alpha = 1 + \sqrt{3}$.

(2) 極限値があると仮定し α とおく. $a_{n+1} = \dfrac{1}{2}\left(a_n + \dfrac{3}{a_n}\right)$ の両辺で $n \to \infty$ とすると $\alpha = \dfrac{1}{2}\left(\alpha + \dfrac{3}{\alpha}\right)$. よって, $\alpha = \pm\sqrt{3}$. $a_n > 0$ であるから, $\alpha \geqq 0$ となり $\alpha = \sqrt{3}$. $\displaystyle\lim_{n\to\infty} a_n = \sqrt{3}$ を示す. $a_{n+1} - \sqrt{3} = \dfrac{1}{2}\left(a_n + \dfrac{3}{a_n}\right) - \sqrt{3} = \dfrac{a_n - \sqrt{3}}{2a_n}(a_n - \sqrt{3}) \geqq 0$ で $0 < \dfrac{a_n - \sqrt{3}}{a_n} < 1$ より

$$a_{n+1} - \sqrt{3} = \dfrac{a_n - \sqrt{3}}{2a_n}(a_n - \sqrt{3}) = \dfrac{1}{2}\dfrac{a_n - \sqrt{3}}{a_n}(a_n - \sqrt{3})$$
$$\leqq \dfrac{1}{2}(a_n - \sqrt{3}) \leqq \left(\dfrac{1}{2}\right)^2 (a_{n-1} - \sqrt{3}) \leqq \cdots \leqq \left(\dfrac{1}{2}\right)^n (a_1 - \sqrt{3}).$$

したがって, $\displaystyle\lim_{n\to\infty}(a_n - \sqrt{3}) = 0$.

(3) 有界な単調数列であることを示せば, 収束がわかる (要約 1.1.6). 有界性, 単調性を帰

納法で示す．定義より $a_n > 0$．

(有界性) $a_1 = 1 < 2$．$a_k < 2$ が $k = n-1$ まで成り立つと仮定する．$n \geqq 1$ ならば，$a_{n+1} = \sqrt{a_n + 1} < \sqrt{2+1} < 2$．

(単調性) $a_2 - a_1 = \sqrt{2} - 1 > 0$．$a_{k-1} < a_k$ が $k = n-1$ まで成り立つと仮定すると
$$a_{n+1} - a_n = \sqrt{a_n + 1} - \sqrt{a_{n-1} + 1} = \frac{a_n - a_{n-1}}{\sqrt{a_n + 1} + \sqrt{a_{n-1} + 1}} > 0$$
となり，$\{a_n\}$ は単調増加．

よって，級数 $\{a_n\}$ は収束する．極限値 α を求める．$a_{n+1} = \sqrt{a_n + 1}$ の両辺で $n \to \infty$ とすると $\alpha = \sqrt{\alpha + 1}$．これを解くと $\alpha = \dfrac{1 \pm \sqrt{5}}{2}$．$a_n > 0$ より $\alpha \geqq 0$ となるから $\alpha = \dfrac{1 + \sqrt{5}}{2}$．

5. (1) $b_{n+1}^2 - a_{n+1}^2 = \dfrac{a_n^2 + 2a_n b_n + b_n^2 - a_n b_n}{4} = \dfrac{a_n^2 + a_n b_n + b_n^2}{4} \geqq 0$ であるから，すべての n に対して $0 \leqq a_n \leqq b_n$．したがって，$a_{n+1} = \sqrt{a_n b_n} \geqq \sqrt{a_n^2} = a_n$，$b_{n+1} = \dfrac{a_n + b_n}{2} \leqq \dfrac{2b_n}{2} = b_n$．よって，$a_1 \leqq a_2 \leqq \cdots \leqq a_n \leqq b_n \leqq \cdots \leqq b_2 \leqq b_1$ となる．$\{a_n\}$ は有界な単調増加数列，$\{b_n\}$ は有界な単調減少数列なので，各々極限値 l および m をもつ (要約 1.1.6)．$b_{n+1} = \dfrac{a_n + b_n}{2}$ の両辺の極限値をとると $l = \dfrac{l+m}{2}$ となり，$l = m$ がわかる．

(2) $b_n = \dfrac{a_1 + a_2 + \cdots + a_n}{n}$ とおく．

(i) ε 論法を用いて示す．$\varepsilon (> 0)$ とする．$\{a_n\}$ は α に収束するから，自然数 N_1 が存在して $n > N_1$ ならば，$|a_n - \alpha| < \dfrac{\varepsilon}{2}$．$K = \max\{|a_1 - \alpha|, \cdots |a_{N_1} - \alpha|\}$ とおく．N_1, K は定数であるから，$\displaystyle\lim_{n \to \infty} \dfrac{N_1 K}{n} = 0$．よって，自然数 N_2 が存在して，$n > N_2$ ならば $\dfrac{N_1 K}{n} < \dfrac{\varepsilon}{2}$．$N = \max\{N_1, N_2\}$ とおくと，$n > N$ ならば
$$|b_n - \alpha| \leqq \dfrac{|a_1 - \alpha| + \cdots + |a_{N_1} - \alpha|}{n} + \dfrac{|a_{N+1} - \alpha| + \cdots + |a_n - \alpha|}{n}$$
$$\leqq \dfrac{N_1 K}{n} + \left(\dfrac{n - N_1}{n}\right)\dfrac{\varepsilon}{2} < \dfrac{\varepsilon}{2} + \dfrac{\varepsilon}{2} = \varepsilon.$$
すなわち，任意の $\varepsilon (>0)$ に対して，$n > N$ ならば $|b_n - \alpha| < \varepsilon$ となる自然数 N が存在することが示される．よって，$\displaystyle\lim_{n \to \infty} b_n = \lim_{n \to \infty} \dfrac{a_1 + a_2 + \cdots + a_n}{n} = \alpha$．

(ii) $\alpha = \infty$ とする．M を任意の正の数とする．$a_n < 0$ となる n は有限個であるから，$a_n > 0$ と仮定してよい．正の整数 N で $N \leqq k$ ならば $M \leqq a_k$ となるものが存在するから
$$b_n \geqq \dfrac{a_{N+1} + \cdots + a_n}{n} \geqq \dfrac{n - N}{n} M.$$
$2N < n$ ならば $\dfrac{1}{2} \leqq \dfrac{n - N}{n}$ であるから $\dfrac{M}{2} \leqq \dfrac{n - N}{n} M \leqq b_n$ となるので $\displaystyle\lim_{n \to \infty} b_n = \infty$．

(iii) $\alpha = -\infty$ のときも同様．

1.2 連続関数

要約 ─────────────────────────────────── 関数の連続性 ───

以下では，実数と対応する数直線上の点は同一視する．

1.2.1 (関数の極限) $f(x)$ が $\boldsymbol{R}$ 上の点 a の近くで定義された関数とする (a では定義されてもされなくともよい)．l は実数または $\pm\infty$ とする．x を $x \neq a$ をみたしながら a に近づけるとき，$f(x)$ の値が l に限りなく近づくとき，$f(x)$ の a における**極限(値)**は l であるといい，$\lim_{x \to a} f(x) = l$ と表す．

1.2.2 $\lim_{x \to a} f(x) = l$, $\lim_{x \to a} g(x) = m$ とする．

(1) $\lim_{x \to a}(f(x) \pm g(x)) = l \pm m$. (2) $\lim_{x \to a} cf(x) = cl$ (c : 定数).

(3) $\lim_{x \to a} f(x)g(x) = lm$. (4) $\lim_{x \to a} \dfrac{f(x)}{g(x)} = \dfrac{l}{m}$ ($m \neq 0$).

1.2.3 x を点 a の右側から a に近づけたとき，$f(x)$ の値が l に限りなく近づくとき，l を $f(x)$ の a における**右極限**といい，$\lim_{x \to a+0} f(x) = l$ と表す．

$f(x)$ の a における**左極限**も同様に定義され，$f(x)$ の a における左極限を $\lim_{x \to a-0} f(x) = l$ と表す．$\lim_{a \to 0+0}$, $\lim_{a \to 0-0}$ は $\lim_{a \to +0}$, $\lim_{a \to -0}$ と表す．

右極限，左極限についても，要約 1.2.2 において，$\lim_{x \to a}$ を $\lim_{x \to a+0}$ あるいは $\lim_{x \to a-0}$ に取り替えても成り立つ．

1.2.4 (ε 論法による極限の定義) $f(x)$ が a で極限値 l をもつ $\iff$ 任意の正の数 ε に対して，正の数 δ が存在し $0 < |x - a| < \delta$ ならば $|f(x) - l| < \varepsilon$.

1.2.5 (連続性の定義) $f(x)$ が a を含む区間で定義されるとき

$$f(x) \text{ が } a \text{ で連続である} \iff \lim_{x \to a} f(x) = f(a).$$

(ε 論法による連続性の定義) $f(x)$ が a で連続である $\iff$ 任意の正の数 ε に対して，正の数 δ が存在し $|x - a| < \delta$ ならば $|f(x) - f(a)| < \varepsilon$.

1.2.6 $f(x), g(x)$ が点 a で連続ならば，

$$f(x) \pm g(x), \quad cf(x) \ (c : 定数), \quad f(x)g(x), \quad \frac{f(x)}{g(x)} \ (g(a) \neq 0)$$

も点 a で連続である．

1.2.7 (合成関数の連続性) $y = f(x)$ が $x = a$ で連続で，$z = g(y)$ が $y = f(a)$ で連続なら，合成関数 $z = g(f(x))$ は $x = a$ で連続．

1.2.8 (中間値の定理) $f(x)$ が閉区間 $[a, b]$ で連続で，$f(a) \neq f(b)$ ならば，$f(a)$ と $f(b)$ の間の任意の数 l ($l \neq f(a), f(b)$) に対して，$f(c) = l$ ($a < c < b$) となる c が必ず存在する．

1.2.9 (閉区間における最大値，最小値の存在) 閉区間 $[a, b]$ で連続な関数 $f(x)$ は，$[a, b]$ で最大値，最小値をもつ．

例題 1.3 ─────────────────────────── 関数の連続性

1. $\cos x < \dfrac{\sin x}{x} < 1 \left(0 < |x| < \dfrac{\pi}{2}\right)$ を示してから $\lim_{x \to 0} \dfrac{\sin x}{x} = 1$ を示せ.

2. 次の関数は $(-\infty, \infty)$ で連続であることを示せ.

(1) $\sin x$.　　(2) $\cos x$.　　(3) $f(x) = \begin{cases} \dfrac{\sin x}{x} & (x \neq 0), \\ 1 & (x = 0). \end{cases}$

―――――

考え方　すべての点で連続であることをいうのには, 各点での極限がその点における値に一致することを示せばよい.

解答　**1.** $0 < x < \dfrac{\pi}{2}$ とし, 図1.2のように, 点 O,A,B,C をとると

$$\triangle\text{OAB} \subset \text{扇形 OAB} \subset \triangle\text{OAC}$$

この各々の面積を計算すると

$$\dfrac{1}{2}\sin x < \dfrac{1}{2}x < \dfrac{1}{2}\tan x.$$

各辺を $\dfrac{1}{2}\sin x$ で割ると

$$1 < \dfrac{x}{\sin x} < \dfrac{1}{\cos x}.$$

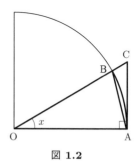

図 **1.2**

各辺の逆数をとると

$$1 > \dfrac{\sin x}{x} > \cos x.$$

$\dfrac{\sin x}{x}$, $\cos x$ はともに偶関数なので, 不等式は $-\dfrac{\pi}{2} < x < 0$ に対しても成り立つ. また, 三角関数の周期性より, この不等式はすべての $x \in \boldsymbol{R}$ に対して成り立つ. $1 > \dfrac{\sin x}{x} > \cos x$ であるから, 各辺で $x \to 0$ とすると, $\cos x \to 1$ より

$$\lim_{x \to 0} \dfrac{\sin x}{x} \to 1.$$

2.　任意の点 $a \in \boldsymbol{R}$ で連続であることを示す.

(1)　任意の実数 x に対して $|\cos x| \leq 1$. また, 例題 1.3-1 より $|\sin x| \leq |x|$ であるから

$$|\sin x - \sin a| = 2\left|\sin \dfrac{x-a}{2} \cos \dfrac{x+a}{2}\right| \leq 2\left|\dfrac{x-a}{2}\right| = |x-a| \to 0 \quad (x \to a).$$

すなわち, $\lim_{x \to a} \sin x = \sin a$ が成り立つから, $\sin x$ は a で連続である.

(2)　$\cos x - \cos a = -2\sin\dfrac{x+a}{2}\sin\dfrac{x-a}{2}$ を用いれば, sin の場合と同様.

(3)　$x \neq 0$ では, x, $\sin x$ は連続であるから, 要約1.2.6により, $f(x)$ は連続. $x = 0$ において $\lim_{x \to 0} f(x) = f(0) = 1$ を示せばよいが, これは例題 1.3-1 の結果である. ∎

例題 1.4 ─────────────── 合成関数の連続性

1. 次の関数は $\mathbf{R}=(-\infty,\infty)$ で連続であることを示せ.

(1) $f(x)=\dfrac{e^{\sin x}}{\cos x+2}$.

(2) $f(x)=\begin{cases}\dfrac{\sin x}{xe^x} & (x\neq 0),\\ 1 & (x=0).\end{cases}$

2. 次の関数の極限値を求めよ.

(1) $\displaystyle\lim_{x\to 0}\dfrac{\sin 3x}{\sin 5x}$.

(2) $\displaystyle\lim_{x\to 0}\dfrac{1-\cos x}{\sin^2 2x}$.

[考え方] 関数が $\mathbf{R}$ で連続を示すには，与えられた関数をいくつかの関数に分けて考えればよい.

[解 答] **1.** (1) $e^{\sin x}$ は連続関数 e^y と $y=\sin x$ の合成関数であるから連続である．$\cos x+2$ は連続関数 $\cos x$ と 2 の和であるから連続である．$\dfrac{e^{\sin x}}{\cos x+2}$ は連続関数 $e^{\sin x}$ を 0 にならない連続関数 $\cos x+2$ で割ったものであるから連続である.

(2) $x\neq 0$ においては，連続関数 $\sin x$ と 0 にならない連続関数 xe^x の商であるから連続である.

$x=0$ における連続性を示すには，$\displaystyle\lim_{x\to 0}f(x)=f(0)(=1)$ を示せばよい.

$$\lim_{x\to 0}f(x)=\lim_{x\to 0}\dfrac{\sin x}{xe^x}=\lim_{x\to 0}\dfrac{\sin x}{x}e^x=1=f(0)\quad(\text{例題 1.3-2(3)})$$

であるから，$f(x)$ は $x=0$ で連続である.

2. (1) $\displaystyle\lim_{x\to 0}\dfrac{\sin 3x}{\sin 5x}=\lim_{x\to 0}\dfrac{\sin 3x}{3x}\dfrac{5x}{\sin 5x}\dfrac{3}{5}$

と変形できる．$\displaystyle\lim_{x\to 0}\dfrac{\sin 3x}{3x}=1,\ \lim_{x\to 0}\dfrac{5x}{\sin 5x}=1$ であるから（例題 1.3-1）

$$\lim_{x\to 0}\dfrac{\sin 3x}{\sin 5x}=\dfrac{3}{5}.$$

(2) $\displaystyle\lim_{x\to 0}\dfrac{1-\cos x}{\sin^2 2x}=\lim_{x\to 0}\dfrac{1-\left(1-2\sin^2\dfrac{x}{2}\right)}{\sin^2 2x}$ （倍角の公式）

$$=\lim_{x\to 0}\dfrac{2\sin^2\dfrac{x}{2}}{\left(\dfrac{x}{2}\right)^2}\dfrac{(2x)^2}{\sin^2 2x}\dfrac{1}{4^2}$$

$$=\dfrac{1}{8}\quad(\text{例題 1.3-1}).$$

例題 1.5 ──────────────────────────── 連続関数

1. 任意の実数 x に対して
$$\lim_{n\to\infty} a_n = x$$
となる有理数列 $\{a_n\}$ が存在することを示せ．

2. $\boldsymbol{R}$ で定義された連続関数 $f(x)$ が，すべての $x, y \in \boldsymbol{R}$ に対して
$$f(x+y) = f(x) + f(y)$$
ならば，$f(cx) = cx$ (c: 定数) であることを示せ．

[考え方] 例題 1.5-2 は連続関数が関数等式によって定まる例である．関数等式により関数が定められる問題は，問題 1.2-5，章末問題 1.7，章末問題 1.8 にもある．

[解答] **1.** x は実数であるから，有理数の稠密性 (要約 1.1.11) により，任意の自然数 n に対して $|a_n - x| < \dfrac{1}{n}$ となるものが存在する．
$$\lim_{n\to\infty} |a_n - x| = 0$$
であるから，$\{a_n\}$ は x に収束する．

2. $f(0) = f(0+0) = f(0) + f(0)$ であるから，$f(0) = 0$ である．自然数 n に対して
$$f(1) = f\left(\frac{1}{n} + \cdots + \frac{1}{n}\right) = nf\left(\frac{1}{n}\right)$$
となるから
$$f\left(\frac{1}{n}\right) = \frac{1}{n} f(1).$$
よって，自然数 m, n に対して
$$f\left(\frac{m}{n}\right) = f\left(\frac{1}{n} + \cdots + \frac{1}{n}\right) = mf\left(\frac{1}{n}\right) = \frac{m}{n} f(1).$$
また
$$0 = f(0) = f\left(\frac{m}{n} - \frac{m}{n}\right) = f\left(\frac{m}{n}\right) + f\left(-\frac{m}{n}\right)$$
であるから
$$f\left(-\frac{m}{n}\right) = -\frac{m}{n} f(1).$$
したがって，すべての有理数 a に対して，$f(a) = af(1)$ が成り立つ．例題 1.5-1 により，任意の実数 x に対して，$\lim_{n\to\infty} a_n = x$ をみたす有理数列 $\{a_n\}$ がとれる．$f(x)$ の連続性により，$\lim_{n\to\infty} f(a_n) = f(x)$ となり
$$\begin{aligned}f(x) &= \lim_{n\to\infty} f(a_n) \\ &= \lim_{n\to\infty} a_n f(1) = xf(1).\end{aligned}$$
よって，$f(x) = f(1)x$ となるから，$c = f(1)$ とおけば $f(cx) = cx$ が示される． ∎

1.2 連続関数

問題 1.2

1. 次を示せ.

(1) $a>0$ ならば $\displaystyle\lim_{x\to\infty} a^x = \begin{cases} \infty & (a>1), \\ 1 & (a=1), \\ 0 & (0 \leqq a <1). \end{cases}$
(2) $\displaystyle\lim_{x\to 0} a^x = 1$ $(a>0)$.

2. 次の関数 $f(x)$ の定義域と連続性を調べよ ($\exp(g(x)) = e^{g(x)}$ である).

(1) $f(x) = \sin\left(\dfrac{x^3+1}{x^2-4}\right)$.
(2) $f(x) = \exp\left(\dfrac{x^2+1}{x}\right)$.
(3) $f(x) = \begin{cases} \dfrac{\sin x}{x(\pi-x)} & (x \neq 0, \pi), \\ \dfrac{1}{\pi} & (x=0, \pi). \end{cases}$
(4) $f(x) = \begin{cases} \dfrac{1}{1+e^{1/x^2}} & (x \neq 0), \\ 0 & (x=0). \end{cases}$

3. 次の等式を示せ.
$$\lim_{x\to\infty}\left(1+\frac{1}{x}\right)^x = \lim_{x\to-\infty}\left(1+\frac{1}{x}\right)^x = \lim_{x\to 0}(1+x)^{1/x} = e.$$

4. 次の極限値を求めよ.

(1) $\displaystyle\lim_{x\to 0}(1+ax)^{1/x}$.
(2) $\displaystyle\lim_{x\to 1} x^{1/(x-1)}$.
(3) $\displaystyle\lim_{x\to\infty}\left(1+\frac{a}{x}\right)^x$.
(4) $\displaystyle\lim_{x\to a}\frac{\sin x - \sin a}{x-a}$.

5. $f(x)$ は $\boldsymbol{R}$ で定義され, $f(2x)=f(x)$ をみたす関数とする. $f(x)$ が $x=0$ で連続であるならば, $f(x)=c$ (定数) であることを示せ.

6. 実数 a, b に対して, 次を示せ.

(1) $||a|-|b|| \leqq |a \pm b| \leqq |a|+|b|$.
(2) $\max\{a, b\} = \dfrac{a+b+|a-b|}{2}$.
(3) $\min\{a, b\} = \dfrac{a+b-|a-b|}{2}$.

7. 関数 $f(x), g(x)$ が区間 I で連続とするとき, 次を示せ.

(1) $|f(x)|$ は区間 I で連続である.
(2) $h(x) = \max\{f(x), g(x)\}$ とおくと, $h(x)$ は I で連続である.
(3) $k(x) = \min\{f(x), g(x)\}$ とおくと, $k(x)$ は I で連続である.

8. 次の方程式は, 与えられた区間で解をもつことを示せ.

(1) $x^3-4x+2=0$ $(0, 1)$.
(2) $x = \sin x + \dfrac{1}{2}$ $\left(\dfrac{\pi}{4}, \dfrac{\pi}{2}\right)$.

略解1.2

1. (1) $a>1$ とする．問題1.1-1(1) により，$\lim_{n\to\infty} a^n = \infty$．自然数 n を $n \leqq x < n+1$ にとると，$a^n \leqq a^x < a^{n+1}$ である．$x\to\infty$ とすると $n\to\infty$ であるから $\lim_{n\to\infty} a^n \leqq \lim_{x\to\infty} a^x < \lim_{n\to\infty} a^{n+1}$．$\lim_{n\to\infty} a^n = \lim_{n\to\infty} a^{n+1} = \infty$ となるから $\lim_{x\to\infty} a^x = \infty$．

$a=1$ のときは明らか．$0 \leqq a < 1$ ならば $b = \dfrac{1}{a}$ とおくと $b>1$．問題1.1-1(1) より，$\lim_{n\to\infty} a^n = \lim_{n\to\infty} \dfrac{1}{b^n} = 0$．

(2) $x\to +0$ とする．$1 > x > 0$ ならば $\dfrac{1}{n} \geqq x > \dfrac{1}{n+1}$ となる自然数 n が存在する．$x\to +0$ とすると，$n\to\infty$ である．$a>1$ ならば $\lim_{n\to\infty} a^{1/n} \geqq \lim_{x\to 0} a^x > \lim_{n\to\infty} a^{1/(n+1)}$．問題1.1-1(2) により，$\lim_{n\to\infty} a^{1/n} = \lim_{n\to\infty} a^{1/(n+1)} = 1$ であるから $\lim_{x\to +0} a^x = 1$．$a=1$ のときは明らか．$0 < a < 1$ ならば $b = \dfrac{1}{a}$ とおくと $b>1$．$\lim_{x\to +0} b^x = 1$ であるから $\lim_{x\to +0} a^x = \lim_{x\to +0} \dfrac{1}{b^x} = 1$．$x\to -0$ のときは $\lim_{x\to -0} a^x = \lim_{x\to +0} a^{-x} = \lim_{x\to +0} \left(\dfrac{1}{a}\right)^x = 1$．よって，$\lim_{x\to 0} a^x = 1$．

2. (1) $\sin y$ は $\boldsymbol{R}$ で定義される y の連続関数．$y = \dfrac{x^3+1}{x^2-4}$ は $x \neq \pm 2$ で定義される連続関数．$f(x)$ は $\sin y$ と $y = \dfrac{x^3+1}{x^2-4}$ の合成関数であるから，$f(x)$ は $x \neq \pm 2$ で定義される連続関数．

(2) e^y は $\boldsymbol{R}$ で定義される y の連続関数．$y = \dfrac{x^2+1}{x}$ は $x \neq 0$ で定義される連続関数．$f(x)$ は $\exp(y)$ と $y = \dfrac{x^2+1}{x}$ の合成関数であるから，$f(x)$ は $x \neq 0$ で定義される連続関数．

(3) $f(x)$ は $\boldsymbol{R}$ で定義される関数．$\dfrac{\sin x}{x(\pi-x)}$ は $x \neq 0, \pi$ で連続（関数の商）．$x=0, \pi$ における連続性を調べる．

$x=0$ における連続性．$\lim_{x\to 0} \dfrac{\sin x}{x(\pi-x)} = \lim_{x\to 0} \dfrac{\sin x}{x} \lim_{x\to 0} \dfrac{1}{\pi-x} = \dfrac{1}{\pi}$ となり，$\lim_{x\to 0} f(x) = \dfrac{1}{\pi} = f(0)$．よって，$f(x)$ は $x=0$ で連続．

$x=\pi$ における連続性．$t = x - \pi$ とおく．
$$\lim_{x\to\pi}\dfrac{\sin x}{x(\pi-x)} = \lim_{x\to\pi}\dfrac{1}{x}\lim_{t\to 0}\dfrac{\sin(t+\pi)}{-t} = \dfrac{1}{\pi}\lim_{t\to 0}\dfrac{\sin t\cos\pi + \cos t\sin\pi}{-t}$$
$$= \dfrac{1}{\pi}\lim_{t\to 0}\dfrac{-\sin t}{-t} = \dfrac{1}{\pi}$$
であるから，$\lim_{x\to\pi} f(x) = \dfrac{1}{\pi} = f(\pi)$．よって，$f(x)$ は $x=\pi$ で連続．したがって，$f(x)$ は $\boldsymbol{R}$ で定義され連続．

(4) $f(x)$ は $\boldsymbol{R}$ で定義され，$x \neq 0$ で $\dfrac{1}{1+e^{1/x^2}}$ が連続なのは明らか．$x=0$ における連続性を調べる．$\lim_{x\to 0} e^{1/x^2} = \lim_{t\to\infty} e^t = \infty$ $\left(t = \dfrac{1}{x^2}\right)$ であるから，$\lim_{x\to 0} f(x) = \lim_{x\to 0}\dfrac{1}{1+e^{1/x^2}} = 0 = f(0)$．よって，$x=0$ でも連続．

1.2 連続関数

3. $x>1$ に対して整数 n を $n \leq x \leq n+1$ ととると,$x \to \infty$ ならば $n \to \infty$ で

$$\left(1+\frac{1}{n+1}\right)^n \leq \left(1+\frac{1}{x}\right)^x \leq \left(1+\frac{1}{n}\right)^{n+1}.$$

この不等式の両端の項はネピアの定数の定義により e に収束するから,中央の項も e に収束.すなわち,$\displaystyle\lim_{x\to\infty}\left(1+\frac{1}{x}\right)^x = e$. $x \to -\infty$ のときには,$t=-x$ とおくと

$$\lim_{x\to-\infty}\left(1+\frac{1}{x}\right)^x = \lim_{t\to\infty}\left(1-\frac{1}{t}\right)^{-t} = \lim_{t\to\infty}\left(\frac{t}{t-1}\right)^t$$
$$= \lim_{t\to\infty}\left(1+\frac{1}{t-1}\right)^{t-1}\left(1+\frac{1}{t-1}\right) = e.$$

最後の等号を示す.$t=\dfrac{1}{x}$ とおくと $\displaystyle\lim_{x\to 0}(1+x)^{1/x} = \lim_{x\to\pm\infty}\left(1+\frac{1}{t}\right)^t = e.$

4. (1) $a \neq 0$ ならば,$t=ax$ とおくと

$$\lim_{x\to 0}(1+ax)^{1/x} = \lim_{x\to 0}\left((1+ax)^{1/ax}\right)^a = \lim_{t\to 0}\left((1+t)^{1/t}\right)^a = e^a.$$

$a=0$ ならば,$\displaystyle\lim_{x\to 0}(1+ax)^{1/x} = 1 = e^a$. よって,$a \in \mathbf{R}$ に対し,$\displaystyle\lim_{x\to 0}(1+ax)^{1/x} = e^a$.

(2) $t=x-1$ とおくと $\displaystyle\lim_{x\to 1}x^{1/(x-1)} = \lim_{t\to 0}(1+t)^{1/t} = e.$

(3) $t=\dfrac{1}{x}$ とおくと (1) に帰着される.$\displaystyle\lim_{x\to\infty}\left(1+\frac{a}{x}\right)^x = \lim_{t\to 0}(1+at)^{1/t} = e^a.$

(4) $t=x-a$ とおくと

$$\lim_{x\to a}\frac{\sin x - \sin a}{x-a} = \lim_{t\to 0}\frac{\sin(t+a) - \sin a}{t} = \lim_{t\to 0}\frac{2\sin(t/2)\cos(t/2+a)}{t}$$
$$= \lim_{t\to 0}\frac{\sin(t/2)}{t/2}\cos(t/2+a) = \cos a \quad (\text{例題 1.3-1}).$$

5. 任意の x に対して,$\displaystyle\lim_{n\to\infty}\frac{x}{2^n} = 0$. $f(x) = f\left(\dfrac{x}{2}\right) = \cdots = f\left(\dfrac{x}{2^n}\right)$ と $f(x)$ の $x=0$ における連続性より $f(x) = \displaystyle\lim_{n\to\infty}f\left(\frac{x}{2^n}\right) = f(0)$. よって,$f(x) \equiv f(0) = c$ (定数).

6. (1) $-|a| \leq a \leq |a|$,$-|b| \leq b \leq |b|$ であるから,辺々を加えて $-(|a|+|b|) \leq a+b \leq |a|+|b|$. よって,$|a+b| \leq |a|+|b|$. また,$b$ を $-b$ と取り替えると $|a-b| \leq |a|+|b|$. さらに,$|a| = |(a-b)+b| \leq |a-b|+|b|$ であるから,$|a|-|b| \leq |a-b|$. この不等式で a と b を入れ替えると $|b|-|a| \leq |b-a| = |a-b|$. よって,$||a|-|b|| \leq |a-b|$.

(2) $a \geq b$ と仮定すると,左辺は $\max\{a,b\} = a$,右辺は $\dfrac{a+b+|a-b|}{2} = \dfrac{a+b+a-b}{2} = a$ となり一致する.$a \leq b$ のときも同様.

(3) (2) と同様に,$a \geq b$ と $a \leq b$ のときに分けて考えればよい.

7. (1) $a \in I$ とする.問題 1.2-6(1) と $f(x)$ の $x=a$ における連続性を用いると

$$\lim_{x\to a}||f(x)|-|f(a)|| \leq \lim_{x\to a}|f(x)-f(a)| = 0.$$

よって,$\displaystyle\lim_{x\to a}f(x) = f(a)$. したがって,$|f(x)|$ は $x=a$ で連続.

(2) 問題 1.2-6(2) より $\max\{f(x),\ g(x)\} = \dfrac{f(x)+g(x)+|f(x)-g(x)|}{2}$. (1) より $f(x)$, $g(x)$, $|f(x)-g(x)|$ は区間 I で連続であるから,$\max\{f(x),\ g(x)\}$ は区間 I で連続.

(3) 問題 1.2-6(3) より $\min\{f(x),\ g(x)\} = \dfrac{f(x)+g(x)-|f(x)-g(x)|}{2}$. (1) より $f(x)$, $g(x)$, $|f(x)-g(x)|$ は区間 I で連続であるから,$\min\{f(x),\ g(x)\}$ は区間 I で連続.

8. (1) $f(x)=x^3-4x+2$ とおく.$f(0)=2$,$f(1)=-1$ であるから,中間値の定理 (要約 1.2.8) により,$f(x)=0$ となる $x\ (0<x<1)$ が存在.

(2) $f(x)=x-\sin x - \dfrac{1}{2}$ とおく.
$$f\left(\dfrac{\pi}{4}\right)=-0.714\cdots<0,\qquad f\left(\dfrac{\pi}{2}\right)=\dfrac{\pi}{2}-\dfrac{1}{2}=1.070\cdots>0$$
となるから,中間値の定理 (要約 1.2.8) により,$f(x)=0$ となる $x\ \left(\dfrac{\pi}{4}<x<\dfrac{\pi}{2}\right)$ が存在.

1.3 初等関数

要約 ══ 初等関数 ══

1.3.1 (単調関数) 区間 I で定義された関数 $f(x)$ が $x < y$ ならば $f(x) < f(y)$ であるとき, $f(x)$ は I で単調増加であるという.

同様に, 区間 I で定義された関数 $f(x)$ が $x < y$ ならば $f(x) > f(y)$ であるとき, $f(x)$ は I で単調減少であるという.

単調増加関数, 単調減少関数を合わせて単調関数であるという.

1.3.2 (逆関数) 関数 $y = f(x)$ が集合 I で定義され, 関数 $x = g(y)$ が集合 J で定義されるとき, $f(I) = J$, $g(J) = I$ で
$$y = f(x) \iff x = g(y)$$
となるならば, g は f の逆関数であるといい, $g = f^{-1}$ と表す. このとき, $f^{-1}(f(x)) = x$, $f(f^{-1}(y)) = y$ が成り立つ.

1.3.3 (逆関数の存在) 関数 $y = f(x)$ が閉区間 $[a, b]$ で連続な単調増加関数であるとすると, 区間 $[f(a), f(b)]$ で定義される f の逆関数 $x = f^{-1}(y)$ が存在して連続である.

関数 $y = f(x)$ は閉区間 $[a, b]$ で連続な単調減少関数であるとすると, 区間 $[f(b), f(a)]$ で定義される f の逆関数 $x = f^{-1}(y)$ が存在して連続である.

1.3.4 (逆三角関数) 三角関数 $\sin x, \cos x, \tan x$ は逆関数をもつ.

$y = \sin x$ の $\left[-\frac{\pi}{2}, \frac{\pi}{2}\right]$ での逆関数を $x = \text{Sin}^{-1} y$ $(y \in [-1, 1])$ と表す.

$y = \cos x$ の $[0, \pi]$ での逆関数を $x = \text{Cos}^{-1} y$ $(y \in [-1, 1])$ と表す.

$y = \tan x$ の $\left(-\frac{\pi}{2}, \frac{\pi}{2}\right)$ での逆関数を $x = \text{Tan}^{-1} y$ $(y \in \mathbf{R})$ と表す.

$\text{Sin}^{-1} x$ と $\text{Cos}^{-1} x$ は $\text{Sin}^{-1} x + \text{Cos}^{-1} x = \frac{\pi}{2}$ をみたす.

1.3.5 (指数関数) $a > 0$ のとき, 指数関数 a^x は $(-\infty, \infty)$ において連続.

指数関数 a^x は $a > 1$ ならば単調増加であり, $0 < a < 1$ ならば単調減少.

1.3.6 (対数関数) 指数関数 $y = a^x$ $(a > 0, a \neq 1)$ は, $a > 1$ ならば, $\mathbf{R}$ で単調増加関数, $a < 1$ ならば, $\mathbf{R}$ で単調減少関数であるから逆関数をもつ. この逆関数を $x = \log_a y$ と表し, a を底とする対数関数という.

$\log_a y$ は $(0, \infty)$ で定義される連続関数で, $y = \log_a x$ は $a > 1$ ならば, 単調増加であり, $0 < a < 1$ ならば単調減少である.

1.3.7 (初等関数) 多項式, 有理関数, 無理関数, 三角関数, 逆三角関数, 指数関数, 対数関数の和, 差, 積, 商で表される関数を初等関数という.

例題 1.6 ──────────────────────────────── 逆三角関数

次の値を求めよ．

(1) $\mathrm{Sin}^{-1}\dfrac{1}{2}$.   (2) $\mathrm{Cos}^{-1}\left(-\dfrac{\sqrt{3}}{2}\right)$.   (3) $\mathrm{Tan}^{-1}\left(-\dfrac{\sqrt{3}}{3}\right)$.

考え方 $\mathrm{Sin}^{-1}x = y$ は $\sin y = x$ を意味する．Cos^{-1}, Tan^{-1} についても同様である．ただし，定義域に注意する必要がある．

解答 (1) $\mathrm{Sin}^{-1}\dfrac{1}{2}=\alpha$ であるとは，$\sin\alpha=\dfrac{1}{2}$ $\left(-\dfrac{\pi}{2}\leqq\alpha\leqq\dfrac{\pi}{2}\right)$ を意味する．したがって，$\alpha=\dfrac{\pi}{6}$.

(2) $\mathrm{Cos}^{-1}\left(-\dfrac{\sqrt{3}}{2}\right)=\alpha$ であるとは，$\cos\alpha=-\dfrac{\sqrt{3}}{2}$ $(0\leqq\alpha\leqq\pi)$ を意味する．したがって，$\alpha=\dfrac{5\pi}{6}$.

(3) $\mathrm{Tan}^{-1}\left(-\dfrac{\sqrt{3}}{3}\right)=\alpha$ であるとは，$\tan\alpha=-\dfrac{\sqrt{3}}{3}$ $\left(-\dfrac{\pi}{2}<\alpha<\dfrac{\pi}{2}\right)$ を意味する．したがって，$\alpha=-\dfrac{\pi}{6}$. ∎

例題 1.7 ──────────────────────────────── 逆三角関数

次の方程式を解け．

(1) $\mathrm{Sin}^{-1}x=\mathrm{Cos}^{-1}\dfrac{4}{5}$.   (2) $\mathrm{Tan}^{-1}\dfrac{1}{3}+\mathrm{Tan}^{-1}\dfrac{x}{2}=\dfrac{\pi}{4}$.

考え方 $\alpha=\mathrm{Cos}^{-1}x$ などとおいて考える．

解答 (1) $\alpha=\mathrm{Cos}^{-1}\dfrac{4}{5}$ とおくと，$\cos\alpha=\dfrac{4}{5}$ となる．$\cos\alpha>0$ であるから，α は $0<\alpha<\dfrac{\pi}{2}$ をみたす．よって，$\sin\alpha>0$ となり，$x=\sin\alpha=\sqrt{1-\cos^2\alpha}=\dfrac{3}{5}$.

(2) $\mathrm{Tan}^{-1}\dfrac{1}{3}=\alpha$, $\mathrm{Tan}^{-1}\dfrac{x}{2}=\beta$ とおくと，$\tan\alpha=\dfrac{1}{3}$, $\tan\beta=\dfrac{x}{2}$ で $\alpha+\beta=\dfrac{\pi}{4}$ となるから

$$1=\tan\dfrac{\pi}{4}=\tan(\alpha+\beta)=\dfrac{\tan\alpha+\tan\beta}{1-\tan\alpha\tan\beta}=\dfrac{\dfrac{1}{3}+\dfrac{x}{2}}{1-\dfrac{1}{3}\dfrac{x}{2}}.$$

よって，$\dfrac{1}{3}+\dfrac{x}{2}=1-\dfrac{x}{6}$．これを解いて $x=1$. ∎

1.3 初等関数

例題 1.8 ——————————————————————— 双曲線関数

次のように関数を定義し双曲線関数という．

$$\sinh x = \frac{e^x - e^{-x}}{2}, \qquad \cosh x = \frac{e^x + e^{-x}}{2}, \qquad \tanh x = \frac{\sinh x}{\cosh x}.$$

双曲線関数は，次の関係式をみたすことを示せ．

(1) $\cosh^2 x - \sinh^2 x = 1.$
(2) $\sinh(x \pm y) = \sinh x \cosh y \pm \cosh x \sinh y.$
(3) $y = \sinh x$ に逆関数 $\mathrm{Sinh}^{-1} y$ が存在し，$\mathrm{Sinh}^{-1} y = \log(y + \sqrt{y^2 + 1}).$

考え方 双曲線関数の定義と性質についての簡単なまとめである．$\sinh$，$\cosh$，$\tanh$ はハイパボリックサインなどと読む．$\cosh x, \tanh x$ の和公式および逆関数については，問題 1.3-4 にある．

解答 (1) $\cosh^2 x - \sinh^2 x = \left(\dfrac{e^x + e^{-x}}{2}\right)^2 - \left(\dfrac{e^x - e^{-x}}{2}\right)^2$

$$= \frac{e^{2x} + 2 + e^{-2x}}{4} - \frac{e^{2x} - 2 + e^{-2x}}{4} = 1.$$

(2) $\sinh x \cosh y \pm \cosh x \sinh y = \dfrac{e^x - e^{-x}}{2} \dfrac{e^y + e^{-y}}{2} \pm \dfrac{e^x + e^{-x}}{2} \dfrac{e^y - e^{-y}}{2}$

$$= \frac{2e^{x \pm y} - 2e^{-(x \pm y)}}{4} = \frac{e^{x \pm y} - e^{-(x \pm y)}}{2}$$

$$= \sinh(x \pm y) \qquad \text{(複号同順)}.$$

(3) $y = \sinh x$ が単調増加であることを示す．$a < b$ とすると

$$\sinh b - \sinh a = \frac{e^b - e^{-b}}{2} - \frac{e^a - e^{-a}}{2} = \frac{(e^b - e^a) + (e^{-a} - e^{-b})}{2}.$$

$a < b$ であるから $e^b - e^a > 0$．また，$-b < -a$ であるから $e^{-b} - e^{-a} > 0$ となり

$$\sinh b - \sinh a > 0.$$

よって，$y = \sinh x$ は単調増加関数である．したがって，要約 1.3.3 により，$y = \sinh x$ には逆関数 $x = \mathrm{Sinh}^{-1} y$ が存在する．$\lim\limits_{x \to -\infty} \sinh x = -\infty$，$\lim\limits_{x \to \infty} \sinh x = \infty$ であるから，$y = \sinh x$ の逆関数 $x = \mathrm{Sinh}^{-1} y$ の定義域は $\boldsymbol{R}$ である．

$y = \dfrac{e^x - e^{-x}}{2}$ を解く．変形して $e^x - e^{-x} = 2y$．よって，$e^{-x}(e^{2x} - 2ye^x - 1) = 0$．$e^{-x} \neq 0$ であるから，$e^{2x} - 2ye^x - 1 = 0$ を e^x について解くと

$$e^x = y \pm \sqrt{y^2 + 1}.$$

$e^x > 0$ であるから $e^x = y + \sqrt{y^2 + 1}$．したがって

$$x = \mathrm{Sinh}^{-1} y = \log(y + \sqrt{y^2 + 1}) \qquad (y \in \boldsymbol{R}). \qquad \blacksquare$$

問題 1.3

1. 次の値を求めよ.

(1) $\mathrm{Sin}^{-1}(-1)$. (2) $\mathrm{Sin}^{-1}\left(-\dfrac{\sqrt{3}}{2}\right)$. (3) $\mathrm{Cos}^{-1}\dfrac{1}{2}$.

(4) $\mathrm{Cos}^{-1}\dfrac{\sqrt{3}}{2}$. (5) $\mathrm{Cos}^{-1}\left(\sin\dfrac{\pi}{6}\right)$. (6) $\mathrm{Tan}^{-1}\dfrac{\sqrt{3}}{3}$.

2. 次を示せ.

(1) $\displaystyle\lim_{x\to 0}\dfrac{\log(1+x)}{x}=1$. (2) $\displaystyle\lim_{x\to 0}\dfrac{e^x-1}{x}=1$. (3) $\displaystyle\lim_{x\to 0}\dfrac{e^x-e^{-x}}{x}=2$.

3. 次の方程式を解け.

(1) $\mathrm{Cos}^{-1}\dfrac{3}{5}=\mathrm{Sin}^{-1}x$. (2) $\mathrm{Sin}^{-1}\dfrac{5}{13}+\mathrm{Sin}^{-1}\dfrac{4}{5}=\mathrm{Cos}^{-1}x$.

4. 次を示せ.

(1) $\cosh(x\pm y)=\cosh x\cosh y\pm\sinh x\sinh y$.

(2) $\tanh(x\pm y)=\dfrac{\tanh x\pm\tanh y}{1\pm\tanh x\tanh y}$.

(3) $y=\cosh x\ (0\le x<\infty)$ に逆関数 $\mathrm{Cosh}^{-1}y$ が存在し
$$\mathrm{Cosh}^{-1}y=\log(y+\sqrt{y^2-1})\quad(1\le y<\infty).$$

(4) $y=\tanh x\ (-\infty<x<\infty)$ に逆関数 $\mathrm{Tanh}^{-1}y$ が存在し
$$\mathrm{Tanh}^{-1}y=\dfrac{1}{2}\log\dfrac{1+y}{1-y}\quad(-1<y<1).$$

略解 1.3

1. (1) $\sin x=-1$ となる $x\left(-\dfrac{\pi}{2}\le x\le\dfrac{\pi}{2}\right)$ は $x=-\dfrac{\pi}{2}$ であるから,$\mathrm{Sin}^{-1}(-1)=-\dfrac{\pi}{2}$.

(2) $\sin x=-\dfrac{\sqrt{3}}{2}$ となる $x\left(-\dfrac{\pi}{2}\le x\le\dfrac{\pi}{2}\right)$ は $x=-\dfrac{\pi}{3}$ であるから,
$$\mathrm{Sin}^{-1}\left(-\dfrac{\sqrt{3}}{2}\right)=-\dfrac{\pi}{3}.$$

(3) $\cos x=\dfrac{1}{2}$ となる $x\ (0\le x\le\pi)$ は $x=\dfrac{\pi}{3}$ であるから,$\mathrm{Cos}^{-1}\dfrac{1}{2}=\dfrac{\pi}{3}$.

(4) $\cos x=\dfrac{\sqrt{3}}{2}$ となる $x\ (0\le x\le\pi)$ は $x=\dfrac{\pi}{6}$ であるから,$\mathrm{Cos}^{-1}\dfrac{\sqrt{3}}{2}=\dfrac{\pi}{6}$.

(5) $\sin\dfrac{\pi}{6}=\dfrac{1}{2}$ である.$\cos x=\dfrac{1}{2}$ となる $x\ (0\le x\le\pi)$ は $x=\dfrac{\pi}{3}$ であるから,
$$\mathrm{Cos}^{-1}\left(\sin\dfrac{\pi}{6}\right)=\dfrac{\pi}{3}.$$

1.3 初等関数

(6) $\mathrm{Tan}^{-1}x=\dfrac{\sqrt{3}}{3}$ となる x $\left(-\dfrac{\pi}{2}<x<\dfrac{\pi}{2}\right)$ は $x=\dfrac{\pi}{6}$ であるから，$\mathrm{Tan}^{-1}\dfrac{\sqrt{3}}{3}=\dfrac{\pi}{6}$.

2. (1) $\log x$ は連続関数であるから，問題 1.2-3 を用いると
$$\lim_{x\to 0}\frac{\log(1+x)}{x}=\lim_{x\to 0}\log(1+x)^{1/x}=\log e=1.$$

(2) $t=e^x-1$ とおく．$x\to 0$ のとき $t\to 0$ であるから，問題 1.3-2(1) を用いると
$$\lim_{x\to 0}\frac{e^x-1}{x}=\lim_{t\to 0}\frac{t}{\log(1+t)}=1.$$

(3) $\displaystyle\lim_{x\to 0}\frac{e^x-e^{-x}}{x}=\lim_{x\to 0}\left(\frac{e^x-1}{x}+\frac{1-e^{-x}}{x}\right)=\lim_{x\to 0}\left(\frac{e^x-1}{x}+\frac{e^x-1}{x}e^{-x}\right)=1+1=2.$

3. (1) $\alpha=\mathrm{Cos}^{-1}\dfrac{3}{5}$ とおくと $\cos\alpha=\dfrac{3}{5}$．$0\leqq\alpha\leqq\pi$ であるから
$$x=\sin\alpha=\sqrt{1-\cos^2\alpha}=\frac{4}{5}.$$

(2) $\alpha=\mathrm{Sin}^{-1}\dfrac{5}{13}$，$\beta=\mathrm{Sin}^{-1}\dfrac{4}{5}$ とおく．$0<\alpha,\beta<\dfrac{\pi}{2}$ であり，$\sin\alpha=\dfrac{5}{13}$，$\cos\alpha=\dfrac{12}{13}$，$\sin\beta=\dfrac{4}{5}$，$\cos\beta=\dfrac{3}{5}$．$\alpha+\beta=\mathrm{Cos}^{-1}x$ であるから，三角関数の加法公式を用いると
$$x=\cos(\alpha+\beta)=\cos\alpha\cos\beta-\sin\alpha\sin\beta=\frac{12}{13}\frac{3}{5}-\frac{5}{13}\frac{4}{5}=\frac{16}{65}.$$

4. (1) $\cosh x\cosh y\pm\sinh x\sinh y=\dfrac{e^x+e^{-x}}{2}\dfrac{e^y+e^{-y}}{2}\pm\dfrac{e^x-e^{-x}}{2}\dfrac{e^y-e^{-y}}{2}$
$$=\frac{2e^{x\pm y}+2e^{-(x\pm y)}}{4}=\frac{e^{x\pm y}+e^{-(x\pm y)}}{2}=\cosh(x\pm y).$$

(2) $\dfrac{\tanh x+\tanh y}{1+\tanh x\tanh y}=\dfrac{\dfrac{e^x-e^{-x}}{e^x+e^{-x}}+\dfrac{e^y-e^{-y}}{e^y+e^{-y}}}{1+\dfrac{e^x-e^{-x}}{e^x+e^{-x}}\dfrac{e^y-e^{-y}}{e^y+e^{-y}}}$

$=\dfrac{(e^x-e^{-x})(e^y+e^{-y})+(e^x+e^{-x})(e^y-e^{-y})}{(e^x+e^{-x})(e^y+e^{-y})+(e^x-e^{-x})(e^y-e^{-y})}=\dfrac{2e^{x+y}-2e^{-x-y}}{2e^{x+y}+2e^{-(x+y)}}=\tanh(x+y).$

$-$ についても同様である．

(3) $\cosh x$ が $0\leqq x$ で単調増加であることを示す．$0<a<b$ とすると
$$\cosh b-\cosh a=\frac{e^b+e^{-b}}{2}-\frac{e^a+e^{-a}}{2}=\frac{(1-e^{-a-b})(e^b-e^a)}{2}>0.$$

よって，要約 1.3.3 により，$y=\cosh x$ には逆関数 $x=\mathrm{Cosh}^{-1}y$ が存在する．$\cosh 0=1$，$\displaystyle\lim_{x\to\infty}\cosh x=\infty$ であるから，$y=\cosh x$ の値域は $[1,\infty)$．$t=e^x$ とおく．$y=\dfrac{e^x+e^{-x}}{2}$ より，$2y=t+\dfrac{1}{t}$．この 2 次方程式を解くと，$t=y\pm\sqrt{y^2-1}$．$(y+\sqrt{y^2-1})(y-\sqrt{y^2-1})=1$ で，$y-\sqrt{y^2-1}<y+\sqrt{y^2-1}$．$x\geqq 0$ より，$t\geqq 1$ であるから，$t=y+\sqrt{y^2-1}$．したがって，$\mathrm{Cos}^{-1}y$ の定義域は $[1,\infty)$ で，$\mathrm{Cos}^{-1}y=x=\log t=\log(y+\sqrt{y^2-1})$．

(4) (3) と同様である．

章末問題 1

— A —

1.1 次の極限値を求めよ.

(1) $\displaystyle\lim_{n\to\infty} \frac{n^2+n+1}{3n^2-n-1}$.

(2) $\displaystyle\lim_{n\to\infty} \sqrt{3n}(\sqrt{n+3}-\sqrt{n-1})$.

(3) $\displaystyle\lim_{x\to 0} \frac{\log(1+2x)}{4x}$.

(4) $\displaystyle\lim_{x\to 0} \frac{e^x-1}{\sin x}$.

1.2 次の値を求めよ.

(1) $\mathrm{Sin}^{-1} 0$.

(2) $\mathrm{Cos}^{-1}\left(-\dfrac{1}{2}\right)$.

(3) $\mathrm{Tan}^{-1}\left(-\dfrac{\sqrt{3}}{3}\right)$.

1.3 次の方程式を解け.

(1) $\mathrm{Sin}^{-1} x = \mathrm{Tan}^{-1}\sqrt{5}$.

(2) $\mathrm{Sin}^{-1} x = \mathrm{Cos}^{-1}\dfrac{1}{3} + \mathrm{Cos}^{-1}\dfrac{7}{9}$.

1.4 次の関数 $f(x)$ は $\boldsymbol{R}$ で連続であることを示せ.

(1) $f(x) = \dfrac{\sin x}{x^2+1}$.

(2) $f(x) = \begin{cases} x^2 \sin\dfrac{1}{x} & (x\neq 0), \\ 0 & (x=0). \end{cases}$

1.5 $\mathrm{Sin}^{-1} x = \mathrm{Tan}^{-1}\left(\dfrac{x}{\sqrt{1-x^2}}\right)$ を示せ.

— B —

1.6 次を示せ.

(1) $a_n > 0$ のとき, $\displaystyle\lim_{n\to\infty} a_n = \alpha$ ならば $\displaystyle\lim_{n\to\infty} \sqrt[n]{a_1 a_2 \cdots a_n} = \alpha$.

(2) $a_n > 0$ のとき, $\displaystyle\lim_{n\to\infty} \frac{a_{n+1}}{a_n} = \alpha$ ならば $\displaystyle\lim_{n\to\infty} \sqrt[n]{a_n} = \alpha$.

(3) $\displaystyle\lim_{n\to\infty} a_n = \alpha, \lim_{n\to\infty} b_n = \beta$ ならば $\displaystyle\lim_{n\to\infty} \frac{a_1 b_n + a_2 b_{n-1} + \cdots + a_n b_1}{n} = \alpha\beta$.

(4) $\displaystyle\lim_{n\to\infty} \frac{n}{\sqrt[n]{n!}} = e$.

(5) $\displaystyle\lim_{n\to\infty} \sqrt[n]{n!} = \infty$.

1.7 $f(x)$ が $(-\infty,\infty)$ で連続で, $f(x+y)=f(x)f(y)$ が常に成り立つならば, $f(x)\equiv 0$, あるいは $f(x)=a^x$ $(a>0)$ であることを示せ.

1.8 $f(x)$ が $(-\infty,\infty)$ で定義された関数で, $f(x^2)=f(x)$ をみたし点 $x=0,1$ で連続ならば, $f(x)=c$ (定数) であることを示せ.

1.9 $\dfrac{1}{x-a} + \dfrac{1}{x-b} + \dfrac{1}{x-c} = 0$ $(a<b<c)$ は 2 個の異なる解をもつことを示せ.

2 微分法

2.1 関数の微分

> **要約** ― 関数の微分 ―
>
> **2.1.1** (微分可能性) 点 a を含む開区間で定義された関数 $f(x)$ が $x = a$ で微分可能であるとは, $\displaystyle\lim_{x \to a} \frac{f(x) - f(a)}{x - a}$ が存在するときにいう. $f(x)$ が点 a で微分可能ならば, a で連続である.
>
> **2.1.2** $y = f(x)$ が点 a で微分可能であるとき, $\displaystyle\lim_{x \to a} \frac{f(x) - f(a)}{x - a}$ を $f(x)$ の $x = a$ における**微分係数**といい
> $$f'(a), \quad y'(a), \quad \frac{dy}{dx}(a), \quad \frac{df}{dx}(a)$$
> などと表す.
>
> **2.1.3** (区間での微分可能性と導関数) 区間 I で定義された関数 $y = f(x)$ が I で微分可能であるとは, I のすべての点で微分可能であるときにいう. I の各点 a に $f'(a)$ を対応させる関数 $f'(x)$ を $f(x)$ の**導関数**という. $y = f(x)$ の導関数は
> $$y', \quad f'(x), \quad \frac{dy}{dx}, \quad \frac{df}{dx}$$
> などと表す. また, 関数 $f(x)$ の微分係数や導関数を求めることを, $f(x)$ を微分するという.
>
> **2.1.4** 関数 f, g が区間 I で微分可能ならば, $cf, f \pm g, fg, \dfrac{f}{g}$ (商に関しては $g(x) = 0$ となる点 x を除く) も I で微分可能で,
>
> (1) $(cf)' = cf'$ (c は定数).   (2) $(f \pm g)' = f' \pm g'$.
>
> (3) $(fg)' = f'g + fg'$.   (4) $\left(\dfrac{f}{g}\right)' = \dfrac{f'g - fg'}{g^2}$.
>
> **2.1.5** (合成関数の微分) 関数 $y = f(x)$ が区間 I で微分可能, $z = g(y)$ が y の区間 J で微分可能のとき, $f(I) \subset J$ ならば, 合成関数 $z = g(f(x))$ は x の関数として区間 I で微分可能で $\dfrac{dz}{dx} = \dfrac{dz}{dy}\dfrac{dy}{dx}$.
>
> **2.1.6** (逆関数の微分) 関数 $y = f(x)$ は区間 I で微分可能で単調な関数とする. $f'(x) \neq 0$ ($x \in I$) ならば, 逆関数 $x = f^{-1}(y)$ は $J = f(I)$ で微分可能で $\dfrac{dx}{dy} = \left(\dfrac{dy}{dx}\right)^{-1}$.

例題 2.1 ─────────────────────────── 三角関数の微分

次を示せ.

(1) $\dfrac{d\sin x}{dx} = \cos x.$ (2) $\dfrac{d\cos x}{dx} = -\sin x.$ (3) $\dfrac{d\tan x}{dx} = \dfrac{1}{\cos^2 x}.$

[考え方] 三角関数の微分で，いずれも基本的である．

[解 答] (1) 三角関数の基本公式と例題 1.3-1 を用いると
$$\frac{d\sin x}{dx} = \lim_{h\to 0}\frac{\sin(x+h)-\sin x}{h} = \lim_{h\to 0}\frac{\sin h/2}{h/2}\cos\left(x+\frac{h}{2}\right) = \cos x.$$

(2) 三角関数の基本公式と例題 1.3-1 を用いると
$$\frac{d\cos x}{dx} = \lim_{h\to 0}\frac{\cos(x+h)-\cos x}{h} = \lim_{h\to 0}-\frac{\sin h/2}{h/2}\sin\left(x+\frac{h}{2}\right) = -\sin x.$$

(3) (1), (2) と関数の商の微分 (要約 2.1.4(4)) を用いると
$$\frac{d\tan x}{dx} = \frac{d}{dx}\frac{\sin x}{\cos x} = \frac{\cos^2 x + \sin^2 x}{\cos^2 x} = \frac{1}{\cos^2 x}. \qquad\blacksquare$$

例題 2.2 ─────────────────── 合成関数の微分，関数の積の微分

次を示せ.

(1) $\dfrac{d}{dx}e^{\sin x} = e^{\sin x}\cos x.$ (2) $\dfrac{d}{dx}x^3\cos x = 3x^2\cos x - x^3\sin x.$

(3) $\dfrac{d}{dx}e^{x^2}\sin 3x = 2xe^{x^2}\sin 3x + 3e^{x^2}\cos 3x.$

[考え方] (1) は $e^{\sin x} = e^y$, $y = \sin x$ とおいて合成関数の微分と考える. (2), (3) は関数の積の微分 $(fg)' = f'g + fg'$ (要約 2.1.4) を用いる.

[解 答] (1) $f(x) = e^y$, $y = \sin x$ とおくと $\dfrac{df}{dx}(x) = \dfrac{de^y}{dy}\dfrac{dy}{dx}$.
$$\frac{de^y}{dy} = e^y, \qquad \frac{d}{dx}\sin x = \cos x$$
となるので $\dfrac{d}{dx}e^{\sin x} = e^y\cos x = e^{\sin x}\cos x.$

(2) $f(x) = x^3$, $g(x) = \cos x$ とおくと $f'(x) = 3x^2$, $g'(x) = -\sin x$ であるから
$$\frac{d}{dx}x^3\cos x = (fg)' = f'g + fg' = 3x^2\cos x - x^3\sin x.$$

(3) $f(x) = e^{x^2}$, $g(x) = \sin 3x$ とおく. $f(x) = e^y$, $y = x^2$ と考えると $f'(x) = \dfrac{de^y}{dy}\dfrac{dy}{dx} = 2xe^{x^2}$ であり, $g'(x) = 3\cos 3x$ となるから
$$\frac{d}{dx}e^{x^2}\sin 3x = 2xe^{x^2}\sin 3x + 3e^{x^2}\cos 3x. \qquad\blacksquare$$

2.1 関数の微分

例題 2.3 ――――――――――――――― 関数の商の微分,対数微分法

次を示せ.

(1) $\dfrac{d}{dx}\dfrac{\sin x}{x^2+1} = -\dfrac{(x^2+1)\cos x + 2x\sin x}{(x^2+1)^2}$.

(2) $\dfrac{d}{dx}x^x = x^x(\log x + 1)$ $(x>0)$.

考え方 (1) は関数の商の微分 $\left(\dfrac{f}{g}\right)' = \dfrac{f'g - fg'}{g^2}$ (要約 2.1.4) を用いる.
(2) は対数をとってから微分する対数微分法を用いる.

解 答 (1) $f = \sin x$, $g = x^2+1$ とおくと

$$\frac{d}{dx}\frac{\sin x}{x^2+1} = \left(\frac{f}{g}\right)' = \frac{f'g - fg'}{g^2} = \frac{\cos x \cdot (x^2+1) - \sin x \cdot (2x)}{(x^2+1)^2}$$
$$= -\frac{(x^2+1)\cos x + 2x\sin x}{(x^2+1)^2}.$$

(2) $y = x^x$ とおき,両辺の対数をとると $\log y = \log x^x = x\log x$. 左辺を x で微分すると $\dfrac{1}{y}\dfrac{dy}{dx}$,右辺を x で微分すると $\log x + 1$ であるから,$\dfrac{1}{y}\dfrac{dy}{dx} = \log x + 1$. よって

$$\frac{dy}{dx} = y(\log x + 1) = x^x(\log x + 1). \quad\blacksquare$$

例題 2.4 ――――――――――――――――――― 逆関数の微分

次を示せ.

(1) $\dfrac{d}{dx}\mathrm{Sin}^{-1}x = \dfrac{1}{\sqrt{1-x^2}}$ $(-1 < x < 1)$. (2) $\dfrac{d}{dx}\log|x| = \dfrac{1}{x}$ $(x \neq 0)$.

考え方 逆関数の微分 (要約 2.1.6) を用いる.

解 答 (1) $y = \mathrm{Sin}^{-1}x$ は $x = \sin y$ の逆関数である.また,$-\dfrac{\pi}{2} < y < \dfrac{\pi}{2}$ において,$\dfrac{dx}{dy} = \cos y \, (>0)$ であり,$\cos y = \sqrt{1-\sin^2 y}$ となるから

$$\frac{d}{dx}\mathrm{Sin}^{-1}x = \frac{dy}{dx} = \left(\frac{dx}{dy}\right)^{-1} = \frac{1}{\cos y} = \frac{1}{\sqrt{1-\sin^2 y}} = \frac{1}{\sqrt{1-x^2}}.$$

(2) $x > 0$ とする.$y = \log x$ は $x = e^y$ の逆関数である.$\dfrac{dx}{dy} = e^x \, (>0)$ より

$$\frac{\log x}{dx} = \frac{dy}{dx} = \left(\frac{dx}{dy}\right)^{-1} = \frac{1}{e^x} = \frac{1}{x}.$$

$x < 0$ とする.$u = -x > 0$ とおくと $\dfrac{d\log|x|}{dx} = \dfrac{d\log(-x)}{dx} = \dfrac{d\log u}{du}\dfrac{du}{dx} = -\dfrac{1}{u} = \dfrac{1}{x}$.
よって,$\dfrac{d}{dx}\log|x| = \dfrac{1}{x}$ $(x \neq 0)$. $\blacksquare$

例題 2.5 ──────────────────────────── 関数の微分

次の関数 y の微分を計算せよ．

(1) $y = \text{Tan}^{-1}(x^2 - x)$.　　(2) $y = \tan(2\,\text{Tan}^{-1}3x)$.　　(3) $y = \sqrt[3]{\dfrac{x^2+1}{(x-1)^2}}$.

考え方　少し複雑な関数の微分である．合成関数の微分，関数の和，差，積，商の微分，対数微分法を組み合わせて用いる．

解答　(1) $y = \text{Tan}^{-1}u$, $u = x^2 - x$ とおく．$y = \text{Tan}^{-1}u$ の微分は基本的な関数の導関数の表にあるが，ここでは一応計算しておく．

$y = \text{Tan}^{-1}u$ は，$u = \tan y \left(-\dfrac{\pi}{2} < y < \dfrac{\pi}{2}\right)$ の逆関数であるから，$\dfrac{du}{dy} = \dfrac{1}{\cos^2 y} = 1 + \tan^2 y$．よって

$$\frac{dy}{du} = \left(\frac{du}{dy}\right)^{-1} = \frac{1}{1+\tan^2 y} = \frac{1}{1+u^2}.$$

また，$\dfrac{du}{dx} = 2x - 1$ となるので

$$\frac{dy}{dx} = \frac{dy}{du}\frac{du}{dx} = \frac{1}{1+u^2}(2x-1) = \frac{2x-1}{1+(x^2-x)^2} = \frac{2x-1}{x^4 - 2x^3 + x^2 + 1}.$$

(2) $y = \tan u$, $u = 2\,\text{Tan}^{-1}v$, $v = 3x$ とおくと $v = \tan\dfrac{u}{2}$ であり

$$\frac{dy}{du} = \frac{1}{\cos^2 u}, \quad \frac{du}{dv} = \frac{2}{1+v^2}, \quad \frac{dv}{dx} = 3.$$

$\cos u$ に倍角の公式を用いると

$$\cos u = 2\cos^2\frac{u}{2} - 1 = \frac{2}{1+\tan^2\frac{u}{2}} - 1 = \frac{1-v^2}{1+v^2} = \frac{1-9x^2}{1+9x^2}.$$

したがって

$$\frac{dy}{dx} = \frac{dy}{du}\frac{du}{dv}\frac{dv}{dx} = \frac{1}{\cos^2 u}\frac{2}{1+v^2}3 = \left(\frac{1+9x^2}{1-9x^2}\right)^2 \frac{6}{1+9x^2} = \frac{6(1+9x^2)}{(1-9x^2)^2}.$$

(3) (対数微分法) 両辺の対数をとると $\log y = \dfrac{1}{3}\log(x^2+1) - \dfrac{2}{3}\log(x-1)$.
この両辺を x で微分すると

$$\frac{y'}{y} = \frac{1}{3}\frac{2x}{x^2+1} - \frac{2}{3}\frac{1}{x-1} = \frac{2}{3}\frac{x^2 - x - (x^2+1)}{(x^2+1)(x-1)} = -\frac{2(x+1)}{3(x^2+1)(x-1)}.$$

したがって

$$y' = -\frac{2(x+1)}{3(x^2+1)(x-1)}y = -\frac{2(x+1)}{3(x^2+1)(x-1)}\sqrt[3]{\frac{x^2+1}{(x-1)^2}}.　■$$

問題 2.1

1. 次の関数の導関数を求めよ．

(1) $(x^2+1)^5(x^3-2)^3$.

(2) $x^2\sqrt{2x^3+5}$.

(3) $\sqrt{\dfrac{x^2+1}{x-1}}$.

(4) $\dfrac{x}{x+\sqrt{x}}$.

(5) $\left(x+\dfrac{1}{x}\right)^4$.

(6) $\sqrt{1+\dfrac{1}{x}}$.

(7) $\log(\log x)$.

(8) a^x $(a>0, a\neq 1)$.

(9) $x^{1/x}$.

(10) $(1+2x)^x$.

(11) $\sqrt{1+2\log x}$.

(12) $\sqrt{\log(1+2x^2)}$.

(13) $x^3\log(\sqrt{x}+1)$.

(14) $e^x\sin 2x$.

(15) $(2^x+2)^x$.

(16) $x\sqrt{x^2+a}+a\log(x+\sqrt{x^2+a})$.

(17) $\mathrm{Sin}^{-1}\dfrac{x}{a}$ $(a\neq 0)$.

(18) $\mathrm{Cos}^{-1}\left(\sqrt{\dfrac{x+1}{2}}\right)$.

(19) $\mathrm{Sin}^{-1}\left(\dfrac{x}{\sqrt{1+x^2}}\right)$.

(20) $\mathrm{Tan}^{-1}\left(\dfrac{1-x^2}{1+x^2}\right)$.

(21) $\mathrm{Sin}^{-1}\left(\sqrt{1-x^2}\right)$.

(22) $x\sqrt{a^2-x^2}+a^2\mathrm{Sin}^{-1}\dfrac{x}{a}$ $(a>0)$.

(23) $\sinh x$.

(24) $\cosh x$.

(25) $\tanh x$.

2. 次の関数の $x=0$ における連続性と微分可能性を調べよ．

(1) $f(x)=|x|$.

(2) $f(x)=x|x|$.

(3) $f(x)=\begin{cases} \sin\dfrac{1}{x} & (x\neq 0), \\ 0 & (x=0). \end{cases}$

(4) $f(x)=\begin{cases} x\sin\dfrac{1}{x} & (x\neq 0), \\ 0 & (x=0). \end{cases}$

(5) $f(x)=\begin{cases} x^2\sin\dfrac{1}{x} & (x\neq 0), \\ 0 & (x=0). \end{cases}$

(6) $f(x)=\begin{cases} \dfrac{x}{1+e^{1/x}} & (x\neq 0), \\ 0 & (x=0). \end{cases}$

3. $f(x)$ が微分可能なとき，次の極限値を $f'(a)$ を用いて表せ．

$$\lim_{h\to 0}\dfrac{f(a+3h)-f(a-2h)}{h}.$$

略解 2.1

1. 以下では，与えられた関数を y と表す．したがって，y' が問題の答えである．

(1) $y' = 5 \cdot 2x(x^2+1)^4(x^3-2)^3 + 3 \cdot 3x^2(x^2+1)^5(x^3-2)^2$
$= \{10x(x^3-2) + 9x^2(x^2+1)\}(x^2+1)^4(x^3-2)^2$
$= x(19x^3 + 9x - 20)(x^2+1)^4(x^3-2)^2.$

(2) $y' = 2x\sqrt{2x^3+5} + x^2 \dfrac{1}{2}\dfrac{6x^2}{\sqrt{2x^3+5}} = \dfrac{2x(2x^3+5) + 3x^4}{\sqrt{2x^3+5}} = \dfrac{(7x^3+10)x}{\sqrt{2x^3+5}}.$

(3) (対数微分法) 対数をとる． $\log y = \dfrac{1}{2}(\log(x^2+1) - \log(x-1))$．微分して
$$\dfrac{y'}{y} = \dfrac{1}{2}\left(\dfrac{2x}{x^2+1} - \dfrac{1}{x-1}\right) = \dfrac{x^2-2x-1}{2(x^2+1)(x-1)}.$$
よって，$y' = \dfrac{x^2-2x-1}{2(x^2+1)(x-1)}y = \dfrac{x^2-2x-1}{2(x^2+1)(x-1)}\sqrt{\dfrac{x^2+1}{x-1}}.$

(4) $y' = \dfrac{(x+\sqrt{x}) - x(1 + 1/(2\sqrt{x}))}{(x+\sqrt{x})^2} = \dfrac{\sqrt{x}}{2(x+\sqrt{x})^2}.$

(5) $y' = 4\left(1 - \dfrac{1}{x^2}\right)\left(x + \dfrac{1}{x}\right)^3 = \dfrac{4}{x^5}(x^2-1)(x^2+1)^3.$

(6) $y' = \dfrac{1}{2}\left(1 + \dfrac{1}{x}\right)^{-1/2}\left(-\dfrac{1}{x^2}\right) = -\dfrac{1}{2}\sqrt{\dfrac{1}{x^3(x+1)}}.$

(7) $y' = \dfrac{1}{\log x}\dfrac{1}{x} = \dfrac{1}{x\log x}.$

(8) (対数微分法) 対数をとる．$\log y = (\log a)x$．微分して $\dfrac{y'}{y} = \log a.$
よって，$y' = (\log a)a^x.$

(9) (対数微分法) 対数をとる．$\log y = \dfrac{\log x}{x}$．微分して $\dfrac{y'}{y} = \dfrac{1-\log x}{x^2}.$
よって，$y' = x^{1/x}\dfrac{1-\log x}{x^2} = x^{1/x-2}(1 - \log x).$

(10) (対数微分法) 対数をとる．$\log y = x\log(1+2x)$．微分して
$$\dfrac{y'}{y} = \log(1+2x) + \dfrac{2x}{1+2x}.$$
よって，$y' = (1+2x)^x\left(\log(1+2x) + \dfrac{2x}{1+2x}\right).$

(11) $y' = \dfrac{1}{2}\dfrac{2/x}{\sqrt{1+2\log x}} = \dfrac{1}{x\sqrt{1+2\log x}}.$

(12) $y' = \dfrac{1}{2}\dfrac{1}{\sqrt{\log(1+2x^2)}}\dfrac{4x}{1+2x^2} = \dfrac{2x}{(1+2x^2)\sqrt{\log(1+2x^2)}}.$

(13) $y' = 3x^2\log(\sqrt{x}+1) + x^3\dfrac{1}{\sqrt{x}+1}\dfrac{1}{2\sqrt{x}} = 3x^2\log(\sqrt{x}+1) + \dfrac{x^3}{2(x+\sqrt{x})}.$

(14) $y' = e^x\sin 2x + 2e^x\cos 2x = e^x(\sin 2x + 2\cos 2x).$

2.1 関数の微分

(15) (対数微分法) $y = (2^x + 2)^x$ の両辺の対数をとると $\log y = x \log(2^x + 2)$. 両辺を微分し (8) の $(2^x)' = (\log 2)2^x$ を用いると $\dfrac{y'}{y} = \log(2^x + 2) + x \dfrac{(\log 2)2^x}{2^x + 2}$.

よって, $y' = (2^x + 2)^x \left(\log(2^x + 2) + \dfrac{x(\log 2)2^x}{2^x + 2} \right)$.

(16) $y' = \sqrt{x^2 + a} + \dfrac{x^2}{\sqrt{x^2 + a}} + \dfrac{a}{x + \sqrt{x^2 + a}} \left(1 + \dfrac{x}{\sqrt{x^2 + a}} \right) = 2\sqrt{x^2 + a}$.

(17) $u = \dfrac{x}{a}$ とおくと

$$\dfrac{dy}{dx} = \dfrac{dy}{du}\dfrac{du}{dx} = \dfrac{1}{\sqrt{1-u^2}}\dfrac{1}{a} = \dfrac{1}{a}\dfrac{1}{\sqrt{1-(x/a)^2}} = \begin{cases} \dfrac{1}{\sqrt{a^2-x^2}} & (a>0), \\ -\dfrac{1}{\sqrt{a^2-x^2}} & (a<0). \end{cases}$$

(18) $u = \sqrt{\dfrac{x+1}{2}}$ とおくと $y = \mathrm{Cos}^{-1} u$ であるから

$$\dfrac{dy}{du} = -\dfrac{1}{\sqrt{1-u^2}}, \quad \dfrac{du}{dx} = \dfrac{1}{2\sqrt{2}\sqrt{x+1}}.$$

よって, $y' = \dfrac{dy}{du}\dfrac{du}{dx} = -\dfrac{1}{\sqrt{1-u^2}}\dfrac{1}{2\sqrt{2}\sqrt{x+1}} = -\dfrac{1}{2\sqrt{1-x^2}}$.

(19) $u = \dfrac{x}{\sqrt{1+x^2}}$ とおくと $y = \mathrm{Sin}^{-1} u$ であるから

$$\dfrac{dy}{du} = \dfrac{1}{\sqrt{1-u^2}}, \quad \dfrac{du}{dx} = \dfrac{1}{1+x^2}\left(\sqrt{1+x^2} - \dfrac{x^2}{\sqrt{1+x^2}} \right) = \dfrac{1}{(1+x^2)\sqrt{1+x^2}}.$$

よって, $y' = \dfrac{dy}{du}\dfrac{du}{dx} = \dfrac{1}{\sqrt{1-\dfrac{x^2}{1+x^2}}}\dfrac{1}{(1+x^2)\sqrt{1+x^2}} = \dfrac{1}{1+x^2}$.

(20) $u = \dfrac{1-x^2}{1+x^2}$ とおくと $y = \mathrm{Tan}^{-1} u$ であるから

$$\dfrac{dy}{du} = \dfrac{1}{1+u^2}, \quad \dfrac{du}{dx} = \dfrac{-2x(1+x^2) - 2x(1-x^2)}{(1+x^2)^2} = \dfrac{-4x}{(1+x^2)^2}.$$

よって, $y' = \dfrac{dy}{du}\dfrac{du}{dx} = \dfrac{1}{1+\left(\dfrac{1-x^2}{1+x^2}\right)^2}\dfrac{-4x}{(1+x^2)^2} = \dfrac{-2x}{1+x^4}$.

(21) $y' = \dfrac{1}{\sqrt{1-(1-x^2)}}\dfrac{-2x}{2\sqrt{1-x^2}} = -\dfrac{x}{\sqrt{x^2}}\dfrac{1}{\sqrt{1-x^2}} = \begin{cases} -\dfrac{1}{\sqrt{1-x^2}} & (x \geqq 0), \\ \dfrac{1}{\sqrt{1-x^2}} & (x \leqq 0). \end{cases}$

(22) $y' = \sqrt{a^2 - x^2} - \dfrac{x^2}{\sqrt{a^2 - x^2}} + \dfrac{a^2}{\sqrt{1-\left(\dfrac{x}{a}\right)^2}}\dfrac{1}{a}$

$= \sqrt{a^2 - x^2} - \dfrac{x^2}{\sqrt{a^2 - x^2}} + \dfrac{a^2}{\sqrt{a^2 - x^2}} = 2\sqrt{a^2 - x^2}$.

(23) $y' = \dfrac{d}{dx}\dfrac{e^x - e^{-x}}{2} = \dfrac{e^x + e^{-x}}{2} = \cosh x.$

(24) $y' = \dfrac{d}{dx}\dfrac{e^x + e^{-x}}{2} = \dfrac{e^x - e^{-x}}{2} = \sinh x.$

(25) $y' = \dfrac{d}{dx}\dfrac{\sinh x}{\cosh x} = \dfrac{\cosh^2 x - \sinh^2 x}{\cosh^2 x} = \dfrac{1}{\cosh^2 x}.$

2. (1) (連続性) x は $x=0$ で連続であるから，$|x|$ も $x=0$ で連続 (問題 1.2-7(1))．

(微分可能性) $\lim\limits_{h\to 0}\dfrac{f(h)-f(0)}{h} = \lim\limits_{h\to 0}\dfrac{|h|-0}{h}$ の収束を調べる．

$$\lim_{h\to +0}\dfrac{|h|}{h} = \lim_{h\to +0}\dfrac{h}{h} = 1, \quad \lim_{h\to -0}\dfrac{|h|}{h} = \lim_{h\to -0}\dfrac{-h}{h} = -1$$

であるから，$\lim\limits_{h\to 0}\dfrac{f(h)-f(0)}{h}$ は存在しない．よって，$f(x)$ は $x=0$ で微分可能ではない．

(2) (連続性) x は $x=0$ で連続であるから，$|x|$ も $x=0$ で連続 (問題 1.2-7(1))．よって，x と $|x|$ の積 $x|x|$ は $x=0$ で連続．

(微分可能性) $\lim\limits_{h\to 0}\dfrac{f(h)-f(0)}{h} = \lim\limits_{h\to 0}\dfrac{h|h|-0}{h} = \lim\limits_{h\to 0}|h| = 0.$ よって，$f(x)$ は $x=0$ で微分可能．

(3) (連続性と微分可能性) $\lim\limits_{x\to 0}f(x) = \lim\limits_{x\to 0}\sin\dfrac{1}{x}$ は収束しないから，$f(x)$ は $x=0$ で連続ではない．よって，$f(x)$ は $x=0$ で微分可能でもない (要約 2.1.1 の後半の対偶)．

(4) (連続性) $\left|\sin\dfrac{1}{x}\right|\leq 1$ であるから $\left|x\sin\dfrac{1}{x}\right|\leq |x| \to 0$．よって，$\lim\limits_{x\to 0}f(x) = \lim\limits_{x\to 0}x\sin\dfrac{1}{x} = 0$ となるから $x=0$ で連続．

(微分可能性) $\lim\limits_{h\to 0}\dfrac{f(h)-f(0)}{h}$ の収束を調べる．

$$\lim_{h\to 0}\dfrac{f(h)-f(0)}{h} = \lim_{h\to 0}\dfrac{h\sin(1/h)}{h} = \lim_{h\to 0}\sin\dfrac{1}{h}$$

となり存在しない．よって，$f(x)$ は $x=0$ で微分可能ではない．

(5) (連続性と微分可能性) $\lim\limits_{h\to 0}\dfrac{f(h)-f(0)}{h} = \lim\limits_{h\to 0}\dfrac{h^2\sin(1/h)-0}{h} = \lim\limits_{h\to 0}h\sin\dfrac{1}{h} = 0$ となる．よって，$f(x)$ は $x=0$ で微分可能で連続 (要約 2.1.1)．

(6) (連続性) $\lim\limits_{x\to +0}e^{1/x} = \infty$, $\lim\limits_{x\to -0}e^{1/x} = 0$ であるから $\lim\limits_{x\to 0}f(x) = \lim\limits_{x\to 0}\dfrac{x}{1+e^{1/x}} = 0.$ よって，$f(x)$ は $x=0$ で連続．

(微分可能性) $\lim\limits_{h\to +0}\dfrac{f(h)-f(0)}{h} = \lim\limits_{h\to +0}\dfrac{1}{1+e^{1/h}} = 0,$

$$\lim_{h\to -0}\dfrac{f(h)-f(0)}{h} = \lim_{h\to -0}\dfrac{1}{1+e^{1/h}} = 1$$

となり，$\lim\limits_{h\to 0}\dfrac{f(h)-f(0)}{h}$ は存在しない．よって，$f(x)$ は $x=0$ で微分可能ではない．

3. $\lim\limits_{h\to 0}\dfrac{f(a+3h)-f(a-2h)}{h} = \lim\limits_{h\to 0}\dfrac{3(f(a+3h)-f(a))}{3h} + \dfrac{2(f(a-2h)-f(a))}{-2h}$
$= 3f'(a) + 2f'(a) = 5f'(a).$

2.2 曲線の接線，平均値の定理，ロピタルの定理

要約 ══════════ 曲線の接線と平均値の定理 ══════════

2.2.1 (接線) 曲線 C 上の点 P を通る直線 l が P における接線であるとは, $\lim_{x \to a} \dfrac{\overline{QH}}{\overline{PQ}} = 0$ が成り立つときにいう．ここで，Q は P と異なる曲線 C 上の点，H は Q から l に下ろした垂線の足であり，$\overline{QH}, \overline{PQ}$ はそれぞれ線分 QH，線分 PQ の長さである．

2.2.2 関数 $f(x)$ が $x = a$ で微分可能で，曲線 $C: y = f(x)$ 上の点 $P(a, f(a))$ における接線がただ 1 つ存在するとき，$y - f(a) = f'(a)(x - a)$ と表す．

2.2.3 (極値) 直線上の点 c と c を含む開区間 I が存在して $f(x) < f(c)$ $(x \in I, x \neq c)$ のとき，$f(x)$ は $x = c$ で**極大値**をとるという．$f(x)$ が c で**極小値**をとることも同様 (不等号は逆にする)．極大値，極小値を合わせて**極値**という．

2.2.4 開区間 I で定義される関数 $f(x)$ が I の点 c で微分可能とする．$f(x)$ が c で極値をとるならば $f'(c) = 0$．

2.2.5 (ロルの定理) 関数 $f(x)$ が区間 $[a, b]$ で連続，(a, b) で微分可能とする．$f(a) = f(b)$ ならば，$f'(c) = 0$ となる点 c $(a < c < b)$ が存在する．

2.2.6 (平均値の定理) 関数 $f(x)$ が区間 $[a, b]$ で連続，(a, b) で微分可能であるとき
$$\frac{f(a) - f(b)}{b - a} = f'(c)$$
となる点 c $(a < c < b)$ が存在する．

2.2.7 関数 $f(x)$ が区間 I で微分可能で $f'(x) \equiv 0$ (恒等的に 0) ならば，$f(x) = c$ (定数) である．

2.2.8 関数 $f(x)$ が区間 I で微分可能なとき，$f'(x) > 0$ ならば $f(x)$ は単調増加，$f'(x) < 0$ ならば単調減少である．

2.2.9 (コーシーの平均値の定理) 関数 $f(x), g(x)$ が区間 $[a, b]$ で連続，(a, b) で微分可能なとき，$g(a) \neq g(b), g'(x) \neq 0$ $(a < x < b)$ ならば
$$\frac{f(b) - f(a)}{g(b) - g(a)} = \frac{f'(c)}{g'(c)}$$
となる点 c $(a < c < b)$ が存在する．

2.2.10 (ロピタルの定理) 関数 $f(x), g(x)$ が点 a の近くで定義され，微分可能とする．$\lim_{x \to a} f(x) = 0$, $\lim_{x \to a} g(x) = 0$ で，$\lim_{x \to a} \dfrac{f'(x)}{g'(x)}$ が存在するならば，$\lim_{x \to a} \dfrac{f(x)}{g(x)}$ も存在し
$$\lim_{x \to a} \frac{f(x)}{g(x)} = \lim_{x \to a} \frac{f'(x)}{g'(x)}.$$
ロピタルの定理は，$a = \pm\infty$ のとき，および $\dfrac{\infty}{\infty}$ 型の不定形にも適用できる．

例題 2.6 ─────────────────────────── 曲線の接線

曲線 $y = 3x^3 - x$ 上の点 $\mathrm{P}(1, 2)$ における接線を求めよ．

考え方 曲線 $C : y = f(x)$ 上の点 $\mathrm{P}(a, f(a))$ における接線は
$$y - f(a) = f'(a)(x - a) \quad (\text{要約 2.2.2}).$$

解答 $f(x) = 3x^3 - x$ とおく．$f'(x) = 9x^2 - 1$ であるから，$f'(1) = 8$．よって，点 $\mathrm{P} = (1, 2)$ における接線は $y - 2 = f'(1)(x - 1)$．すなわち
$$y - 2 = 8(x - 1).$$
これを整理して
$$y = 8x - 6.$$
∎

例題 2.7 ─────────────────────── 関数の極大値，極小値

関数 $f(x) = x^3 - 3x$ の極大値，極小値を求めよ．

考え方 関数 $f(x)$ が $x = a$ で極値をとるならば $f'(a) = 0$ である (要約 2.2.4)．極大値，極小値になるかどうかは $x = a$ の前後での増減を調べる．

解答 $f'(x) = 3x^2 - 3 = 3(x + 1)(x - 1)$ であるから，$f'(x) = 0$ の解は $x = \pm 1$ となるから，$f(x)$ が極値をとる可能性のあるのは $x = \pm 1$．

$x = -1$ で極値をとるか調べる．

(ⅰ) $x < -1$ において $f'(x) > 0$ より
$$x < -1 \text{ で } f(x) \text{ は単調増加 (要約 2.2.8)}.$$

(ⅱ) $-1 < x < 0$ において $f'(x) < 0$ より
$$-1 < x < 0 \text{ で } f(x) \text{ は単調減少 (要約 2.2.8)}.$$

よって，$x = -1$ で $f(x)$ は極大値 $f(-1) = 2$ をとる．

$x = 1$ で極値をとるか調べる．

(ⅰ) $0 < x < 1$ において $f'(x) < 0$ より
$$0 < x < 1 \text{ で } f(x) \text{ は単調減少 (要約 2.2.8)}.$$

(ⅱ) $1 < x$ において $f'(x) > 0$ より
$$1 < x \text{ で } f(x) \text{ は単調増加 (要約 2.2.8)}.$$

よって，$x = 1$ で $f(x)$ は極小値 $f(1) = -2$ をとる． ∎

例題 2.8 ──────────── ロピタルの定理の応用

次の等式を示せ．

(1) $\displaystyle\lim_{x\to 0}\frac{1+x-e^x}{x^2}=-\frac{1}{2}.$ (2) $\displaystyle\lim_{x\to\infty} x^{1/x}=1.$

[考え方] 不定形の極限をロピタルの定理 (要約 **2.2.10**) を用いて示す問題である．指数関数は連続であるから，**(2)** は対数をとった関数の極限を示すことにより，もとの関数の極限を示す．

[解答] (1) $f(x)=1+x-e^x$, $g(x)=x^2$ とする．$\displaystyle\lim_{x\to 0}f(x)=\lim_{x\to 0}g(x)=0$ であるから，極限 $\displaystyle\lim_{x\to 0}\frac{f(x)}{g(x)}$ は不定形である．この不定形の極限をロピタルの定理を用いて示す．この極限を求めるのに，ロピタルの定理を用いると

$$\lim_{x\to 0}\frac{1+x-e^x}{x^2}=\lim_{x\to 0}\frac{1-e^x}{2x}$$

であるが，$\displaystyle\lim_{x\to 0}\frac{1-e^x}{2x}$ は再び $\displaystyle\frac{0}{0}$ の不定形であるので，再度ロピタルの定理を用いると

$$\lim_{x\to 0}\frac{1-e^x}{2x}=\lim_{x\to 0}\frac{-e^x}{2}=-\frac{1}{2}$$

となる．よって

$$\lim_{x\to 0}\frac{1+x-e^x}{x^2}=-\frac{1}{2}$$

である．

(2) このままではロピタルの定理を適用できないので，$y=x^{1/x}$ とおき，両辺の対数をとると

$$\log y=\frac{\log x}{x}.$$

$\log y$ の極限を求める．$\displaystyle\lim_{x\to\infty}\log x=\lim_{x\to\infty}x=\infty$ であるから，$\displaystyle\lim_{x\to\infty}\frac{\log x}{x}$ は $\displaystyle\frac{\infty}{\infty}$ の不定形である．この極限を求めるのに，ロピタルの定理を用いると

$$\lim_{x\to\infty}\log y=\lim_{x\to\infty}\frac{\log x}{x}=\lim_{x\to\infty}\frac{1/x}{1}=0$$

となる．指数関数は連続であるから

$$\lim_{x\to\infty}y=\lim_{x\to\infty}e^{\log y}=e^0=1$$

である． ∎

例題 2.9 ——関数の増減と極値

$y = x + \sqrt{4-x^2}$ ($-2 \leq x \leq 2$) の増減と極値を調べ，グラフの概形を描け．また，y の最大値，最小値も求めよ．

考え方 a が $f(x)$ の極値ならば $f'(a) = 0$ である．$f'(x) > 0$ ならば $f(x)$ は単調増加，$f'(x) < 0$ ならば $f(x)$ は単調減少である (要約 **2.2.8**)．

解答 区間 $(-2, 2)$ において y を微分すると
$$y' = 1 + \frac{1}{2}\frac{-2x}{\sqrt{4-x^2}} = \frac{\sqrt{4-x^2} - x}{\sqrt{4-x^2}}.$$
$y' = 0$ となる x を求める．y' の分子を 0 とすると
$$\sqrt{4-x^2} = x$$
となるので，この方程式を解く．両辺を 2 乗すると $4 - x^2 = x^2$ であるから，$2x^2 = 4$．すなわち，$x = \pm\sqrt{2}$ となる．$x = \sqrt{2}$ は $\sqrt{4-x^2} = x$ をみたすが，$x = -\sqrt{2}$ は $\sqrt{4-x^2} = x$ をみたさない．したがって，$y' = 0$ をみたす x は $x = \sqrt{2}$ である．このとき，y の増減表は

表 **2.1**

x	-2		$\sqrt{2}$		2
y'		$+$	0	$-$	
y	-2	↗	$2\sqrt{2}$	↘	2

となるから，y は $x = \sqrt{2}$ で極大値をとり，グラフの概形は図 2.1 のようになる．

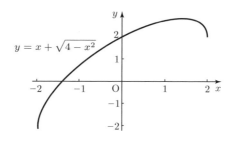

図 **2.1**

図 2.1 より，y の最大値は $x = \sqrt{2}$ のとき $y = 2\sqrt{2}$，最小値は $x = -2$ のとき $y = -2$ である． ∎

問題 2.2

1. 次の不等式を示せ．

(1) $x - \dfrac{x^2}{2} < \log(1+x) < x \quad (0 < x)$.

(2) $1 + x \leqq e^x \leqq \dfrac{1}{1-x} \quad (x < 1)$.

(3) $x - \tan x < \sin x - x \quad \left(0 < x < \dfrac{\pi}{2}\right)$.

2. 次の極限値を求めよ．

(1) $\displaystyle\lim_{x \to 0} \dfrac{e^x - \cos x}{x}$.

(2) $\displaystyle\lim_{x \to 0} \dfrac{x - \sinh x}{x - \sin x}$.

(3) $\displaystyle\lim_{x \to 1+0} \dfrac{1-x}{\log x}$.

(4) $\displaystyle\lim_{x \to 0} \dfrac{x - \log(1+x)}{x^2}$.

(5) $\displaystyle\lim_{x \to 0} \dfrac{\sin^3 x}{x - \sin x}$.

(6) $\displaystyle\lim_{x \to 0} \dfrac{1+x-e^x}{x^2}$.

(7) $\displaystyle\lim_{x \to 0} \dfrac{\sqrt{1+2x}-1}{\sqrt{1+x}-1}$.

(8) $\displaystyle\lim_{x \to \infty} \dfrac{(\log x)^3}{x}$.

(9) $\displaystyle\lim_{x \to +0} x^n \log x \quad (n > 0)$.

(10) $\displaystyle\lim_{x \to +0} x^x$.

(11) $\displaystyle\lim_{x \to \infty} \dfrac{\log x}{x^a} \quad (a > 0)$.

(12) $\displaystyle\lim_{x \to 0} \dfrac{a^x - b^x}{x} \quad (0 < a < b)$.

(13) $\displaystyle\lim_{x \to \infty} \dfrac{x^n}{a^x} \quad (n \geqq 1 : 整数,\ 1 < a)$.

(14) $\displaystyle\lim_{x \to \infty} \left(1 + \dfrac{a}{x^2 + 2x}\right)^{x^2}$.

3. 次の曲線上の点 P における接線を求めよ．

(1) $y = x^3 + 2x - 1 \quad (\mathrm{P}(1, 2))$. (2) $y = \sin x \quad \left(\mathrm{P}\left(\dfrac{\pi}{6}, \dfrac{1}{2}\right)\right)$.

4. 次の関数 $f(x)$ の極値を調べよ．

(1) $f(x) = \dfrac{x^2 - 1}{x^2 + 1}$.

(2) $f(x) = \cos x$.

5. $y = f(x)$ が

(ⅰ) $f(a) > 0$, 　(ⅱ) $f'(x) < 0$, 　(ⅲ) $\displaystyle\lim_{x \to \infty} f(x) = 0$

をみたすならば，$f(x) > 0$ であることを示せ．

6. 次の関数 $f(x)$ の増減と極値を調べ，$y = f(x)$ のグラフの概形を描け．

(1) $f(x) = x(x-1)^2$.

(2) $f(x) = x \log x$.

略解 2.2

1. (1) $f(x) = x - \log(1+x)$ とおく. $f'(x) = 1 - \dfrac{1}{1+x} = \dfrac{x}{1+x} > 0 \ (0 < x)$ であるから, $f(x)$ は $0 < x$ で単調増加. $f(0) = 0$ より $0 < f(x) \ (0 < x)$. すなわち, $\log(1+x) < x \ (0 < x)$.

$g(x) = \log(1+x) - \left(x - \dfrac{x^2}{2}\right)$ とおく. $g'(x) = \dfrac{1}{1+x} - 1 + x = \dfrac{1 - (1-x^2)}{1+x} = \dfrac{x^2}{1+x} > 0 \ (0 < x)$ であるから, $g(x)$ は $0 < x$ で単調増加. $g(0) = 0$ より $0 < g(x) \ (0 < x)$. すなわち, $x - \dfrac{x^2}{2} < \log(1+x) \ (0 < x)$.

(2) $x < 1$ とする. このとき, $0 < 1-x$ であるから, $e^x \leqq \dfrac{1}{1-x} \Leftrightarrow (1-x)e^x \leqq 1$. $f(x) = 1 - (1-x)e^x$ とおく.

$f'(x) = e^x - (1-x)e^x = xe^x$ より, $f'(x) = 0$ の解は $x = 0$. $f(x)$ の増減表は表 2.2 のようになるから, $0 \leqq f(x) = 1 - (1-x)e^x \ (x < 1)$. よって, $e^x \leqq \dfrac{1}{1-x} \ (x < 1)$.

次に, $g(x) = e^x - (1+x)$ とおく. $g'(x) = e^x - 1$ であるから, $g(x) = 0$ の解は $x = 0$. $g(x)$ の増減表は表 2.3 のようになるから, $0 \leqq g(x) \ (x < 1)$. よって, $1 + x \leqq e^x \ (x < 1)$.

表 2.2

x	$-\infty$		0		1
$f'(x)$		$-$	0	$+$	
$f(x)$		↘	0	↗	

表 2.3

x	$-\infty$		0		1
$g'(x)$		$-$	0	$+$	
$g(x)$		↘	0	↗	

(3) $f(x) = \sin x - x - (x - \tan x) = \sin x + \tan x - 2x$ とおくと $f(0) = 0$ である. $0 < x < \dfrac{\pi}{2}$ で $\cos x \neq 0$ であるから, $f'(x) = \cos x + \dfrac{1}{\cos^2 x} - 2$. また, $0 < \cos^2 x < \cos x$ であるから, $f'(x) > \cos x + \dfrac{1}{\cos x} - 2$. $\cos x + \dfrac{1}{\cos x}$ に「相加平均」$\geqq$「相乗平均」を用いると $\cos x + \dfrac{1}{\cos x} \geqq 2$ であるから, $f'(x) > 2 - 2 = 0$. よって, $f(x)$ は単調増加となり $0 < f(x) \ \left(0 < x < \dfrac{\pi}{2}\right)$. すなわち, $x - \tan x < \sin x - x \ \left(0 < x < \dfrac{\pi}{2}\right)$.

2. すべて不定形であるから, ロピタルの定理を用いて示す.

(1) $\displaystyle\lim_{x \to 0} \frac{e^x - \cos x}{x} = \lim_{x \to 0} \frac{e^x + \sin x}{1} = 1$.

(2) $\displaystyle\lim_{x \to 0} \frac{x - \sinh x}{x - \sin x} = \lim_{x \to 0} \frac{1 - \cosh x}{1 - \cos x} = \lim_{x \to 0} \frac{-\sinh x}{\sin x} = -1$.

(3) $\displaystyle\lim_{x \to 1+0} \frac{1 - x}{\log x} = \lim_{x \to 1+0} \frac{-1}{1/x} = -1$.

(4) $\displaystyle\lim_{x \to 0} \frac{x - \log(1+x)}{x^2} = \lim_{x \to 0} \frac{1 - 1/(1+x)}{2x} = \lim_{x \to 0} \frac{x}{2x(1+x)} = \lim_{x \to 0} \frac{1}{2(1+x)} = \frac{1}{2}$.

(5) $I = \displaystyle\lim_{x \to 0} \frac{\sin^3 x}{x - \sin x}$ とおく. $I = \displaystyle\lim_{x \to 0} \frac{\sin^3 x}{x^3} \cdot \frac{x^3}{x - \sin x}$ で $\displaystyle\lim_{x \to 0} \frac{\sin^3 x}{x^3} = 1$ (例題 1.3-1) であるから, $I = \displaystyle\lim_{x \to 0} \frac{x^3}{x - \sin x} = \lim_{x \to 0} \frac{3x^2}{1 - \cos x} = \lim_{x \to 0} \frac{6x}{\sin x} = 6$ (例題 1.3-1).

2.2 曲線の接線, 平均値の定理, ロピタルの定理

(6) $\displaystyle\lim_{x\to 0}\frac{1+x-e^x}{x^2}=\lim_{x\to 0}\frac{1-e^x}{2x}=\lim_{x\to 0}\frac{-e^x}{2}=-\frac{1}{2}.$

(7) $\displaystyle\lim_{x\to 0}\frac{\sqrt{1+2x}-1}{\sqrt{1+x}-1}=\lim_{x\to 0}\frac{1/\sqrt{1+2x}}{1/(2\sqrt{1+x})}=\lim_{x\to 0}\frac{2\sqrt{1+x}}{\sqrt{1+2x}}=2.$

(8) $\displaystyle\lim_{x\to\infty}\frac{(\log x)^3}{x}=\lim_{x\to\infty}\frac{3(\log x)^2/x}{1}=\lim_{x\to\infty}\frac{3(\log x)^2}{x}$
$=\displaystyle\lim_{x\to\infty}\frac{6(\log x)/x}{1}=\lim_{x\to\infty}\frac{6\log x}{x}=\lim_{x\to\infty}\frac{6/x}{1}=0.$

(9) $\displaystyle\lim_{x\to +0}x^n\log x=\lim_{x\to +0}\frac{\log x}{1/x^n}=\lim_{x\to +0}\frac{1/x}{-n/x^{n+1}}=\lim_{x\to +0}-\frac{x^n}{n}=0.$

(10) $y=x^x$ とおき $\log y$ の極限を考える. $\log y=x\log x$ であるから
$$\lim_{x\to +0}\log y=\lim_{x\to +0}x\log x=\lim_{x\to +0}\frac{\log x}{1/x}=\lim_{x\to +0}\frac{1/x}{-1/x^2}=\lim_{x\to +0}-x=0.$$
よって, $\displaystyle\lim_{x\to +0}x^x=\lim_{x\to +0}e^{\log y}=1.$

(11) $t=x^a$ とおくと $x=t^{1/a}$.
$$\lim_{x\to\infty}\frac{\log x}{x^a}=\lim_{t\to\infty}\frac{(1/a)\log t}{t}=\lim_{t\to\infty}\frac{\log t}{at}=\lim_{t\to\infty}\frac{1/t}{a}=0.$$

(12) $(a^x)'=(\log a)a^x$ (問題 2.1-1(8)) であるから
$$\lim_{x\to 0}\frac{a^x-b^x}{x}=\lim_{x\to 0}\{(\log a)a^x-(\log b)b^x\}=\log a-\log b=\log\frac{a}{b}.$$

(13) $\displaystyle\lim_{x\to\infty}\frac{x^n}{a^x}=\lim_{x\to\infty}\frac{nx^{n-1}}{(\log a)a^x}=\lim_{x\to\infty}\frac{n!}{(\log a)^n a^x}=0.$

(14) $y=\left(1+\dfrac{a}{x^2+x}\right)^{x^2}$ とおくと
$$\lim_{x\to\infty}\log y=\lim_{x\to\infty}x^2\log\left(1+\frac{a}{x^2+x}\right)=\lim_{x\to\infty}\frac{\log(1+a/(x^2+x))}{1/x^2}$$
$$=\lim_{x\to\infty}\frac{\dfrac{-a(2x+1)/(x^2+x)^2}{1+a/(x^2+x)}}{-\dfrac{2}{x^3}}=\lim_{x\to\infty}\frac{a(2x+1)x^3}{2(x^2+x)(x^2+x+a)}$$
$$=\lim_{x\to\infty}\frac{a(2+1/x)}{2(1+1/x)(1+1/x+a/x^2)}=a.$$

よって, $\displaystyle\lim_{x\to\infty}y=e^a.$

3. (1) $f(x)=x^3+2x-1$ とおく. $f'(x)=3x^2+2$, $f'(1)=5$ より, P(1, 2) における接線は $y-2=5(x-1)$. すなわち, $y=5x-3$.

(2) $f(x)=\sin x$ とおく. $f'(x)=\cos x$, $f'\left(\dfrac{\pi}{6}\right)=\cos\dfrac{\pi}{6}=\dfrac{\sqrt{3}}{2}$ より, P$\left(\dfrac{\pi}{6},\dfrac{1}{2}\right)$ における接線は $y-\dfrac{1}{2}=\dfrac{\sqrt{3}}{2}\left(x-\dfrac{\pi}{6}\right)$. すなわち, $y=\dfrac{\sqrt{3}}{2}x+\dfrac{1}{2}-\dfrac{\sqrt{3}\pi}{12}.$

4. (1) $f'(x)=\dfrac{4x}{(x^2+1)^2}$ であるから, 極値となる候補は $x=0$. $x<0$ ならば $f'(x)<0$,

$x > 0$ ならば $f'(x) > 0$ となるから，$f(x)$ は $x = 0$ で極小値 $f(0) = -1$ をとる．

(2) $f'(x) = -\sin x = 0$ の解は $x = n\pi$．よって，$f(x)$ が極値をとる可能性のあるのは $x = n\pi$．

(a) $x = n\pi = 2m\pi$ $(n = 2m : 偶数)$ とする．

(i) $\left(2m - \dfrac{1}{2}\right)\pi < x < 2m\pi$ において，$f'(x) = -\sin x > 0$ であるから単調増加．

(ii) $2m\pi < x < \left(2m + \dfrac{1}{2}\right)\pi$ において，$f'(x) = -\sin x < 0$ であるから単調減少．

よって，$f(x)$ は $x = 2m\pi$ で極大値 1 をとる．

(b) $x = n\pi = (2m+1)\pi$ $(n = 2m+1 : 奇数)$ とする．

(i) $\left(2m + \dfrac{1}{2}\right)\pi < x < (2m+1)\pi$ において，$f'(x) = -\sin x < 0$ であるから単調減少．

(ii) $(2m+1)\pi < x < \left(2m + \dfrac{3}{2}\right)\pi$ において，$f'(x) = -\sin x > 0$ であるから単調増加．

よって，$f(x)$ は $x = (2m+1)\pi$ で極小値 -1 をとる．

5. $f(b) \leqq 0$ となる点 b が存在するならば $f(b) < 0$ となる点が存在することを示す．もし，$f(b) = 0$ となる点 b が存在するならば $f'(x) < 0$ であるから，$b < x$ では $f(x) < 0$．よって，$f(c) < 0$ となる点が存在する．よって，b として c をとることにより，最初から $f(b) < 0$ となる点 b が存在すると仮定してよい．$b < x$ ならば，(ii) より $f(x) < f(b)$ となるから $\lim_{x \to \infty} f(x) \leqq f(b) < 0$ となり $\lim_{x \to \infty} f(x) \neq 0$．したがって，$f(x) > 0$ である．

6. (1) $f'(x) = (3x - 1)(x - 1)$ である．$f'(x) = 0$ の解は $x = \dfrac{1}{3}, 1$．よって，$y = x(1-x)^2$ の増減表は表 2.4 のようになり，$f(x)$ は $x = \dfrac{1}{3}$ で極大値 $f\left(\dfrac{1}{3}\right) = \dfrac{4}{27}$，$x = 1$ で極小値 $f(1) = 0$ をとる．増減表より，$y = x(1-x)^2$ のグラフは図 2.2 のようになる．

表 2.4

x	$-\infty$		1/3		1		∞
y'		+	0	−	0	+	
y		↗	4/27	↘	0	↗	

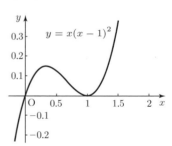

図 2.2

(2) $f'(x) = \log x + 1$ である．$f'(x) = \log x + 1 = 0$ の解は，$\log x = -1$ であるから $x = e^{-1}$．よって，$y = x \log x$ の増減表は表 2.5 のようになり，$f(x)$ は $x = e^{-1}$ で極小値 $f\left(e^{-1}\right) = -e^{-1}$ をとる．増減表より，$y = x \log x$ のグラフは図 2.3 のようになる．

2.2 曲線の接線,平均値の定理,ロピタルの定理

表 2.5

x	0		e^{-1}		∞
y'		$-$	0	$+$	
y		↘	$-e^{-1}$	↗	

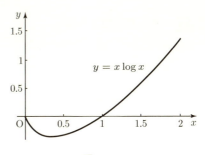

図 2.3

2.3 高次導関数と曲線

━━ 要約 ━━━━━━━━━━━━━━━━━━━━━━━━━ 高次導関数と曲線 ━━

2.3.1 (**n 次導関数**) $f'(x)$ がさらに微分可能なとき，$f(x)$ は 2 回微分可能であるという．$\{f'(x)\}'$ を $f''(x)$ と表し，$f(x)$ の 2 次導関数という．同様に，n 次導関数が定義される．$y = f(x)$ の n 次導関数は

$$y^{(n)}, \quad \frac{d^n y}{dx^n}, \quad f^{(n)}(x), \quad \frac{d^n f}{dx^n}(x)$$

などと表す．$n \geq 1$ のとき，n 次導関数を総称して**高次導関数**という．

2.3.2 (**C^n 級関数**) $f(x)$ が n 回微分可能で，$f^{(n)}(x)$ が連続な関数 $f(x)$ を **n 回連続微分関数**，あるいは C^n 級関数という．また，何回でも微分可能な関数を**無限回微分可能な関数**，あるいは **C^∞ 級関数**という．区間 I で C^n 級である関数全体の集合を $C^n(I)$ と表す (n: 自然数, ∞)．

2.3.3 (**曲線のパラメータ表示と微分**) 区間 I で連続な関数 $x(t), y(t)$ に対して

$$x = x(t), \quad y = y(t) \quad (t \in I)$$

で与えられる xy 平面の像 C を，パラメータ t で表される**連続曲線**という．$x'(t), y'(t)$ が連続なときに，曲線 C は**滑らか**であるという．C が滑らかな曲線であるとき，$x'(c) \neq 0$ ($c \in I$) ならば，y は点 $(x(c), y(c))$ の近傍で x の微分可能な関数と考えられる．$x(c)$ における y の微分係数は

$$\left(\frac{dy}{dx}\right)(x(c)) = \frac{y'(c)}{x'(c)} \quad (x'(t), y'(t) \text{ は } t \text{ に関する微分}).$$

2.3.4 (**曲線の凹凸**) l が曲線 $C: y = f(x)$ 上の点 P における接線とする．点 P の近くの P 以外の点で C の方が l よりも上にあるとき，曲線 C は P で**下に凸**であるという．また，C が区間 I で下に凸であるとは，I のすべての点で C が下に凸であるときにいう．C が区間 I で上に凸も同様に定義される．

また，点 P の前後で曲線 C が接線 l の上から下，あるいは下から上に変化するとき，P は曲線 C の**変曲点**であるという．

2.3.5 (**曲線の凹凸と 2 次導関数**) $f''(x)$ が $x = a$ で連続とする．$f''(x) > 0$ ($f''(a) < 0$) ならば，$y = f(x)$ は点 $P(a, f(a))$ で下に凸 (上に凸) である．また，$f''(a) = 0$ で $x = a$ の前後で $f''(x)$ の符号 ($\pm$) が変化するならば，P は $y = f(x)$ の変曲点である．

2.3.6 (**関数の極値と 2 次導関数**) $f'(a) = 0$ で $f''(x)$ が a で連続とする．$f''(a) > 0$ ($f''(a) < 0$) ならば，$f(x)$ は a で極小値 (極大値) をとる．

例題 2.10 ───────────────────────────── 高次導関数

次を示せ $(n=0,1,2,\cdots)$.

(1) $\dfrac{d^n}{dx^n}\sin x = \sin\left(x+\dfrac{n}{2}\pi\right)$.   (2) $\dfrac{d^n}{dx^n}\cos x = \cos\left(x+\dfrac{n}{2}\pi\right)$.

(3) $\dfrac{d^n}{dx^n}(x+b)^\alpha = \begin{cases}(x+b)^\alpha & (n=0), \\ \alpha(\alpha-1)\cdots(\alpha-n+1)(x+b)^{\alpha-n} & (n\geq 1)\end{cases}$ $(\alpha, b \in \mathbf{R})$.

[考え方] いずれも n に関する帰納法を用いて示す.

[解答] (1) $n=0$ のときは自明である.

n のときに示されたと仮定して,$n+1$ のときに示す.帰納法の仮定より
$$\frac{d^n}{dx^n}\sin x = \sin\left(x+\frac{n}{2}\pi\right).$$
両辺を微分して,三角関数の基本公式を用いると
$$\frac{d^{n+1}}{dx^{n+1}}\sin x = \frac{d}{dx}\sin\left(x+\frac{n}{2}\pi\right)$$
$$= \cos\left(x+\frac{n}{2}\pi\right) = \sin\left(x+\frac{n+1}{2}\pi\right).$$
よって,$n+1$ のときにも成り立つことがわかる.

(2) $n=0$ のときは自明である.

n のときに示されたと仮定して,$n+1$ のときに示す.帰納法の仮定より
$$\frac{d^n}{dx^n}\cos x = \cos\left(x+\frac{n}{2}\pi\right).$$
両辺を微分して,三角関数の基本公式を用いると
$$\frac{d^{n+1}}{dx^{n+1}}\cos x = \frac{d}{dx}\cos\left(x+\frac{n}{2}\pi\right)$$
$$= -\sin\left(x+\frac{n}{2}\pi\right) = \cos\left(x+\frac{n+1}{2}\pi\right).$$
よって,$n+1$ のときにも成り立つことがわかる.

(3) $n=0$ のときは自明である.

n のときに示されたと仮定して,$n+1$ のときに示す.帰納法の仮定より
$$\frac{d^n}{dx^n}(x+b)^\alpha = \begin{cases}(x+b)^\alpha & (n=0), \\ \alpha(\alpha-1)\cdots(\alpha-n+1)(x+b)^{\alpha-n} & (n\geq 1)\end{cases}$$
であるから,両辺を x で微分すると
$$\frac{d^{n+1}}{dx^{n+1}}(x+b)^\alpha = \alpha(\alpha-1)\cdots(\alpha-n-1)(\alpha-n)(x+b)^{\alpha-n-1}.$$
よって,$n+1$ のときにも成り立つことがわかる. ■

例題 2.11 ──────────────────────────── 曲線のパラメータ表示

(1) 曲線 C が $x = x(t)$, $y = y(t)$ とパラメータ表示されるとき, C 上の点 $P(x(c), y(c))$ $(x'^2(c) + y'^2(c) \neq 0)$ における接線は
$$y'(c)(x - x(c)) - x'(c)(y - y(c)) = 0$$
で与えられることを示せ. ここで, $x'(t)$, $y'(t)$ は t に関する微分である.

(2) 曲線 C が $x = (t - \sin t)$, $y = (1 - \cos t)$ とパラメータ表示されるとき, C 上の点 $P\left(\dfrac{\pi}{2} - 1, 1\right)$ $\left(t = \dfrac{\pi}{2}\right)$ における接線を求めよ.
この曲線を**サイクロイド**という.

[考え方] (1) 曲線 C が $x = x(t)$, $y = y(t)$ とパラメータ表示されるとき, $x'(c) \neq 0$ のとき, $\left(\dfrac{dy}{dx}\right)(x(c)) = \dfrac{y'(c)}{x'(c)}$ (要約 2.3.3).

[解答] (1) 曲線 C が $y = f(x)$ と表されるとき, 点 $P(a, f(a))$ における接線は
$$y - f(a) = f'(a)(x - a)$$
で与えられる. 曲線 C が $x = x(t)$, $y = y(t)$ とパラメータ表示されるならば, $f(x)$ は $y = y(t)$, $x = x(t)$ からパラメータ t を消去したものである. 点 P を $P(a, f(a))$ $(a = x(c), f(a) = f(x(c)) = y(c))$ にとる.

$x'(c) \neq 0$ ならば $\left(\dfrac{dy}{dx}\right)(x(c)) = \dfrac{y'(c)}{x'(c)}$ であるから (要約 2.3.3), 上式に代入して
$$y - y(c) = \dfrac{y'(c)}{x'(c)}(x - x(c)).$$
これを変形して
$$y'(c)(x - x(c)) - x'(c)(y - y(c)) = 0.$$

$x'(c) = 0$ ならば, $x'^2(c) + y'^2(c) \neq 0$ であるから $y'(c) \neq 0$. よって, x と y を取り替えて $\dfrac{dx}{dy}$ を考えると, 同様にして示される.

(2) (1) の応用である. $c = \dfrac{\pi}{2}$ であり
$$x'(t) = 1 - \cos t, \quad y'(t) = \sin t$$
であるから, $x'\left(\dfrac{\pi}{2}\right) = 1$, $y'\left(\dfrac{\pi}{2}\right) = 1$ となる. したがって, 点 P における接線は
$$x - \left(\dfrac{\pi}{2} - 1\right) - (y - 1) = 0.$$
これを整理して, 曲線 C の点 P における接線は
$$x - y + 2 - \dfrac{\pi}{2} = 0.$$

例題 2.12 ────────────────────── 曲線の凹凸

曲線 $C : y = x^3 - 6x^2 + 10$ を考える．

(1) C 上の点 $\mathrm{P}(1, 5)$ における曲線 C の凹凸を調べよ．

(2) 関数 $f(x) = x^3 - 6x^2 + 10$ の極値，曲線 C の凹凸，変曲点を調べ，C のグラフを描け．

[考え方] 曲線 $y = f(x)$ 上の点 P における凹凸，変曲点，極値のいずれも 2 次導関数を用いて調べる (要約 2.3.5, 要約 2.3.6)．

[解 答] (1) $y' = 3x^2 - 12x, y'' = 6x - 12 = 6(x-2)$ である．点 $\mathrm{P}(1, 5)$ において
$$y''(1) = -6 < 0$$
であるから，点 P において曲線 C は上に凸である (要約 2.3.5)．

(2) $f'(x) = 3x^2 - 12x = 3(x-4)x$ である．$f'(x) = 0$ の根は $x = 0, 4$ となり，これが極値の候補である．

次に，$f''(x) = 6x - 12$ である．

$f''(x) > 0$ ならば C は下に凸であるから，$x > 2$ において C は下に凸である．

$f''(x) < 0$ ならば C は上に凸であるから，$x < 2$ において C は上に凸である．

$f''(x) = 0$ をみたす点 $\mathrm{Q}(2, -6)$ を調べる．点 Q の前後で $f''(x)$ は符号を変えるから，点 Q は C の変曲点である (要約 2.3.5)．

$x = 0, 4$ が極値の候補と上に述べた．例題 2.9 では $f(x)$ の増減を調べることにより極値を判定したが，ここでは曲線の 2 次導関数を用いて調べる (要約 2.3.6)．

$x = 0$ では，$f''(0) = -12 < 0$ であるから，$x = 0$ で $f(x)$ は極大値 10 をとる．

$x = 4$ では，$f''(0) = 12 > 0$ であるから，$x = 4$ で $f(x)$ は極小値 -22 をとる．

以上の考察により，C のグラフは図 2.4 のようになる． ∎

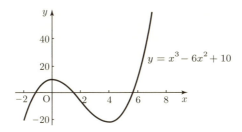

図 **2.4**

問題 2.3

1. 次の関数の n 次導関数を求めよ．

(1) $y = a^x \quad (a > 0)$. (2) $y = \dfrac{1}{x+a}$. (3) $y = \log(x+a)$.

(4) $y = \sqrt{1+x}$. (5) $y = \dfrac{1}{\sqrt{1+x}}$. (6) $\dfrac{1}{x^2 - x - 2}$.

2. 曲線 C が次のようにパラメータ表示されるとき，C 上の点 $\mathrm{P}(x(t_0), y(t_0))$ における接線を求めよ．

(1) $C : x(t) = t - \sin t,\ y(t) = 1 - \cos t :\ \mathrm{P}\left(\dfrac{\pi}{3} - \dfrac{\sqrt{3}}{2}, \dfrac{1}{2}\right),\ \left(t_0 = \dfrac{\pi}{3}\right)$.

(2) $C : x(t) = t^2,\ y(t) = \sin t :\ \mathrm{P}\left(\left(\dfrac{\pi}{6}\right)^2, \dfrac{1}{2}\right),\ \left(t_0 = \dfrac{\pi}{6}\right)$.

3. 次の関数 $f(x)$ が微分可能かどうかを調べ，微分可能ならば C^1 級 (導関数が連続) かどうかを調べ，C^1 級なら 2 回微分かどうかを調べよ．

(1) $f(x) = \begin{cases} x^2 \sin \dfrac{1}{x} & (x \neq 0), \\ 0 & (x = 0). \end{cases}$ (2) $f(x) = \begin{cases} x^3 \sin \dfrac{1}{x} & (x \neq 0), \\ 0 & (x = 0). \end{cases}$

4. 次の問いに答えよ．

(1) $x = x(t),\ y = y(t)$ が 2 回微分可能で，$x'(t) \neq 0$ とするとき，$\dfrac{d^2 y}{dx^2}$ を t の関数として表せ．

(2) (1) を用いて，$x = a \cos t,\ y = b \sin t\ \left(0 < t < \dfrac{\pi}{2}\right)$ とパラメータ表示されるとき，$\dfrac{dy}{dx}, \dfrac{d^2 y}{dx^2}$ を t の関数として表せ．

5. $z = g(y),\ y = f(x)$ で $f(x)$ および $g(y)$ が 2 回微分可能ならば，f と g の合成関数 $z = g(f(x))$ は x の関数として 2 回微分可能で，次式が成り立つことを示せ．

$$\dfrac{d^2 z}{dx^2} = \dfrac{d^2 z}{dy^2} \left(\dfrac{dy}{dx}\right)^2 + \dfrac{dz}{dy} \dfrac{d^2 y}{dx^2}.$$

6. $y = f(x)$ の逆関数を $x = f^{-1}(y)$ とする．$f(x)$ が 2 回微分可能で $f'(x) \neq 0$ ならば，$f^{-1}(y)$ も y の関数として 2 回微分可能で，次式が成り立つことを示せ．

$$\dfrac{d^2 x}{dy^2} = -\dfrac{\dfrac{d^2 y}{dx^2}}{\left(\dfrac{dy}{dx}\right)^3}.$$

2.3 高次導関数と曲線

――――――――― 略解2.3 ―――――――――

1. (1) $\dfrac{dy}{dx} = \dfrac{d}{dx}a^x = (\log a)a^x$ (問題 2.1-1(8))．よって，$\dfrac{d^n y}{dx^n} = \dfrac{d^n}{dx^n}a^x = (\log a)^n a^x$．

(2) 例題 2.10(3) で $b=a$, $\alpha=-1$ とおくと
$$\dfrac{d^n y}{dx^n} = \dfrac{d^n}{dx^n}\dfrac{1}{x+a} = \dfrac{d^n}{dx^n}(x+a)^{-1} = (-1)(-2)\cdots(-n)(x+a)^{-n-1} = \dfrac{(-1)^n n!}{(x+a)^{n+1}}.$$

(3) $\dfrac{dy}{dx} = \dfrac{d}{dx}\log(x+a) = \dfrac{1}{x+a}$．問題 2.3-1(2) より，$\dfrac{d^{n-1}}{dx^{n-1}}\dfrac{1}{x+a} = \dfrac{(-1)^{n-1}(n-1)!}{(x+a)^n}$．

よって，$\dfrac{d^n y}{dx^n} = \dfrac{d^{n-1}}{dx^{n-1}}\dfrac{1}{x+a} = \dfrac{(-1)^{n-1}(n-1)!}{(x+a)^n}$ $(n\geq 1)$．

(4) 例題 2.10(3) で $b=1$, $\alpha=\dfrac{1}{2}$ とおくと
$$\dfrac{d^n y}{dx^n} = \dfrac{1}{2}\cdot\dfrac{-1}{2}\cdots\dfrac{3-2n}{2}(1+x)^{(1-2n)/2} = \dfrac{(-1)^{n-1}(2n-3)!!}{2^n}\dfrac{1}{(1+x)^{n-1/2}}.$$

(5) 例題 2.10(3) で $b=1$, $\alpha=-\dfrac{1}{2}$ とおくと
$$\dfrac{d^n y}{dx^n} = \dfrac{-1}{2}\cdot\dfrac{-3}{2}\cdots\dfrac{1-2n}{2}(1+x)^{-(1+2n)/2} = \dfrac{(-1)^n(2n-1)!!}{2^n}\dfrac{1}{(1+x)^{n+1/2}}.$$

(6) $\dfrac{1}{(x-1)(x-2)} = \dfrac{1}{x-2} - \dfrac{1}{x-1}$ である．問題 2.3-1(2) より，$\dfrac{d^n}{dx^n}\dfrac{1}{x-2} = \dfrac{(-1)^n n!}{(x-2)^{n+1}}$，$\dfrac{d^n}{dx^n}\dfrac{1}{x-1} = \dfrac{(-1)^n n!}{(x-1)^{n+1}}$ であるから，$\dfrac{d^n y}{dx^n} = (-1)^n n!\left(\dfrac{1}{(x-2)^{n+1}} - \dfrac{1}{(x-1)^{n+1}}\right)$．

2. (1) $a = \dfrac{\pi}{3} - \dfrac{\sqrt{3}}{2}$, $b = \dfrac{1}{2}$ とおく．$x'(t) = 1-\cos t$, $y'(t) = \sin t$ であるから，要約 2.3.3 により，$\dfrac{dy}{dx}(a) = \dfrac{y'(\pi/3)}{x'(\pi/3)} = \dfrac{\sin(\pi/3)}{1-\cos(\pi/3)} = \dfrac{\sqrt{3}/2}{1-1/2} = \sqrt{3}$．よって，$P(a,b)$ における C の接線は $y - \dfrac{1}{2} = \sqrt{3}\left(x - \dfrac{\pi}{3} + \dfrac{\sqrt{3}}{2}\right)$．整理して $y = \sqrt{3}x + 2 - \dfrac{\sqrt{3}}{3}\pi$．

(2) $a = \left(\dfrac{\pi}{6}\right)^2$, $b = \dfrac{1}{2}$ とおく．$x'(t) = 2t$, $y'(t) = \cos t$ であるから，要約 2.3.3 により，$\dfrac{dy}{dx}(a) = \dfrac{y'(\pi/6)}{x'(\pi/6)} = \dfrac{\sqrt{3}/2}{\pi/3} = \dfrac{3\sqrt{3}}{2\pi}$．よって，$P(a,b)$ における C の接線は $y - \dfrac{1}{2} = \dfrac{3\sqrt{3}}{2\pi}\times\left(x - \left(\dfrac{\pi}{6}\right)^2\right)$．整理して $y = \dfrac{3\sqrt{3}}{2\pi}x + \dfrac{1}{2} - \dfrac{\sqrt{3}\pi}{24}$．

3. (1) $x\neq 0$ では $f(x)$ は C^∞．$\left|\sin\dfrac{1}{h}\right|\leq 1$ より $\lim_{h\to 0}\dfrac{f(h)-f(0)}{h} = \lim_{h\to 0}h\sin\dfrac{1}{h} = 0$．よって，$f(x)$ は $x=0$ で微分可能で
$$f'(x) = \begin{cases} 2x\sin\dfrac{1}{x} - \cos\dfrac{1}{x} & (x\neq 0), \\ 0 & (x=0). \end{cases}$$

$x\to 0$ とすると，$\lim_{x\to 0}2x\sin\dfrac{1}{x} = 0$ であるが，$\lim_{x\to 0}\cos\dfrac{1}{x}$ は振動するので，$\lim_{x\to 0}f'(x)$ は存在しない．よって，$f(x)$ は微分可能であるが，$f'(x)$ は $x=0$ で連続ではないから $f(x)$ は C^1 級

ではない.

(2) $x \neq 0$ では $f(x)$ は C^∞. $\left|\sin\dfrac{1}{h}\right| \leq 1$ より $\lim_{h\to 0}\dfrac{f(h)-f(0)}{h} = \lim_{h\to 0} h^2 \sin\dfrac{1}{h} = 0$.
よって, $f(x)$ は $x=0$ で微分可能で

$$f'(x) = \begin{cases} 3x^2 \sin\dfrac{1}{x} - x\cos\dfrac{1}{x} & (x \neq 0), \\ 0 & (x = 0). \end{cases}$$

$\lim_{x\to 0} f'(x) = \lim_{x\to 0} 3x^2 \sin\dfrac{1}{x} - x\cos\dfrac{1}{x} = 0 = f'(0)$ であるから, $f'(x)$ は $x=0$ で連続. $f(x)$ は C^1 級である.

次に, $f(x)$ が 2 回微分可能かどうか調べる. $f'(x)$ を $x=0$ で微分してみる.

$$\lim_{h\to 0}\dfrac{f'(h)-f'(0)}{h} = \lim_{x\to 0}\left\{3x\sin\dfrac{1}{x} - \cos\dfrac{1}{x}\right\}.$$

$\lim_{x\to 0} 3x\sin\dfrac{1}{x} = 0$ であるが $\lim_{x\to 0}\cos\dfrac{1}{x}$ は振動するから, $\lim_{h\to 0}\dfrac{f'(h)-f'(0)}{h}$ は存在しない.
よって, $f(x)$ は 2 回微分可能ではない.

4. ここで, $'$ は t に関する微分を表すとする.

(1) 要約 2.3.3 より $\dfrac{dy}{dx} = \dfrac{dy/dt}{dx/dt} = \dfrac{y'}{x'}$ である. $\dfrac{dt}{dx} = \dfrac{1}{dx/dt} = \dfrac{1}{x'}$ (要約 2.1.6) となるから

$$\dfrac{d^2y}{dx^2} = \dfrac{d}{dx}\dfrac{y'}{x'} = \dfrac{d}{dt}\left(\dfrac{y'}{x'}\right)\dfrac{dt}{dx} = \dfrac{y''x' - x''y'}{(x')^2}\dfrac{1}{x'} = \dfrac{y''x' - x''y'}{(x')^3}.$$

(2) $\dfrac{dy}{dx} = \dfrac{y'}{x'} = \dfrac{-b\cos t}{a\sin t} = -\dfrac{b\cos t}{a\sin t}$.

$\dfrac{d^2y}{dx^2} = \dfrac{x'y'' - x''y'}{(x')^3} = -\dfrac{ab(\sin^2 t + \cos^2 t)}{-a^3\sin^3 t} = -\dfrac{b}{a^2}\dfrac{1}{\sin^3 t}$.

5. $z = f(g(x))$ は微分可能な関数 $g(y)$ と $f(x)$ の合成関数であるから微分可能で, $\dfrac{dz}{dx} = \dfrac{dg}{dy}\dfrac{df}{dx} = \dfrac{dz}{dy}\dfrac{dy}{dx}$ (要約 2.1.5). $\dfrac{dz}{dy} = \dfrac{dg}{dy}$ は y の微分可能な関数で, $y = f(x)$ は x の微分可能な関数であるから, その合成関数 $\dfrac{dz}{dy}(f(x))$ は x に関して微分可能である (要約 2.1.5) から

$$\dfrac{d^2z}{dx^2} = \dfrac{d}{dx}\left\{\dfrac{dz}{dy}\dfrac{dy}{dx}\right\} = \left\{\dfrac{d}{dx}\left(\dfrac{dz}{dy}\right)\right\}\dfrac{dy}{dx} + \dfrac{dz}{dy}\dfrac{d^2y}{dx^2}$$
$$= \dfrac{d^2z}{dy^2}\dfrac{dy}{dx}\dfrac{dy}{dx} + \dfrac{dz}{dy}\dfrac{d^2y}{dx^2} = \dfrac{d^2z}{dy^2}\left(\dfrac{dy}{dx}\right)^2 + \dfrac{dz}{dy}\dfrac{d^2y}{dx^2}.$$

6. $x = f^{-1}(f(x))$ に $g(y) = f^{-1}(y)$ として, 問題 2.3-5 を適用すると

$$\dfrac{d^2x}{dx^2} = \dfrac{d^2x}{dy^2}\left(\dfrac{dy}{dx}\right)^2 + \dfrac{dx}{dy}\dfrac{d^2y}{dx^2}.$$

$\dfrac{d^2x}{dx^2} = 0$ であるから $\dfrac{d^2x}{dy^2}\left(\dfrac{dy}{dx}\right)^2 + \dfrac{dx}{dy}\dfrac{d^2y}{dx^2} = 0$. よって, $\dfrac{d^2x}{dy^2} = -\dfrac{dx}{dy}\dfrac{d^2y}{dx^2}\bigg/\left(\dfrac{dy}{dx}\right)^2 = -\left(\dfrac{dy}{dx}\right)^{-1}\dfrac{d^2y}{dx^2}\bigg/\left(\dfrac{dy}{dx}\right)^2 = -\dfrac{d^2y}{dx^2}\bigg/\left(\dfrac{dy}{dx}\right)^3$ $\left(\dfrac{dx}{dy} = \left(\dfrac{dy}{dx}\right)^{-1}\right.$ 要約 2.1.6 $\bigg)$.

2.4 ニュートン近似，ライプニッツの公式，テイラーの定理

要約 ━━━━━ ニュートン近似，ライプニッツの公式，テイラーの定理 ━━━━━

2.4.1 (ニュートン近似) $y = f(x)$ は $[a,b]$ を含む開区間で 2 回微分可能で
 (i) $f(a) < 0,\ f(b) > 0$,
 (ii) $f'(x) > 0,\ f''(x) > 0 \quad (a \leq x \leq b)$
ならば，$f(x) = 0$ は区間 $[a,b]$ において，ただ 1 つの解 α をもつ．
$$c_1 = b,\ c_{n+1} = c_n - \frac{f(c_n)}{f'(c_n)} \quad (n \geq 1)$$ と定めると，$\{c_n\}$ は単調減少数列で α に収束する．

2.4.2 (ライプニッツの公式) 関数 $f(x), g(x)$ が開区間 I で n 回微分可能ならば，積 $f(x)g(x)$ も I で n 回微分可能で
$$(f(x)g(x))^{(n)} = \sum_{k=0}^{n} \binom{n}{k} f^{(n-k)}(x) g^{(k)}(x).$$

2.4.3 (テイラーの定理) $f(x)$ が開区間 I で n 回微分可能のとき，I の 2 点 a, b に対して
$$f(b) = \sum_{k=0}^{n-1} \frac{f^{(k)}(a)}{k!}(b-a)^k + \frac{f^{(n)}(c)}{n!}(b-a)^n$$
をみたす点 c が a と b の間に存在する．

2.4.4 (有限テイラー展開) $f(x)$ が開区間 I で n 回微分可能とする．$a \in I$ に対して
$$f(x) = \sum_{k=0}^{n-1} \frac{f^{(k)}(a)}{k!}(x-a)^k + \frac{f^{(n)}(a+\theta(x-a))}{n!}(x-a)^n$$
をみたす $\theta\ (0 < \theta < 1)$ が存在する．

2.4.5 (有限マクローリン展開) $f(x)$ が原点を含む開区間 I で n 回微分可能とする．$x \in I$ に対して
$$f(x) = \sum_{k=0}^{n-1} \frac{f^{(k)}(0)}{k!}x^k + \frac{f^{(n)}(\theta x)}{n!}x^n$$
をみたす $\theta\ (1 < \theta < 1)$ が存在する．

2.4.6 (ランダウの記号) 点 a の近くで定義された 2 つの関数 $f(x), g(x)$ に対し，$f(x) = o(g(x))\ (x \to a)$ であるとは，$\displaystyle\lim_{x \to a} \frac{f(x)}{g(x)} = 0$ であるときにいう．
この記号 o をランダウの記号といい，スモール・オーと読む．

2.4.7 (漸近展開) $f(x)$ が原点の近傍で n 回微分可能とすると，$x \in I$ に対して
$$f(x) = \sum_{k=0}^{n} \frac{f^{(k)}(0)}{k!}x^k + o(x^n) \quad (x \to 0).$$

例題 2.13 ━━━━━━━━━━━━━━━━━━━━━━━━━ ライプニッツの公式

(1) $\dfrac{d^n}{dx^n}\{(x^2+1)e^x\}$ を求めよ.

(2) $f(x) = \mathrm{Tan}^{-1} x$ のとき $(x^2+1)f'(x) = 1$ を示せ. この両辺を n 回微分し
$$(x^2+1)f^{(n+1)}(x) + 2nx f^{(n)}(x) + n(n-1)f^{(n-1)}(x) = 0$$
が成り立つことを示せ. さらに, この等式を用いて
$$f^{(n)}(0) = \begin{cases} (-1)^m (2m)! & (n = 2m+1), \\ 0 & (n = 2m) \end{cases}$$
を示せ.

━━━

考え方 (1) はライプニッツの公式を用いる. f または g が数回の微分で 0 になるときには, fg の n 次導関数 $(fg)^{(n)}$ は簡単な形になる.

(2) は $f(x) = \mathrm{Tan}^{-1} x$ の高次導関数がみたす関係式を用いて, $f^{(n)}(0)$ を求める問題である. 関係式を導くにはライプニッツの公式を用いる.

解 答 (1) $f(x) = x^2+1$, $g(x) = e^x$ とおく. $f'(x) = 2x$, $f''(x) = 2$, $f^{(k)}(x) = 0$ $(3 \le k)$ であるから
$$\frac{d^n}{dx^n}\{(x^2+1)e^x\} = \sum_{k=0}^{n} \binom{n}{k} f^{(k)}(x) g^{(n-k)}(x)$$
$$= (x^2+1)e^x + n(2x)e^x + \frac{n(n-1)}{2} 2e^x$$
$$= (x^2 + 2nx + n^2 - n + 1)e^x.$$

(2) (i) $f'(x) = \dfrac{d}{dx} \mathrm{Tan}^{-1} x = \dfrac{1}{x^2+1}$. よって, $(x^2+1)f'(x) = 1$.

(ii) $(x^2+1)f'(x) = 1$ の両辺を n 回微分する. ライプニッツの公式を用いると
$\dfrac{d^n}{dx^n}(x^2+1)f'(x) = (x^2+1)f^{(n+1)}(x) + 2nxf^{(n)}(x) + n(n-1)f^{(n-1)}(x) = 0$.

(iii) $n = 0$ のときは $f(0) = \mathrm{Tan}^{-1} 0 = 0$.
$n = 1$ のときは $f'(x) = \dfrac{1}{x^2+1}$ であるから $f'(0) = 1$.
(ii) の式に, $x = 0$ を代入すると $f^{(n+1)}(0) + n(n-1)f^{(n-1)}(0) = 0$ となるから
$$f^{(n+1)}(0) = -n(n-1)f^{(n-1)}(0).$$
よって, $n = 2m$ (偶数) ならば
$$f^{(2m)}(0) = -(2m-1)(2m-2)f^{(2m-2)}(0) = \cdots = (-1)^m (2m-1)!\, 0 = 0.$$
$n = 2m+1$ (奇数) ならば
$$f^{(2m+1)}(0) = -2m(2m-1)f^{(2m-1)}(0) = (-1)^m (2m)! f(1) = (-1)^m (2m)!. \blacksquare$$

2.4 ニュートン近似，ライプニッツの公式，テイラーの定理　　49

例題 2.14 ──────────────────────── ニュートン近似

$f(x) = x^3 - x - 1$ に $a = 1, b = 2$ として，$f(x) = 0$ の根の近似値をニュートン近似の第 4 項 c_4 まで計算せよ．

[考え方]　要約 2.4.1 では，ニュートン近似の成り立つ条件を 1 つしか述べなかったが，実は $f'(x)$ および $f''(x)$ の正負が区間 $[a, b]$ で一定ならば成り立つ．ただし，c_1 は点 a または点 b のうち，$f(c_1)$ の正負が $f''(x)$ の正負に一致するものをとる．

[解答]　$f'(x) = 3x^2 - 1$, $f''(x) = 6x$ である．$a = 1, b = 2$ であるから，$f'(x) > 0$, $f''(x) > 0$ $(1 \leqq x \leqq 2)$ となり，要約 2.4.1 の条件をみたす．よって，ニュートン近似を用いることができる．

以下，要約 2.4.1 のニュートン近似を用いる．図 2.5 はニュートン近似をグラフで表したものである．

$c_1 = b = 2$ ととる．

$$c_2 = c_1 - \frac{f(c_1)}{f'(c_1)} = 2 - \frac{2^3 - 2 - 1}{3 \cdot 2^2 - 1} = 2 - \frac{5}{11} = 1.5454\cdots,$$

$$c_3 = c_2 - \frac{f(c_2)}{f'(c_2)} = 1.5454\cdots - \frac{1.5454\cdots^3 - 1.5454\cdots - 1}{3 \cdot 1.5454\cdots^2 - 1}$$

$$= 1.5454\cdots - \frac{1.1454\cdots}{6.1647\cdots} = 1.3596\cdots,$$

$$c_4 = c_3 - \frac{f(c_3)}{f'(c_3)} = 1.3596\cdots - \frac{1.3596\cdots^3 - 1.3596\cdots - 1}{3 \cdot 1.3596\cdots^2 - 1}$$

$$= 1.3596\cdots - \frac{0.1536\cdots}{4.5454\cdots} = 1.3258\cdots. \blacksquare$$

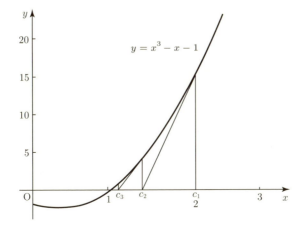

図 2.5

例題 2.15 ─────────────────────────────────── ランダウの記号

次を示せ．

(1) $x^m o(x^n) = o(x^{m+n})$.

(2) $o(x^m) o(x^n) = o(x^{m+n})$.

(3) $m \leqq n$ ならば，$o(x^m) + o(x^n) = o(x^m)$.

(4) $\{2 + x + o(x)\}\{1 + 2x + x^2 + o(x^2)\} = 2 + 5x + o(x)$.

[考え方] ランダウの記号についての基本的な性質である．(4) はランダウの記号を用いる具体的な例である．ランダウの記号は極限や極値を調べるのに有効である．

[解答] (1) $\displaystyle\lim_{x \to 0} \frac{x^m o(x^n)}{x^{m+n}} = \lim_{x \to 0} \frac{o(x^n)}{x^n} = 0$. よって，$x^m o(x^n) = o(x^{m+n})$.

(2) $\displaystyle\lim_{x \to 0} \frac{o(x^m) o(x^n)}{x^{m+n}} = \lim_{x \to 0} \frac{o(x^m)}{x^m} \frac{o(x^n)}{x^n} = 0$. よって，$o(x^m) o(x^n) = o(x^{m+n})$.

(3) $m \leqq n$ とすると $\displaystyle\lim_{x \to 0} \frac{o(x^m) + o(x^n)}{x^m} = \lim_{x \to 0} \frac{o(x^m)}{x^m} + x^{n-m} \frac{o(x^n)}{x^n} = 0$.
よって，$o(x^m) + o(x^n) = o(x^m)$.

(4) $\{2 + x + o(x)\}\{1 + 2x + x^2 + o(x^2)\}$
$= 2 + 5x + 4x^2 + 2x^3 + (1 + 2x + x^2) o(x) + (2 + x) o(x^2) + o(x) o(x^2)$
$= 2 + 5x + o(x)$. ∎

例題 2.16 ───────────────────── 有限マクローリン展開と漸近展開

(1) e^x の有限マクローリン展開を求めよ．

(2) e^x の漸近展開を求めよ．

[考え方] やさしい関数のマクローリン展開と漸近展開である．

[解答] (1) $(e^x)' = e^x$, $(e^x)^{(n)} = e^x$ である．$f(x) = e^x$ のマクローリン展開は
$$e^x = \sum_{k=0}^{n-1} \frac{f^{(k)}(0)}{k!} x^k + \frac{f^{(n)}(\theta x)}{n!} x^n = \sum_{k=0}^{n-1} \frac{1}{k!} x^k + \frac{e^{\theta x} x^n}{n!}$$
$$= 1 + x + \frac{x^2}{2} + \cdots + \frac{x^{n-1}}{(n-1)!} + \frac{e^{\theta x} x^n}{n!} \quad (0 < \theta < 1).$$

(2) (1) と同様の計算で
$$e^x = \sum_{k=0}^{n} \frac{f^{(k)}(0)}{k!} x^k + o(x^n)$$
$$= 1 + x + \frac{x^2}{2} + \cdots + \frac{x^n}{n!} + o(x^n) \quad (x \to 0). \quad \blacksquare$$

2.4 ニュートン近似,ライプニッツの公式,テイラーの定理　　51

例題 2.17 ──────────────────────── 漸近展開と極限

(1) $\sin x$, $\log(1+x)$ の漸近展開を $n=1$ として求めよ.

(2) $\sin x \log(1+x)$, $\cos x - 1$ の漸近展開を $n=2$ として求めよ.

(3) $\displaystyle\lim_{x\to 0}\frac{\sin x \log(1+x)}{\cos x - 1}$ を漸近展開を用いて計算せよ.

[考え方] 関数の積の漸近展開はその関数の漸近展開を計算しなくても,各々の関数の漸近展開を計算することにより計算できる.また,ロピタルの定理は不定形の極限を求めるのに有効な手段であるが,分子,分母の微分がやっかいなときには漸近展開が有効である.

[解答] (1) $\sin x = x + o(x)$ $(x \to 0)$.　　$\log(1+x) = x + o(x)$ $(x \to 0)$.

(2) $xo(x) = o(x^2)$, $o(x)o(x) = o(x^2)$ であるから
$$\sin x \log(1+x) = (x+o(x))(x+o(x)) = x^2 + o(x^2) \quad (x \to 0).$$
$$\cos x - 1 = -\frac{x^2}{2} + o(x^2) \quad (x \to 0).$$

(3) (1), (2) で計算した $\sin x \log(1+x)$, $\cos x - 1$ の漸近展開を用いて,極限を計算する.
$$\lim_{x\to 0}\frac{\sin x \log(1+x)}{\cos x - 1} = \lim_{x\to 0}\frac{x^2 + o(x^2)}{-\dfrac{x^2}{2} + o(x^2)} = \lim_{x\to 0}\frac{1+\dfrac{o(x^2)}{x^2}}{-\dfrac{1}{2}+\dfrac{o(x^2)}{x^2}} = -2. \quad■$$

例題 2.18 ──────────────────── 漸近展開を用いて極値を調べる

$f(x) = \sin^2 x(e^x - 1 - x)$ が $x=0$ で極値をとるかどうか調べよ.

[考え方] 極値をとる候補について,漸近展開を用いて調べるのは有効である.

[解答] $f'(x) = 2\sin x \cos x(e^x - 1 - x) - \sin^2 x(e^x - 1)$ であるから,$f'(0) = 0$ となる.よって,$x=0$ は極値をとる候補である.

$\sin x = x + o(x)$, $1 + x - e^x = -\dfrac{x^2}{2} + o(x^2)$ より,0 の近傍の点 $x(\neq 0)$ に対して
$$f(x) = \sin^2 x(e^x - 1 - x) = (x+o(x))^2\left(-\frac{x^2}{2} + o(x^2)\right)$$
$$= (x^2 + o(x^2))\left(-\frac{x^2}{2} + o(x^2)\right) = -\frac{x^4}{2} + o(x^4)$$
$$= -\frac{x^4}{2}\left(1 + \frac{o(x^4)}{x^4}\right) < 0 = f(0).$$

よって,$f(x)$ は $x=0$ で極大値をとる. ■

問題 2.4

1. 次の方程式の解のうち，与えられた範囲にあるものを，与えられた n に対してニュートン近似の第 n 項まで求めよ．

(1) $x^2 - 5 = 0$, $\quad$ $[2, 3]$ $\quad$ $(n = 3)$.
(2) $x^2 - x - 1 = 0$, $\quad$ $[-1, 0]$ $\quad$ $(n = 3)$.
(3) $2 - x^3 = 0$, $\quad$ $[1, 2]$ $\quad$ $(n = 4)$.
(4) $x^2 - 3x + 1 = 0$, $\quad$ $[0, 1]$ $\quad$ $(n = 4)$.

2. 次の n 次導関数を求めよ (ライプニッツの公式を用いよ)．

(1) $\dfrac{d^n}{dx^n}\{(x^2 + 1)e^x\}$.
(2) $\dfrac{d^n}{dx^n}\{(x^2 + x + 1)\sin x\}$.
(3) $\dfrac{d^n}{dx^n}\{(x^2 - 1)\log 2x\}$.
(4) $\dfrac{d^n}{dx^n}(x^2 3^x)$.

3. 次の関数を有限マクローリン展開せよ．

(1) $\cos x$ $\quad$ $(n = 2m : 偶数)$.
(2) $\cos x$ $\quad$ $(n = 2m + 1 : 奇数)$.
(3) $\sin x$ $\quad$ $(n = 2m : 偶数)$.
(4) $\dfrac{1}{\sqrt{1 + x}}$.
(5) $\log(1 + x)$.

4. 次の値の近似値を求めよ (関数の有限マクローリン展開の x^3 の項まで計算せよ)．また，誤差も評価せよ．

(1) $e^{1/3}$ $\quad$ $\left(e^x \text{ で } x = \dfrac{1}{3} \text{ ととる}\right)$.
(2) $\log 3$ $\quad$ $\left(\log \dfrac{1 + x}{1 - x} \text{ で } x = \dfrac{1}{2} \text{ ととる}\right)$.

5. 次の関数の漸近展開を $o(x^2)$ を用いて表せ．

(1) $(1 + x + x^2)e^x$.
(2) $e^x \sin x$.
(3) $e^x \sqrt{1 + x}$.
(4) $\dfrac{\mathrm{Tan}^{-1} x}{x - x^2}$.

6. 次の極限を漸近展開を用いて求めよ．

(1) $\displaystyle\lim_{x \to 0} \dfrac{(1 + 2x)\sin x - xe^x}{x^2}$.
(2) $\displaystyle\lim_{x \to 0} \left\{\dfrac{1}{\sin x} - \dfrac{1}{e^x - 1}\right\}$.

7. 次の関数が与えられた点で極値をとるかどうかを，漸近展開を用いて調べよ．

(1) $y = x^2 \cos x - \sin^2 x$ $\quad$ $(x = 0)$.
(2) $y = x \sin x - x^2 e^x$ $\quad$ $(x = 0)$.
(3) $y = xe^x - \sin x$ $\quad$ $(x = 0)$.
(4) $y = e^{x-1} - x + (1 - x)\log x$ $\quad$ $(x = 1)$.

2.4 ニュートン近似，ライプニッツの公式，テイラーの定理　　53

略解 2.4

1. 与えられた関数を $f(x)$ とする．

(1) $f'(x)=2x$, $f''(x)=2$ であるから，$f(x)$, $a=2$, $b=3$ は要約 2.4.1 の条件をみたす．$c_1=b=3$ ととる．$c_2=c_1-\dfrac{f(c_1)}{f'(c_1)}=2.3333\cdots$, $c_3=c_2-\dfrac{f(c_2)}{f'(c_2)}=2.2380\cdots$．

(2) $f'(x)=2x-1$, $f''(x)=2$ であるから，$f(x)$, $a=-1$, $b=0$ は例題 2.14 の [考え方] の条件をみたす．$[-1, 0]$ で $f''(x)=2>0$, $f(-1)=1>0$ であるから，$c_1=-1$ ととる．$c_2=c_1-\dfrac{f(c_1)}{f'(c_1)}=-0.6666\cdots$, $c_3=c_2-\dfrac{f(c_2)}{f'(c_2)}=-0.6190\cdots$．

(3) $f'(x)=-3x^2$, $f''(x)=-6x$ であるから，$f(x)$, $a=1$, $b=2$ は例題 2.14 の [考え方] の条件をみたす．$[1, 2]$ で $f''(x)=-6x<0$, $f(2)=-6<0$ であるから，$c_1=2$ ととる．$c_2=c_1-\dfrac{f(c_1)}{f'(c_1)}=1.5\cdots$, $c_3=c_2-\dfrac{f(c_2)}{f'(c_2)}=1.2962\cdots$, $c_4=c_3-\dfrac{f(c_3)}{f'(c_3)}=1.2609\cdots$．

(4) $f'(x)=2x-3$, $f''(x)=2$ であるから，$f(x)$, $a=0$, $b=1$ は例題 2.14 の [考え方] の条件をみたす．$[0, 1]$ で $f''(x)=2>0$, $f(0)=1>0$ であるから，$c_1=0$ ととる．$c_2=c_1-\dfrac{f(c_1)}{f'(c_1)}=0.3333\cdots$, $c_3=c_2-\dfrac{f(c_2)}{f'(c_2)}=0.3809\cdots$, $c_4=c_3-\dfrac{f(c_3)}{f'(c_3)}=0.3819\cdots$．

2. ライプニッツの公式 (要約 2.4.2) を用いる．

(1) $\dfrac{d^n}{dx^n}\{(x^2+1)e^x\}=(x^2+1)e^x+n\cdot 2xe^x+n(n-1)e^x=(x^2+2nx+n^2-n+1)e^x$.

(2) $\dfrac{d^k}{dx^k}\sin x=\sin\left(x+\dfrac{k}{2}\pi\right)$ であるから $\dfrac{d^n}{dx^n}\{(x^2+x+1)\sin x\}$
$=(x^2+x+1)\sin\left(x+\dfrac{n}{2}\pi\right)+n(2x+1)\sin\left(x+\dfrac{n-1}{2}\pi\right)+n(n-1)\sin\left(x+\dfrac{n-2}{2}\pi\right)$.

(3) $\dfrac{d}{dx}\log 2x=\dfrac{d}{dx}(\log x+\log 2)=\dfrac{1}{x}$, $1\leqq k$ ならば $\dfrac{d^k}{dx^k}\log 2x=\dfrac{(-1)^{k-1}(k-1)!}{x^k}$.

よって，$n=0$ ならば $(x^2-1)\log 2x$.

$n=1$ ならば $\dfrac{d}{dx}\{(x^2-1)\log 2x\}=(x^2-1)\dfrac{1}{x}+2x\log 2x=\dfrac{x^2-1}{x}+2x\log 2x$.

$n=2$ ならば $\dfrac{d^2}{dx^2}\{(x^2-1)\log 2x\}=(x^2-1)\dfrac{-1}{x^2}+2(2x)\dfrac{1}{x}+2\log 2x$
$=\dfrac{1}{x^2}+3+2\log 2x$.

$n\geqq 3$ ならば $\dfrac{d^n}{dx^n}\{(x^2-1)\log 2x\}$
$=(x^2-1)\dfrac{(-1)^{n-1}(n-1)!}{x^n}+n(2x)\dfrac{(-1)^{n-2}(n-2)!}{x^{n-1}}+\dfrac{n(n-1)}{2}2\dfrac{(-1)^{n-3}(n-3)!}{x^{n-2}}$
$=(-1)^n(n-3)!\left\{\dfrac{(n-1)(n-2)}{x^n}-\dfrac{2}{x^{n-2}}\right\}$.

(4) $\dfrac{d^k}{dx^k}3^x=(\log 3)^k 3^x$ $(0\leqq k)$ であるから
$\dfrac{d^n}{dx^n}(x^2 3^x)=x^2(\log 3)^n 3^x+n(2x)(\log 3)^{n-1}3^x+\dfrac{n(n-1)}{2}2(\log 3)^{n-2}3^x$
$=\{(\log 3)^n x^2+2n(\log 3)^{n-1}x+n(n-1)(\log 3)^{n-2}\}3^x$.

3. (1),(2),(3) には, $(\cos x)^{(k)} = \cos\left(x + \dfrac{k}{2}\pi\right)$, $\cos(x+k\pi) = (-1)^k \cos x$, $(\sin x)^{(k)}$ $= \sin\left(x + \dfrac{k}{2}\pi\right)$, $\sin(x+k\pi) = (-1)^k \sin x$ を用いる.

(1) $\cos x = \displaystyle\sum_{k=0}^{n-1} \dfrac{\cos^{(k)}(0)}{k!} x^k + \dfrac{\cos^{(n)}(\theta x)}{n!} x^n$

$= \displaystyle\sum_{k=0}^{n-1} \dfrac{\cos\left(\dfrac{k}{2}\pi\right)}{k!} x^k + \dfrac{\cos(\theta x + m\pi)}{(2m)!} x^n = \sum_{j=0}^{m-1} \dfrac{(-1)^j}{(2j)!} x^{2j} + \dfrac{(-1)^m \cos(\theta x)}{n!} x^n$

$= 1 - \dfrac{x^2}{2!} + \dfrac{x^4}{4!} - \cdots + \dfrac{(-1)^{m-1} x^{2(m-1)}}{(m-1)!} + \dfrac{(-1)^m \cos(\theta x)}{(2m)!} x^n \quad (0 < \theta < 1)$.

(2) $\cos x = \displaystyle\sum_{k=0}^{n-1} \dfrac{\cos^{(k)}(0)}{k!} x^k + \dfrac{\cos^{(n)}(\theta x)}{n!} x^n$

$= \displaystyle\sum_{k=0}^{n-1} \dfrac{\cos\left(\dfrac{k}{2}\pi\right)}{k!} x^k + \dfrac{\cos\left(\theta x + \dfrac{2m+1}{2}\pi\right)}{(2m+1)!} x^{2m+1}$

$= 1 - \dfrac{x^2}{2!} + \dfrac{x^4}{4!} - \cdots + \dfrac{(-1)^m x^{2m}}{(2m)!} + \dfrac{(-1)^{m+1} \sin(\theta x)}{(2m+1)!} x^{2m+1} \quad (0 < \theta < 1)$

$\left(\cos\left(\theta x + \dfrac{2m+1}{2}\pi\right) = -\sin(\theta x + m\pi) = (-1)^{m+1} \sin \theta x\right).$

(3) $\sin x = \displaystyle\sum_{k=0}^{n-1} \dfrac{\sin^{(k)}(0)}{k!} x^k + \dfrac{\sin^{(n)}(\theta x)}{n!} x^n$

$= \displaystyle\sum_{k=0}^{n-1} \dfrac{\sin\left(\dfrac{k}{2}\pi\right)}{k!} x^k + \dfrac{\sin(\theta x + m\pi)}{(2m)!} x^{2m+1}$

$= x - \dfrac{x^3}{3!} + \dfrac{x^5}{5!} - \cdots + (-1)^{m-1} \dfrac{x^{2m-1}}{(2m-1)!} + (-1)^m \dfrac{\sin(\theta x)}{(2m)!} x^{2m} \quad (0 < \theta < 1)$.

(4) $f(x) = \dfrac{1}{\sqrt{1+x}}$ とおくと

$$f^{(k)}(x) = \dfrac{(-1)^k (2k-1)!!}{2^k} \dfrac{1}{(1+x)^{k+1/2}} \quad (\text{問題 2.3-1(5)}).$$

よって, $f^{(k)}(0) = \dfrac{(-1)^k}{2^k}(2k-1)!!$. したがって

$\dfrac{1}{\sqrt{1+x}} = \displaystyle\sum_{k=0}^{n-1} \dfrac{f^{(k)}(0)}{k!} x^k + \dfrac{f^{(n)}(\theta x)}{n!} x^n$

$= \displaystyle\sum_{k=0}^{n-1} \dfrac{(-1)^k (2k-1)!!}{(2k)!!} x^k + \dfrac{(-1)^n (2n-1)!!}{(2n)!!} \dfrac{x^n}{(1+\theta x)^{n+1/2}}$

$= 1 - \dfrac{1}{2} x + \dfrac{3 \cdot 1}{4 \cdot 2} x^2 - \cdots + \dfrac{(-1)^{n-1}(2n-3)!!}{(2n-2)!!} x^{n-1} + \dfrac{(-1)^n (2n-1)!!}{(2n)!!} \dfrac{x^n}{(1+\theta x)^{n+1/2}} \quad (0 < \theta < 1)$.

(5) $n \geqq 1$ ならば $\dfrac{d^n}{dx^n} \log(x+1) = \dfrac{(-1)^{n-1}(n-1)!}{(x+1)^n}$ (問題 2.3-1(3)). $\log 1 = 0$ であるから

2.4 ニュートン近似，ライプニッツの公式，テイラーの定理

$$\log(1+x) = \sum_{k=1}^{n-1} \frac{(-1)^{k-1}(k-1)!}{k!}x^k + \frac{(-1)^{n-1}(n-1)!}{n!}\frac{x^n}{(1+\theta x)^n}$$
$$= x - \frac{x^2}{2} + \frac{x^3}{3} - \cdots + (-1)^{n-2}\frac{x^{n-1}}{n-1} + \frac{(-1)^{n-1}}{n}\left(\frac{x}{1+\theta x}\right)^n \quad (0<\theta<1).$$

4. 計算は電卓を使って計算し，答えは小数点 5 桁まで求め，それ以降は切り捨てている．

(1) $e^x = \sum_{k=0}^{3} \frac{x^k}{k!} + \frac{e^{\theta x}}{4!}x^n$ であるから，$1+x+\frac{x^2}{2!}+\frac{x^3}{3!}$ に $x=0.33333$ を代入すると，$e^{1/3}$ の近似値は 1.39506．誤差を評価すると $\left|\frac{e^{\theta/3}}{4!}\left(\frac{1}{3}\right)^3\right| \leq \frac{3}{4!}\left(\frac{1}{3}\right)^4 = 0.00154$ であるから，$0 < e^{1/3} - 1.39505 < 0.00154$ と考えられる．実際，x^6 の項まで小数点 6 桁をとって計算すると $1.395609\cdots$ となる．場合によるが，手計算でやるなら x^3 までとれば十分であろう．

(2) $\log\frac{1+x}{1-x} = \log(1+x) - \log(1-x)$
$$= x - \frac{x^2}{2} + \frac{x^3}{3} + \frac{(-1)^4}{4}\left(\frac{x}{1+\theta x}\right)^4 - \left\{-x - \frac{x^2}{2} - \frac{x^3}{3} + \frac{(-1)^4}{4}\left(\frac{x}{1+\theta x}\right)^4\right\}$$

であるから，$x - \frac{x^2}{2} + \frac{x^3}{3} - \left(-x - \frac{x^2}{2} - \frac{x^3}{3}\right) = 2x + \frac{2x^3}{3}$ に $x=\frac{1}{2}$ を代入すると，$\log 3$ の近似値は 1.08333．誤差を評価すると $2\left|\frac{(-1)^4}{4}\left(\frac{x}{1+\theta x}\right)^4\right| < 2\frac{1}{4}\left(\frac{1}{2}\right)^4 = 0.03125$．

5. (1) $e^x = 1+x+\frac{x^2}{2}+o(x^2)$ であるから

$$(1+x+x^2)e^x = (1+x+x^2)\left(1+x+\frac{x^2}{2}+o(x^2)\right) = 1+2x+\frac{5}{2}x^2+o(x^2).$$

(2) $e^x \sin x = \left(1+x+\frac{x^2}{2}+o(x^2)\right)(x+o(x^2)) = x+x^2+o(x^2)$

(3) $e^x = 1+x+\frac{x^2}{2}+o(x^2)$．$f(x)=\sqrt{1+x}$ とおくと，問題 2.3-1(4) より，$f(0)=1$，$f^{(k)}(0)=\frac{1}{2}\left(-\frac{1}{2}\right)\cdots\left(-\frac{2k-3}{2}\right)$ $(k\geq 1)$．よって，$\sqrt{1+x}=1+\frac{x}{2}-\frac{x^2}{8}+o(x^2)$ となるから

$$e^x\sqrt{1+x} = \left(1+x+\frac{x^2}{2}+o(x^2)\right)\left(1+\frac{x}{2}-\frac{x^2}{8}+o(x^2)\right) = 1+\frac{3}{2}x+\frac{1}{8}x^2+o(x^2).$$

(4) $f(x)=\mathrm{Tan}^{-1}x$ とする．

$$f'(x)=\frac{1}{1+x^2}, \quad f''(x)=-\frac{2x}{(x^2+1)^2}, \quad f'''(x)=-\frac{2-6x^2}{(1+x^2)^3}$$

であるから，$f(0)=0$，$f'(0)=1$，$f''(0)=0$，$f'''(0)=-2$．よって，$\mathrm{Tan}^{-1}x = x - \frac{x^3}{3}+o(x^3)$．一方，$\frac{1}{x-x^2}=\frac{1}{x}(1+x+x^2+o(x^2))$．したがって

$$\frac{\mathrm{Tan}^{-1}x}{x-x^2} = \left(1-\frac{x^2}{3}+o(x^2)\right)(1+x+x^2+o(x^2)) = 1+x+\frac{2}{3}x^2+o(x^2).$$

6. (1) $\displaystyle\lim_{x\to 0}\frac{(1+2x)\sin x - xe^x}{x^2} = \lim_{x\to 0}\frac{(1+2x)(x+o(x^2)) - x(1+x+o(x))}{x^2}$
$= \displaystyle\lim_{x\to 0}\frac{(x+2x^2+o(x^2)) - (x+x^2+o(x^2))}{x^2} = \lim_{x\to 0}\frac{x^2+o(x^2)}{x^2} = 1.$

(2) $\displaystyle\lim_{x\to 0}\left\{\frac{1}{\sin x} - \frac{1}{e^x - 1}\right\} = \lim_{x\to 0}\frac{e^x - 1 - \sin x}{\sin x(e^x-1)} = \lim_{x\to 0}\frac{\left(x+\dfrac{x^2}{2}+o(x^2)\right) - (x+o(x^2))}{(x+o(x^2))\left(x+\dfrac{x^2}{2}+o(x^2)\right)}$

$= \dfrac{\dfrac{x^2}{2}+o(x^2)}{x^2+o(x^2)} = \dfrac{\dfrac{1}{2}+\dfrac{o(x^2)}{x^2}}{1+\dfrac{o(x^2)}{x^2}} = \dfrac{1}{2}.$

7. (1) $\sin^2 x = \left(x - \dfrac{x^3}{6} + o(x^4)\right)^2 = x^2 - \dfrac{x^4}{3} + o(x^4)$ であるから

$y = x^2 \cos x - \sin^2 x$
$= x^2\left(1 - \dfrac{x^2}{2} + o(x^2)\right) - \left(x^2 - \dfrac{x^4}{3} + o(x^4)\right) = -\dfrac{x^4}{6} + o(x^4).$

よって，y は $x=0$ で極大値をとる．

(2) $x\sin x = x(x + o(x^2)) = x^2 + o(x^3)$, $x^2 e^x = x^2(1+x+o(x)) = x^2 + x^3 + o(x^3)$
であるから

$y = x\sin x - x^2 e^x = x^2 + o(x^3) - x^2(1+x+o(x))$
$= x^2 + o(x^3) - (x^2 + x^3 + o(x^3)) = -x^3 + o(x^3).$

よって，y は $x=0$ で極値をとらない．

(3) $y = xe^x - \sin x = x(1+x+o(x)) - (x+o(x^2)) = x^2 + o(x^2).$ よって，y は $x=0$ で極小値をとる．

(4) $y = e^{x-1} - x + (1-x)\log x$ を $t = x-1$ と変数変換すると $y = e^t - t - 1 - t\log(1+t).$
$e^t - t - 1 = 1 + t + \dfrac{t^2}{2} + o(t^2) - t - 1 = \dfrac{t^2}{2} + o(t^2)$, $-t\log(1+t) = -t(t+o(t)) = -t^2 + o(t^2)$
であるから

$y = e^t - t - 1 - t\log(1+t) = \dfrac{t^2}{2} + o(t^2) - t^2 + o(t^2) = -\dfrac{t^2}{2} + o(t^2).$

よって，y は t の関数と考えると $t=0$ で極大値をとる．したがって，y は $x=1$ で極大値をとる．

章末問題 2

— A —

2.1 次の関数を微分せよ．

(1) $(x+1)^2(x-2)^3$. (2) $\sqrt{\dfrac{(x+1)(x-2)}{(x-1)(x+2)}}$. (3) $e^{1/(2x)}$.

(4) $\log(1+\sqrt{x}\,)$. (5) $\mathrm{Sin}^{-1}\dfrac{x}{\sqrt{1+x^2}}$. (6) $\sinh(2x^2+3x)$.

2.2 次の不等式を示せ．

(1) $\dfrac{x}{1+x} \leqq \log(1+x) \quad (0 \leqq x)$.

(2) $1 - \dfrac{x^2}{2} < \cos x < 1 - \dfrac{x^2}{2} + \dfrac{x^4}{24} \quad (x \neq 0)$.

2.3 次の極限値を求めよ．

(1) $\displaystyle\lim_{x \to 0} \dfrac{x - \sin x}{x^3}$. (2) $\displaystyle\lim_{x \to 1} x^{x/(1-x)}$. (3) $\displaystyle\lim_{x \to 1+0} \left(\dfrac{x}{x-1} - \dfrac{1}{\log x} \right)$.

2.4 $0 \leqq x \leqq 2\pi$ において，$y = \sin x (\sin x + 1)$ の増減と極値を調べ，$0 \leqq x \leqq 2\pi$ におけるグラフの概形を描け．

2.5 次の関数の n 次導関数を求めよ．

(1) $\dfrac{2x-3}{x+2}$. (2) $x^2 \log x$. (3) $x^2 \sin x$.

2.6 次の関数の有限マクローリン展開を求めよ．

(1) $\sin x \quad (n = 2m+1 : 奇数)$. (2) $\sqrt{1+x}$.

2.7 次の関数の漸近展開を $o(x^3)$ を用いて表せ．

(1) $(1+x)\cos x$. (2) $\dfrac{\sin x}{1+x}$.

2.8 次の極限を漸近展開を用いて求めよ．

(1) $\displaystyle\lim_{x \to 0} \dfrac{x^2 \sin x}{(1-e^x)(\cos x - 1)}$. (2) $\displaystyle\lim_{x \to 0} \dfrac{(e^x-1)\sin 3x}{x(\tan x - 1)}$.

2.9 次の関数が与えられた点で極限をとるかどうかを，漸近展開を用いて調べよ．

(1) $f(x) = \sin x - \log(1+x) - x^2 \quad (x = 0)$.

(2) $f(x) = e^x - \cos x - x \quad (x = 0)$.

— B —

2.10 次の極限値を求めよ．

(1) $\displaystyle\lim_{x \to \infty} \left\{ \dfrac{a^x + b^x}{2} \right\}^{1/x} \quad (0 < a < b)$. (2) $\displaystyle\lim_{x \to 0} \dfrac{x - \mathrm{Sin}^{-1} x}{x - x \cos x}$.

2.11 $f(x) > 0$ のとき, $f(x)^{g(x)}$ を微分せよ.

2.12 $0 < a < b$ とする. 関数 $f(x)$ が区間 $[a,b]$ で連続, (a,b) で微分可能ならば
$$f(b) - f(a) = \log\left(\frac{b}{a}\right) cf'(c)$$
となる $c \, (a < c < b)$ が存在することを示せ.

2.13 $f(x) = \left(1 + \dfrac{1}{x}\right)^x \, (x > 0)$ は単調増加関数であることを示せ.

2.14 アステロイド $C : \begin{cases} x = a\cos^3 t \\ y = a\sin^3 t \end{cases} (a > 0)$ 上の点 $P(x(t_0), y(t_0))$ $\left(t_0 \neq \dfrac{n\pi}{2}\right)$ における接線が, 両軸によって切り取られる長さは一定であることを示せ.

2.15 n 次多項式 $P_n(x) = \dfrac{1}{2^n n!} \dfrac{d^n}{dx^n}(x^2 - 1)^n$ をルジャンドルの**多項式**という.
ルジャンドルの多項式は区間 $(-1, 1)$ で n 個の異なる零点をもつことを示せ.

2.16 関数 $f(x)$ が微分可能で $\lim_{x \to \infty} f'(x) = l$ ならば, $\lim_{x \to \infty}(f(x+a) - f(x)) = al$
となることを示せ. ただし, a は正の数とする.

2.17 $f(x)$ が C^2 級関数で $f''(a) \neq 0$ とすると, 平均値の定理
$$f(a + h) = f(a) + hf'(a + \theta h)$$
において, $\lim_{h \to 0} \theta = \dfrac{1}{2}$ を示せ.

2.18 $f(x)$ が C^{n+1} 級関数で $f^{(n+1)}(a) \neq 0$ とする. 有限テイラー展開
$$f(a + h) = \sum_{j=0}^{n-1} \frac{f^{(j)}(a)}{j!} h^j + \frac{f^{(n)}(a + \theta h)}{n!} h^n$$
において, $\lim_{h \to 0} \theta = \dfrac{1}{n+1}$ を示せ.

2.19 関数 $f(x)$ が区間 I で
$$pf(x) + qf(y) \geq f(px + qy) \quad (x, y \in I, \, p, q \geq 0, \, p + q = 1)$$
をみたすときに, 区間 I で**凸関数**であるという. $f(x)$ が I で 2 回微分可能で, $f''(x) \geq 0$ ならば I で凸関数であることを示せ.

2.20 $n \geq 0$ に対して, $f_n(x) = x^n e^{-x}$, $L_n(x) = e^x f_n^{(n)}(x)$ とおく. 次の問いに答えよ.

(1) $xf_n'(x) = (n - x)f_n(x)$ を示せ.

(2) (1) の両辺を $n + 1$ 回微分することにより, 次式を示せ.
$$xL_n''(x) + (1 - x)L_n'(x) + nL_n(x) = 0.$$

3 積分法

3.1 定積分と不定積分

> **要約** ──────────────── **定積分と不定積分** ─
>
> **3.1.1** (**不定積分**) 関数 $F(x)$ が微分可能で $\dfrac{d}{dx}F(x) = f(x)$ ならば，$F(x)$ を関数 $f(x)$ の不定積分あるいは**原始関数**といい，$F(x) = \displaystyle\int f(x)\,dx$ と表す．
>
> **3.1.2** (**積分定数**) 関数 $F(x)$ が $f(x)$ の不定積分ならば，関数 $f(x)$ のすべての不定積分は $F(x) + c$ (c: 定数) と表される．定数 c を積分定数という．
>
> **3.1.3** (**定積分**) 関数 $f(x)$ が閉区間 $[a,b]$ で連続とする．曲線 $y = f(x)$ と x 軸，$x = a$, $x = b$ に囲まれた部分の面積を，x 軸より上の部分は正，x 軸より下の部分は負として加えたものを $\displaystyle\int_a^b f(x)\,dx$ と表し，$f(x)$ を a から b まで積分するという．$a < b$ のとき $\displaystyle\int_b^a f(x)\,dx = -\int_a^b f(x)\,dx$ と定義する．
>
> **3.1.4** (**定積分と不定積分**) 関数 $f(x)$ が区間 I で連続で，$F(x) = \displaystyle\int_a^x f(x)\,dx$ ($a \in I$) と定義すると，$F(x)$ は $f(x)$ の不定積分である．
>
> **3.1.5** (**和, 差, 定数倍の定積分**) 関数 $f(x), g(x)$ が閉区間 $[a,b]$ で連続ならば
> $$\int_a^b \{kf(x) \pm hg(x)\}\,dx = \int_a^b kf(x)\,dx \pm \int_a^b hg(x)\,dx \qquad (k, h \in \mathbf{R}).$$
>
> **3.1.6** (**定積分の計算**) $f(x)$ が閉区間 $[a,b]$ で連続で，$F(x)$ が $f(x)$ の不定積分ならば，$\displaystyle\int_a^b \{f(x) \pm g(x)\}\,dx = F(b) - F(a)$. これを $\bigl[F(x)\bigr]_a^b$ と表す．
>
> **3.1.7** (**置換積分**) (1) $x = x(t)$ のとき，$\displaystyle\int f(x)\,dx = \int f(x(t))x'(t)\,dt$.
>
> (2) t の閉区間 $[\alpha, \beta]$ が $x = x(t)$ により，x の区間 I に写像され $x(\alpha) = a$, $x(\beta) = b$ とする．$f(x)$ が $[a,b]$ で定義されるとき
> $$\int_a^b f(x)\,dx = \int_\alpha^\beta f(x(t))x'(t)\,dt.$$
>
> **3.1.8** (**部分積分**) $G(x) = \displaystyle\int g(x)\,dx$ とおく．
>
> (1) $\displaystyle\int f(x)g(x)\,dx = f(x)G(x) - \int f'(x)G(x)\,dx.$
>
> (2) $\displaystyle\int_a^b f(x)g(x)\,dx = \bigl[f(x)G(x)\bigr]_a^b - \int_a^b f'(x)G(x)\,dx.$

例題 3.1 ─────────────────────────────── 不定積分

次を示せ.

(1) $\displaystyle\int \cos x\, dx = \sin x.$ (2) $\displaystyle\int \frac{dx}{\cos^2 x} = \tan x.$

(3) $\displaystyle\int \frac{dx}{\sqrt{1-x^2}} = \mathrm{Sin}^{-1} x \ (= -\mathrm{Cos}^{-1} x).$

考え方 $F(x)$ が $f(x)$ の不定積分であるとは, $F'(x) = f(x)$ であるときにいう (要約 **3.1.1**). よって, 右辺で与えられる関数を微分して, 左辺の積分される関数 (被積分関数) になることを示せばよい.

解答 (1) $\dfrac{d}{dx}\sin x = \cos x$ であるから $\displaystyle\int \cos x\, dx = \sin x.$

(2) $\dfrac{d}{dx}\tan x = \dfrac{1}{\cos^2 x}$ であるから $\displaystyle\int \frac{dx}{\cos^2 x} = \tan x.$

(3) $\dfrac{d}{dx}\mathrm{Sin}^{-1} x = \dfrac{1}{\sqrt{1-x^2}}$ であるから $\displaystyle\int \frac{dx}{\sqrt{1-x^2}} = \mathrm{Sin}^{-1} x.$

また, 逆三角関数には
$$\mathrm{Sin}^{-1} x + \mathrm{Cos}^{-1} x = \frac{\pi}{2}$$
が成り立つから, $\mathrm{Cos}^{-1} x = \dfrac{\pi}{2} - \mathrm{Sin}^{-1} x.$ よって
$$\frac{d}{dx}\mathrm{Cos}^{-1} x = -\frac{d}{dx}\mathrm{Sin}^{-1} x = -\frac{1}{\sqrt{1-x^2}}.$$
したがって, $\displaystyle\int \frac{dx}{\sqrt{1-x^2}} = -\mathrm{Cos}^{-1} x.$ ∎

例題 3.2 ─────────────────────────── 置換積分と部分積分

次を示せ.

(1) $\displaystyle\int x \sin x\, dx = -x\cos x + \sin x.$ (2) $\displaystyle\int e^{\sin x} \cos x\, dx = e^{\sin x}.$

考え方 置換積分と部分積分を具体的な関数にあてはめる.

解答 (1) 部分積分を用いる. $\displaystyle\int \sin x\, dx = -\cos x$ であるから
$$\int x \sin x\, dx = x(-\cos x) - \int (-\cos x)\, dx = -x\cos x + \sin x.$$

(2) 置換積分を用いる. $u = \sin x\ (x = \mathrm{Sin}^{-1} u)$ とおくと $\dfrac{du}{dx} = \cos x$ であるから
$$\int e^{\sin x} \cos x\, dx = \int e^u \frac{du}{dx}\, dx = \int e^u\, du = e^u = e^{\sin x}. \quad \blacksquare$$

3.1 定積分と不定積分　　　　　　　　　　　　　　　　　　　　　　　　　61

例題 3.3 ─────────────────────────── **定積分**

次の定積分を計算せよ．

(1) $\displaystyle\int_0^{\pi/2} \cos x\, dx.$　　　(2) $\displaystyle\int_{\pi/6}^{\pi/3} \frac{dx}{\cos^2 x}.$　　　(3) $\displaystyle\int_{1/2}^{\sqrt{3}/2} \frac{dx}{\sqrt{1-x^2}}\, dx.$

[考え方] $f(x)$ の不定積分を $F(x)$ とすると，$\displaystyle\int_a^b f(x)\, dx = \bigl[F(x)\bigr]_a^b$ である．
$f(x)$ の不定積分は 1 つではないが，どの不定積分をとっても値は変わらない．

[解答] いずれも不定積分は例題 3.1 で求めてある．

(1) $\displaystyle\int_0^{\pi/2} \cos x\, dx = \bigl[\sin x\bigr]_0^{\pi/2} = \sin\frac{\pi}{2} - \sin 0 = 1.$

(2) $\displaystyle\int_{\pi/6}^{\pi/3} \frac{dx}{\cos^2 x} = \bigl[\tan x\bigr]_{\pi/6}^{\pi/3} = \tan\frac{\pi}{3} - \tan\frac{\pi}{6} = \sqrt{3} - \frac{\sqrt{3}}{3} = \frac{2\sqrt{3}}{3}.$

(3) $\displaystyle\int_{1/2}^{\sqrt{3}/2} \frac{dx}{\sqrt{1-x^2}}\, dx = \bigl[\mathrm{Sin}^{-1} x\bigr]_{1/2}^{\sqrt{3}/2} = \mathrm{Sin}^{-1}\frac{\sqrt{3}}{2} - \mathrm{Sin}^{-1}\frac{1}{2} = \frac{\pi}{3} - \frac{\pi}{6} = \frac{\pi}{6}.$ ■

例題 3.4 ─────────────────────── **定積分 (置換積分と部分積分)**

次の定積分を計算せよ．

(1) $\displaystyle\int_0^2 \frac{x^3}{1+x^2}\, dx.$　　　(2) $\displaystyle\int_0^{\pi/2} x^2 \sin x\, dx.$

[考え方] 置換積分と部分積分の定積分を，具体的な関数にあてはめた問題である．
要約 3.1.7(2)，要約 3.1.8(2) を用いる．

[解答] (1) 置換積分を用いる．$u = x^2$ とおくと $du = 2x\, dx$ であり，u に関する積分範囲は $u: 0 \to 4$ であるから

$$\int_0^2 \frac{x^3}{1+x^2}\, dx = \int_0^4 \frac{1}{2}\frac{u}{1+u}\, du = \frac{1}{2}\int_0^4 \left(1 - \frac{1}{1+u}\right) du$$
$$= \frac{1}{2}\bigl[u - \log(1+u)\bigr]_0^4 = \frac{1}{2}(4 - \log 5) = 2 - \frac{\log 5}{2}.$$

(2) 部分積分を用いる．

$$\int_0^{\pi/2} x^2 \sin x\, dx = \bigl[x^2(-\cos x)\bigr]_0^{\pi/2} - \int_0^{\pi/2} 2x(-\cos x)\, dx$$
$$= \bigl[-x^2 \cos x\bigr]_0^{\pi/2} - \bigl[2x(-\sin x)\bigr]_0^{\pi/2} + \int_0^{\pi/2} 2(-\sin x)\, dx$$
$$= \bigl[-x^2 \cos x\bigr]_0^{\pi/2} + \bigl[2x \sin x\bigr]_0^{\pi/2} + \bigl[2\cos x\bigr]_0^{\pi/2}$$
$$= 0 + \pi - 2 = \pi - 2.$$ ■

問題 3.1

1. 次の不定積分を求めよ．

(1) $\int xe^{2x}\,dx$.

(2) $\int x^2 \cos x \,dx$.

(3) $\int \dfrac{x}{\sqrt{x^2+1}}\,dx$.

(4) $\int \sqrt{a^2-x^2}\,dx \ (a\neq 0)$.

(5) $\int x^2 \log x \,dx$.

(6) $\int \dfrac{x^3}{x^4+1}\,dx$.

(7) $\int \dfrac{dx}{e^x+e^{-x}}$.

(8) $\int \cos^3 x \,dx$.

(9) $\int \log x \,dx$.

(10) $\int x \log x \,dx$.

(11) $\int \dfrac{dx}{x \log x}$.

(12) $\int \dfrac{\log x}{x}\,dx$.

(13) $\int \dfrac{x^2}{\sqrt{a^2-x^2}}\,dx \ (a\neq 0)$.

(14) $\int x\sqrt{1-x^2}\,dx$.

(15) $\int \dfrac{dx}{\sqrt{2x+1}}$.

(16) $\int \dfrac{\cos x}{\sin x}\,dx$.

(17) $\int x \sin(x^2)\,dx$.

(18) $\int \mathrm{Sin}^{-1} x \,dx$.

2. 次の定積分を計算せよ．

(1) $\int_1^3 x^3 \,dx$.

(2) $\int_0^{\pi/2} \sin x \,dx$.

(3) $\int_{-\pi}^{\pi} \sin nx \,dx$.

(4) $\int_{-\pi}^{\pi} \cos nx \,dx$.

(5) $\int_1^2 xe^{x^2}\,dx$.

(6) $\int_0^2 \dfrac{x^2}{1+x^3}\,dx$.

(7) $\int_0^1 \dfrac{2+x}{1+x^2}\,dx$.

(8) $\int_0^{\pi/2} \sin^2 x \sin(2x)\,dx$.

(9) $\int_0^{\pi/2} x^2 \cos x \,dx$.

(10) $\int_0^{\pi} \sqrt{1+\cos x}\,dx$.

3. $f(x)$ が連続関数であるとき，次の等式を示せ．

(1) $\int_0^{\pi/2} f(\sin x)\,dx = \int_0^{\pi/2} f(\cos x)\,dx$.

(2) $\int_0^{\pi} f(\sin x)\,dx = 2\int_0^{\pi/2} f(\sin x)\,dx$.

―――――― 略解 3.1 ――――――

1. (1) $\int xe^{2x}\,dx = x\dfrac{1}{2}e^{2x} - \int \dfrac{1}{2}e^{2x}\,dx = \dfrac{1}{2}xe^{2x} - \dfrac{1}{4}e^{2x}$.

(2) $\int x^2 \cos x\,dx = x^2 \sin x - \int 2x \sin x\,dx = x^2 \sin x + 2x \cos x - \int 2\cos x\,dx$
$= (x^2 - 2)\sin x + 2x\cos x$ （部分積分：$f = x^2,\ g = \cos x$).

(3) $\int \dfrac{x}{\sqrt{x^2+1}}\,dx = \dfrac{1}{2}\int \dfrac{1}{\sqrt{1+t}}\,dt = \sqrt{1+t} = \sqrt{1+x^2}$ ($x^2 = t,\ 2x\,dx = dt$).

(4) $I = \int \sqrt{a^2 - x^2}\,dx$ とおく.

$I = x\sqrt{a^2 - x^2} - \int x\dfrac{-x}{\sqrt{a^2 - x^2}}\,dx$ （部分積分：$f = \sqrt{a^2 - x^2},\ g = 1$)

$= x\sqrt{a^2 - x^2} + \int \dfrac{x^2}{\sqrt{a^2 - x^2}}\,dx$

$= x\sqrt{a^2 - x^2} - \int \dfrac{a^2 - x^2}{\sqrt{a^2 - x^2}}\,dx + \int \dfrac{a^2}{\sqrt{a^2 - x^2}}\,dx$

$= x\sqrt{a^2 - x^2} - \int \sqrt{a^2 - x^2}\,dx + a^2 \mathrm{Sin}^{-1}\dfrac{x}{|a|}$

$= x\sqrt{a^2 - x^2} - I + a^2 \mathrm{Sin}^{-1}\dfrac{x}{|a|}$.

よって, $2I = x\sqrt{a^2 - x^2} + a^2 \mathrm{Sin}^{-1}\dfrac{x}{|a|}$. したがって, $I = \dfrac{1}{2}\left(x\sqrt{a^2 - x^2} + a^2 \mathrm{Sin}^{-1}\dfrac{x}{|a|}\right)$.

(5) $\int x^2 \log x\,dx = \dfrac{1}{3}x^3 \log x - \int \dfrac{1}{x}\dfrac{x^3}{3}\,dx = \dfrac{1}{3}x^3 \log x - \dfrac{1}{3}\int x^2\,dx$
$= \dfrac{1}{3}x^3 \log x - \dfrac{1}{9}x^3$ （部分積分：$f = \log x,\ g = x^2$).

(6) $\int \dfrac{x^3}{x^4+1}\,dx = \dfrac{1}{4}\int \dfrac{1}{u+1}\,du = \dfrac{1}{4}\log(u+1) = \dfrac{1}{4}\log(x^4+1)$
（置換積分：$u = x^4,\ du = 4x^3\,dx$).

(7) $\int \dfrac{dx}{e^x + e^{-x}} = \int \dfrac{du}{u^2+1} = \mathrm{Tan}^{-1}u = \mathrm{Tan}^{-1}e^x$
（置換積分：$u = e^x,\ du = e^x\,dx,\ u\,du = dx$).

(8) $\int \cos^3 x\,dx = \int \cos x(1 - \sin^2 x)\,dx = \int (1 - u^2)\,du = u - \dfrac{u^3}{3} = \sin x - \dfrac{\sin^3 x}{3}$
（置換積分：$u = \sin x,\ du = \cos x\,dx$).

(9) $\int \log x\,dx = x\log x - \int dx = x\log x - x$ （部分積分：$f = \log x,\ g = 1$).

(10) $\int x \log x\,dx = \dfrac{x^2}{2}\log x - \int \dfrac{x^2}{2}\dfrac{1}{x}\,dx = \dfrac{x^2}{2}\log x - \int \dfrac{x}{2}\,dx = \dfrac{x^2}{4}(2\log x - 1)$
（部分積分：$f = x,\ g = \log x$).

(11) $\int \dfrac{dx}{x \log x} = \int \dfrac{du}{u} = \log|u| = \log|\log x|$ $\left(\text{置換積分：}u = \log x,\ du = \dfrac{dx}{x}\right)$.

(12) $\displaystyle\int \frac{\log x}{x}\,dx = \int u\,du = \frac{u^2}{2} = \frac{(\log x)^2}{2}$ $\left(\text{置換積分}: u=\log x,\ du=\frac{dx}{x}\right)$.

(13) $\displaystyle\int \frac{x^2}{\sqrt{a^2-x^2}}\,dx = \int \left(\frac{x^2-a^2}{\sqrt{a^2-x^2}} + \frac{a^2}{\sqrt{a^2-x^2}}\right)dx$

$\displaystyle = -\int \sqrt{a^2-x^2}\,dx + a^2\int \frac{1}{\sqrt{a^2-x^2}}\,dx$

$\displaystyle = -\frac{1}{2}\left(x\sqrt{a^2-x^2}+a^2\mathrm{Sin}^{-1}\frac{x}{|a|}\right)+a^2\mathrm{Sin}^{-1}\frac{x}{|a|}$ (問題 3.1-1(4))

$\displaystyle = \frac{1}{2}\left(-x\sqrt{a^2-x^2}+a^2\mathrm{Sin}^{-1}\frac{x}{|a|}\right)$.

(14) $\displaystyle\int x\sqrt{1-x^2}\,dx = \frac{1}{2}\int \sqrt{1-u}\,du = -\frac{1}{2}\int \sqrt{v}\,dv = -\frac{1}{2}\frac{2}{3}v^{3/2} = -\frac{1}{3}(1-x^2)^{3/2}$

(置換積分: $u=x^2,\ du=2x\,dx;\ v=1-u,\ dv=-du$).

(15) $\displaystyle\int \frac{dx}{\sqrt{2x+1}} = \frac{1}{2}\int \frac{du}{\sqrt{u}} = \frac{1}{2}2\sqrt{u} = \sqrt{2x+1}$ (置換積分: $u=2x+1,\ du=2\,dx$).

(16) $\displaystyle\int \frac{\cos x}{\sin x}\,dx = \int \frac{du}{u} = \log|u| = \log|\sin x|$ (置換積分: $u=\sin x,\ du=\cos x\,dx$).

(17) $\displaystyle\int x\sin(x^2)\,dx = \frac{1}{2}\int \sin u\,du = -\frac{1}{2}\cos u = -\frac{1}{2}\cos(x^2)$

(置換積分: $u=x^2,\ du=2x\,dx$).

(18) $\displaystyle\int \mathrm{Sin}^{-1}x\,dx = x\mathrm{Sin}^{-1}x - \int \frac{x}{\sqrt{1-x^2}}\,dx$ (部分積分: $f=\mathrm{Sin}^{-1}x,\ g=1$)

$\displaystyle = x\mathrm{Sin}^{-1}x + \frac{1}{2}\int \frac{du}{\sqrt{u}}$ ($u=1-x^2,\ du=-2x\,dx$)

$\displaystyle = x\mathrm{Sin}^{-1}x + \sqrt{u} = x\mathrm{Sin}^{-1}x + \sqrt{1-x^2}$.

2. (1) $\displaystyle\int_1^3 x^3\,dx = \left[\frac{x^4}{4}\right]_1^3 = \frac{3^4}{4} - \frac{1}{4} = 20$.

(2) $\displaystyle\int_0^{\pi/2}\sin x\,dx = [-\cos x]_0^{\pi/2} = 0+1 = 1$.

(3) $n=0$ のとき $\displaystyle\int_{-\pi}^{\pi}0\,dx = 0.$ $n\neq 0$ のとき $\displaystyle\int_{-\pi}^{\pi}\sin nx\,dx = \left[-\frac{\cos x}{n}\right]_{-\pi}^{\pi} = 0$.

よって,任意の n に対して $\displaystyle\int_{-\pi}^{\pi}\sin nx\,dx = 0$.

(4) $n=0$ のとき $\displaystyle\int_{-\pi}^{\pi}dx = [x]_{-\pi}^{\pi} = 2\pi.$ $n\neq 0$ のとき $\displaystyle\int_{-\pi}^{\pi}\cos nx\,dx = \left[\frac{\sin nx}{n}\right]_{-\pi}^{\pi} = 0$.

よって, $\displaystyle\int_{-\pi}^{\pi}\cos nx\,dx = \begin{cases} 2\pi & (n=0), \\ 0 & (n\neq 0). \end{cases}$

(5) $\displaystyle\int_1^2 xe^{x^2}\,dx = \frac{1}{2}\int_1^4 e^u\,du = \frac{1}{2}[e^u]_1^4 = \frac{1}{2}(e^4-e)$

($u=x^2,\ du=2x\,dx,\ u: 0\to 4$).

3.1 定積分と不定積分

(6) $\displaystyle\int_0^2 \frac{x^2}{1+x^3}\,dx = \frac{1}{3}\int_0^4 \frac{du}{1+u} = \frac{1}{3}\bigl[\log(1+u)\bigr]_0^8 = \frac{\log 9}{3} = \frac{2\log 3}{3}$
$(u = x^3,\ du = 3x^2\,dx,\ u:0\to 8).$

(7) $\displaystyle\int_0^1 \frac{2+x}{1+x^2}\,dx = \int_0^1 \frac{2}{1+x^2}\,dx + \int_0^1 \frac{x}{1+x^2}\,dx$
$\displaystyle\qquad = 2\bigl[\mathrm{Tan}^{-1} x\bigr]_0^1 + \frac{1}{2}\int_0^1 \frac{1}{1+u}\,du$
$\displaystyle\qquad = 2\bigl[\mathrm{Tan}^{-1} x\bigr]_0^1 + \frac{1}{2}\bigl[\log(1+u)\bigr]_0^1 = 2\frac{\pi}{4} + \frac{\log 2}{2}$
$\displaystyle\qquad = \frac{1}{2}(\pi + \log 2) \quad (u = x^2,\ du = 2x\,dx,\ u:0\to 1).$

(8) $\displaystyle\int_0^{\pi/2} \sin^2 x \sin(2x)\,dx = \int_0^{\pi/2} 2\sin^2 x \sin x \cos x\,dx = \int_0^1 2u^3\,du = 2\left[\frac{1}{4}u^4\right]_0^1 = \frac{1}{2}$
$(u = \sin x,\ du = \cos x\,dx,\ u:0\to 1).$

(9) $\displaystyle\int_0^{\pi/2} x^2 \cos x\,dx = \bigl[x^2 \sin x\bigr]_0^{\pi/2} - \int_0^{\pi/2} 2x \sin x\,dx \quad (部分積分)$
$\displaystyle\qquad = \bigl[x^2 \sin x\bigr]_0^{\pi/2} - \bigl[2x(-\cos x)\bigr]_0^{\pi/2} + 2\int_0^{\pi/2}(-\cos x)\,dx$
$\displaystyle\qquad = \bigl[x^2 \sin x\bigr]_0^{\pi/2} + \bigl[2x \cos x\bigr]_0^{\pi/2} - \bigl[2\sin x\bigr]_0^{\pi/2}$
$\displaystyle\qquad = \left(\frac{\pi}{2}\right)^2 - 2.$

(10) $\displaystyle\int_0^{\pi} \sqrt{1+\cos x}\,dx = \int_0^{\pi} \sqrt{2\cos^2 \frac{x}{2}}\,dx = \sqrt{2}\int_0^{\pi} \cos\frac{x}{2}\,dx$
$\displaystyle\qquad = 2\sqrt{2}\int_0^{\pi/2} \cos t\,dt = 2\sqrt{2}\bigl[\sin t\bigr]_0^{\pi/2} = 2\sqrt{2} \quad (t = 2x).$

3. (1) $\displaystyle\int_0^{\pi/2} f(\sin x)\,dx = \int_0^{\pi/2} f\left(\cos\left(\frac{\pi}{2} - x\right)\right)dx = \int_{\pi/2}^0 f(\cos u)(-du)$
$\displaystyle\qquad = \int_0^{\pi/2} f(\cos u)\,du \quad \left(u = \frac{\pi}{2} - x\right).$

(2) $\displaystyle\int_0^{\pi} f(\sin x)\,dx = \int_0^{\pi/2} f(\sin x)\,dx + \int_{\pi/2}^{\pi} f(\sin x)\,dx$
$\displaystyle\qquad = \int_0^{\pi/2} f(\sin x)\,dx + \int_0^{\pi/2} f\left(\sin\left(\frac{\pi}{2} + x\right)\right)dx$
$\displaystyle\qquad = \int_0^{\pi/2} f(\sin x)\,dx + \int_0^{\pi/2} f(\cos x)\,dx \quad ((1)を用いる)$
$\displaystyle\qquad = \int_0^{\pi/2} f(\sin x)\,dx + \int_0^{\pi/2} f(\sin x)\,dx$
$\displaystyle\qquad = 2\int_0^{\pi/2} f(\sin x)\,dx.$

3.2 特別な形の関数の積分

──要約─────────────────── 特別な形の関数の積分 ──

3.2.1 (有理関数) 有理関数(有理式)は次の形の式の和で表される(部分分数展開). 有理関数は部分分数展開することにより積分可能である.

(i) 多項式.

(ii) $\dfrac{a}{(x+b)^m}$.

(iii) $\dfrac{ax+b}{(x^2+cx+d)^n}$ ($x^2+cx+d=0$ の判別式は負).

3.2.2 (無理関数を含む関数) 一般に, 無理関数 $\sqrt[n]{g(x)}$ ($g(x)$: 多項式) を含む関数の積分は, 初等関数で表せるとは限らない. $g(x)$ が1次式または2次式の場合について述べる.

(i) $f(x)$ が x と $\sqrt[n]{ax+b}$ ($a \neq 0$) の有理式の場合: $t = \sqrt[n]{ax+b}$ とおくと, t の有理式の積分になる.

(ii) $f(x)$ が x と $\sqrt{ax^2+bx+c}$ ($a \neq 0$) の有理式の場合: 根号内が正となるのは, 次の (a) あるいは (b) のいずれかのときである.

(a) $a>0$ の場合: $\sqrt{ax^2+bx+c} = t - \sqrt{a}x$ とおけば, t の有理式の積分になる.

(b) $ax^2+bx+c=0$ が相違なる2個の実数解をもつ場合: それぞれの解を α, β とおき

$$t = \sqrt{\dfrac{a(x-\beta)}{x-\alpha}}, \quad \text{すなわち}, \quad x = \dfrac{\alpha t^2 - a\beta}{t^2 - a}$$

とおけば, t の有理式の積分になる.

3.2.3 (三角関数の有理式) 三角関数の有理式の積分は, $u = \tan \dfrac{x}{2}$ とおけば

$$\sin x = \dfrac{2u}{1+u^2}, \quad \cos x = \dfrac{1-u^2}{1+u^2}, \quad dx = \dfrac{2\,du}{1+u^2}$$

となり, u の有理式の積分になる. しかし, $u = \sin x$, $u = \cos x$, $u = \tan x$ などとおいた方が計算が容易になることもあるので, 必ずしも $u = \tan \dfrac{x}{2}$ にこだわる必要はない.

3.2.4 (積分の漸化式) 自然数 n をパラメータにもつ積分 I_n を, $I_{n-1}, I_{n-2}, \cdots$ で表すことを(積分の)漸化式という. I_n は漸化式により, I_0, I_1 などの計算に帰着される.

3.2 特別な形の関数の積分

例題 3.5 ──────────────────────────────── 有理式の積分

次を示せ.

(1) $\displaystyle\int \frac{x}{(x+2)(x+3)}\,dx = \log\frac{|x+3|^3}{(x+2)^2}.$

(2) $\displaystyle\int \frac{2x-1}{x^2+2x+2}\,dx = \log(x^2+2x+2) - 3\operatorname{Tan}^{-1}(x+1).$

(3) $\displaystyle\int \frac{1}{(x-1)(x^2+1)}\,dx = \frac{1}{2}\log|x-1| - \frac{1}{4}\log(x^2+1) - \frac{1}{2}\operatorname{Tan}^{-1}x.$

考え方 いずれも与えられた関数を部分分数展開して計算する.

解答 (1) $\displaystyle\int \frac{x}{(x+2)(x+3)}\,dx = \int \left(\frac{3}{x+3} - \frac{2}{x+2}\right)dx$
$\displaystyle\qquad\qquad = 3\log|x+3| - 2\log|x+2| = \log\frac{|x+3|^3}{(x+2)^2}.$

(2) $\displaystyle\int \frac{2x-1}{x^2+2x+2}\,dx = \int \frac{2(x+1)-3}{(x+1)^2+1}\,dx$
$\displaystyle\qquad\qquad = 2\int \frac{x+1}{(x+1)^2+1}\,dx - 3\int \frac{1}{(x+1)^2+1}\,dx$
$\displaystyle\qquad\qquad = 2\int \frac{u}{u^2+1}\,du - 3\int \frac{1}{u^2+1}\,du$
$\displaystyle\qquad\qquad = \log(u^2+1) - 3\operatorname{Tan}^{-1}u$
$\displaystyle\qquad\qquad = \log(x^2+2x+2) - 3\operatorname{Tan}^{-1}(x+1) \quad (u=x+1).$

(3) $\displaystyle\frac{1}{(x-1)(x^2+1)}$ の部分分数展開を行う.

$$\frac{1}{(x-1)(x^2+1)} = \frac{a}{x-1} + \frac{bx+c}{x^2+1}$$

とおき, 両辺を比較すると $a(x^2+1) + (bx+c)(x-1) = 1$ であるから

$$a+b=0, \quad -b+c=0, \quad a-c=1.$$

この連立1次方程式を解くと, $a=\dfrac{1}{2},\ b=c=-\dfrac{1}{2}.$ よって

$$\frac{1}{(x-1)(x^2+1)} = \frac{1}{2}\frac{1}{x-1} - \frac{1}{2}\frac{x+1}{x^2+1}$$
$$= \frac{1}{2}\frac{1}{x-1} - \frac{1}{2}\frac{x}{x^2+1} - \frac{1}{2}\frac{1}{x^2+1}.$$

両辺を積分して

$$\int \frac{1}{(x-1)(x^2+1)}\,dx = \frac{1}{2}\log|x-1| - \frac{1}{4}\log(x^2+1) - \frac{1}{2}\operatorname{Tan}^{-1}x.$$

例題 3.6 ─────────────────────── 無理関数を含む関数

次の不定積分を計算せよ．

(1) $\displaystyle \int \frac{dx}{x+4\sqrt{x-4}}.$ (2) $\displaystyle \int \frac{dx}{\sqrt{x^2+1}}.$ (3) $\displaystyle \int \frac{dx}{\sqrt{x^2-1}}.$

[考え方] 要約 **3.2.2** を用いる．

[解 答] (1) 要約 3.2.2(ⅰ) を用いる．$u=\sqrt{x-4}$ とおくと，$x=u^2+4, dx=2u\,du$ であるから

$$\int \frac{dx}{x+4\sqrt{x-4}} = \int \frac{2u\,du}{u^2+4+4u} = \int \frac{2u\,du}{(u+2)^2}$$
$$= \int \frac{2(t-2)\,dt}{t^2} = 2\int \frac{dt}{t} - 4\int \frac{dt}{t^2} = 2\log t + \frac{4}{t}$$
$$= 2\log(\sqrt{x-4}+2) + \frac{4}{\sqrt{x-4}+2} \quad (t=u+2=\sqrt{x-4}+2).$$

(2) 要約 3.2.2(ⅱ) の (b) を用いる．$\sqrt{x^2+1}=t-x$ とおく．両辺を 2 乗し，x について解くと，$x=\dfrac{t^2-1}{2t}, dx=\dfrac{t^2+1}{2t^2}dt$．よって

$$\int \frac{1}{t-\dfrac{t^2-1}{2t}} \frac{t^2+1}{2t^2}\,dt = \int \frac{dt}{t} = \log|t| = \log\left|x+\sqrt{x^2+1}\right|.$$

(3) $I=\displaystyle\int \frac{dx}{\sqrt{x^2-1}}$ とおく．2 つの計算方法で I を計算する．

(ⅰ) $u=\sqrt{\dfrac{x-1}{x+1}}$ とおくと，$x=\dfrac{u^2+1}{u^2-1}, dx=\dfrac{4u}{(u^2-1)^2}du$ (要約 3.2.2(ⅱ) の (b))．

$$I=\int \frac{dx}{\sqrt{x^2-1}} = -2\int \frac{du}{u^2-1} = -\log\left|\frac{u-1}{u+1}\right| = \log\frac{\sqrt{x+1}+\sqrt{x-1}}{\sqrt{x+1}-\sqrt{x-1}}.$$

(ⅱ) (2) のように，$\sqrt{x^2-1}=t-x$ とおく．両辺を 2 乗し，x について解くと，$x=\dfrac{t^2+1}{2t}, dx=\dfrac{t^2-1}{2t^2}dt$．よって

$$I=\int \frac{1}{t-\dfrac{t^2+1}{2t}} \frac{t^2-1}{2t^2}\,dt = \int \frac{dt}{t} = \log|t| = \log\left|\sqrt{x^2-1}+x\right|. \blacksquare$$

この (3) の (ⅰ), (ⅱ) の解は，簡単な変形で同じであることが確かめられる．不定積分では，計算方法により見かけの異なる解が得られることがある．それら複数の解は変形すれば同じこともあるし，定数の差の違いが生じることもある．

3.2 特別な形の関数の積分

例題 3.7 ──────────────── 三角関数の有理式

(1) $u = \tan \dfrac{x}{2}$ とおくとき，次を示せ．

$$\sin x = \frac{2u}{1+u^2}, \quad \cos x = \frac{1-u^2}{1+u^2}, \quad dx = \frac{2\,du}{1+u^2}.$$

(2) $\displaystyle \int \frac{dx}{\sin x}$ を求めよ．

考え方 (1) は要約 3.2.3 の関係式である．(2) は異なった方法で計算することで見かけの違った答えをえる．

解答 (1) $\sin x = 2\sin\dfrac{x}{2}\cos\dfrac{x}{2} = 2\tan\dfrac{x}{2}\cos^2\dfrac{x}{2} = \dfrac{2\tan\dfrac{x}{2}}{1+\tan^2\dfrac{x}{2}} = \dfrac{2u}{1+u^2}.$

$\cos x = 2\cos^2\dfrac{x}{2} - 1 = \dfrac{2}{1+\tan^2\dfrac{x}{2}} - 1 = \dfrac{1-u^2}{1+u^2}.$

$u = \tan\dfrac{x}{2}$ の両辺を u で微分すると

$$1 = \frac{1}{2}\frac{1}{\cos^2\dfrac{x}{2}}\frac{dx}{du} = \frac{1}{2}(1+u^2)\frac{dx}{du}.$$

よって

$$dx = \frac{2\,du}{1+u^2}.$$

(2) 2つの計算方法で示す．

(ⅰ) $u = \tan\dfrac{x}{2}$ とおくと，$\sin x = \dfrac{2u}{1+u^2}$, $dx = \dfrac{2\,du}{1+u^2}$. よって

$$\int \frac{dx}{\sin x} = \int \frac{1+u^2}{2u}\frac{2\,du}{1+u^2}$$
$$= \int \frac{du}{u} = \log|u| = \log\left|\mathrm{Tan}^{-1}\frac{x}{2}\right|.$$

(ⅱ) $u = \cos x$ とおくと，$du = -\sin x\,dx$. よって

$$\int \frac{dx}{\sin x} = \int \frac{\sin x}{\sin^2 x}dx = \int \frac{\sin x}{1-\cos^2 x}dx$$
$$= \int \frac{-du}{1-u^2} = \frac{1}{2}\int\left(\frac{1}{u-1} - \frac{1}{u+1}\right)du$$
$$= \frac{1}{2}\log\left|\frac{u-1}{u+1}\right| = \frac{1}{2}\log\frac{1-\cos x}{1+\cos x}. \quad \blacksquare$$

(2) の (ⅰ), (ⅱ) は例題 3.6(3) と同様に，計算方法により解の見かけが異なる例である．

例題 3.8 ───────────────────────────────── 漸化式

(1) $I_n = \int \dfrac{dx}{(x^2+1)^n}$ は次の漸化式をみたすことを示し，I_2, I_3 を求めよ．

$$I_0 = x, \quad I_1 = \mathrm{Tan}^{-1} x, \quad I_{n+1} = \dfrac{x}{2n(x^2+1)^n} + \dfrac{2n-1}{2n} I_n \quad (n \geq 1).$$

(2) $J_n = \displaystyle\int_0^1 \dfrac{dx}{(x^2+1)^n}$ とする．$n \geq 1$ に対して J_n の漸化式を求めよ．また，J_0, J_1, J_2, J_3 を計算せよ．

[考え方] 漸化式により積分を計算する問題である．

[解答] (1) I_0, I_1 はただちにわかる．$n \geq 1$ とすると
$$\begin{aligned}
I_n &= \int \dfrac{x^2+1}{(x^2+1)^{n+1}} \, dx = \int x \dfrac{x}{(x^2+1)^{n+1}} \, dx + \int \dfrac{1}{(x^2+1)^{n+1}} \, dx \\
&= x \int \dfrac{x}{(x^2+1)^{n+1}} \, dx - \int \left(\int \dfrac{x}{(x^2+1)^{n+1}} \, dx \right) dx + I_{n+1} \quad \text{（部分積分）} \\
&= -\dfrac{x}{2n(x^2+1)^n} + \dfrac{1}{2n} \int \dfrac{dx}{(x^2+1)^n} + I_{n+1} \\
&= -\dfrac{x}{2n(x^2+1)^n} + \dfrac{1}{2n} I_n + I_{n+1}.
\end{aligned}$$

したがって
$$I_{n+1} = \dfrac{x}{2n(x^2+1)^n} + \dfrac{2n-1}{2n} I_n.$$

この漸化式において，$n = 1, 2$ とすると
$$\begin{aligned}
I_2 &= \dfrac{x}{2(x^2+1)} + \dfrac{1}{2} I_1 = \dfrac{x}{2(x^2+1)} + \dfrac{1}{2} \mathrm{Tan}^{-1} x, \\
I_3 &= \dfrac{x}{4(x^2+1)^2} + \dfrac{3}{4} I_2 = \dfrac{x}{4(x^2+1)^2} + \dfrac{3}{4} \left(\dfrac{x}{2(x^2+1)} + \dfrac{1}{2} I_1 \right) \\
&= \dfrac{x}{4(x^2+1)^2} + \dfrac{3}{8} \dfrac{x}{(x^2+1)} + \dfrac{3}{8} \mathrm{Tan}^{-1} x.
\end{aligned}$$

(2) (1) の漸化式を定積分に応用すると，$n \geq 1$ のとき
$$J_n = \left[\dfrac{x}{2n(x^2+1)^n} \right]_0^1 + \dfrac{2n-1}{2n} J_n = \dfrac{1}{n 2^{n+1}} + \dfrac{2n-1}{2n} J_n.$$

よって
$$\begin{aligned}
J_0 &= [x]_0^1 = 1, \ J_1 = \left[\mathrm{Tan}^{-1} x \right]_0^1 = \dfrac{\pi}{4}, \\
J_2 &= \left[\dfrac{x}{2(x^2+1)} + \dfrac{1}{2} \mathrm{Tan}^{-1} x \right]_0^1 = \dfrac{1}{4} + \dfrac{\pi}{8}, \\
J_3 &= \left[\dfrac{x}{4(x^2+1)} + \dfrac{3}{8} \dfrac{x}{(x^2+1)} + \dfrac{3}{8} \mathrm{Tan}^{-1} x \right]_0^1 = \dfrac{1}{4} + \dfrac{3}{32} \pi.
\end{aligned}$$ ∎

問題 3.2

1. 次の不定積分を計算せよ．
  (1) $\displaystyle\int \frac{4x-1}{x^2-1}\,dx.$
  (2) $\displaystyle\int \frac{2x-5}{x^2+x-2}\,dx.$
  (3) $\displaystyle\int \frac{x-1}{x^2+1}\,dx.$
  (4) $\displaystyle\int \frac{x}{x^2+3x+2}\,dx.$
  (5) $\displaystyle\int \frac{2x+1}{(x^2+1)^2}\,dx.$
  (6) $\displaystyle\int \frac{x-1}{(x^2+2x+2)^2}\,dx.$

2. 次の不定積分を計算せよ．
  (1) $\displaystyle\int \frac{dx}{x+\sqrt{x+2}}.$
  (2) $\displaystyle\int \frac{x\sqrt{x}}{1+\sqrt{x}}\,dx.$
  (3) $\displaystyle\int \frac{dx}{x\sqrt{x+1}}.$
  (4) $\displaystyle\int \sqrt{x^2+a}\,dx\ \ (a\ne 0).$
  (5) $\displaystyle\int \frac{x^2}{\sqrt{x^2+1}}\,dx.$
  (6) $\displaystyle\int \sqrt{\frac{x}{2-x}}\,dx.$

3. 次の不定積分を計算せよ．
  (1) $\displaystyle\int \tan x\,dx.$
  (2) $\displaystyle\int \frac{dx}{1+\cos x}.$
  (3) $\displaystyle\int \tan \frac{x}{2}\,dx.$
  (4) $\displaystyle\int \frac{dx}{2+\cos x}.$
  (5) $\displaystyle\int \frac{1+\cos x}{(1+\sin x)^2}\,dx.$
  (6) $\displaystyle\int \frac{dx}{2+\tan x}.$

4. 次の定積分の値を計算せよ．
  (1) $\displaystyle\int_0^1 \frac{x-1}{x^2+1}\,dx.$
  (2) $\displaystyle\int_0^1 \frac{1}{x+\sqrt{x+2}}\,dx.$
  (3) $\displaystyle\int_0^{\pi/2} \tan \frac{x}{2}\,dx.$
  (4) $\displaystyle\int_0^{\pi/2} \frac{1+\cos x}{(1+\sin x)^2}\,dx.$

5. $I=\displaystyle\int e^{-x}\sin x\,dx,\ \tilde{I}=\displaystyle\int e^{-x}\cos x\,dx$ を計算せよ．

6. (1) $I_n=\displaystyle\int \sin^n x\,dx$ と $J_n=\displaystyle\int_0^{\pi/2} \sin^n x\,dx$ の漸化式を求め，$\displaystyle\int_0^{\pi/2} \sin^n x\,dx$ を計算せよ．
  (2) $\tilde{I}_n=\displaystyle\int \cos^n x\,dx$ と $\tilde{J}_n=\displaystyle\int_0^{\pi/2} \cos^n x\,dx$ の漸化式を求め，$\displaystyle\int_0^{\pi/2} \cos^n x\,dx$ を計算せよ．

7. (1) $K_n=\displaystyle\int_0^{\pi/4} \sin^n x\,dx$ の漸化式を求め，$K_3=\displaystyle\int_0^{\pi/4} \sin^3 x\,dx$ を計算せよ．
  (2) $\tilde{K}_n=\displaystyle\int_0^{\pi/4} \cos^n x\,dx$ の漸化式を求めよ．

8. 次を示せ $(m,n=0,1,2,\cdots)$．
  (1) $\displaystyle\int_{-\pi}^{\pi} \sin mx \cos nx\,dx = 0.$
  (2) $\displaystyle\int_{-\pi}^{\pi} \sin mx \sin nx\,dx = \int_{-\pi}^{\pi} \cos mx \cos nx\,dx = \begin{cases} \pi & (m=n), \\ 0 & (m\ne n). \end{cases}$

略解 3.2

1. (1) $\displaystyle\int \frac{4x-1}{x^2-1}\,dx = \int \left\{ \frac{4x}{x^2-1} - \frac{1}{2}\left(\frac{1}{x-1} - \frac{1}{x+1}\right) \right\} dx$
$= 2\log|x^2-1| - \dfrac{1}{2}(\log|x-1| - \log|x+1|)$
$= 2\log|x^2-1| + \dfrac{1}{2}\log\left|\dfrac{x+1}{x-1}\right|.$

(2) $\displaystyle\int \frac{2x-5}{x^2+x-2}\,dx = \int \frac{2x-5}{(x+2)(x-1)}\,dx = \int \left(\frac{3}{x+2} - \frac{1}{x-1}\right) dx$
$= 3\log|x+2| - \log|x-1| = \log\left|\dfrac{(x+2)^3}{x-1}\right|.$

(3) $\displaystyle\int \frac{x-1}{x^2+1}\,dx = \int \left(\frac{x}{x^2+1} - \frac{1}{x^2+1}\right) dx = \dfrac{1}{2}\log(x^2+1) - \mathrm{Tan}^{-1} x.$

(4) $\displaystyle\int \frac{x}{x^2+3x+2}\,dx = \int \left(-\frac{1}{x+1} + \frac{2}{x+2}\right) dx$
$= -\log|x+1| + 2\log|x+2| = \log\left|\dfrac{(x+2)^2}{x+1}\right|.$

(5) $\displaystyle\int \frac{2x+1}{(x^2+1)^2}\,dx = \int \frac{2x}{(x^2+1)^2}\,dx + \int \frac{1}{(x^2+1)^2}\,dx$
$= -\dfrac{1}{x^2+1} + \dfrac{x}{2(x^2+1)} + \dfrac{1}{2}\mathrm{Tan}^{-1} x$
$= \dfrac{1}{2}\left(\dfrac{x-2}{x^2+1} + \mathrm{Tan}^{-1} x\right)$
$\left(\text{例題 3.8(1) より}, \displaystyle\int \frac{dx}{(x^2+1)^2} = \frac{x}{2(x^2+1)} + \frac{1}{2}\mathrm{Tan}^{-1} x\right).$

(6) $\displaystyle\int \frac{x-1}{(x^2+2x+2)^2}\,dx = \int \frac{x-1}{((x+1)^2+1)^2}\,dx$
$= \displaystyle\int \frac{u}{(u^2+1)^2}\,du - \int \frac{2}{(u^2+1)^2}\,du$
$= -\dfrac{1}{2}\dfrac{1}{u^2+1} - \dfrac{u}{(u^2+1)} - \mathrm{Tan}^{-1} u$
$= -\dfrac{2u+1}{2(u^2+1)} - \mathrm{Tan}^{-1} u$
$= -\dfrac{2x+3}{2(x^2+2x+2)} - \mathrm{Tan}^{-1}(x+1) \quad (u = x+1).$

2. (1) $\displaystyle\int \frac{dx}{x+\sqrt{x+2}} = \int \frac{2u\,du}{u^2-2+u} = \int \left(\frac{4}{3}\frac{1}{u+2} + \frac{2}{3}\frac{1}{u-1}\right) du$
$= \dfrac{4}{3}\log|u+2| + \dfrac{2}{3}\log|u-1|$
$= \dfrac{4}{3}\log(\sqrt{x+2}+2) + \dfrac{2}{3}\log|\sqrt{x+2}-1|$
$(u = \sqrt{x+2},\ x = u^2-2,\ dx = 2u\,du).$

3.2 特別な形の関数の積分

(2) $\displaystyle\int \frac{x\sqrt{x}}{1+\sqrt{x}}\,dx = \int \frac{u^3}{1+u} 2u\,du = 2\int \frac{u^4}{1+u}\,du$
$\displaystyle\qquad = 2\int \left(u^3 - u^2 + u - 1 + \frac{1}{1+u}\right) du$
$\displaystyle\qquad = 2\left(\frac{u^4}{4} - \frac{u^3}{3} + \frac{u^2}{2} - u + \log|1+u|\right)$
$\displaystyle\qquad = \frac{x^2}{2} - \frac{2x\sqrt{x}}{3} + x - 2\sqrt{x} + 2\log(1+\sqrt{x}) \quad (u = \sqrt{x},\ dx = 2u\,du).$

(3) $\displaystyle\int \frac{dx}{x\sqrt{x+1}} = \int \frac{2u\,du}{(u^2-1)u} = \int \frac{2\,du}{u^2-1}$
$\displaystyle\qquad = \int \left(\frac{1}{u-1} - \frac{1}{u+1}\right) du \quad (u = \sqrt{x+1}\,)$
$\displaystyle\qquad = \log|u-1| - \log|u+1| = \log\left|\frac{u-1}{u+1}\right| = \log\left|\frac{\sqrt{x+1}-1}{\sqrt{x+1}+1}\right|.$

(4) $\displaystyle\int \sqrt{x^2+a}\,dx = \frac{1}{2}\int \left(u - \frac{u^2-a}{2u}\right)\frac{u^2+a}{u^2}\,du = \frac{1}{4}\int \frac{(u^2+a)^2}{u^3}\,du$
$\displaystyle\qquad = \frac{1}{4}\int \left(u + \frac{2a}{u} + \frac{a^2}{u^3}\right) du = \frac{1}{4}\left(\frac{u^2}{2} + 2a\log|u| - \frac{a^2}{2u^2}\right)$
$\displaystyle\qquad = \frac{1}{4}\left(\frac{(\sqrt{x^2+a}+x)^2}{2} + 2a\log\left|x+\sqrt{x^2+a}\right| - \frac{a^2}{2\left(\sqrt{x^2+a}+x\right)^2}\right)$
$\displaystyle\qquad = \frac{4x\sqrt{x^2+a}}{8} + \frac{a}{2}\log\left|x+\sqrt{x^2+a}\right| = \frac{1}{2}\left(x\sqrt{x^2+a} + a\log\left|x+\sqrt{x^2+a}\right|\right)$
$\displaystyle\qquad \left(\sqrt{x^2+a} = u - x,\ x = \frac{u^2-a}{2u},\ dx = \frac{u^2+a}{2u^2}du,\ \frac{1}{\sqrt{x^2+1}+x} = \sqrt{x^2+1}-x\right).$

(5) $\displaystyle\int \frac{x^2}{\sqrt{x^2+1}}\,dx = \int \left(\frac{x^2+1}{\sqrt{x^2+1}} - \frac{1}{\sqrt{x^2+1}}\right) dx = \int \left(\sqrt{x^2+1} - \frac{1}{\sqrt{x^2+1}}\right) dx$
$\displaystyle\qquad = \frac{1}{2}\left(x\sqrt{x^2+1} + \log\left|x+\sqrt{x^2+1}\right|\right) - \log\left|x+\sqrt{x^2+1}\right|$
$\displaystyle\qquad = \frac{1}{2}\left(x\sqrt{x^2+1} - \log\left|x+\sqrt{x^2+1}\right|\right) \quad ((4) と例題 3.6(2)).$

(6) $\displaystyle\int \sqrt{\frac{x}{2-x}}\,dx = 2\int u\frac{2u}{(u^2+1)^2}\,du = 2\left\{-\frac{u}{u^2+1} + \int \frac{du}{u^2+1}\right\}$ (部分積分)
$\displaystyle\qquad = 2\left\{-\frac{u}{u^2+1} + \mathrm{Tan}^{-1} u\right\} = -\sqrt{2x-x^2} + 2\,\mathrm{Tan}^{-1}\sqrt{\frac{x}{2-x}}$
$\displaystyle\qquad \left(u = \sqrt{\frac{x}{2-x}},\ x = \frac{2u^2}{u^2+1},\ dx = \frac{4u\,du}{(u^2+1)^2},\ \int \frac{2u}{(u^2+1)^2}du = -\frac{1}{u^2+1}\right).$

3. 不定積分は計算方法によって答えは様々である．特に，三角関数の積分はそれが顕著である．

(1) $\displaystyle\int \tan x\,dx = \int \frac{\sin x}{\cos x}\,dx = \int -\frac{du}{u} = -\log|u| = -\log|\cos x|$
$\quad (u = \cos x,\ du = -\sin x\,dx).$

(2) $\displaystyle\int \frac{dx}{1+\cos x} = \int \frac{1}{1+\dfrac{1-u^2}{1+u^2}} \frac{2\,du}{1+u^2} = \int du = u = \tan\frac{x}{2}$

$\left(u=\tan\dfrac{x}{2},\ dx=\dfrac{2\,du}{1+u^2}\right).$

(3) $\displaystyle\int \tan\frac{x}{2}\,dx = \int u\frac{2}{1+u^2}\,du = \log(1+u^2) = \log\left(1+\tan^2\frac{x}{2}\right)\ \left(u=\tan\frac{x}{2}\right).$

(4) $\displaystyle\int \frac{dx}{2+\cos x} = \int \frac{\dfrac{2}{1+u^2}}{2+\dfrac{1-u^2}{1+u^2}}\,du = 2\int \frac{1}{3+u^2}\,du = \frac{2}{3}\int \frac{\sqrt{3}\,dt}{1+t^2}$

$= \dfrac{2}{\sqrt{3}}\mathrm{Tan}^{-1}t = \dfrac{2}{\sqrt{3}}\mathrm{Tan}^{-1}\dfrac{u}{\sqrt{3}}$

$= \dfrac{2}{\sqrt{3}}\mathrm{Tan}^{-1}\left(\dfrac{1}{\sqrt{3}}\tan\dfrac{x}{2}\right)\ \left(u=\tan\dfrac{x}{2},\ t=\dfrac{u}{\sqrt{3}}\right).$

(5) $\displaystyle\int \frac{1+\cos x}{(1+\sin x)^2}\,dx = \int \frac{1+\dfrac{1-u^2}{1+u^2}}{\left(1+\dfrac{2u}{1+u^2}\right)^2}\,du = \int \frac{4\,du}{(1+u)^4} = -\frac{4}{3(u+1)^3}$

$= -\dfrac{4}{3}\dfrac{1}{\left(\tan\dfrac{x}{2}+1\right)^3}\ \left(u=\tan\dfrac{x}{2}\right).$

(6) $u=\tan x$ とおく. $\dfrac{du}{dx}=\dfrac{1}{\cos^2 x}=1+\tan^2 x$ であるから, $dx=\dfrac{du}{1+u^2}$. よって

$\displaystyle\int \frac{1}{2+\tan x}\,dx = \int \frac{1}{u+2}\frac{du}{1+u^2} = \frac{1}{5}\int\left(\frac{1}{u+2}-\frac{u-2}{u^2+1}\right)du$

$= \dfrac{1}{5}\left(\log|u+2| - \dfrac{1}{2}\log(u^2+1) + 2\,\mathrm{Tan}^{-1}u\right)$

$= \dfrac{1}{5}\left(\log|\tan x+2| - \dfrac{1}{2}\log(\tan^2 x+1) + 2x\right)$

$= \dfrac{1}{5}\left(\log|\tan x+2| + \log|\cos x| + 2x\right).$

4. 不定積分は上で計算してある.

(1) $\displaystyle\int_0^1 \frac{x-1}{x^2+1}\,dx = \left[\frac{1}{2}\log(x^2+1) - \mathrm{Tan}^{-1}x\right]_0^1 = \frac{1}{2}\log 2 - \frac{\pi}{4}.$

(2) $\displaystyle\int_0^1 \frac{1}{x+\sqrt{x+2}}\,dx = \left[\frac{4}{3}\log(\sqrt{x+2}+2) + \frac{2}{3}\log|\sqrt{x+2}-1|\right]_0^1$

$= \dfrac{4}{3}\log(\sqrt{3}+2) + \dfrac{2}{3}\log|\sqrt{3}-1| - \dfrac{4}{3}\log(\sqrt{2}+2) - \dfrac{2}{3}\log|\sqrt{2}-1|.$

(3) $\displaystyle\int_0^{\pi/2}\tan\frac{x}{2}\,dx = \left[\log\left(1+\tan^2\frac{x}{2}\right)\right]_0^{\pi/2} = \log 2.$

(4) $\displaystyle\int_0^{\pi/2}\frac{1+\cos x}{(1+\sin x)^2}\,dx = -\frac{4}{3}\left[\frac{1}{(\tan(x/2)+1)^3}\right]_0^{\pi/2} = -\frac{4}{3}\left(\frac{1}{8}-1\right) = \frac{7}{6}.$

3.2 特別な形の関数の積分

5. $I = \displaystyle\int e^{-x} \sin x \, dx = -e^{-x} \cos x - \int e^{-x} \cos x \, dx$
$= -e^{-x} \cos x - \left(e^{-x} \sin x - \displaystyle\int e^{-x} \sin x \, dx \right) = -e^{-x} \cos x - e^{-x} \sin x - I.$

よって，$I = -\dfrac{1}{2} e^{-x} (\sin x + \cos x)$. この結果を用いると

$$\tilde{I} = \int e^{-x} \cos x \, dx = e^{-x} \sin x + \int e^{-x} \sin x \, dx$$
$$= e^{-x} \sin x - \dfrac{1}{2} e^{-x} (\sin x + \cos x) = \dfrac{1}{2} e^{-x} (\sin x - \cos x).$$

6. (1) $I_0 = \displaystyle\int dx = x$, $I_1 = \displaystyle\int \sin x \, dx = -\cos x$.
$n \geqq 2$ とすると

$$I_n = \int \sin^n x \, dx = \int \sin^{n-1} x \sin x \, dx \quad (\text{部分積分}: f = \sin^{n-1} x, \, g = \sin x)$$
$$= \sin^{n-1} x (-\cos x) + (n-1) \int \sin^{n-2} x \cos^2 x \, dx$$
$$= -\sin^{n-1} x \cos x + (n-1) \int \sin^{n-2} x (1 - \sin^2 x) \, dx$$
$$= -\sin^{n-1} x \cos x + (n-1)(I_{n-2} - I_n).$$

よって，$I_n = -\dfrac{1}{n} \sin^{n-1} x \cos x + \dfrac{n-1}{n} I_{n-2} \quad (n \geqq 2).$
この結果より

$$J_0 = \int_0^{\pi/2} dx = [x]_0^{\pi/2} = \dfrac{\pi}{2}, \quad J_1 = \int_0^{\pi/2} \sin x \, dx = [-\cos x]_0^{\pi/2} = 1.$$

$n \geqq 2$ ならば

$$J_n = \int_0^{\pi/2} \sin^n x \, dx = -\dfrac{1}{n} \left[\sin^{n-1} x \cos x \right]_0^{\pi/2} + \dfrac{n-1}{n} J_{n-2} = \dfrac{n-1}{n} J_{n-2}.$$

よって，$J_n = \displaystyle\int_0^{\pi/2} \sin^n x \, dx = \begin{cases} \dfrac{n-1}{n} \dfrac{n-3}{n-2} \cdots \dfrac{1}{2} J_0 = \dfrac{(n-1)!!}{n!!} \dfrac{\pi}{2} & (n: \text{偶数}), \\ \dfrac{n-1}{n} \dfrac{n-3}{n-2} \cdots \dfrac{2}{3} J_1 = \dfrac{(n-1)!!}{n!!} & (n: \text{奇数}) \end{cases}$

(二重階乗 $n!!$ は付録参照).

(2) $\cos x$ の場合も $\sin x$ の場合と同様. $\tilde{I}_0 = \displaystyle\int dx = x$, $\tilde{I}_1 = \displaystyle\int \cos x \, dx = -\cos x$.
$n \geqq 2$ とすると

$$\tilde{I}_n = \int \cos^n x \, dx$$
$$= \int \cos^{n-1} x \cos x \, dx = \cos^{n-1} x \sin x + (n-1) \int \cos^{n-2} x \sin^2 x \, dx$$
$$= \cos^{n-1} x \sin x + (n-1) \int \cos^{n-2} x (1 - \cos^2 x) \, dx$$
$$= \cos^{n-1} x \sin x + (n-1)(I'_{n-2} - I'_n).$$

よって，$\tilde{I}_n = \dfrac{1}{n} \cos^{n-1} x \sin x + \dfrac{n-1}{n} I'_{n-2} \quad (n \geqq 2).$
この結果より

$$\tilde{J}_0 = \int_0^{\pi/2} dx = [x]_0^{\pi/2} = \frac{\pi}{2}, \quad \tilde{J}_1 = \int_0^{\pi/2} \cos x\, dx = [\sin x]_0^{\pi/2} = 1.$$

$n \geqq 2$ ならば

$$\tilde{J}_n = \int_0^{\pi/2} \cos^n x\, dx = -\frac{1}{n}\bigl[\cos^{n-1} x \sin x\bigr]_0^{\pi/2} + \frac{n-1}{n}\tilde{J}_{n-2} = \frac{n-1}{n}\tilde{J}_{n-2}.$$

よって，$\displaystyle \tilde{J}_n = \int_0^{\pi/2} \cos^n x\, dx = \begin{cases} \dfrac{n-1}{n}\dfrac{n-3}{n-2}\cdots\dfrac{1}{2}J_0' = \dfrac{(n-1)!!}{n!!}\dfrac{\pi}{2} & (n:\text{偶数}), \\ \dfrac{n-1}{n}\dfrac{n-3}{n-2}\cdots\dfrac{2}{3}J_1' = \dfrac{(n-1)!!}{n!!} & (n:\text{奇数}). \end{cases}$

7. (1) $\displaystyle K_0 = \int_0^{\pi/4} dx = \frac{\pi}{4}, \quad K_1 = \int_0^{\pi/4} \sin x\, dx = [-\cos x]_0^{\pi/4} = 1 - \frac{\sqrt{2}}{2}.$

問題 3.2-6(1) の $\displaystyle \int \sin^n x\, dx$ の漸化式を用いると，$n \geqq 2$ のとき

$$K_n = -\frac{1}{n}\bigl[\sin^{n-1}\theta \cos\theta\bigr]_0^{\pi/4} + \frac{n-1}{n}K_{n-2} = -\frac{1}{n}\left(\frac{\sqrt{2}}{2}\right)^n + \frac{n-1}{n}K_{n-2}.$$

K_3 を計算する．$\displaystyle K_3 = -\frac{1}{3}\left(\frac{\sqrt{2}}{2}\right)^3 + \frac{2}{3}K_1 = -\frac{\sqrt{2}}{12} + \frac{2}{3}\left(1 - \frac{\sqrt{2}}{2}\right) = \frac{2}{3} - \frac{5\sqrt{2}}{12}.$

(2) $\displaystyle \tilde{K}_0 = \int_0^{\pi/4} dx = \frac{\pi}{4}, \quad \tilde{K}_1 = \int_0^{\pi/4} \cos x\, dx = [\sin x]_0^{\pi/4} = \frac{1}{\sqrt{2}}.$

問題 3.2-6(2) の $\displaystyle \int \cos^n x\, dx$ の漸化式を用いると，$n \geqq 2$ のとき

$$\tilde{K}_n = \frac{1}{n}\bigl[\cos^{n-1} x \sin x\bigr]_0^{\pi/4} + \frac{n-1}{n}\tilde{K}_{n-2} = \frac{1}{n}\left(\frac{\sqrt{2}}{2}\right)^n + \frac{n-1}{n}\tilde{K}_{n-2}.$$

8. 三角関数の基本公式 (付録) を用いる．

(1) $\displaystyle \int_{-\pi}^{\pi} \sin mx \cos nx\, dx = \frac{1}{2}\int_{-\pi}^{\pi} \{\sin(m+n)x + \sin(m-n)x\}\, dx = 0$
(問題 3.1-2(3))．

(2) $\displaystyle \int_{-\pi}^{\pi} \sin mx \sin nx\, dx = \frac{1}{2}\int_{-\pi}^{\pi} \{\cos(m-n)x - \cos(m+n)x\}\, dx = \begin{cases} \pi & (m=n), \\ 0 & (m \neq n) \end{cases}$
(問題 3.1-2(4))．

$\displaystyle \int_{-\pi}^{\pi} \cos mx \cos nx\, dx = \frac{1}{2}\int_{-\pi}^{\pi} \{\cos(m-n)x + \cos(m+n)x\}\, dx = \begin{cases} \pi & (m=n), \\ 0 & (m \neq n) \end{cases}$
(問題 3.1-2(4))．

3.3 広義積分

> **要約** ─────────────────────────── **広義積分**
>
> **3.3.1** (**区間 $[a, \infty)$ における積分**) 関数 $f(x)$ が区間 $[a, \infty)$ で連続で
> $$\lim_{\beta \to \infty} \int_a^\beta f(x)\,dx$$
> が収束するとき，$f(x)$ は区間 $[a, \infty)$ で積分可能であるという．
> $$\int_a^\infty f(x)\,dx = \lim_{\beta \to \infty} \int_a^\beta f(x)\,dx$$
> と定義し，$F(x) = \int f(x)\,dx$ のとき $\int_a^\infty f(x)\,dx = \bigl[F(x)\bigr]_a^\infty$ と表す．
>
> 同様に，関数 $f(x)$ が区間 $(-\infty, b]$ で連続で，$\displaystyle \lim_{\alpha \to -\infty} \int_\alpha^b f(x)\,dx$ が収束するとき $\int_{-\infty}^b f(x)\,dx$ と定義し，$\int_{-\infty}^b f(x)\,dx = \bigl[F(x)\bigr]_{-\infty}^b$ と表す．
>
> 積分 $\int_a^\infty f(x)\,dx$, $\int_{-\infty}^b f(x)\,dx$ を区間における $f(x)$ の **広義積分** という．
>
> **3.3.2** (**区間 $[a, b)$ における積分**) 関数 $f(x)$ が区間 $[a, b)$ で連続で
> $$\lim_{\beta \to b-0} \int_a^\beta f(x)\,dx$$
> が収束するとき，$f(x)$ は区間 $[a, b)$ で積分可能という．
> $$\int_a^b f(x)\,dx = \lim_{\beta \to b-0} \int_a^\beta f(x)\,dx$$
> と定義し，$F(x) = \int f(x)\,dx$ のとき $\int_a^b f(x)\,dx = \bigl[F(x)\bigr]_a^b$ と表す．
>
> 関数 $f(x)$ が区間 $(a, b]$ で連続なときにも $\int_a^b f(x)\,dx$ が同様に定義される．
>
> **3.3.3** (**開区間 (a, b) における積分**) 開区間 (a, b) の中間点 c $(a < c < b)$ をとる．関数 $f(x)$ が (a, b) で連続で，$\int_a^c f(x)\,dx$, $\int_c^b f(x)\,dx$ がともに積分可能なとき
> $$\int_a^b f(x)\,dx = \int_a^c f(x)\,dx + \int_c^b f(x)\,dx$$
> と定義する．$\int_a^b f(x)\,dx$ は a, b の中間点 c の取り方によらずに定まり，$f(x)$ は開区間 (a, b) で積分可能という．
>
> 上の $\int_a^\infty f(x)\,dx$, $\int_a^b f(x)\,dx$, $\cdots$ を **広義積分** という．広義積分が可能であることを，「広義積分が存在する」，「広義積分が収束する」ともいう．

要約 　　　　　　　　　　　　　　　　　　　　　　　　　　　　　　**広義積分 (続き)**

3.3.4 (**広義積分の存在**) 関数 $f(x)$ が区間 $[a, b)$ で連続なとき，次の (i), (ii) をみたす連続関数 $g(x)$ が存在すれば，広義積分 $\int_a^b f(x)\,dx$ が存在する．

　　(i) $|f(x)| \leq g(x)$. 　 (ii) $\int_a^b g(x)\,dx$ が存在する．

3.3.5 (**広義積分の発散**) 関数 $f(x)$ が区間 $[a, b)$ で連続なとき，次の (i), (ii) をみたす連続関数 $g(x)$ が存在すれば，広義積分 $\int_a^b f(x)\,dx$ は発散する．

　　(i) $0 \leq g(x) \leq f(x)$. 　 (ii) $\int_a^b g(x)\,dx$ は発散する．

3.3.6 (**広義積分の収束，発散**) 関数 $f(x), g(x)$ が区間 $[a, b)$ で連続で，$f(x) > 0$, $g(x) > 0$ であるとき

$$\lim_{x \to b} \frac{f(x)}{g(x)} = k\,(\neq 0, \infty)$$

ならば

$$\int_a^b f(x)\,dx \text{ が収束する} \iff \int_a^b g(x)\,dx \text{ が収束する．}$$

$$\int_a^b f(x)\,dx \text{ が発散する} \iff \int_a^b g(x)\,dx \text{ が発散する．}$$

広義積分の収束，発散は他の区間，例えば $[a, \infty)$ での広義積分についても同様である．

例題 3.9 ─────────────────────────── **広義積分**

次の広義積分を計算せよ．

(1) $\displaystyle\int_2^\infty \frac{dx}{x^3}$. 　　　　　　　　(2) $\displaystyle\int_0^3 \frac{1}{\sqrt{3-x}}\,dx$.

考え方　要約 **3.3.1**，要約 **3.3.2** を用いる．

解　答　(1) $\displaystyle\int_2^\infty \frac{dx}{x^3} = \lim_{\beta \to \infty} \int_2^\beta \frac{1}{x^3}\,dx = \lim_{\beta \to \infty} \left[-\frac{1}{2x^2}\right]_2^\beta$
$\qquad\qquad = \displaystyle\lim_{\beta \to \infty}\left(-\frac{1}{2\beta^2} + \frac{1}{8}\right) = \frac{1}{8}$.

(2) $\displaystyle\int_0^3 \frac{1}{\sqrt{3-x}}\,dx = \lim_{\beta \to 3-0} \int_0^\beta \frac{1}{\sqrt{3-x}}\,dx = \lim_{\beta \to 3-0}\left[-2\sqrt{3-x}\right]_0^\beta$
$\qquad\qquad = \displaystyle\lim_{\beta \to 3-0}\left(-2\sqrt{3-\beta} + 2\sqrt{3}\right) = 2\sqrt{3}$. ∎

3.3 広義積分

例題 3.10 ────────────────────────── 広義積分

次の広義積分を計算せよ．

(1) $\displaystyle\int_{-2}^{2} \frac{1}{\sqrt{4-x^2}}\,dx.$ (2) $\displaystyle\int_{-1}^{1} \frac{1}{x}\,dx.$

考え方 要約 **3.3.1**〜要約 **3.3.3** を用いる．

解答 (1)
$$\int_{-2}^{2} \frac{1}{\sqrt{4-x^2}}\,dx = \int_{-2}^{0} \frac{1}{\sqrt{4-x^2}}\,dx + \int_{0}^{2} \frac{1}{\sqrt{4-x^2}}\,dx$$
$$= \lim_{\alpha\to -2+0}\left[\operatorname{Sin}^{-1}\frac{x}{2}\right]_{\alpha}^{0} + \lim_{\beta\to 2-0}\left[\operatorname{Sin}^{-1}\frac{x}{2}\right]_{0}^{\beta}$$
$$= \lim_{\alpha\to -2+0}\left(\operatorname{Sin}^{-1}0 - \operatorname{Sin}^{-1}\frac{\alpha}{2}\right) + \lim_{\beta\to 2-0}\left(\operatorname{Sin}^{-1}\frac{\beta}{2} - \operatorname{Sin}^{-1}0\right)$$
$$= -\operatorname{Sin}^{-1}(-1) + \operatorname{Sin}^{-1}1 = \frac{\pi}{2} + \frac{\pi}{2} = \pi.$$

(2) $\dfrac{1}{x}$ は 0 で不連続であるから，積分の範囲を $[-1, 0)$ と $(0, 1]$ に分ける．
$$\int_{-1}^{1} \frac{1}{x}\,dx = \int_{-1}^{0} \frac{1}{x}\,dx + \int_{0}^{1} \frac{1}{x}\,dx$$
$$= \lim_{\beta\to -0}\bigl[\log|x|\bigr]_{-1}^{\beta} + \lim_{\alpha\to +0}\bigl[\log|x|\bigr]_{\alpha}^{1}$$

となる．
$$\lim_{\beta\to -0}\bigl[\log|x|\bigr]_{-1}^{\beta} = -\infty, \qquad \lim_{\beta\to +0}\bigl[\log x\bigr]_{\alpha}^{1} = \infty$$

となるから，積分は発散する． ∎

これを，図 3.1 のように，グラフが原点対称であるから，積分の値は 0 であると考えてはいけない．

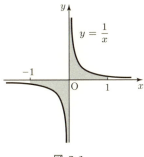

図 **3.1**

例題 3.11 ──────────────────────────── 広義積分の収束判定

次の広義積分は収束するかどうか調べ,収束するときは積分値を計算せよ.

(1) $\displaystyle\int_a^b (x-a)^k\,dx \ \ (a<b).$ (2) $\displaystyle\int_a^\infty x^k\,dx \ \ (a>0).$

(3) $\displaystyle\int_a^\infty e^{kx}\,dx.$ (4) $\displaystyle\int_{-\infty}^b e^{kx}\,dx.$

[考え方] 実際に積分を計算して,広義積分が収束するかどうか調べる.これらの広義積分は,広義積分が収束するかどうかの判定にしばしば使われる.

[解答] (1) k にかかわらず,$(x-a)^k$ は $x=b$ では連続であるから,端点 a について調べる.

$$\int_a^b (x-a)^k\,dx = \begin{cases} \displaystyle\lim_{\alpha\to a+0}\left[\frac{(x-a)^{k+1}}{k+1}\right]_\alpha^b = \begin{cases} \dfrac{(b-a)^{k+1}}{k+1} & (k>-1), \\ \infty\ (\text{発散}) & (k<-1), \end{cases} \\ \displaystyle\lim_{\alpha\to a+0}\bigl[\log|x-a|\bigr]_\alpha^b = \lim_{\alpha\to a+0}(\log(b-a)-\log(\alpha-a)) \\ \qquad\qquad = \infty\ (\text{発散}) \qquad (k=-1). \end{cases}$$

(2) k にかかわらず,x^k は $x=a$ で連続であるから,∞ について調べる.

$$\int_a^\infty x^k\,dx = \begin{cases} \displaystyle\lim_{\beta\to\infty}\left[\frac{x^{k+1}}{k+1}\right]_a^\beta = \lim_{\beta\to\infty}\frac{\beta^{k+1}-a^{k+1}}{k+1} = \begin{cases} -\dfrac{a^{k+1}}{k+1} & (k<-1), \\ \infty\ (\text{発散}) & (k>-1), \end{cases} \\ \displaystyle\lim_{\beta\to\infty}\bigl[\log x\bigr]_a^\beta = \lim_{\beta\to\infty}\log\beta-\log a = \infty\ (\text{発散}) \qquad (k=-1). \end{cases}$$

(3) k にかかわらず,e^{kx} は $x=a$ で連続であるから,∞ について調べる.

$$\int_a^\infty e^{kx}\,dx = \begin{cases} \displaystyle\lim_{\beta\to\infty}\left[\frac{e^{kx}}{k}\right]_a^\beta = \lim_{\beta\to\infty}\frac{e^{k\beta}-e^{ka}}{k} = \begin{cases} -\dfrac{e^{ka}}{k} & (k<0), \\ \infty\ (\text{発散}) & (k>0), \end{cases} \\ \displaystyle\lim_{\beta\to\infty}[x]_a^\beta = \lim_{\beta\to\infty}\beta-a = \infty\ (\text{発散}) \qquad (k=0). \end{cases}$$

(4) k にかかわらず,e^{kx} は $x=b$ で連続であるから,$-\infty$ について調べる.

$$\int_{-\infty}^b e^{kx}\,dx = \begin{cases} \displaystyle\lim_{\alpha\to-\infty}\left[\frac{e^{kx}}{k}\right]_\alpha^b = \lim_{\alpha\to-\infty}\frac{e^{kb}-e^{k\alpha}}{k} = \begin{cases} \dfrac{e^{kb}}{k} & (k>0), \\ \infty\ (\text{発散}) & (k<0), \end{cases} \\ \displaystyle\lim_{\alpha\to-\infty}[x]_\alpha^b = \lim_{\alpha\to-\infty}(b-\alpha) = \infty\ (\text{発散}) \qquad (k=0). \end{cases}$$
∎

例題 3.12 ──────────────── 広義積分の収束判定

次の広義積分が収束するか，発散するか調べよ．

(1) $\displaystyle\int_0^1 \frac{e^x}{\sqrt{1-x}}\,dx.$ 　　(2) $\displaystyle\int_0^{\pi/4} \frac{\cos^2 x}{x}\,dx.$

(3) $\displaystyle\int_1^\infty \frac{\log x}{1+x^2}\,dx.$ 　　(4) $\displaystyle\int_0^\infty \frac{x^p}{1+x^2}\,dx.$

考え方 不定積分が求まらないか，求めるのが困難なときにも，値は計算できないまでも，広義積分の収束，発散は要約 **3.3.4**，要約 **3.3.5** を用いて判定できる．

解 答 (1) $|e^x| \leqq e\ (0 \leqq x \leqq 1)$ であるから $\left|\dfrac{e^x}{\sqrt{1-x}}\right| \leqq \dfrac{e}{\sqrt{1-x}}$ である．
$\displaystyle\int_0^1 \frac{1}{\sqrt{1-x}}\,dx$ は収束する (例題 3.11(1)) から $\displaystyle\int_0^1 \frac{e^x}{\sqrt{1-x}}\,dx$ は収束．

(2) $\dfrac{1}{2x} \leqq \dfrac{\cos^2 x}{x}\ \left(0 \leqq x \leqq \dfrac{\pi}{4}\right)$ である．$\displaystyle\int_0^{\pi/4} \frac{1}{x}\,dx$ は発散するから $\displaystyle\int_0^{\pi/4} \frac{\cos^2 x}{x}\,dx$ は発散 (例題 3.11(1)，要約 3.3.5)．

(3) $f(x) = \dfrac{\log x}{1+x^2}$ は $[1, \infty)$ で連続．$\dfrac{f(x)}{1/x^{3/2}} = \dfrac{\log x/(1+x^2)}{1/x^{3/2}} = \dfrac{\log x}{\sqrt{x}} \cdot \dfrac{x^2}{1+x^2}$ を考える．$\displaystyle\lim_{x\to\infty} \frac{\log x}{\sqrt{x}} = -\lim_{x\to\infty} \frac{1}{x} \cdot \frac{1}{2x^{3/2}} \cdot 0$ (ロピタルの定理)，$\displaystyle\lim_{x\to\infty} \frac{x^2}{1+x^2} = 1$ となるから $\displaystyle\lim_{x\to\infty} \frac{f(x)}{1/x^{3/2}} = 0$．よって，定数 M が存在して $\dfrac{\log x}{1+x^2} < \dfrac{M}{x^{3/2}}$．$\displaystyle\int_1^\infty \frac{dx}{x^{3/2}}$ は収束するので (例題 3.11(2))，$\displaystyle\int_1^\infty \frac{\log x}{1+x^2}\,dx$ は収束．

(4) $\displaystyle\int_0^\infty \frac{x^p}{1+x^2}\,dx = \int_0^1 \frac{x^p}{1+x^2}\,dx + \int_1^\infty \frac{x^p}{1+x^2}\,dx$ と積分範囲を分割する．

(i) $\displaystyle\int_0^1 \frac{x^p}{1+x^2}\,dx = \int_0^1 \frac{1}{1+x^2} x^p\,dx$ である．$\dfrac{1}{2} \leqq \dfrac{1}{1+x^2} \leqq 1\ (0 \leqq x \leqq 1)$ より

$\displaystyle\int_0^1 \frac{x^p}{1+x^2}\,dx$ が収束 $\iff \displaystyle\int_0^1 x^p\,dx$ が収束 $\iff p > -1$ （例題 3.11(1)）．

(ii) $\displaystyle\int_1^\infty \frac{x^p}{1+x^2}\,dx = \int_1^\infty \frac{x^2}{1+x^2} x^{p-2}\,dx$ である．$\dfrac{1}{2} \leqq \dfrac{x^2}{1+x^2} \leqq 1\ (1 \leqq x < \infty)$ より

$\displaystyle\int_1^\infty \frac{x^p}{1+x^2}\,dx$ が収束 $\iff \displaystyle\int_1^\infty x^{p-2}\,dx$ が収束 $\iff p < 1$ （例題 3.11(2)）．

(i)，(ii) より，$\displaystyle\int_0^\infty \frac{x^p}{1+x^2}\,dx$ が収束 $\iff -1 < p < 1$． ∎

問題 3.3

1. 次の広義積分を計算せよ.

(1) $\int_0^\infty xe^{-x}\,dx.$

(2) $\int_0^\infty xe^{-x^2}\,dx.$

(3) $\int_0^1 x\log x\,dx.$

(4) $\int_{-2}^2 \dfrac{dx}{\sqrt{|x|}}.$

(5) $\int_{-1}^1 \dfrac{dx}{\sqrt{1-x^2}}.$

(6) $\int_0^\infty \dfrac{x\,dx}{(x^2+1)^2}.$

(7) $\int_1^\infty \dfrac{dx}{x\sqrt{x-1}}.$

(8) $\int_{-1}^3 \dfrac{2x-1}{\sqrt{3+2x-x^2}}\,dx.$

2. 次の広義積分が収束するかどうかを判定し,収束するならば積分値を計算せよ.

(1) $\int_0^1 \log x\,dx.$

(2) $\int_0^{\pi/2} \dfrac{\sin x}{\sqrt{\cos x}}\,dx.$

(3) $\int_0^\infty x\log x\,dx.$

(4) $\int_0^\infty \dfrac{x}{\sqrt{1+x^4}}\,dx.$

(5) $\int_0^2 \dfrac{dx}{\sqrt{x(2-x)}}.$

(6) $\int_0^{\pi/2} \dfrac{dx}{\sin x}.$

3. 次の広義積分が収束するかどうかを判定せよ.

(1) $\int_0^{\pi/2} \dfrac{\sin x}{\sqrt{x}}\,dx.$

(2) $\int_0^{\pi/2} \dfrac{x-\sin x}{x^4}\,dx.$

(3) $\int_1^\infty \dfrac{1}{\sqrt{x(x+1)(x+2)}}\,dx.$

(4) $\int_0^{\pi/2} \dfrac{x^{3/2}}{\sin^3 x}\,dx.$

(5) $\int_1^\infty \dfrac{\log x}{e^x}\,dx.$

(6) $\int_0^{\pi/2} (\sin x)(\log x)\,dx.$

4. 次を示せ.

(1) $s>0$ のとき,広義積分 $\int_0^\infty e^{-x}x^{s-1}\,dx$ は収束することを示せ.

($s>0$ に対して,$\varGamma(s)=\int_0^\infty e^{-x}x^{s-1}\,dx$ と定義し,$\varGamma(s)$ を**ガンマ関数**という.)

(2) $p,q>0$ のとき,広義積分 $\int_0^1 x^{p-1}(1-x)^{q-1}\,dx$ は収束することを示せ.

($p,q>0$ に対して,$B(p,q)=\int_0^1 x^{p-1}(1-x)^{q-1}\,dx$ と定義し,2 変数関数 $B(p,q)$ を**ベータ関数**という.)

略解 3.3

1. (1) $\displaystyle\int_0^\infty xe^{-x}\,dx = \lim_{\beta\to\infty}\left[-\frac{x}{e^x}-\frac{1}{e^x}\right]_0^\beta = \lim_{\beta\to\infty}\left(-\frac{\beta}{e^\beta}-\frac{1}{e^\beta}+1\right) = 1.$

(2) $\displaystyle\int_0^\infty xe^{-x^2}\,dx = \lim_{\beta\to\infty}\left[-\frac{1}{2e^{x^2}}\right]_0^\beta = \lim_{\beta\to\infty}\left(-\frac{1}{2e^{\beta^2}}+\frac{1}{2}\right) = \frac{1}{2}.$

(3) $\displaystyle\int_0^1 x\log x\,dx = \lim_{\alpha\to+0}\left[\frac{1}{2}x^2\log x - \frac{1}{4}x^2\right]_\alpha^1 = \lim_{\alpha\to+0}\left(-\frac{1}{4}-\frac{1}{2}\alpha^2\log\alpha+\frac{\alpha}{4}\right) = -\frac{1}{4}$

$\displaystyle\left(\lim_{\alpha\to+0}\alpha^2\log\alpha = \lim_{\alpha\to+0}\frac{\log\alpha}{1/\alpha^2} = \lim_{\alpha\to+0}\frac{1/\alpha}{-2/\alpha^3} = \lim_{\alpha\to+0}\left(-\frac{\alpha^2}{2}\right) = 0 \text{ （ロピタルの定理）}\right).$

(4) $\displaystyle\int_{-2}^2 \frac{dx}{\sqrt{|x|}} = \int_{-2}^0 \frac{dx}{\sqrt{-x}} + \int_0^2 \frac{dx}{\sqrt{x}} = -\int_2^0 \frac{dt}{\sqrt{t}} + \int_0^2 \frac{dx}{\sqrt{x}} \quad (t=-x)$

$\displaystyle = 2\int_0^2 \frac{dx}{\sqrt{x}} = \left[4\sqrt{x}\right]_0^2 = 4\sqrt{2}$

（広義積分であるが，積分した関数は端点で連続）．

(5) $\displaystyle\int_{-1}^1 \frac{dx}{\sqrt{1-x^2}} = \int_{-1}^0 \frac{dx}{\sqrt{1-x^2}} + \int_0^1 \frac{dx}{\sqrt{1-x^2}}$

$\displaystyle = \lim_{\varepsilon'\to 0}\left[\mathrm{Sin}^{-1}x\right]_{-1+\varepsilon'}^0 + \lim_{\varepsilon\to 0}\left[\mathrm{Sin}^{-1}x\right]_0^{1-\varepsilon}$

$\displaystyle = \lim_{\varepsilon\to 0}\mathrm{Sin}^{-1}(1-\varepsilon) + \lim_{\varepsilon'\to 0}\mathrm{Sin}^{-1}(1+\varepsilon') = \frac{\pi}{2} + \frac{\pi}{2} = \pi.$

(6) $\displaystyle\int_0^\infty \frac{x\,dx}{(x^2+1)^2} = \frac{1}{2}\int_0^\infty \frac{dt}{(t+1)^2} = \lim_{\beta\to\infty}\frac{1}{2}\left[-\frac{1}{t+1}\right]_0^\beta = \frac{1}{2} \quad (t=x^2).$

(7) $\displaystyle\int_1^\infty \frac{dx}{x\sqrt{x-1}} = \int_0^\infty \frac{2t\,dt}{(t^2+1)t} = \int_0^\infty \frac{2\,dt}{t^2+1} = \lim_{\beta\to\infty}\left[2\mathrm{Tan}^{-1}t\right]_0^\beta = 2\cdot\frac{\pi}{2} = \pi$

$(x=t^2+1,\ t=\sqrt{x-1},\ dx=2t\,dt)$．

(8) $\displaystyle\int_{-1}^3 \frac{2x-1}{\sqrt{3+2x-x^2}}\,dx = \int_{-1}^3\left(\frac{2x-2}{\sqrt{3+2x-x^2}} + \frac{1}{\sqrt{3+2x-x^2}}\right)dx$

$\displaystyle = \int_{-1}^3 \frac{2x-2}{\sqrt{3+2x-x^2}}\,dx + \int_{-1}^3 \frac{dx}{\sqrt{4-(x-1)^2}}$

$\displaystyle = \left[-2\sqrt{3+2x-x^2}\right]_{-1}^3 + \left[\mathrm{Sin}^{-1}\frac{x-1}{2}\right]_{-1}^3$

$\displaystyle = 0 + \frac{\pi}{2} - \left(-\frac{\pi}{2}\right) = \pi$

（広義積分であるが，積分した関数は端点で連続）．

2. (1) $\displaystyle\int_0^1 \log x\,dx = \lim_{\alpha\to+0}\left[x\log x - 1\right]_\alpha^1 = \lim_{\alpha\to+0}(\alpha\log\alpha - 1 + \alpha) = -1$

$\displaystyle\left(\log x \text{ の不定積分は問題 3.1-1(9)，} \lim_{\alpha\to+0}\alpha\log\alpha = 0 \text{ は問題 2.2-2(9)}\right).$

(2) $\displaystyle\int_0^{\pi/2} \frac{\sin x}{\sqrt{\cos x}}\,dx = -\int_1^0 \frac{dt}{\sqrt{t}} = -\left[2\sqrt{t}\right]_1^0 = 2 \quad (t=\cos x,\ dt = -\sin x\,dx).$

(3) $\displaystyle\int_0^\infty x\log x\,dx = \lim_{\beta\to\infty}\left[\frac{x^2}{4}(2\log x - 1)\right]_0^\beta = \infty \text{ （発散）}$

（不定積分は問題 3.1-1(10)）．

(4) $\displaystyle\int_0^\infty \frac{x}{\sqrt{1+x^4}}\,dx = \int_0^\infty \frac{dt}{2\sqrt{1+t^2}} = \lim_{\beta\to\infty}\left[\frac{1}{2}\log\left|t+\sqrt{t^2+1}\right|\right]_0^\beta$
$= \displaystyle\lim_{\beta\to\infty}\frac{1}{2}\log\left|\beta+\sqrt{\beta^2+1}\right| = \infty$ (発散)
($t = x^2$, $2x\,dx = dt$, 不定積分は例題 3.6(2)).

(5) $\displaystyle\int_0^2 \frac{dx}{\sqrt{x(2-x)}} = \int_0^2 \frac{dx}{\sqrt{1-(x-1)^2}} = \left[\mathrm{Sin}^{-1}(x-1)\right]_0^2 = \frac{\pi}{2} + \frac{\pi}{2} = \pi.$

(6) $\displaystyle\int_0^{\pi/2} \frac{dx}{\sin x} = \lim_{\alpha\to+0}\left[\log\left|\mathrm{Tan}^{-1}\frac{x}{2}\right|\right]_\alpha^{\pi/2}$
$= \displaystyle\lim_{\alpha\to+0}\left(\log 1 - \log\left|\mathrm{Tan}^{-1}\frac{\alpha}{2}\right|\right) = \infty$ (発散)
(不定積分は例題 3.7(2)(ⅰ)).

3. 収束を示すには要約 3.3.4 を，発散を示すには要約 3.3.5 を用いる．

(1) $0 < |x| < \dfrac{\pi}{2}$ において，$0 < \dfrac{\sin x}{\sqrt{x}} = \dfrac{\sin x}{x}\sqrt{x} \leq \sqrt{x}$ で $\displaystyle\int_0^{\pi/2}\sqrt{x}\,dx$ は収束するから，$\displaystyle\int_0^{\pi/2}\frac{\sin x}{\sqrt{x}}\,dx$ は収束 (要約 3.3.4).

(2) $\sin x$ に $n=3$ として有限マクローリン展開を用いると $\sin x = x - \dfrac{x^3}{3!} + \dfrac{\sin(\theta x)}{4!}x^4$. よって

$$\int_0^{\pi/2}\frac{x-\sin x}{x^4}\,dx = \int_0^{\pi/2}\frac{1}{x^4}\left(\frac{x^3}{3!} - \frac{\sin(\theta x)}{4!}x^4\right)dx$$
$$= \frac{1}{3!}\int_0^{\pi/2}\left(\frac{1}{x} - \frac{\sin(\theta x)}{4}\right)dx.$$

$|\sin(\theta x)| \leq 1$ であるから $\displaystyle\int_0^{\pi/2}\frac{\sin(\theta x)}{4}\,dx$ は収束するが，$\displaystyle\int_0^{\pi/2}\frac{1}{x}\,dx$ は発散する (例題 3.11(1)) ので，$\displaystyle\int_0^{\pi/2}\frac{x-\sin x}{x^4}\,dx$ は発散 (要約 3.3.5).

(3) $x=1$ で $\dfrac{1}{\sqrt{x(x+1)(x+2)}}$ は連続だから，$x=\infty$ での収束性を調べる．

$\displaystyle\lim_{x\to\infty}\frac{x^{3/2}}{\sqrt{x(x+1)(x+2)}} = 1$ であるから，x が十分大きければ $\dfrac{1}{\sqrt{x(x+1)(x+2)}} \leq \dfrac{M}{x^{3/2}}$ となる M が存在する．$\displaystyle\int_1^\infty \frac{dx}{\sqrt{x^{3/2}}}$ は収束する (例題 3.11(2)) から $\displaystyle\int_1^\infty \frac{1}{\sqrt{x(x+1)(x+2)}}\,dx$ は収束 (要約 3.3.4).

(4) $x = \dfrac{\pi}{2}$ で $\dfrac{x^{3/2}}{\sin^3 x}$ は連続だから，$x=0$ での収束性を調べる．$\displaystyle\lim_{x\to 0}\frac{x^{3/2}/\sin^3 x}{1/x^{3/2}} = \displaystyle\lim_{x\to 0}\frac{x^3}{\sin^3 x} = 1$ である．よって，$\displaystyle\int_0^{\pi/2}\frac{x^{3/2}}{\sin^3 x}\,dx$ の収束と $\displaystyle\int_0^{\pi/2}\frac{1}{x^{3/2}}\,dx$ の収束は同等である (要約 3.3.6)．$\displaystyle\int_0^{\pi/2}\frac{x^{3/2}}{x^3}\,dx = \int_0^{\pi/2}\frac{1}{x^{3/2}}\,dx$ は発散する $\left(\text{例題 3.11(1)，} a=0,\ b=\dfrac{\pi}{2}\right)$ から $\displaystyle\int_0^{\pi/2}\frac{x^{3/2}}{\sin^3 x}\,dx$ は発散 (要約 3.3.5).

3.3 広義積分

(5) $x=1$ で $\dfrac{\log x}{e^x}$ は連続だから,$x=\infty$ での収束性を調べる. $\displaystyle\lim_{x\to\infty}\dfrac{\log x}{e^{x/2}}=\lim_{x\to\infty}\dfrac{1/x}{e^{x/2}/2}$
$=\displaystyle\lim_{x\to\infty}\dfrac{2}{xe^{x/2}}=0$ となるので,$1\leqq x<\infty$ において $\log x\leqq Me^{x/2}$ となる M が存在する. よって,$\dfrac{\log x}{e^x}\leqq \dfrac{M}{e^{x/2}}$ であり,$\displaystyle\int_1^\infty \dfrac{dx}{e^{x/2}}$ は収束する (例題 3.11(3)) から $\displaystyle\int_1^\infty \dfrac{\log x}{e^x}\,dx$ は収束 (要約 3.3.4).

(6) $0\leqq \sin x < x \ \left(0 < x < \dfrac{\pi}{2}\right)$ であるから,$0 < x < \dfrac{\pi}{2}$ において $(\sin x)(\log x)\leqq x\log x$. $\displaystyle\int_0^1 x\log x\,dx$ は収束 (問題 3.3-1(3)) するから $\displaystyle\int_0^{\pi/2}(\sin x)(\log x)\,dx$ は収束 (要約 3.3.4).

4. (1) $f(x)=e^{-x}x^{s-1}$ とおく.

(i) $x=\infty$ における収束性: $\displaystyle\lim_{x\to\infty}\dfrac{e^{-x}x^{s-1}}{e^{-x/2}}=\lim_{x\to\infty}\dfrac{x^{s-1}}{e^{x/2}}\leqq \lim_{x\to\infty}\dfrac{x^m}{e^{x/2}} \ (m=[s])$.
ここで,ロピタルの定理を用いると $\displaystyle\lim_{x\to\infty}\dfrac{x^m}{e^{x/2}}=0$ となるから,c を十分大きな数とすると $f(x)=e^{-x}x^{s-1} < e^{-x/2} \ (0 < c < x)$. よって,$\displaystyle\int_c^\infty e^{-x/2}dx$ は例題 3.11(3) より収束するから $\displaystyle\int_c^\infty e^{-x}x^{s-1}dx$ も収束.

(ii) $x=0$ における収束性: $e^{-x}<1 \ (0<x)$ より $e^{-x}x^{s-1}<x^{s-1}$. $\displaystyle\int_0^c x^{s-1}\,dx \ (s>0)$ は収束する (例題 3.11(1) で $a=0$) から $\displaystyle\int_0^c e^{-x}x^{s-1}\,dx \ (s>0)$ は収束.

(i), (ii) より,$\displaystyle\int_0^\infty e^{-x}x^{s-1}\,dx \ (s>0)$ は収束.

(2) (i) $x=0$ における収束性: $0<x<\dfrac{1}{2}$ において $(1-x)^{q-1}$ は有界であるから,$(1-x)^q\leqq M$ とすると $\displaystyle\int_0^{1/2}x^{p-1}(1-x)^{q-1}dx\leqq M\int_0^{1/2}x^{p-1}\,dx$ となる.$p>0$ ならば,積分 $\displaystyle\int_0^{1/2}x^{p-1}\,dx$ は収束 (例題 3.11(1)). よって,$\displaystyle\int_0^{1/2}x^{p-1}(1-x)^{q-1}\,dx$ は収束 (要約 3.3.4).

(ii) $x=1$ における収束性: $q>0$ ならば,積分 $\displaystyle\int_{1/2}^1 x^{p-1}(1-x)^{q-1}\,dx$ の収束は同様の考え方で示される. よって,$p,q>0$ のとき $\displaystyle\int_0^1 x^{p-1}(1-x)^{q-1}\,dx$ は収束.

3.4 区分求積法, 図形の面積と曲線の長さ

要約 ──────────────────────────── 区分求積法

3.4.1 (区間の分割) $a < b$ とする. $x_0 = a, x_n = b$ とし, a と b の間に $n-1$ 個の点 $x_1 < x_2 < \cdots < x_{n-1}$ をとることを, 閉区間 $[a,b]$ の n 分割といい, この分割を Δ と表す. 分割 Δ に対して

$$|\Delta| = \max\{x_i - x_{i-1} \mid i = 1, \cdots, n\}$$

とおき, 分割 Δ の幅という. 点 x_i $(i = 0, 1, \cdots, n)$ を分割 Δ の分点という.

3.4.2 (分割の細分) Δ が閉区間 $[a,b]$ 分割のとき, Δ の分点の間にさらに分点をとって得られる分割を, Δ の細分という.

3.4.3 (関数と閉区間の分割) $f(x)$ が閉区間 $[a,b]$ で定義された有界関数とする. $f(x)$ と $[a,b]$ の分割 Δ に対して

$$S(f, \Delta) = \sum_{i=1}^{n} M_i(x_i - x_{i-1}), \quad M_i = \sup_{x_{i-1} \leq x \leq x_i} f(x)$$

$$s(f, \Delta) = \sum_{i=1}^{n} m_i(x_i - x_{i-1}), \quad m_i = \inf_{x_{i-1} \leq x \leq x_i} f(x)$$

とおく. 閉区間 $[a,b]$ の分割 Δ' が Δ の細分ならば

$$s(f, \Delta) \leq s(f, \Delta') \leq S(f, \Delta') \leq S(f, \Delta).$$

3.4.4 (区分求積法による定積分の定義) 閉区間 $[a,b]$ で定義された有界関数 $f(x)$ に対し, 分割を動かして

$$S(f) = \inf_{\Delta} S(f, \Delta), \quad s(f) = \sup_{\Delta} s(f, \Delta)$$

とおく. ここで, Δ はすべての分割を動く. 上の定義により $s(f) \leq S(f)$ である. もし $s(f) = S(f)$ ならば, $f(x)$ は閉区間 $[a,b]$ で積分可能であるという. この値 $s(f) = S(f)$ を $f(x)$ の閉区間 $[a,b]$ における定積分といい, $\int_a^b f(x)\,dx$ と表す.

3.4.5 (連続関数の定積分) 関数 $f(x)$ が閉区間 $[a,b]$ で連続ならば, 区分求積法で積分可能で, 値は要約 3.1.3 で定義した定積分の値に等しい.

3.4.6 (区分求積法の変形) 関数 $f(x)$ が閉区間 $[a,b]$ で積分可能なとき, 閉区間 $[a,b]$ の分割 Δ の小区間 $[x_{i-1}, x_i]$ の任意の点 c_i をとると

$$\int_a^b f(x)\,dx = \lim_{|\Delta| \to 0} \sum_{i=1}^{n} f(c_i)(x_i - x_{i-1}).$$

3.4 区分求積法，図形の面積と曲線の長さ

要約 ────────────────────── **図形の面積と曲線の長さ** ──

3.4.7 (**図形の面積**) $f(x), g(x)$ が閉区間 $[a, b]$ で定義された連続関数で，$f(x) \leq g(x)$ とする．$y = f(x)$, $y = g(x)$, $x = a$, $x = b$ で囲まれた図形の**面積**は
$$\int_a^b (f(x) - g(x))\, dx.$$

特に，$x = a$, $x = b$, $y = f(x)$, x 軸に囲まれた図形の x 軸より上の部分を正，x 軸の下の部分を負と考えた面積は $\int_a^b f(x)\, dx$．

3.4.8 (**曲線の長さ**) 始点を P，終点を Q とする曲線 C 上に，$n+1$ 個の点 $P = P_0, P_1, \cdots, P_n = Q$ をとる．線分 $P_{i-1}P_i$ の長さ $\overline{P_{i-1}P_i}$ の和
$$\sum_{i=1}^n \overline{P_{i-1}P_i}$$
を考える．C の分点を増やし，$\overline{P_{i-1}P_i}$ の長さを限りなく小さくしていくと，和が一定の値に収束するとき，C は**長さをもつ**という．この極限値を C の長さといい，$l(C)$ と表す．

3.4.9 ($\boldsymbol{y = f(x)}$ **と表される曲線の長さ**) $f(x)$ が C^1 級関数 ($f(x)$ が微分可能で $f'(x)$ が連続) ならば，曲線 $C : y = f(x)$ $(a \leq x \leq b)$ は長さをもち
$$l(C) = \int_a^b \sqrt{1 + f'(x)^2}\, dx.$$

3.4.10 (**パラメータ表示される曲線の長さ**) 曲線 $C : \begin{cases} x = x(t) \\ y = y(t) \end{cases}$, $(a \leq t \leq b)$ の長さは $l(C) = \int_a^b \sqrt{x'(t)^2 + y'(t)^2}\, dt$．

3.4.11 (**極座標**) $r = \sqrt{x^2 + y^2}$ とおき，θ を x 軸と原点 O と点 (x, y) を結ぶ線分の間の角度とすると
$$x = r\cos\theta, \quad y = r\sin\theta$$
が成り立つ．逆に，$r(\geq 0)$ と θ を与えると点 (x, y) が定まる．点 P に対して (r, θ) を定めることを点 P の**極座標表示**といい，(r, θ) を点 P の極座標という．原点以外の点 P に対して，(r, θ) を $r > 0$, $0 \leq \theta < 2\pi$ ととると一意的に定まる．$\theta = \alpha$, $0 \leq r < \infty$ で与えられる半直線を**動径** $\theta = \alpha$ という．

3.4.12 (**極座標表示される曲線の長さと面積**) 曲線が $r = r(\theta)$ と極座標表示されるとき，$\theta = \alpha$ から $\theta = \beta$ までの曲線の長さは
$$l(C) = \int_\alpha^\beta \sqrt{r(\theta)^2 + r'(\theta)^2}\, d\theta.$$
また，曲線 C と動径 $\theta = \alpha$, $\theta = \beta$ に囲まれた面積 S は $S = \dfrac{1}{2}\int_\alpha^\beta r(\theta)^2\, d\theta$．

例題 3.13 ──────────────────────── 曲線で囲まれた図形の面積

曲線 $y = x^2$ と曲線 $y = x^5$ で囲まれた図形の $x = 2$ から $x = 5$ までの部分の面積は $\dfrac{5109}{2}$ であることを示せ．

[考え方] $g(x) \leqq f(x)$ $(a \leqq x \leqq b)$ のとき，$y = f(x)$，$y = g(x)$，$x = a$，$x = b$ で囲まれた図形の体積は $\displaystyle\int_a^b (f(x) - g(x))\,dx$ で与えられる (要約 **3.4.7**)．

[解答] $x^2 \leqq x^5$ $(2 \leqq x \leqq 5)$ であるから，要約 3.4.7 により，図形の面積は

$$\int_2^5 (x^5 - x^2)\,dx = \left[\frac{x^6}{6} - \frac{x^3}{3}\right]_2^5$$

$$= \frac{5^6}{6} - \frac{5^3}{3} - \left(\frac{2^6}{6} - \frac{2^3}{3}\right)$$

$$= \frac{15625}{6} - \frac{125}{3} - \frac{64}{6} + \frac{8}{3}$$

$$= \frac{15327}{6} = \frac{5109}{2}.$$ ∎

例題 3.14 ──────────────────────────────── 曲線の長さ

曲線 C が $y = x^2$ $(0 \leqq x \leqq 1)$ と定義されるとき，C の長さは

$$l(C) = \sqrt{17} + \frac{\log(4 + \sqrt{17})}{4}$$

となることを示せ．

[考え方] $C : y = f(x)$ $(a \leqq x \leqq b)$ で与えられる曲線の長さは

$$l(C) = \int_a^b \sqrt{1 + f'(x)^2}\,dx \qquad (要約\ \mathbf{3.4.9}).$$

[解答] $f(x) = x^2$ とおくと，$f'(x) = 2x$ であるから

$$l(C) = \int_0^1 \sqrt{1 + f'(x)^2}\,dx = \int_0^1 \sqrt{1 + 4x^2}\,dx$$

$$= \frac{1}{2} \int_0^2 \sqrt{1 + u^2}\,du \quad (u = 2x,\ du = 2\,dx)$$

$$= \frac{1}{2} \left[\frac{1}{2}\left(u\sqrt{u^2 + 1} + \log\left|u + \sqrt{u^2 + 1}\right|\right)\right]_0^2$$

$$= \frac{\sqrt{5}}{2} + \frac{\log(2 + \sqrt{5})}{4}$$

(不定積分は問題 3.2-2(4))． ∎

3.4 区分求積法，図形の面積と曲線の長さ

例題 3.15 ────────────────────── 曲線の長さと面積

曲線 $C: \sqrt{x} + \sqrt{y} = 1$ $(0 \leq x, \ 0 \leq y)$ とする．

(1) 曲線 C と x 軸，y 軸で囲まれた図形の面積を求めよ．

(2) 曲線 C の長さを求めよ．

[考え方] 曲線の長さの積分は，定義に従って，問題 **3.2-2(4)** を用いて積分を行えばよい．

[解 答] (1) 曲線 C と x 軸との交点は $(1, 0)$，曲線 C と y 軸との交点は $(0, 1)$ であるから

$$\int_0^1 y\,dx = \int_0^1 (1-\sqrt{x})^2\,dx = \int_0^1 (1 - 2\sqrt{x} + x)\,dx$$

$$= \left[x - \frac{x^{3/2}}{3} + \frac{x^2}{2}\right]_0^1 = 1 - \frac{4}{3} + \frac{1}{2}$$

$$= \frac{1}{6}.$$

(2) $y = (1-\sqrt{x})^2$ であるから，$y' = 1 - \dfrac{1}{\sqrt{x}}$．よって

$$l(C) = \int_0^1 \sqrt{1 + \left(1 - \frac{1}{\sqrt{x}}\right)^2}\,dx$$

$$= \int_0^1 \sqrt{1 + \left(1 - 2\frac{1}{u} + \frac{1}{u^2}\right)}\,2u\,du \quad (u=\sqrt{x},\ dx=2u\,du)$$

$$= 2\int_0^1 \sqrt{2u^2 - 2u + 1}\,du = 2\sqrt{2}\int_0^1 \sqrt{\left(u - \frac{1}{2}\right)^2 + \frac{1}{4}}\,du$$

$$= \sqrt{2}\int_0^1 \sqrt{(2u-1)^2 + 1}\,du = \frac{\sqrt{2}}{2}\int_{-1}^1 \sqrt{t^2 + 1}\,dt$$

$$= \sqrt{2}\int_0^1 \sqrt{t^2+1}\,dt \quad \left(t = 2u-1,\ du = \frac{dt}{2}\right)$$

$$= \sqrt{2}\left[\frac{1}{2}\left(t\sqrt{t^2+1} + \log\left|t + \sqrt{t^2+1}\right|\right)\right]_0^1$$

$$= \frac{\sqrt{2}}{2}\left(\sqrt{2} + \log(1+\sqrt{2})\right)$$

$$= 1 + \frac{\sqrt{2}}{2}\log(1+\sqrt{2})$$

(不定積分は問題 3.2-2(4))． ∎

例題 3.16 ────────────────────── サイクロイド

サイクロイド $C : \begin{cases} x = a(t - \sin t), \\ y = a(1 - \cos t) \end{cases} \quad (0 \leq t \leq 2\pi,\ a > 0)$ を考える.

(1) 曲線 C と x 軸に囲まれた図形の面積 S を求めよ.

(2) 曲線 C の長さを求めよ.

[考え方] (2) 曲線 C が $x = x(t),\ y = y(t)\ (a \leq t \leq b)$ とパラメータ表示されるとき, C の長さは $l(C) = \displaystyle\int_a^b \sqrt{x'(t)^2 + y'(t)^2}\,dt$ である.

[解答] (1) $S = \displaystyle\int_0^{2\pi} y\,dx = \int_0^{2\pi} a(1 - \cos t)a(1 - \cos t)\,dt$

$(x = a(t - \sin t),\ dx = a(1 - \cos x)\,dt)$

$= a^2 \displaystyle\int_0^{2\pi} (1 - \cos t)^2\,dt = 4a^2 \int_0^{2\pi} \sin^4 \dfrac{t}{2}\,dt$

$\left(\cos t = 1 - 2\sin^2 \dfrac{t}{2} \text{ (倍角の公式)} \right)$

$= 8a^2 \displaystyle\int_0^{\pi/2} \sin^4 \dfrac{t}{2}\,dt = 16 \int_0^{\pi/2} \sin^4 u\,du \quad (u = 2t)$

$= 16a^2 \cdot \dfrac{3!!}{4!!} \cdot \dfrac{\pi}{2} = 3\pi a^2 \quad$ (問題 3.2-6(1)).

(2) $l(C) = \displaystyle\int_0^{2\pi} \sqrt{x'^2 + y'(t)^2}\,dt = \int_0^{2\pi} \sqrt{a^2(1 - \cos t)^2 + a^2 \sin^2 t}\,dt$

$= a \displaystyle\int_0^{2\pi} \sqrt{2(1 - \cos t)}\,dt = 2a \int_0^{2\pi} \left| \sin \dfrac{t}{2} \right|\,dt \quad \text{(倍角の公式)}$

$= 4a \displaystyle\int_0^{\pi} \left| \sin \dfrac{t}{2} \right|\,dt = 8a \int_0^{\pi/2} \sin u\,du = 8a \quad \left(u = \dfrac{t}{2} \right).$ ∎

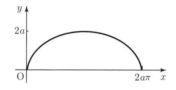

図 **3.2** サイクロイド

3.4 区分求積法,図形の面積と曲線の長さ

例題 3.17 ─────────────────── カーディオイド

(1) 曲線 C が $r = r(\theta)$ と極座標表示されるとき,次を示せ.

   (i) $\theta = \alpha$ から $\theta = \beta$ までの曲線の長さは $l(C) = \displaystyle\int_\alpha^\beta \sqrt{r(\theta)^2 + r'(\theta)^2}\, d\theta$.

   (ii) 曲線 C と2本の動径 $\theta = \alpha$ と $\theta = \beta$ に囲まれた面積は $S = \dfrac{1}{2}\displaystyle\int_\alpha^\beta r(\theta)^2 d\theta$.

(2) 曲線 C が $r = a(1 + \cos\theta)\ (a > 0)$ と極座標表示されるとき,C を**カーディオイド**という.この曲線 C の長さ $l(C)$ と C に囲まれた図形の面積 S を求めよ.

[考え方] **(1)** は要約 **3.4.12** の証明,**(2)** はその応用である.

[解答] (1) (i) $x = r(\theta)\cos\theta,\ y = r(\theta)\sin\theta$ であるから
$$l(C) = \int_\alpha^\beta \sqrt{x'(\theta)^2 + y'^2(\theta)}\, d\theta$$
$$= \int_\alpha^\beta \sqrt{(r'(\theta)\cos\theta + r(\theta)\sin\theta)^2 + (r'(\theta)\sin\theta + r(\theta)\cos\theta)^2}\, d\theta$$
$$= \int_\alpha^\beta \sqrt{r(\theta)^2 + r'(\theta)^2}\, d\theta.$$

(ii) $S(\theta)$ を曲線 C と動径 $\theta = \alpha$ および $\theta = \theta$ に囲まれた図形の面積とすると
$$\frac{dS(\theta)}{d\theta} = \lim_{\Delta\theta \to 0} \frac{S(\theta + \Delta\theta) - S(\theta)}{\Delta\theta}.$$

$\theta \leq t \leq \theta + \Delta\theta$ で,$r(t)$ が最大となる t を θ_1,最小となる t を θ_2 とすると
$$\frac{r(\theta_1)^2 \Delta\theta}{2} \leq S(\theta + \Delta\theta) - S(\theta) \leq \frac{r(\theta_2)^2 \Delta\theta}{2}.$$
よって
$$\frac{r(\theta_1)^2}{2} \leq \frac{S(\theta + \Delta\theta) - S(\theta)}{\Delta\theta} \leq \frac{r(\theta_2)^2}{2}.$$

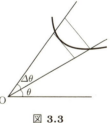

図 3.3

$\Delta\theta \to 0$ とすると $\theta_1, \theta_2 \to \theta$ となるから,$\dfrac{dS(\theta)}{d\theta} = \dfrac{r(\theta)^2}{2}$.
したがって,$S = \dfrac{1}{2}\displaystyle\int_\alpha^\beta r(\theta)^2 d\theta$.

(2) $l(C) = 2\displaystyle\int_0^\pi \sqrt{r(\theta)^2 + r'(\theta)^2}\, d\theta$
$= 2a\displaystyle\int_0^\pi \sqrt{(1 + \cos\theta)^2 + \sin^2\theta}\, d\theta$
$= 2\sqrt{2}a\displaystyle\int_0^\pi \sqrt{1 + \cos\theta}\, d\theta$
$= (2\sqrt{2})^2 a = 8a$ (問題 3.1-2(10)).

図 3.4 カーディオイド

$S = 2\dfrac{1}{2}a^2\displaystyle\int_0^\pi (1 + \cos\theta)^2 d\theta = a^2\displaystyle\int_0^\pi (1 + 2\cos\theta + \cos^2\theta)\, d\theta = \dfrac{3}{2}\pi a^2.$ ∎

問題 3.4

1. 次の曲線に囲まれた図形の面積 S を求めよ．
   (1) 曲線 $y = e^x$, x 軸, y 軸, $x = 3$.
   (2) 曲線 $y = \log x$, x 軸, $x = 2$.
   (3) 曲線 $y = \cosh \dfrac{x}{a}$ $(a > 0)$, $x = 0$, $x = b$, $y = 0$.
   (4) 曲線 $x = 2t + 1$, $y = 2 - t - t^2$, x 軸.

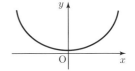

図 3.5 カテナリ

2. 次の曲線 C の長さを求めよ．
   (1) $C : y = \log(\sin x)$ $\left(\dfrac{\pi}{4} \leq x \leq \dfrac{\pi}{2}\right)$.
   (2) $C : y = \dfrac{a}{2}(e^{x/a} + e^{-x/a})$
       $(0 \leq x \leq b, a > 0)$ (カテナリ).
   (3) $C : \begin{cases} x = a\cos^3 t, \\ y = a\sin^3 t \end{cases}$ $(0 \leq t \leq 2\pi)$
       (アステロイド).
   (4) $C : \begin{cases} x = t\cos\dfrac{1}{t}, \\ y = t\sin\dfrac{1}{t} \end{cases}$ $(1 \leq t \leq 2)$.

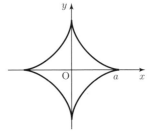

図 3.6 アステロイド

3. 次の曲線に囲まれた図形の面積を求めよ．
   (1) $r = a\sin\theta$ $(0 \leq \theta \leq \pi, a > 0)$ (円).
   (2) $r = a\sqrt{\cos 2\theta}$ $\left(-\dfrac{\pi}{4} \leq \theta \leq \dfrac{\pi}{4}, a > 0\right)$ (レムニスケート).
   (3) 曲線 $x = \sin t$, $y = t\cos t$ $\left(0 \leq t \leq \dfrac{\pi}{2}\right)$ と x 軸．

4. 次の極座標表示される曲線 C の長さを求めよ．
   (1) $r = a\theta$ $(0 \leq \theta \leq b, a > 0)$ (アルキメデスのらせん).
   (2) $r = e^{-a\theta}$ $(0 \leq \theta < \infty, a > 0)$ (等角らせん).

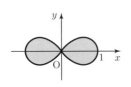

図 3.7 レムニスケート

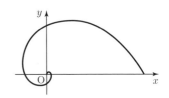

図 3.8 アルキメデスのらせん　　図 3.9 等角らせん

3.4 区分求積法，図形の面積と曲線の長さ

──────── **略解 3.4** ────────

1. (1) $S = \int_0^3 e^x \, dx = \left[e^x\right]_0^3 = e^3 - 1.$

(2) $S = \int_1^2 \log x \, dx = \left[x \log x - x\right]_1^2 = 2 \log 2 - 1.$

(3) $\cosh t = \dfrac{e^t + e^{-t}}{2}$ であるから

$$S = \int_0^b \cosh \frac{x}{a} \, dx = \frac{1}{2} \int_0^b (e^{x/a} + e^{-x/a}) \, dx$$

$$= \frac{1}{2} \left[ae^{x/a} - ae^{-x/a}\right]_0^b = \frac{a}{2}(e^{b/a} - e^{-b/a}).$$

(4) $2 - t - t^2 = -(t-1)(t+2)$ であるから $y = 2 - t - t^2 = 0$ を解くと $t = -2, 1$. このとき，$x(-2) = -3$, $x(1) = 3$, $dx = 2 \, dt$ で，$-3 \leq x \leq 3$ において y は正であるから

$$S = \int_{-3}^3 y \, dx = \int_{-2}^1 (2 - t - t^2) 2 \, dt = 2 \left[2t - \frac{t^2}{2} - \frac{t^3}{3}\right]_{-2}^1 = 9.$$

2. (1) $l(C) = \int_{\pi/4}^{\pi/2} \sqrt{1 + (y')^2} \, dx = \int_{\pi/4}^{\pi/2} \sqrt{1 + \left(\frac{\cos x}{\sin x}\right)^2} \, dx$

$$= \int_{\pi/4}^{\pi/2} \frac{dx}{\sin x} = \frac{1}{2} \left[\log \frac{1 - \cos x}{1 + \cos x}\right]_{\pi/4}^{\pi/2} \quad \left(\frac{1}{\sin x} \text{ の不定積分は，例題 3.7(2)}\right)$$

$$= -\frac{1}{2} \log \frac{1 - \sqrt{2}/2}{1 + \sqrt{2}/2} = -\frac{1}{2} \log \frac{2 - \sqrt{2}}{2 + \sqrt{2}} = -\frac{1}{2} \log \frac{(2 - \sqrt{2})^2}{2}$$

$$= \frac{\log 2}{2} - \log(2 - \sqrt{2}).$$

(2) $l(C) = \int_0^b \sqrt{1 + \left(\frac{a}{2}\left(\frac{e^{x/a}}{a} - \frac{e^{-x/a}}{a}\right)\right)^2} \, dx$

$$= \frac{1}{2} \int_0^b \sqrt{e^{2x/a} + 2 + e^{-2x/a}} \, dx$$

$$= \frac{1}{2} \int_0^b \sqrt{(e^{x/a} + e^{-x/a})^2} \, dx = \frac{1}{2} \int_0^b (e^{x/a} + e^{-x/a}) \, dx$$

$$= \frac{1}{2} \left[a(e^{x/a} - e^{-x/a})\right]_0^b = \frac{a}{2}(e^{b/a} - e^{-b/a}).$$

(3) $l(C) = 4 \int_0^{\pi/2} \sqrt{\left(\frac{dx}{dt}\right)^2 + \left(\frac{dy}{dt}\right)^2} \, dt$

$$= 12a \int_0^{\pi/2} \sqrt{\cos^4 t \sin^2 t + \sin^4 t \cos^2 t} \, dt$$

$$= 12a \int_0^{\pi/2} \sqrt{\sin^2 t \cos^2 t (\cos^2 t + \sin^2 t)} \, dt$$

$$= 12a \int_0^{\pi/2} \sin t \cos t \, dt = 6a \int_0^{\pi/2} \sin 2t \, dt$$

$$= 3a \left[-\cos 2t\right]_0^{\pi/2} = 6a.$$

(4) $l(C) = \displaystyle\int_1^2 \sqrt{\left(\cos\dfrac{1}{t} + \dfrac{1}{t}\sin\dfrac{1}{t}\right)^2 + \left(\sin\dfrac{1}{t} - \dfrac{1}{t}\cos\dfrac{1}{t}\right)^2}\, dt$

$\qquad = \displaystyle\int_1^2 \sqrt{\cos^2\dfrac{1}{t} + \sin^2\dfrac{1}{t} + \dfrac{1}{t^2}\left(\sin^2\dfrac{1}{t} + \cos^2\dfrac{1}{t}\right)}\, dt$

$\qquad = \displaystyle\int_1^2 \sqrt{1 + \dfrac{1}{t^2}}\, dt$

$\qquad = \displaystyle\int_1^2 \dfrac{\sqrt{t^2+1}}{t}\, dt = \int_{\sqrt{2}}^{\sqrt{5}} \dfrac{u^2}{u^2-1}\, du \quad (\sqrt{t^2+1} = u,\ t\, dt = u\, du)$

$\qquad = \displaystyle\int_{\sqrt{2}}^{\sqrt{5}} \left\{1 + \dfrac{1}{2}\left(\dfrac{1}{u-1} - \dfrac{1}{u+1}\right)\right\} du$

$\qquad = \left[u + \dfrac{1}{2}(\log|u-1| - \log|u+1|)\right]_{\sqrt{2}}^{\sqrt{5}}$

$\qquad = \sqrt{5} - \sqrt{2} + \dfrac{1}{2}\left(\log\dfrac{\sqrt{5}-1}{\sqrt{5}+1} - \log\dfrac{\sqrt{2}-1}{\sqrt{2}+1}\right).$

3. (1), (2) には，例題 3.17(1)(ii) を用いる．

(1) $S = \dfrac{1}{2}\displaystyle\int_0^\pi a^2 \sin^2\theta\, d\theta = a^2 \int_0^{\pi/2} \sin^2\theta\, d\theta = \dfrac{\pi a^2}{4}$ (問題 3.2-6(1))．

(2) $S = \dfrac{1}{2}\displaystyle\int_{-\pi/4}^{\pi/4} (a\sqrt{\cos 2\theta})^2\, d\theta = a^2 \int_0^{\pi/4} \cos 2\theta\, d\theta = \dfrac{a^2}{2}\left[\sin 2\theta\right]_0^{\pi/4} = \dfrac{a^2}{2}.$

(3) $S = \displaystyle\int_0^{\pi/2} y\, dx = \int_0^{\pi/2} t\cos^2 t\, dt = \dfrac{1}{2}\int_0^{\pi/2} t(\cos 2t + 1)\, dt$

$\qquad = \dfrac{1}{2}\left(\left[\dfrac{t}{2}\sin 2t\right]_0^{\pi/2} - \dfrac{1}{2}\int_0^{\pi/2} \sin 2t\, dt + \left[\dfrac{t^2}{2}\right]_0^{\pi/2}\right)$

$\qquad = \dfrac{1}{2}\left(\dfrac{1}{4}\left[\cos 2t\right]_0^{\pi/2} + \dfrac{\pi^2}{8}\right) = -\dfrac{1}{4} + \dfrac{\pi^2}{16}.$

4. 例題 3.17(1)(i) を用いる．

(1) $l(C) = \displaystyle\int_0^b \sqrt{r^2 + (r')^2}\, d\theta = \int_0^b \sqrt{(a\theta)^2 + a^2}\, d\theta = a\int_0^b \sqrt{\theta^2 + 1}\, d\theta$

$\qquad = \dfrac{a}{2}\left[\theta\sqrt{\theta^2+1} + \log(\theta + \sqrt{\theta^2+1})\right]_0^b$

$\qquad = \dfrac{a}{2}\left\{b\sqrt{b^2+1} + \log(b + \sqrt{b^2+1})\right\}.$

(2) $l(C) = \displaystyle\int_0^\infty \sqrt{r^2 + (r')^2}\, d\theta = \int_0^\infty \sqrt{e^{-2a\theta} + a^2 e^{-2a\theta}}\, d\theta$

$\qquad = \displaystyle\int_0^\infty \sqrt{1+a^2}\, e^{-a\theta}\, d\theta = -\dfrac{\sqrt{1+a^2}}{a}\left[e^{-a\theta}\right]_0^\infty = \dfrac{\sqrt{1+a^2}}{a}.$

章末問題 3

— A —

3.1 次の不定積分を求めよ．

(1) $\displaystyle\int x^3 e^x \, dx$.

(2) $\displaystyle\int \frac{\sin x}{\cos^2 x} \, dx$.

3.2 次の定積分を計算せよ．

(1) $\displaystyle\int_0^{\pi/2} x \sin x \, dx$.

(2) $\displaystyle\int_0^1 \frac{x^4 - x}{x^2 + 1} \, dx$.

3.3 次の積分を求めよ (有理式の積分)．

(1) $\displaystyle\int \frac{x+1}{x^2 + 2x + 2} \, dx$.

(2) $\displaystyle\int \frac{x+1}{(x^2 - 1)^2} \, dx$.

3.4 次の積分を求めよ (無理関数を含む式の積分)．

(1) $\displaystyle\int \frac{dx}{x + \sqrt{x-1}}$.

(2) $\displaystyle\int \frac{\sqrt{x}}{x + \sqrt{x}} \, dx$.

3.5 次の積分を求めよ (三角関数の有理式の積分)．

(1) $\displaystyle\int \frac{dx}{1 + 2\sin x}$.

(2) $\displaystyle\int \frac{\tan x}{\cos^2 x (1 + \tan x)} \, dx$.

3.6 次の広義積分を計算せよ．

(1) $\displaystyle\int_{-1}^1 \frac{x}{\sqrt{1 - x^4}} \, dx$.

(2) $\displaystyle\int_{-2}^1 \frac{x+1}{\sqrt{|x|}} \, dx$.

3.7 次の広義積分の収束，発散を調べよ．

(1) $\displaystyle\int_0^1 \log x \, dx$.

(2) $\displaystyle\int_0^\infty \frac{1}{\sqrt{x^2 + 1}} \, dx$.

3.8 曲線 $r = a\theta \ \left(0 \leqq \theta \leqq \dfrac{\pi}{2}\right)$ と y 軸に囲まれた図形の面積を求めよ．

3.9 アステロイド $x^{2/3} + y^{2/3} = a^{2/3}$ に囲まれた図形の面積を求めよ．

3.10 次の曲線の長さを求めよ．

(1) $C : y = \log x \quad (1 \leqq x \leqq a)$.

(2) $C : x = \dfrac{t^2}{2}, y = t + \dfrac{t^2}{2} \quad (0 \leqq x \leqq 1)$.

― B ―

3.11 関数 $f(x)$ が閉区間 $[a,b]$ $(a<b)$ で連続とする. $f(x) \geqq 0$ で,恒等的に 0 でなければ $\int_a^b f(x)\,dx > 0$ であることを示せ.

3.12 次の広義積分の収束,発散を調べよ.
(1) $\int_1^\infty \dfrac{dx}{(x^3-1)^p}$ $(p>0)$. (2) $\int_2^\infty \dfrac{dx}{x^p(\log x)^q}$ $(p,q \in \mathbf{R})$.

3.13 次を示せ.
(1) $I_1 = \displaystyle\int e^{-2x}\sin 2x\,dx = -\dfrac{1}{4}e^{-2x}(\sin 2x + \cos 2x)$.

$\quad\quad J_1 = \displaystyle\int e^{-2x}\cos 2x\,dx = \dfrac{1}{4}e^{-2x}(\sin 2x - \cos 2x)$.

(2) $I_2 = \displaystyle\int e^{-x}\sin 2x\,dx = \dfrac{1}{5}e^{-x}(\sin 2x + 2\cos 2x)$.

$\quad\quad J_2 = \displaystyle\int e^{-x}\cos 2x\,dx = \dfrac{1}{5}e^{-x}(2\sin 2x - \cos 2x)$.

3.14 $f(x)$ が連続関数であるとき,次の微分を $f(x)$ を用いて表せ.
(1) $\dfrac{d}{dx}\displaystyle\int_x^{2x+1} f(2t)\,dt$. (2) $\dfrac{d}{dx}\displaystyle\int_{-x}^{2x} tf(t^2)\,dt$.

3.15 $I_{p,q} = \displaystyle\int \sin^p x \cos^q x\,dx$ $(p+q\neq 0)$ とおく.次の漸化式を示せ.
(1) $I_{p,q} = \dfrac{\sin^{p+1} x \cos^{q-1} x}{p+q} + \dfrac{q-1}{p+q}I_{p,q-2}$.
(2) $I_{p,q} = -\dfrac{\sin^{p-1} x \cos^{q+1} x}{p+q} + \dfrac{p-1}{p+q}I_{p-2,q}$.

3.16 $\displaystyle\int \dfrac{dx}{x\sqrt{1-x^2}}$ を次の 3 通りの置換を用いて求めよ.
(1) $u=\sqrt{1-x^2}$. (2) $u=\sqrt{\dfrac{1-x}{1+x}}$. (3) $x=\sin\theta$.

3.17 $P_n(x) = \dfrac{1}{(2n)!!}\dfrac{d^n}{dx^n}(x^2-1)^n$ $(n=0,1,2,\cdots)$ をルジャンドルの多項式という.このとき,次を示せ.
$$\int_{-1}^1 P_m(x)P_n(x)\,dx = \begin{cases} 0 & (m\neq n), \\ \dfrac{2}{2n+1} & (m=n). \end{cases}$$

3.18 曲線 $C: y=f(x)$ は原点 O を通り,O から C 上の点 $\mathrm{P}(a,f(a))$ $(a>0)$ までの曲線の長さが a^2+a であるとする.関数 $f(x)$ を求めよ.

4 偏微分

4.1 多変数関数

― 要約 ―――――――――――――――――――――――――― 多変数関数 ―

4.1.1 (**多変数関数**) 変数 x, y に値を入れると z の値が定まるとき, z は x と y の関数であるといい, $z = f(x, y)$ と表す.

4.1.2 (**開集合**) 2次元空間 $\boldsymbol{R}^2 = \{(x, y) \mid x, y \in \boldsymbol{R}\}$ の集合 D が開集合であるとは, D の任意の点 P に対して P を中心とする円盤が D に含まれるときにいう. 点 P を含む開集合を P の**近傍**という.

4.1.3 (**領域**) 2次元空間 $\boldsymbol{R}^2$ の部分集合の任意の 2 点が D の中で折れ線で結ばれるとき, D は領域であるという. 領域が開集合のとき, **開領域**という.

4.1.4 (**多変数関数の極限値**) 2次元空間 $\boldsymbol{R}^2$ の点 (x, y) を点 (a, b) にどのように近づけても関数 $f(x, y)$ の値が l に近づくとき, l を関数 $f(x, y)$ の点 (a, b) における**極限**(値)といい,
$$\lim_{(x,y) \to (a,b)} f(x, y) = l$$
と表す.

4.1.5 (**関数の連続性**) 点 (a, b) の近傍で定義される関数 $f(x, y)$ が点 (a, b) で連続であるとは, $\lim_{(x,y) \to (a,b)} f(x, y) = f(a, b)$ のときにいう. 関数 $f(x, y)$ が開領域 D で連続とは, $f(x, y)$ が D のすべての点で連続であるときにいう.

4.1.6 (**連続関数の和, 差, 積, 商の連続性**) 関数 $f(x, y), g(x, y)$ が点 (a, b) で連続ならば, $cf, f \pm g, fg, f/g$ (ただし $g(a, b) \neq 0$) は点 (a, b) で連続である.

4.1.7 (**偏微分可能性**) 点 (a, b) の近傍で定義された関数 $f(x, y)$ が点 (a, b) において**偏微分可能**であるとは, $y = b$ とおいて得られる x の関数 $f(x, b)$ が $x = a$ で微分可能なときにいう. $f(x, b)$ の x に関する微分係数を点 (a, b) における $f(x, y)$ の x に関する**偏微分係数**といい
$$f_x(a, b), \quad \frac{\partial f}{\partial x}(a, b)$$
などと表す. y に関しても同様である.

4.1.8 (**偏導関数**) 関数 $z = f(x, y)$ が開領域 D の各点で x に関して偏微分可能なとき, $f_x(a, b)$ を点 (a, b) の関数とみたものを z の x に関する偏導関数といい
$$f_x(x, y), \quad \frac{\partial f}{\partial x}(x, y), \quad z_x, \quad \frac{\partial z}{\partial x}$$
などと表す. y に関しても同様である.

4.1.9 全平面で偏微分可能な関数 $f(x, y)$ が y のみの関数となる必要十分条件は $f_x(x, y) \equiv 0$. また, $f(x, y)$ が x のみの関数となる必要十分条件は $f_y(x, y) \equiv 0$. よって, $f(x, y)$ が定数となる必要十分条件は $f_x(x, y) = f_y(x, y) \equiv 0$.

例題 4.1 ─────────────────────────── **2 変数関数の極限**

次の関数の極限を調べよ．

(1) $\displaystyle\lim_{(x,y)\to(0,0)} \frac{2x^2 - y^2}{x^2 + 2y^2}$.

(2) $\displaystyle\lim_{(x,y)\to(0,0)} \frac{x^3 - 8y^3 + 2x^2 + 8y^2}{x^2 + 4y^2}$.

考え方 極限が存在しないことを示すには，近づき方による極限が異なったり，発散したりすることを示す．収束を示すには，極限の候補 l を求め，関数と l の差が 0 に収束することを示す．1 変数の場合に比べると，少しばかりやっかいである．

解答 (1) x 軸に沿って近づける．$y=0$ とすると
$$\lim_{x\to 0} \frac{2x^2}{x^2} = \lim_{y\to 0} 2 = 2.$$
y 軸に沿って近づける．$x=0$ とすると
$$\lim_{y\to 0} \frac{-y^2}{2y^2} = \lim_{y\to 0}\left(-\frac{1}{2}\right) = -\frac{1}{2}.$$
したがって，2 つの経路 (x 軸と y 軸) による近づき方により極限値が異なるから，(x,y) を $(0,0)$ に近づけるときの関数の極限は存在しない (図 4.1)．

(2) $x=0$ および $y=0$ としての極限値を求めると，いずれも 2 となる．よって，極限値が存在するならば，それは 2 である．$\dfrac{x^3 - 8y^3 + 2x^2 + 8y^2}{x^2 + 4y^2}$ が実際に 2 に収束することを極座標を用いて示す．$x = r\cos\theta$, $y = 2r\sin\theta$ とおくと，$(x,y)\to(0,0)$ と $r\to 0$ は同値である．

$$\left|\frac{x^3 - 8y^3 + 2x^2 + 8y^2}{x^2 + 4y^2} - 2\right| = \left|\frac{r^3\cos^3\theta - r^3\sin^3\theta + 2r^2\cos^2\theta + 2r^2\sin^2\theta}{r^2\cos^2\theta + r^2\sin^2\theta} - 2\right|$$
$$= \left|\frac{r^3(\cos^3\theta - \sin^3\theta) + 2r^2}{r^2} - 2\right|$$
$$= |r(\cos^3\theta - \sin^3\theta)| \to 0 \quad (r \to 0)$$

となる．したがって，関数は $(x,y)\to(0,0)$ のとき 2 に収束する (図 4.2)．■

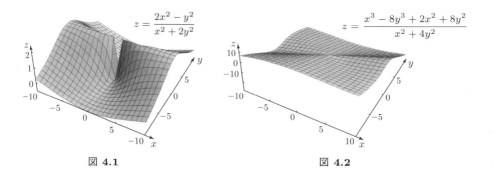

図 4.1　　　　　　　　　　　　　　　図 4.2

例題 4.2 ──────────────── 2 変数関数の連続性

次の関数は全平面で連続かどうか調べよ．
$$f(x,y) = \begin{cases} \dfrac{2x^3+4x^2y^2}{x^2+2y^2} & ((x,y) \neq (0,0)), \\ 0 & ((x,y)=(0,0)). \end{cases}$$

[考え方] 連続性を示すには，各点で極限の値が与えられた関数の値に等しいかどうかを調べる．

[解答] x, y の多項式は連続であるから，分子は連続である．分母も多項式で $(x,y) \neq (0,0)$ では 0 でない．よって，原点以外では $f(x,y)$ は連続関数 (分子) を，0 でない連続関数 (分母) で割ったものであるから，原点以外の点では関数 $f(x,y)$ は連続である．

原点 $(0,0)$ における連続性を調べる．そのためには
$$\lim_{(x,y)\to(0,0)} f(x,y) = 0 = f(0,0)$$
を示せばよい．$x=r\cos\theta, y=r\sin\theta$ とおく．$(x,y)\to(0,0)$ と $r\to 0$ は同値である．
$$\left|\frac{2x^3+4x^2y^2}{x^2+2y^2}\right| \leq \left|\frac{2x^3+4x^2y^2}{x^2+y^2}\right|$$
$$\leq \left|\frac{2r^3\cos^3\theta + 4r^4\cos^2\theta\sin^2\theta}{r^2}\right|$$
$$\leq 2r + 4r^2 \to 0 \quad (r\to 0)$$
となる．すなわち
$$\lim_{(x,y)\to(0,0)} f(x,y) = \lim_{(x,y)\to(0,0)} \frac{2x^3+4x^2y^2}{x^2+2y^2} = 0 = f(0,0)$$
が示された．したがって，$f(x,y)$ は原点でも連続である (図 4.3)． ∎

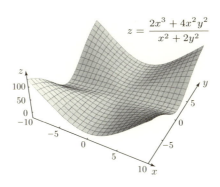

図 4.3

例題 4.3 ──────────────────────────────── 偏導関数

1. 次の関数を偏微分せよ．

(1)　$z = 2x^3y^2 + xy^3 + x + 2y$.　　　(2)　$z = \mathrm{Tan}^{-1}\dfrac{x}{y}$.

(3)　$z = \sin(x^2 + 2xy) + \cos(xy + y)$.　　(4)　$w = \sin xy^2z^3 + \cos xz$.

2. 次を示せ．

(1)　$z = x^4y^4$ は，関係式 $xz_x + yz_y = 8z$ をみたす．

(2)　$w = (x-y)^2(y-z)^2(z-x)^2$ は，関係式 $w_x + w_y + w_z = 0$ をみたす．

考え方　2変数関数 $f(x, y)$ を x について偏微分するときは，変数 y は定数と見なす．また，3変数関数 $f(x, y, z)$ を x について偏微分するときは，変数 y, z は定数と見なす．

解答　**1.** (1)　$z_x = 6x^2y^2 + y^3 + 1$,　$z_y = 4x^3y + 3xy^2 + 2$.

(2)　$\dfrac{d}{dt}\mathrm{Tan}^{-1}t = \dfrac{1}{1+t^2}$ であるから

$$z_x = \dfrac{1}{1+\left(\dfrac{x}{y}\right)^2}\dfrac{1}{y} = \dfrac{y}{x^2+y^2},\quad z_y = \dfrac{1}{1+\left(\dfrac{x}{y}\right)^2}\left(-\dfrac{x}{y^2}\right) = -\dfrac{x}{x^2+y^2}.$$

(3)　$z_x = 2(x+y)\cos(x^2+2xy) - y\sin(xy+y)$,
　　　$z_y = 2x\cos(x^2+2xy) - (x+1)\sin(xy+y)$.

(4)　$w_x = y^2z^3\cos xy^2z^3 - z\sin xz$,
　　　$w_y = 2xyz^3\cos xy^2z^3$,
　　　$w_z = 3xy^2z^2\cos xy^2z^3 - x\sin xz$.

2. (1)　$z_x = 4x^3y^4$, $z_y = 4x^4y^3$ であるから

$$xz_x + yz_y = 4x^4y^4 + 4x^4y^4 = 8x^4y^4 = 8z.$$

(2)　$w_x = 2(x-y)(y-z)^2(z-x)^2 - 2(x-y)^2(y-z)^2(z-x)$,
　　　$w_y = -2(x-y)(y-z)^2(z-x)^2 + 2(x-y)^2(y-z)(z-x)^2$,
　　　$w_z = -2(x-y)^2(y-z)(z-x)^2 + 2(x-y)^2(y-z)^2(z-x)$

であるから

$$\begin{aligned}w_x + w_y + w_z = 2(x-y)(y-z)(z-x)\{&(y-z)(z-x) - (x-y)(y-z)\\&-(x-y)(z-x) + (x-y)(z-x)\\&+(x-y)(z-x) + (x-y)(y-z)\} = 0.\end{aligned}$$

4.1 多変数関数

問題 4.1

1. 次の極限値を求めよ.
(1) $\displaystyle\lim_{(x,y)\to(0,0)} \frac{xy^2}{x^2+y^2}$.
(2) $\displaystyle\lim_{(x,y)\to(0,0)} \frac{xy+3y^2}{2x^2+y^2}$.
(3) $\displaystyle\lim_{(x,y)\to(0,0)} \frac{x^3+xy^2}{x^2+y^2}$.
(4) $\displaystyle\lim_{(x,y)\to(0,0)} \frac{x\sqrt{|y|}}{\sqrt{x^2+y^2}}$.
(5) $\displaystyle\lim_{(x,y)\to(0,0)} \frac{x^2y^2}{(x^2+y^2)^2}$.
(6) $\displaystyle\lim_{(x,y)\to(0,0)} \frac{x^3+3x^2+y^2}{x^2+4y^2}$.

2. 次の図形を描け. ただし, $(x,y) \neq (0,0)$ とする.
(1) $z = \dfrac{x^2-y^2}{x^2+y^2}$ の xz 平面, yz 平面での切り口の図形.
(2) $z = \dfrac{x^2+xy-y^2}{x^2+y^2}$ の xz 平面, $x=y$ 平面での切り口の図形.

3. 次の関数は $D = \{(x,y) \mid 0 < x < \infty,\ 0 < y < \infty\}$ で連続であることを示せ.
(1) $f(x,y) = \dfrac{e^{xy}}{x}$.   (2) $f(x,y) = \dfrac{e^{xy}\sin(x+y)}{xy}$.   (3) $f(x,y) = \dfrac{\sin(xy)}{x}$.

4. 次の関数は全平面で連続かどうか調べよ.
(1) $z = \begin{cases} \dfrac{x^3+y^3}{x^2+y^2} & ((x,y) \neq (0,0)), \\ 0 & ((x,y) = (0,0)). \end{cases}$
(2) $z = \begin{cases} \dfrac{x^2+2y^2}{x^2+y^2} & ((x,y) \neq (0,0)), \\ 1 & ((x,y) = (0,0)). \end{cases}$

5. 次の関数の原点における連続性を調べよ.
(1) $z = \begin{cases} \cos\dfrac{x^3-y^3}{x^2+y^2} & ((x,y) \neq (0,0)), \\ 1 & ((x,y) = (0,0)). \end{cases}$
(2) $z = \begin{cases} \sin\dfrac{2x^3-y^2}{x^2+y^2} & ((x,y) \neq (0,0)), \\ 0 & ((x,y) = (0,0)). \end{cases}$

6. 次の関数を偏微分せよ.
(1) $z = xy^2 - 2x^2y + x$.   (2) $z = \dfrac{x+y}{x-y}$.   (3) $z = \sin(xy^2+2x)$.
(4) $z = \mathrm{Tan}^{-1}\dfrac{y}{x}$.   (5) $w = x^2yz + 2yz$.   (6) $w = x^2yz^3$.
(7) $w = \sin(x+2yz)$.   (8) $w = \log(xy-3z)$.

7. 次を示せ.
(1) $z = \sin(xy)$ ならば, $xz_x - yz_y = 0$.
(2) $w = (x-y)(y-z)(z-x)$ ならば, $w_x + w_y + w_z = 0$.

略解 4.1

1. (1) $x = r\cos\theta, y = r\sin\theta$ とおくと

$$\lim_{(x,y)\to(0,0)} \frac{xy^2}{x^2+y^2} = \lim_{r\to 0} \frac{r^3\cos\theta\sin^2\theta}{r^2} = \lim_{r\to 0} r\cos\theta\sin^2\theta = 0.$$

(2) $y=0$ とおくと $\displaystyle\lim_{(x,y)\to(0,0)} \frac{xy+3y^2}{2x^2+y^2} = \lim_{x\to 0} \frac{0}{2x^2} = 0.$

$x=0$ とおくと $\displaystyle\lim_{(x,y)\to(0,0)} \frac{xy+3y^2}{2x^2+y^2} = \lim_{y\to 0} \frac{3y^2}{y^2} = 3.$

原点に近づく経路により極限値が異なるから, $\displaystyle\lim_{(x,y)\to(0,0)} \frac{xy+3y^2}{2x^2+y^2}$ は極限をもたない.

(3) $x=r\cos\theta, y=r\sin\theta$ とおくと

$$\lim_{(x,y)\to(0,0)} \frac{x^3+xy^2}{x^2+y^2} = \lim_{r\to 0} \frac{r^3(\cos^3\theta+\cos\theta\sin^2\theta)}{r^2} = \lim_{r\to 0} r\cos\theta = 0.$$

(4) $x=r\cos\theta, y=r\sin\theta$ とおくと

$$\lim_{(x,y)\to(0,0)} \frac{x\sqrt{|y|}}{\sqrt{x^2+y^2}} = \lim_{r\to 0} \frac{r^{3/2}\cos\theta\sqrt{|\sin\theta|}}{r} = \lim_{r\to 0} \sqrt{r}\cos\theta\sqrt{|\sin\theta|} = 0.$$

(5) $y=0$ とおくと $\displaystyle\lim_{(x,y)\to(0,0)} \frac{x^2y^2}{(x^2+y^2)^2} = \lim_{x\to 0} \frac{0}{x^4} = 0.$

$y=x$ とおくと $\displaystyle\lim_{(x,y)\to(0,0)} \frac{x^2y^2}{(x^2+y^2)^2} = \lim_{x\to 0} \frac{x^4}{4x^4} = \frac{1}{4}.$

原点に近づく経路により極限値が異なるから, $\displaystyle\lim_{(x,y)\to(0,0)} \frac{x^2y^2}{(x^2+y^2)^2}$ は極限をもたない.

(6) $y=0$ とおくと $\displaystyle\lim_{(x,y)\to(0,0)} \frac{x^3+3x^2+y^2}{x^2+4y^2} = \lim_{x\to 0} \frac{x^3+3x^2}{x^2} = \lim_{x\to 0} (x+3) = 3.$

$x=0$ とおくと $\displaystyle\lim_{(x,y)\to(0,0)} \frac{x^3+3x^2+y^2}{x^2+4y^2} = \lim_{y\to 0} \frac{y^2}{4y^2} = \frac{1}{4}.$

原点に近づく経路により極限値が異なるから, $\displaystyle\lim_{(x,y)\to(0,0)} \frac{x^2+3x^2+y^2}{x^2+4y^2}$ は極限をもたない.

2. (1) $z = \dfrac{x^2-y^2}{x^2+y^2}.$

図 **4.4** xz 平面

図 **4.5** yz 平面

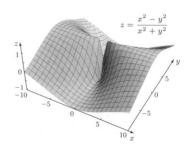

図 **4.6** 立体図

4.1 多変数関数

(2) $z = \dfrac{x^2 + xy - y^2}{x^2 + y^2}$.

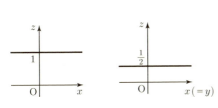
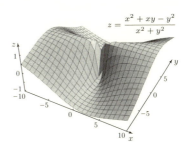

図 4.7 xz 平面   図 4.8 $x = y$ 平面   図 4.9 立体図

3. (1) $e^{xy} = e^z, z = xy$ と表され，e^z は $z \in \mathbf{R}$ で連続，$z = xy$ も D で連続．よって，合成関数 $f(x,y) = e^{xy}$ は D で連続．また，$\dfrac{1}{x}$ は D で連続．したがって，積 $f(x,y) = \dfrac{e^{xy}}{x}$ は D で連続．

(2) (1) と同様に，$e^{xy}, \sin(x+y)$ は D で連続．よって，積 $e^{xy}\sin(x+y)$ は D で連続．$\dfrac{1}{xy}$ は D で連続．したがって，積 $f(x,y) = \dfrac{e^{xy}\sin(x+y)}{xy}$ は D で連続．

(3) (1) と同様に，$\sin(xy)$ は D で連続．また，$\dfrac{1}{x}$ は D で連続．したがって，積 $f(x,y) = \dfrac{\sin(xy)}{x}$ は D で連続．

4. (1) $\dfrac{x^3 + y^3}{x^2 + y^2}$ は有理式で分母は原点以外では 0 にならないから，原点以外では連続．原点における連続性を示すには $\displaystyle\lim_{(x,y) \to (0,0)} \dfrac{x^3 + y^3}{x^2 + y^2} = 0$ を示せばよい．$x = r\cos\theta, y = r\sin\theta$ とおくと

$$\lim_{(x,y) \to (0,0)} \frac{x^3 + y^3}{x^2 + y^2} = \lim_{r \to 0} \frac{r^3(\cos^3\theta + \sin^3\theta)}{r^2} = \lim_{r \to 0} r(\cos^3\theta + \sin^3\theta) = 0.$$

よって，z は原点でも連続．

(2) $\dfrac{x^2 + 2y^2}{x^2 + y^2}$ は有理式で分母が原点以外では 0 にならないから，原点以外では連続．原点における連続性を示すには $\displaystyle\lim_{(x,y) \to (0,0)} \dfrac{x^2 + 2y^2}{x^2 + y^2} = 1$ を確かめればよい．しかし，$x = 0$ とすると $\displaystyle\lim_{(x,y) \to (0,0)} \dfrac{x^2 + 2y^2}{x^2 + y^2} = \lim_{y \to 0} \dfrac{2y^2}{y^2} = 2$ となるので，z は原点では連続ではない．

5. (1) $x = r\cos\theta, y = r\sin\theta$ とおくと

$$\lim_{(x,y) \to (0,0)} \frac{x^3 - y^3}{x^2 + y^2} = \lim_{r \to 0} \frac{r^3(\cos^3\theta - \sin^3\theta)}{r^2} = \lim_{r \to 0} r(\cos^3\theta - \sin^3\theta) = 0$$

であるから，$\cos u$ の原点における連続性より

$$\lim_{(x,y)\to(0,0)} \cos\frac{x^3-y^3}{x^2+y^2} = \cos 0 = 1.$$

よって，z は原点で連続．

(2) $x=0$ とおくと $\displaystyle\lim_{(x,y)\to(0,0)}\frac{2x^3-y^2}{x^2+y^2} = \lim_{y\to 0}\frac{-y^2}{y^2} = -1.$

$y=0$ とおくと $\displaystyle\lim_{(x,y)\to(0,0)}\frac{2x^3-y^2}{x^2+y^2} = \lim_{x\to 0}\frac{2x^3}{x^2} = 0.$

もし z が原点で連続ならば，sin の連続性により $\sin(-1) = \sin 0 = 0$ でなければならないが，$\sin(-1) \neq 0$ であるので，z は原点で連続ではない．

6. (1) $z_x = y^2 - 4xy + 1,\ z_y = 2xy - 2x^2.$

(2) $z_x = \dfrac{(x-y)-(x+y)}{(x-y)^2} = \dfrac{-2y}{(x-y)^2},\ z_y = \dfrac{(x-y)+(x+y)}{(x-y)^2} = \dfrac{2x}{(x-y)^2}.$

(3) $z_x = (y^2+2)\cos(xy^2+2x),\ z_y = 2xy\cos(xy^2+2x).$

(4) $z_x = \dfrac{-y/x^2}{1+(y/x)^2} = \dfrac{-y}{x^2+y^2},\ z_y = \dfrac{1/x}{1+(y/x)^2} = \dfrac{x}{x^2+y^2}.$

(5) $w_x = 2xyz,\ w_y = x^2z+2z,\ w_z = x^2y+2y.$

(6) $w_x = 2xyz^3,\ w_y = x^2z^3,\ w_z = 3x^2yz^2.$

(7) $w_x = \cos(x+2yz),\ w_y = 2z\cos(x+2yz),\ w_z = 2y\cos(x+2yz).$

(8) $w_x = \dfrac{y}{xy-3z},\ w_y = \dfrac{x}{xy-3z},\ w_z = -\dfrac{3}{xy-3z}.$

7. (1) $z_x = y\cos(xy),\ z_y = x\cos(xy).$ よって

$$xz_x - yz_y = xy\cos(xy) - xy\cos(xy) = 0.$$

(2) $w_x = (y-z)(z-x) - (x-y)(y-z),$
$w_y = -(y-z)(z-x) + (x-y)(z-x),$
$w_z = -(x-y)(z-x) + (x-y)(y-z).$

よって
$$w_x + w_y + w_z = (y-z)(z-x) - (x-y)(y-z) - (y-z)(z-x)$$
$$+ (x-y)(z-x) - (x-y)(z-x) + (x-y)(y-z)$$
$$= 0.$$

4.2 全微分可能性と合成関数の微分

要約 　　　　　　　　　　　　　　　　　　　　　　　　　　全微分と合成関数

4.2.1 (全微分可能性) 関数 $f(x,y)$ が点 (a,b) で全微分可能であるとは, $(x,y) \to (a,b)$ のとき, 次式をみたす実数 m, n が存在するときにいう.
$$f(x,y) - f(a,b) = m(x-a) + n(y-b) + o(\sqrt{(x-a)^2 + (y-b)^2}).$$

4.2.2 (全微分可能性と偏微分係数) 関数 $f(x,y)$ が点 (a,b) で全微分可能ならば, $f(x,y)$ は x, y に関して点 (a,b) で偏微分可能で
$$m = f_x(a,b), \quad n = f_y(a,b).$$

4.2.3 (方向微分) 関数 $f(x,y)$ が点 (a,b) で定義されるとき, $\boldsymbol{e} = (e_1, e_2)$ ($|\boldsymbol{e}| = 1$) に対し $\displaystyle\lim_{t \to 0} \frac{f(a+te_1, b+te_2) - f(a,b)}{t}$ が存在すれば, $f(x,y)$ の点 (a,b) における $\boldsymbol{e}$ 方向微分という. $f(x,y)$ が点 (a,b) で全微分可能ならば, $f(x,y)$ はすべての方向に方向微分可能で, $\boldsymbol{e}$ 方向微分は
$$e_1 f_x(a,b) + e_2 f_y(a,b).$$

4.2.4 関数 $f(x,y)$ が点 (a,b) を含む開領域で x, y に関して偏微分可能で, f_x, f_y が点 (a,b) で連続ならば, $f(x,y)$ は点 (a,b) で全微分可能.

4.2.5 関数 $f(x,y)$ が点 (a,b) で全微分可能ならば, 点 (a,b) で連続.

4.2.6 (合成関数の微分) 関数 $x = x(t)$, $y = y(t)$ が区間 I で微分可能で, $t \in I$ に対して $(x(t), y(t)) \in D$ とする. 関数 $z = f(x,y)$ が開領域 D で全微分可能ならば, 合成関数 $z = f(x(t), y(t))$ は $t \in I$ で微分可能で
$$\frac{dz}{dt} = \frac{\partial z}{\partial x}\frac{dx}{dt} + \frac{\partial z}{\partial y}\frac{dy}{dt}.$$

4.2.7 (連鎖律) 関数 $x = x(u,v)$, $y = y(u,v)$ が u, v の開領域 E で偏微分可能とする. 関数 $z = f(x,y)$ が開領域 D で全微分可能で, $(u,v) \in E$ ならば $(x(u,v), y(u,v)) \in D$ とすると, 合成関数 $z = f(x(u,v), y(u,v))$ は u, v の関数として E で偏微分可能で
$$\frac{\partial z}{\partial u} = \frac{\partial z}{\partial x}\frac{\partial x}{\partial u} + \frac{\partial z}{\partial y}\frac{\partial y}{\partial u}, \quad \frac{\partial z}{\partial v} = \frac{\partial z}{\partial x}\frac{\partial x}{\partial v} + \frac{\partial z}{\partial y}\frac{\partial y}{\partial v}.$$

$\dfrac{\partial(x,y)}{\partial(u,v)} = \begin{vmatrix} x_u & x_v \\ y_u & y_v \end{vmatrix}$ を変数変換 $x(u,v), y(u,v)$ のヤコビアンという.

4.2.8 (接平面) 曲面 S 上の点 P を通る平面 π をとる. 曲面上に P と異なる点 Q を任意にとり, Q から π に下した垂線の足を H とする. $\displaystyle\lim_{Q \to P} \frac{\overline{QH}}{\overline{PQ}} = 0$ のとき, π は P における S の接平面という.

4.2.9 (接平面の方程式) 関数 $f(x,y)$ が点 (a,b) で全微分可能ならば, 曲面 $S : z = f(x,y)$ 上の点 $\mathrm{P}(a, b, f(a,b))$ において, S に接平面 π が存在し
$$\pi : z - f(a,b) = f_x(a,b)(x-a) + f_y(a,b)(y-b).$$

例題 4.4 ─────────────── 極座標のヤコビアン

極座標 $x = r\cos\theta$, $y = r\sin\theta$ のヤコビアンは $\dfrac{\partial(x,y)}{\partial(r,\theta)} = r$ であることを示せ.

[考え方] 極座標の定義については，要約 **3.4.11** 参照.

[解答] 定義に従ってヤコビアンを計算する.

$$\frac{\partial(x,y)}{\partial(r,\theta)} = \begin{vmatrix} x_r & x_\theta \\ y_r & y_\theta \end{vmatrix} = \begin{vmatrix} \cos\theta & -r\sin\theta \\ \sin\theta & r\cos\theta \end{vmatrix}$$
$$= r(\cos^2\theta + \sin^2\theta) = r.$$

例題 4.5 ─────────────── 3 次元の変換のヤコビアン

3 次元空間の変換 $x = x(u,v,w)$, $y = y(u,v,w)$, $z = z(u,v,w)$ に対して，ヤコビアンを

$$\frac{\partial(x,y,z)}{\partial(u,v,w)} = \begin{vmatrix} x_u & x_v & x_w \\ y_u & y_v & y_w \\ z_u & z_v & z_w \end{vmatrix}$$

と定義する．3 次元の極座標 $x = r\sin\theta\cos\varphi$, $y = r\sin\theta\sin\varphi$, $z = r\cos\theta$ のヤコビアンは $\dfrac{\partial(x,y,z)}{\partial(r,\theta,\varphi)} = r^2\sin\theta$ であることを示せ.

[考え方] 3 次元の積分を計算するときに，3 次元の極座標のヤコビアンは知っていた方がよい.

[解答] 定義に従ってヤコビアンを計算する.

$$\frac{\partial(x,y,z)}{\partial(r,\theta,\varphi)} = \begin{vmatrix} x_u & x_v & x_w \\ y_u & y_v & y_w \\ z_u & z_v & z_w \end{vmatrix} = \begin{vmatrix} \sin\theta\cos\varphi & r\cos\theta\cos\varphi & -r\sin\theta\sin\varphi \\ \sin\theta\sin\varphi & r\cos\theta\sin\varphi & r\sin\theta\cos\varphi \\ \cos\theta & -r\sin\theta & 0 \end{vmatrix}$$

$$= \cos\theta \begin{vmatrix} r\cos\theta\cos\varphi & -r\sin\theta\sin\varphi \\ r\cos\theta\sin\varphi & r\sin\theta\cos\varphi \end{vmatrix} + r\sin\theta \begin{vmatrix} \sin\theta\cos\varphi & -r\sin\theta\sin\varphi \\ \sin\theta\sin\varphi & r\sin\theta\cos\varphi \end{vmatrix}$$

$$= r^2(\sin\theta\cos^2\theta\sin^2\varphi + \sin\theta\cos^2\theta\cos^2\varphi) + r^2(\sin^3\theta\cos^2\varphi + \sin^3\theta\sin^2\varphi)$$

$$= r^2(\sin\theta\cos^2\theta + \sin^3\theta) = r^2\sin\theta(\cos^2\theta + \sin^2\theta) = r^2\sin\theta.$$

4.2 全微分可能性と合成関数の微分

例題 4.6 ──────────────────── 偏微分可能性と全微分可能性

関数 $f(x,y)$ を
$$f(x,y) = \begin{cases} (x^2+xy+y^2)\log(x^2+y^2) & ((x,y) \neq (0,0)), \\ 0 & ((x,y) = (0,0)) \end{cases}$$
と定義する．

(1) $f(x,y)$ は原点で偏微分可能か調べ，可能ならば偏微分せよ．

(2) $f(x,y)$ は原点で全微分可能か調べ，可能ならば全微分せよ．

[考え方] $f(x,y)$ が原点で全微分可能ということは
$$f(x,y) - f(0,0) = mx + ny + o\left(\sqrt{x^2+y^2}\right)$$
となる実数 m, n が存在することである (要約 4.2.1)．

[解 答] (1) 原点で x に関して偏微分する．
$$f_x(0,0) = \lim_{h \to 0} \frac{f(h,0)-f(0,0)}{h} = \lim_{h \to 0} \frac{h^2 \log h^2}{h}$$
$$= \lim_{h \to 0} h \log h^2 = \lim_{h \to 0} \frac{2\log h}{\dfrac{1}{h}} = \lim_{h \to 0} \frac{2\dfrac{1}{h}}{-\dfrac{1}{h^2}}$$
$$= \lim_{h \to 0} (-2h) = 0.$$

したがって，$f(x,y)$ は原点で x に関して偏微分可能で $f_x(0,0)=0$．

同様にして，$f(x,y)$ は原点で y に関しても偏微分可能で $f_y(0,0)=0$．

(2) 全微分可能か調べる．$f(0,0)=0$ であるから
$$(x^2+xy+y^2)\log(x^2+y^2) = mx + ny + o\left(\sqrt{x^2+y^2}\right)$$
となる実数 m, n が存在することを示せばよい．$|xy| \leq x^2+y^2$ であるから
$$(x^2+xy+y^2)\log(x^2+y^2) \leq 2(x^2+y^2)\log(x^2+y^2).$$
$t = x^2+y^2$ とおくと
$$\lim_{t \to 0} \frac{t \log t}{\sqrt{t}} = \lim_{t \to 0} \sqrt{t} \log t = \lim_{t \to 0} \frac{\log t}{\dfrac{1}{\sqrt{t}}} = \lim_{t \to 0} \frac{\dfrac{1}{t}}{-\dfrac{1}{2t^{3/2}}}$$
$$= -\lim_{t \to 0} 2\sqrt{t} = 0 \quad (\text{ロピタルの定理})$$

となり $t \log t = o(\sqrt{t})$．よって，$2(x^2+y^2)\log(x^2+y^2) = o\left(\sqrt{x^2+y^2}\right)$ であるから
$$(x^2+xy+y^2)\log(x^2+y^2) = o\left(\sqrt{x^2+y^2}\right).$$
したがって，$f(x,y)$ は原点で全微分可能である． ∎

例題 4.7 ——————————————————————— 合成関数の微分

z は x, y の関数とする．x, y が t の関数で

$$z = \operatorname{Tan}^{-1}(xy^2), \quad x = \sin^2 t, \quad y = e^t$$

と定義されるとき，z を t で微分せよ．

[考え方] 要約 **4.2.6** を用いて，z を t で微分する．

[解答]
$$\frac{dz}{dt} = \frac{\partial z}{\partial x}\frac{dx}{dt} + \frac{\partial z}{\partial y}\frac{dy}{dt} = \frac{y^2}{1+x^2y^4}(2\sin t \cos t) + \frac{2xy}{1+x^2y^4}e^t$$
$$= \frac{2e^{2t}\sin t \cos t + 2e^{2t}\sin^2 t}{1+e^{4t}\sin^2 t}.$$ ∎

例題 4.8 ——————————————————————— 接平面と法線

(1) 曲面 π 上の点 P で，P を通り，P における接平面に垂直な直線を，曲面 π の P における法線という．$\pi : z = f(x, y)$ 上の点 $\mathrm{P}(a, b, f(a, b))$ における法線は，次式で与えられることを示せ．

$$\frac{x-a}{f_x(a,b)} = \frac{y-b}{f_y(a,b)} = \frac{z-f(a,b)}{-1}.$$

(2) $\pi : z = 2xy^2 - x^2y$ 上の点 $\mathrm{P}(1, 2, 6)$ における接平面の方程式，法線の方程式を求めよ．

[考え方] 接平面の定義は要約 **4.2.8**，接平面の方程式は要約 **4.2.9**．

[解答] (1) 一般に，平面 $A(x-a) + B(y-b) + C(z-c) = 0 \; (ABC \neq 0)$ に垂直で，点 (a, b, c) を通る直線は

$$\frac{x-a}{A} = \frac{y-b}{B} = \frac{z-f(a,b)}{C}$$

で与えられる．

点 $\mathrm{P}(a, b, f(a, b))$ を通る π の接平面 (要約 4.2.9) を書き換えると

$$f_x(a,b)(x-a) + f_y(a,b)(y-b) - (z-f(a,b)) = 0$$

である．π の P における法線，すなわち，この接平面に垂直で P を通る直線は

$$\frac{x-a}{f_x(a,b)} = \frac{y-b}{f_y(a,b)} = \frac{z-f(a,b)}{-1}.$$

(2) $f_x(x, y) = 2y^2 - 2xy$, $f_y(x, y) = 4xy - x^2$ であるから，$f_x(1, 2) = 4$, $f_y(1, 2) = 7$．したがって，点 P における接平面，法線は

接平面: $z - 6 = 4(x-1) + 7(y-2)$, すなわち，$z = 4x + 7y - 12$.

法線: $\dfrac{x-1}{4} = \dfrac{y-2}{7} = \dfrac{z-6}{-1}$. ∎

問題 4.2

1. 次の変換のヤコビアンを計算せよ．

(1) $x = 2u + 3v$, $y = u + 5v$. (2) $x = u + v$, $y = uv$.

(3) $x = au + bv$, $y = cu + dv$. (4) $x = e^u \cos v$, $y = e^{-v} \sin u$.

(5) $x = \sin(uv)$, $y = \cos(u + v)$. (6) $x = u \cosh v$, $y = u \sinh v$.

(7) $x = u - 2w$, $y = v - w + 1$, $z = u - w + 2$.

2. 次の曲面の，与えられた点 P における接平面の方程式，法線の方程式を求めよ．

(1) $z = 3x^2 y + xy$, P$(1, -1, -4)$.

(2) $z = \dfrac{x^2}{2^2} + \dfrac{y^2}{3^2}$,   P$(2, -3, 2)$.

(3) $z = \operatorname{Tan}^{-1} \dfrac{y}{x}$, P$\left(2, -2, -\dfrac{\pi}{4}\right)$.

(4) $z = \sqrt{x^2 + y^2}$, P$(\cos\theta, \sin\theta, 1)$.

3. 次の関数の原点における連続性，偏微分可能性，全微分可能性を調べよ．

(1) $f(x, y) = \begin{cases} \dfrac{x^2 + y^2 + x^4 + y^4}{x^2 + y^2} & ((x, y) \neq (0, 0)), \\ 1 & ((x, y) = (0, 0)). \end{cases}$

(2) $f(x, y) = \begin{cases} \dfrac{x^2 + xy + y^2}{x^2 + y^2} & ((x, y) \neq (0, 0)), \\ 1 & ((x, y) = (0, 0)). \end{cases}$

4. 次のように定義される関数 z を，変数 t で微分せよ．

(1) $z = xy^2 - x^2 y$, $x = t^2$, $y = e^t$.

(2) $z = e^{x^2 y}$, $x = \cos t$, $y = t^2$.

(3) $z = \tan(xy)$, $x = e^t$, $y = \sin t$.

5. 次のように定義される関数 z を，変数 u, v で偏微分せよ．

(1) $z = x^2 + y^3 + 2$, $x = u + v$, $y = u - v$.

(2) $z = \sin(x - y)$, $x = u^2 + v^2$, $y = 2uv$.

(3) $z = f(x + 3y)$, $x = u - 2v$, $y = 3u - 4v$.

6. x, y が $x = u\cos\alpha - v\sin\alpha$, $y = u\sin\alpha + v\cos\alpha$ (α は定数) と変換されるとき，$z = f(x, y)$ に対して $z_x^2 + z_y^2 = z_u^2 + z_v^2$ を示せ．

---------- 略解 4.2 ----------

1. (1) $\dfrac{\partial(x,y)}{\partial(u,v)} = \begin{vmatrix} 2 & 3 \\ 1 & 5 \end{vmatrix} = 7.$ (2) $\dfrac{\partial(x,y)}{\partial(u,v)} = \begin{vmatrix} 1 & 1 \\ v & u \end{vmatrix} = u-v.$

(3) $\dfrac{\partial(x,y)}{\partial(u,v)} = \begin{vmatrix} a & b \\ c & d \end{vmatrix} = ad-bc.$

(4) $\dfrac{\partial(x,y)}{\partial(u,v)} = \begin{vmatrix} e^u \cos v & -e^u \sin v \\ e^{-v} \cos u & -e^{-v} \sin u \end{vmatrix} = -e^{u-v}\sin u \cos v + e^{u-v}\cos u \sin v$

$= e^{u-v}(\cos u \sin v - \sin u \cos v) = -e^{u-v}\sin(u-v) = e^{u-v}\sin(v-u).$

(5) $\dfrac{\partial(x,y)}{\partial(u,v)} = \begin{vmatrix} v\cos(uv) & u\cos(uv) \\ -\sin(u+v) & -\sin(u+v) \end{vmatrix} = (u-v)\sin(u+v)\cos(uv).$

(6) $\dfrac{\partial(x,y)}{\partial(u,v)} = \begin{vmatrix} \cosh v & u\sinh v \\ \sinh v & u\cosh v \end{vmatrix} = u(\cosh^2 v - \sinh^2 v) = u.$

(7) $\dfrac{\partial(x,y,z)}{\partial(u,v,w)} = \begin{vmatrix} 1 & 0 & -2 \\ 0 & 1 & -1 \\ 1 & 0 & -1 \end{vmatrix} = 1.$

2. (1) $z_x = 6xy + y,\ z_y = 3x^2 + x.$
P における接平面は $z+4 = -7(x-1) + 4(y+1)$. 整理して $z = -7x + 4y + 7.$
P における法線は $\dfrac{x-1}{-7} = \dfrac{y+1}{4} = \dfrac{z+4}{-1}.$

(2) $z_x = \dfrac{x}{2},\ z_y = \dfrac{2}{9}y.$
P における接平面は $z - 2 = (x-2) + \dfrac{-2}{3}(y+3)$. 整理して $z = x + \dfrac{-2}{3}y - 2.$
P における法線は $x - 2 = \dfrac{-3(y+3)}{2} = \dfrac{z-2}{-1}.$

(3) $z_x = -\dfrac{y}{x^2}\dfrac{1}{1+(y/x)^2} = -\dfrac{y}{x^2+y^2},\ z_y = \dfrac{1}{x}\dfrac{1}{1+(y/x)^2} = \dfrac{x}{x^2+y^2}.$
P における接平面は $z + \dfrac{\pi}{4} = \dfrac{1}{4}(x-2) + \dfrac{1}{4}(y+2)$. 整理して $x+y-4z = -\pi.$
P における法線は $4(x-2) = 4(y+2) = -\left(z + \dfrac{\pi}{4}\right).$

(4) $z_x = \dfrac{x}{\sqrt{x^2+y^2}},\ z_y = \dfrac{y}{\sqrt{x^2+y^2}}.$
P における接平面は $z - 1 = \cos\theta(x - \cos\theta) + \sin\theta(y - \sin\theta).$
整理して $z = x\cos\theta + y\sin\theta.$

P における法線は $\theta \neq 0, \dfrac{\pi}{2}, \pi, \dfrac{3\pi}{2}$ ならば $\dfrac{x-\cos\theta}{\cos\theta} = \dfrac{y-\sin\theta}{\sin\theta} = \dfrac{z-1}{-1}.$

$\theta = 0$ ならば, 接平面は平面 $z = x$. 法線は $(1, 0, 1)$ を通り, 平面 $z = x$ に直行する直線であるから $z - 1 = -(x-1),\ y = 0.$

$\theta = \dfrac{\pi}{2}$ ならば, 接平面は $z = y$ で, 法線は $z - 1 = -(y-1),\ x = 0.$

$\theta = \pi$ ならば, 接平面は $z = -x$ で, 法線は $z - 1 = x + 1,\ y = 0.$

$\theta = \dfrac{3\pi}{2}$ ならば, 接平面は $z = -y$ で, 法線は $z - 1 = y + 1,\ x = 0.$

4.2 全微分可能性と合成関数の微分

3. (1) (連続性) $x = r\cos\theta$, $y = r\sin\theta$ とおくと
$$\lim_{(x,y)\to(0,0)}(f(x,y)-f(0,0)) = \lim_{r\to 0}\frac{r^3(\cos^3\theta + \sin^3\theta)}{r^2}$$
$$= \lim_{r\to 0} r(\cos^3\theta + \sin^3\theta) = 0.$$

よって,$f(x,y)$ は原点で連続である.

(偏微分可能性)
$$f_x(0,0) = \lim_{h\to 0}\frac{f(h,0)-f(0,0)}{h} = \lim_{h\to 0}\frac{1}{h}\left(\frac{h^2+h^4}{h^2}-1\right) = \lim_{h\to 0} h = 0,$$
$$f_y(0,0) = \lim_{k\to 0}\frac{f(0,k)-f(0,0)}{k} = \lim_{k\to 0}\frac{1}{k}\left(\frac{k^2+k^4}{k^2}-1\right) = \lim_{h\to 0} k = 0.$$

よって,$f(x,y)$ は x に関しても,y に関しても原点で偏微分可能である.

(全微分可能性) $f(x,y) - f(0,0) = f(x,y) - 1 = \dfrac{x^4+y^4}{x^2+y^2}$ であり,$\dfrac{x^4}{(x^2+y^2)^2} \leq \dfrac{x^4}{x^4} = 1$ であるから
$$\lim_{(x,y)\to(0,0)}\frac{x^4/(x^2+y^2)}{\sqrt{x^2+y^2}} = \lim_{(x,y)\to(0,0)}\frac{x^4}{(x^2+y^2)^2}\sqrt{x^2+y^2}$$
$$= \lim_{(x,y)\to(0,0)}\sqrt{x^2+y^2} = 0.$$

したがって,$\dfrac{x^4}{x^2+y^2} = o(\sqrt{x^2+y^2})$. 同様にして,$\dfrac{y^4}{x^2+y^2} = o(\sqrt{x^2+y^2})$.

両辺を加えると $\dfrac{x^4+y^4}{x^2+y^2} = o(\sqrt{x^2+y^2})$. よって,要約 4.2.1 で $m=n=0$ ととることにより,$f(x,y) - f(0,0) = o(\sqrt{x^2+y^2})$ となり,$f(x,y)$ は原点で全微分可能である.

(2) (連続性) 点 (x,y) を直線 $y=x$ に沿って原点に近づけると
$$\lim_{x\to 0}\frac{x^2+xy+y^2}{x^2+y^2} = \lim_{x\to 0}\frac{3x^2}{2x^2} = \frac{3}{2} \neq 1 = f(0,0).$$

よって,$f(x,y)$ は原点で連続ではない.

(偏微分可能性) $f(h,0) - f(0,0) = \dfrac{h^2}{h^2} - 1 = 0$ であるから
$$f_x(0,0) = \lim_{h\to 0}\frac{f(h,0)-f(0,0)}{h} = 0.$$

同様にして,$f_y(0,0) = \lim_{k\to 0}\dfrac{f(0,k)-f(0,0)}{k} = 0.$

よって,$f(x,y)$ は x に関しても,y に関しても原点で偏微分可能である.

(全微分可能性) 連続でないから,全微分可能でない (要約 4.2.5).

4. (1) $\dfrac{dz}{dt} = \dfrac{\partial z}{\partial x}\dfrac{dx}{dt} + \dfrac{\partial z}{\partial y}\dfrac{dy}{dt} = (y^2 - 2xy)(2t) + (2xy - x^2)e^t$
$$= (e^{2t} - 2t^2 e^t)(2t) + (2t^2 e^t - t^4)e^t$$
$$= 2(t^2+t)e^{2t} - (t^4 + 4t^3)e^t.$$

(2) $\dfrac{dz}{dt} = \dfrac{\partial z}{\partial x}\dfrac{dx}{dt} + \dfrac{\partial z}{\partial y}\dfrac{dy}{dt} = 2xye^{x^2y}(-\sin t) + x^2 e^{x^2y}(2t)$

$= -2t^2 \cos t \sin t e^{t^2\cos^2 t} + 2t\cos^2 t\, e^{t^2\cos^2 t}$

$= 2t\cos t(\cos t - t\sin t)e^{t^2\cos^2 t}.$

(3) $\dfrac{dz}{dt} = \dfrac{\partial z}{\partial x}\dfrac{dx}{dt} + \dfrac{\partial z}{\partial y}\dfrac{dy}{dt} = \dfrac{y}{\cos^2(xy)}e^t + \dfrac{x}{\cos^2(xy)}\cos t$

$= \dfrac{e^t \sin t}{\cos^2(e^t \sin t)} + \dfrac{e^t \cos t}{\cos^2(e^t \sin t)} = \dfrac{e^t(\sin t + \cos t)}{\cos^2(e^t \sin t)}.$

5. (1) $\dfrac{\partial z}{\partial u} = \dfrac{\partial z}{\partial x}\dfrac{\partial x}{\partial u} + \dfrac{\partial z}{\partial y}\dfrac{\partial y}{\partial u} = 2x + 3y^2 = 2(u+v) + 3(u-v)^2,$

$\dfrac{\partial z}{\partial v} = \dfrac{\partial z}{\partial x}\dfrac{\partial x}{\partial v} + \dfrac{\partial z}{\partial y}\dfrac{\partial y}{\partial v} = 2x - 3y^2 = 2(u+v) - 3(u-v)^2.$

(2) $\dfrac{\partial z}{\partial u} = \dfrac{\partial z}{\partial x}\dfrac{\partial x}{\partial u} + \dfrac{\partial z}{\partial y}\dfrac{\partial y}{\partial u} = 2u\cos(x-y) - 2v\cos(x-y)$

$= 2(u-v)\cos(u^2+v^2-2uv) = 2(u-v)\cos(u-v)^2,$

$\dfrac{\partial z}{\partial v} = \dfrac{\partial z}{\partial x}\dfrac{\partial x}{\partial v} + \dfrac{\partial z}{\partial y}\dfrac{\partial y}{\partial v} = 2v\cos(x-y) - 2u\cos(x-y)$

$= 2(v-u)\cos(u^2+v^2-2uv) = 2(v-u)\cos(u-v)^2.$

(3) $t = x + 3y$ とおく.

$\dfrac{\partial z}{\partial u} = \dfrac{\partial z}{\partial x}\dfrac{\partial x}{\partial u} + \dfrac{\partial z}{\partial y}\dfrac{\partial y}{\partial u} = \dfrac{df}{dt}\dfrac{\partial t}{\partial x}\dfrac{\partial x}{\partial u} + \dfrac{df}{dt}\dfrac{\partial t}{\partial y}\dfrac{\partial y}{\partial u}$

$= f'(x+3y)\dfrac{\partial x}{\partial u} + 3f'(x+3y)\dfrac{\partial y}{\partial u}$

$= f'(10u - 14v) + 3f'(10u - 14v) \cdot 3 = 10f'(10u - 14v),$

$\dfrac{\partial z}{\partial v} = \dfrac{\partial z}{\partial x}\dfrac{\partial x}{\partial v} + \dfrac{\partial z}{\partial y}\dfrac{\partial y}{\partial v} = \dfrac{df}{dt}\dfrac{\partial t}{\partial x}\dfrac{\partial x}{\partial v} + \dfrac{df}{dt}\dfrac{\partial t}{\partial y}\dfrac{\partial y}{\partial v}$

$= f'(x+3y)\dfrac{\partial x}{\partial v} + 3f'(x+3y)\dfrac{\partial y}{\partial v}$

$= f'(10u-14v)(-2) + 3f'(10u-14v)(-4) = -14f'(10u-14v).$

6. $z_u = z_x x_u + z_y y_u = z_x \cos\alpha + z_y \sin\alpha,\ z_v = z_x x_v + z_y y_v = -z_x \sin\alpha + z_y \cos\alpha$ であるから

$z_u^2 + z_v^2 = (z_x \cos\alpha + z_y \sin\alpha)^2 + (-z_x \sin\alpha + z_y \cos\alpha)^2$

$= z_x^2(\cos^2\alpha + \sin^2\alpha) + z_y^2(\sin^2\alpha + \cos^2\alpha)$

$= z_x^2 + z_y^2.$

4.3 高次偏導関数とテイラーの定理

要約 　　　　　　　　　　　　　　　　　　　　　　　　　　　　　　　**高次偏導関数**

4.3.1　(**2次偏導関数**) 関数 $z = f(x, y)$ の x に関する導関数 $z_x = f_x(x, y) = \dfrac{\partial f}{\partial x}$ が y に関して偏微分可能なとき, $(z_x)_y$ を

$$z_{xy}, \quad f_{xy}(x, y), \quad \frac{\partial^2 z}{\partial y \partial x}, \quad \frac{\partial^2 f}{\partial y \partial x}$$

と表す. 同様に, z_{xx}, z_{yx}, z_{yy} も定義される. これらを2次導関数という (要約 4.3.2 により, 微分の順序は問題にならないことも多いが, z_{xy} と $\dfrac{\partial^2 z}{\partial y \partial x}$ では, x と y の順序が逆になるので注意).

4.3.2　(**偏微分の順序の交換**) 関数 $f(x, y)$ の2次偏導関数 $f_{xy}(x, y)$, $f_{yx}(x, y)$ が連続ならば $f_{xy}(x, y) = f_{yx}(x, y)$.

4.3.3　(**高次偏導関数**) 2次偏導関数 $f_{xx}, f_{xy}, \cdots$ がさらに偏微分可能であるとき, 3次偏導関数 $f_{xxx}, f_{xxy}, f_{xyx}, \cdots$ が定義される. 同様に, $n = 4, 5, \cdots$ に対しても n 次偏導関数が定義される. これら n 次偏導関数 $(n \geq 2)$ を総称して高次偏導関数という. また, f_{xyy} を $\dfrac{\partial^3 f}{\partial y \partial y \partial x}$ とも表す.

4.3.4　(C^n **級関数**) 関数 $f(x, y)$ が n 回偏微分できて, n 次以下の偏導関数がすべて連続であるとき, $f(x, y)$ は **n 回連続微分可能**, あるいは C^n 級関数であるという.

4.3.5　(C^∞ **級関数**) 関数 $f(x, y)$ が x, y について, どんな順序に微分しても何回でも偏微分できて, すべての高次偏導関数が連続であるとき, $f(x, y)$ は **無限回微分可能**, あるいは C^∞ 級関数であるという.

4.3.6　(**偏微分の順序**) 要約 4.3.2 を用いると, C^∞ 級関数の偏導関数については, x, y に関して偏微分を行う順序にはよらず, x, y それぞれの変数についての偏微分を行った回数により決まる. よって, C^∞ 級関数については

$$\frac{\partial^5 f}{\partial x \partial y \partial y \partial x \partial y} = \frac{\partial^5 f}{\partial x^2 \partial y^3}$$

などと表す (C^n 級関数についても, n 次以下の偏微分については同様に偏微分の順序が変えられ, このような表記が可能である).

4.3.7　(**偏微分作用素**) 定数 a, b をとる. C^1 級関数に作用する偏微分作用素 $a \dfrac{\partial}{\partial x} + b \dfrac{\partial}{\partial y}$ を, 関数 $f(x, y)$ に対して次のように定義する.

$$\left(a \frac{\partial}{\partial x} + b \frac{\partial}{\partial y} \right) f(x, y) = a \frac{\partial f}{\partial x}(x, y) + b \frac{\partial f}{\partial y}(x, y).$$

> 要約 ─────────────────────────────── テイラーの定理，極値 ───

4.3.8 (**ラプラシアン**) 次のように定義される微分作用素 Δ をラプラシアンという．
$$\Delta f(x,y) = \frac{\partial^2 f}{\partial x^2}(x,y) + \frac{\partial^2 f}{\partial y^2}(x,y).$$

$\Delta f(x,y) = 0$ をみたす関数 $f(x,y)$ を**調和関数**という．

4.3.9 (**2変数関数のテイラーの定理**) 関数 $f(x,y)$ が開領域 D において C^n 級とする．D の2点 (a,b) と $(a+h,b+k)$ に対して，(a,b) と $(a+h,b+k)$ を結ぶ線分が D に含まれるとき，θ ($0 < \theta < 1$) が存在して
$$f(a+h, b+k) = \sum_{j=0}^{n-1} \frac{1}{j!}\left(h\frac{\partial}{\partial x} + k\frac{\partial}{\partial y}\right)^j f(a,b)$$
$$+ \frac{1}{n!}\left(h\frac{\partial}{\partial x} + k\frac{\partial}{\partial y}\right)^n f(a+\theta h, b+\theta k).$$

この展開を**有限テイラー展開**という．特に，原点 $(0,0)$ における有限テイラー展開を**有限マクローリン展開**という．

4.3.10 (**2変数関数の漸近展開**) 関数 $f(x,y)$ が原点を含む円形開領域 D で C^n 級ならば，$(h,k) \in D$ のとき
$$f(h,k) = \sum_{j=0}^{n} \frac{1}{j!}\left(h\frac{\partial}{\partial x} + k\frac{\partial}{\partial y}\right)^j f(0,0) + o(\rho^n).$$
$$(\rho = \sqrt{h^2+k^2})$$

4.3.11 (**極値をもつ必要条件**) 関数 $f(x,y)$ が点 (a,b) で極値をとるならば
$$f_x(a,b) = f_y(a,b) = 0$$
である．

4.3.12 (**極値の判定**) 関数 $f(x,y)$ が C^2 級で，点 (a,b) で $f_x(a,b) = f_y(a,b) = 0$ であるとする．関数 $f(x,y)$ と点 (a,b) に対して，判別式 D を
$$D = f_{xx}(a,b)f_{yy}(a,b) - f_{xy}(a,b)^2$$
と定義すると，次が成り立つ．

(1) $D > 0$ のとき

$f_{xx}(a,b) > 0$ ならば，$f(x,y)$ は点 (a,b) で極小値をとる．

$f_{xx}(a,b) < 0$ ならば，$f(x,y)$ は点 (a,b) で極大値をとる．

(2) $D < 0$ のとき，$f(x,y)$ は点 (a,b) で極値はとらない．

(3) $D = 0$ のとき，極値かどうかは判別式のみでは判定できない．

4.3 高次偏導関数とテイラーの定理

例題 4.9 ─────────────────────── 偏微分作用素とラプラシアン

次を計算せよ．

(1) $f(x,y) = e^{x+2y}$ のとき，$\left(3\dfrac{\partial}{\partial x} - 2\dfrac{\partial}{\partial y}\right) f(x,y)$．

(2) $f(x,y) = e^{2x+y+1}$ のとき，$\left(\dfrac{\partial}{\partial x} + 3\dfrac{\partial}{\partial y}\right)^2 f(0,0)$．

(3) $f(x,y) = \log(x^2+y^2)$ のとき，$\Delta f(x,y)$．

[考え方] 偏微分作用素については要約 **4.3.7**，ラプラシアンは要約 **4.3.8**．

[解答] (1) $\left(3\dfrac{\partial}{\partial x} - 2\dfrac{\partial}{\partial y}\right) e^{x+2y} = 3\dfrac{\partial e^{x+2y}}{\partial x} - 2\dfrac{\partial e^{x+2y}}{\partial y} = 3e^{x+2y} - 4e^{x+2y}$．

(2) $\left(\dfrac{\partial}{\partial x} + 3\dfrac{\partial}{\partial y}\right)\left(\dfrac{\partial}{\partial x} + 3\dfrac{\partial}{\partial y}\right) e^{2x+y+1}$

$= \left(\dfrac{\partial}{\partial x} + 3\dfrac{\partial}{\partial y}\right)\{2e^{2x+y+1} + 3e^{2x+y+1}\}$

$= 4e^{2x+y+1} + 6e^{2x+y+1} + 6e^{2x+y+1} + 9e^{2x+y+1} = 25e^{2x+y+1}$．

よって，$\left(\dfrac{\partial}{\partial x} + 3\dfrac{\partial}{\partial y}\right)^2 f(0,0) = 25e$．

(3) $\Delta \log(x^2+y^2) = \left(\dfrac{\partial^2}{\partial x^2} + \dfrac{\partial^2}{\partial y^2}\right) \log(x^2+y^2) = \dfrac{\partial}{\partial x}\dfrac{2x}{x^2+y^2} + \dfrac{\partial}{\partial y}\dfrac{2y}{x^2+y^2}$

$= \dfrac{2(x^2+y^2) - 4x^2}{(x^2+y^2)^2} + \dfrac{2(x^2+y^2) - 4y^2}{(x^2+y^2)^2} = 0$．∎

例題 4.10 ─────────────────────── 2変数関数のマクローリン展開

関数 $f(x,y) = e^{3x+y}$ を $n=2$ として，(有限) マクローリン展開せよ．

[考え方] 有限マクローリン展開とは，原点における有限テイラー展開のことである．有限マクローリン展開は要約 **4.3.9**．

[解答] $n=2$ とすると，$f(x,y)$ の有限マクローリン展開は

$f(x,y) = f(0,0) + hf_x(0,0) + kf_y(0,0)$
$\qquad + \dfrac{1}{2}\left(h^2 f_{xx}(\theta h, \theta k) + 2hk f_{xy}(\theta h, \theta k) + k^2 f_{yy}(\theta h, \theta k)\right) \quad (0<\theta<1)$．

これを $f(x,y) = e^{3x+y}$ にあてはめる．$f_x(x,y) = 3e^{3x+y}$，$f_y(x,y) = e^{3x+y}$，$f_{xx}(x,y) = 9e^{3x+y}$，$f_{xy}(x,y) = 3e^{3x+y}$，$f_{yy}(x,y) = e^{3x+y}$ であるから

$$e^{3x+y} = 1 + 3h + k + \dfrac{1}{2}(3h+k)^2 e^{\theta(3h+k)} \quad (0<\theta<1).$$

∎

例題 4.11 ──────────────────────── 2 変数関数の極値

関数 $f(x,y) = -x^2 + xy - y^2 - x + 2y + 2$ の極値を求めよ．

[考え方] 関数 $f(x,y) = 0$ が極値をもつ候補の点は $f_x(x,y) = f_y(x,y) = 0$ をみたす (要約 4.3.11)．その点で極値をもつかどうかの判定には要約 4.3.12 を用いる．

[解答] 関数 $f(x,y)$ を x および y で偏微分し，$f_x=0$ と $f_y=0$ を両立した連立 1 次方程式を解いて，極値をとる候補の点を求める．

$$\begin{cases} f_x(x,y) = -2x + y - 1 = 0, \\ f_y(x,y) = x - 2y + 2 = 0 \end{cases}$$

を解くと $x=0$, $y=1$．よって，$f(x,y)$ が極値をとる点の候補は $(0,1)$ である．点 $(0,1)$ で，$f(x,y)$ が極値をとるかどうかは要約 4.3.12 を用いて調べる．

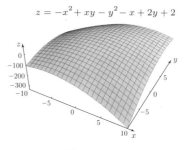

図 4.10

$f_{xx}(x,y) = -2$, $f_{yy}(x,y) = -2$, $f_{xy}(x,y) = 1$

であるから，$D(0,1) = 3 > 0$ である．$f_{xx}(0,1) = -2 < 0$ であるから，$f(x,y)$ は点 $(0,1)$ で極大値 $f(0,1) = 3$ をとる． ∎

例題 4.12 ──────────────────────── 2 変数関数の極値

関数 $f(x,y) = 3x^2 + 6xy + 3y^2 + x^3 + y^3$ の極値を求めよ．

[考え方] 例題 4.11 と同様に，要約 4.3.11 と要約 4.3.12 を用いる．

[解答]
$$\begin{cases} f_x(x,y) = 6x + 6y + 3x^2 = 0, \\ f_y(x,y) = 6x + 6y + 3y^2 = 0 \end{cases}$$

を解く．$f_x - f_y$ を計算して $3x^2 - 3y^2 = 0$ より $y = \pm x$．$y=x$ を代入して $3x^2 + 12x = 0$．よって，$x=0, -4$ で $(x,y) = (0,0), (-4,-4)$．

$y=-x$ を代入して $3x^2 = 0$．よって，$x = y = 0$ で $(x,y) = (0,0)$．したがって，$(x,y) = (0,0), (-4,-4)$ が極値の候補である．

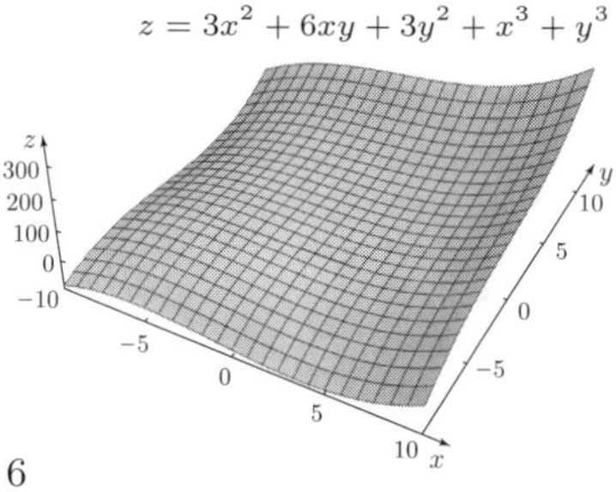

$f_{xx}(x,y) = 6 + 6x$, $f_{yy} = 6 + 6y$, $f_{xy}(x,y) = 6$ となるので，$D(-4,-4) = 288 > 0$, $f_{xx}(-4,-4) = -18 < 0$．よって，点 $(-4,-4)$ で極大値 $f(-4,-4) = 64$ をとる．次に，原点を考える．直線 $y = -x$ 上では，$f(x,y) = f(x,-x) \equiv 0$ となるから，原点では極値はとらない．

図 4.11

∎

問題 4.3

1. 次の関数の 2 次偏導関数をすべて求めよ．

(1) $z = x^2 y^3 + xy^2$. (2) $z = xe^{x^2+y}$.

(3) $z = \sin(x^2 y)$. (4) $z = \mathrm{Tan}^{-1} \dfrac{x}{y}$.

2. 次を計算せよ．

(1) $\left(3\dfrac{\partial}{\partial x} + \dfrac{\partial}{\partial y} \right) xe^{2x+y}$. (2) $\left(\dfrac{\partial}{\partial x} + 2\dfrac{\partial}{\partial y} \right)^2 e^{x-2y}$.

3. 次の関数にラプラシアン Δ を作用させよ．

(1) $z = x^3 - 3xy^2$. (2) $z = x^2 - y^2$.

(3) $z = \dfrac{y}{x^2 + y^2}$. (4) $z = e^{x^2 + y^2}$.

4. 次の関数 $f(x, y)$ を $n = 2$ として，有限マクローリン展開せよ．

(1) $f(x, y) = e^{x-y}$. (2) $f(x, y) = e^x \log(1 + y)$.

(3) $f(x, y) = \sqrt{1 + x + 2y}$. (4) $f(x, y) = \dfrac{1 + y}{1 + x}$.

5. 次の関数が原点で極値をとるかどうか調べよ．

(1) $f(x, y) = e^{x^2 + y^2}$.

(2) $f(x, y) = x^2 + 2y^2 + 3y^3$.

6. 次の関数の極値を求めよ．

(1) $f(x, y) = x^2 + xy + y^2 + 3x$.

(2) $f(x, y) = 1 - x^2 - 2xy - y^3 - x$.

(3) $f(x, y) = x^2 - 4xy + y^4 + 2$.

(4) $f(x, y) = e^{1 + x^2 + y^2}$.

7. $z = f(x, y)$ が $x = r \cos\theta$, $y = r \sin\theta$ と極座標表示されるとき，次の関係式が成り立つことを示せ．

$$\dfrac{\partial^2 z}{\partial r^2} + \dfrac{1}{r}\dfrac{\partial z}{\partial r} + \dfrac{1}{r^2}\dfrac{\partial^2 z}{\partial \theta^2} = \dfrac{\partial^2 z}{\partial x^2} + \dfrac{\partial^2 z}{\partial y^2}.$$

略解 4.3

1. (1) $z_x = 2xy^3 + y^2$, $z_y = 3x^2y^2 + 2xy$ より
$$z_{xx} = 2y^3, \quad z_{xy} = z_{yx} = 6xy^2 + 2y, \quad z_{yy} = 6x^2y + 2x.$$

(2) $z_x = (1+2x^2)e^{x^2+y}$, $z_y = xe^{x^2+y}$ より
$$z_{xx} = (4x^3+6x)e^{x^2+y}, \quad z_{xy} = z_{yx} = (2x^2+1)e^{x^2+y}, \quad z_{yy} = xe^{x^2+y}.$$

(3) $z_x = 2xy\cos(x^2y)$, $z_y = x^2\cos(x^2y)$ より
$$z_{xx} = 2y\cos(x^2y) - 4x^2y^2\sin(x^2y),$$
$$z_{xy} = z_{yx} = 2x\cos(x^2y) - 2x^3y\sin(x^2y),$$
$$z_{yy} = -x^4\sin(x^2y).$$

(4) $z_x = \dfrac{1/y}{1+(x/y)^2} = \dfrac{y}{x^2+y^2}$, $z_y = \dfrac{-x/(y^2)}{1+(x/y)^2} = -\dfrac{x}{x^2+y^2}$ (例題 4.3-1(2)) より
$$z_{xx} = -\dfrac{2xy}{(x^2+y^2)^2}, \quad z_{xy} = z_{yx} = \dfrac{x^2+y^2-2y^2}{(x^2+y^2)^2} = \dfrac{x^2-y^2}{(x^2+y^2)^2}, \quad z_{yy} = \dfrac{2xy}{(x^2+y^2)^2}.$$

2. (1) $\left(3\dfrac{\partial}{\partial x} + \dfrac{\partial}{\partial y}\right)xe^{2x+y} = 3e^{2x+y} + 6xe^{2x+y} + xe^{2x+y} = (7x+3)e^{2x+y}.$

(2) $\left(\dfrac{\partial}{\partial x} + 2\dfrac{\partial}{\partial y}\right)^2 e^{x-2y} = \left(\dfrac{\partial}{\partial x} + 2\dfrac{\partial}{\partial y}\right)\left(\dfrac{\partial}{\partial x} + 2\dfrac{\partial}{\partial y}\right)e^{x-2y}$
$$= \left(\dfrac{\partial}{\partial x} + 2\dfrac{\partial}{\partial y}\right)(-3e^{x-2y}) = 9e^{x-2y}.$$

3. (1) $\Delta z = \dfrac{\partial^2 z}{\partial x^2} + \dfrac{\partial^2 z}{\partial y^2} = \dfrac{\partial}{\partial x}(3x^2-3y^2) + \dfrac{\partial}{\partial y}(-6xy) = 6x - 6x = 0.$

(2) $\Delta z = \dfrac{\partial^2 z}{\partial x^2} + \dfrac{\partial^2 z}{\partial y^2} = \dfrac{\partial}{\partial x}(2x) + \dfrac{\partial}{\partial y}(-2y) = 2 - 2 = 0.$

(3) $\Delta z = \dfrac{\partial^2 z}{\partial x^2} + \dfrac{\partial^2 z}{\partial y^2} = \dfrac{\partial}{\partial x}\left(\dfrac{-2xy}{(x^2+y^2)^2}\right) + \dfrac{\partial}{\partial y}\left(\dfrac{x^2-y^2}{(x^2+y^2)^2}\right)$
$$= \dfrac{-2y(x^2+y^2)^2 + 8x^2y(x^2+y^2)}{(x^2+y^2)^4} + \dfrac{-2y(x^2+y^2)^2 - (x^2-y^2)4y(x^2+y^2)}{(x^2+y^2)^4}$$
$$= \dfrac{1}{(x^2+y^2)^3}\{-2y(x^2+y^2) + 8x^2y - 2y(x^2+y^2) - 4y(x^2-y^2)\} = 0.$$

(4) $\Delta e^{x^2+y^2} = \dfrac{\partial^2 z}{\partial x^2} + \dfrac{\partial^2 z}{\partial y^2} = \dfrac{\partial}{\partial x}(2xe^{x^2+y^2}) + \dfrac{\partial}{\partial y}(2ye^{x^2+y^2})$
$$= 2e^{x^2+y^2} + 4x^2 e^{x^2+y^2} + 2e^{x^2+y^2} + 4y^2 e^{x^2+y^2}$$
$$= 4(1+x^2+y^2)e^{x^2+y^2}.$$

4. (1) $f_x(x,y) = e^{x-y}$, $f_y(x,y) = -e^{x-y}$, $f_{xx} = e^{x-y}$, $f_{xy}(x,y) = -e^{x-y}$, $f_{yy} = e^{x-y}$ であるから
$$f(x,y) = f(0,0) + hf_x(0,0) + kf_y(0,0) + \dfrac{1}{2}(h^2 f_{xx}(\theta h, \theta k) + 2hk f_{xy}(\theta h, \theta k)$$
$$+ k^2 f_{yy}(\theta h, \theta k))$$

4.3 高次偏導関数とテイラーの定理

$$= 1 + h - k + \frac{1}{2}(h^2 - 2hk + k^2)e^{\theta h - \theta k}$$
$$= 1 + h - k + \frac{1}{2}(h-k)^2 e^{\theta(h-k)} \quad (0 < \theta < 1).$$

(2) $f_x(x,y) = e^x \log(1+y)$, $f_y(x,y) = \dfrac{e^x}{1+y}$, $f_{xx} = e^x \log(1+y)$, $f_{xy}(x,y) = \dfrac{e^x}{1+y}$, $f_{yy} = -\dfrac{e^x}{(1+y)^2}$ であるから

$$\begin{aligned}
f(x,y) &= f(0,0) + hf_x(0,0) + kf_y(0,0) + \frac{1}{2}(h^2 f_{xx}(\theta h, \theta k) + 2hk f_{xy}(\theta h, \theta k) \\
&\quad + k^2 f_{yy}(\theta h, \theta k)) \\
&= k + \frac{1}{2}\left(h^2 e^{\theta h} \log(1+\theta k) + 2hk \frac{e^{\theta h}}{1+\theta k} - k^2 \frac{e^{\theta h}}{(1+\theta k)^2}\right) \\
&= k + \frac{e^{\theta h}}{2}\left(h^2 \log(1+\theta k) + \frac{2hk}{1+\theta k} - \frac{k^2}{(1+\theta k)^2}\right) \quad (0 < \theta < 1).
\end{aligned}$$

(3) $f_x(x,y) = \dfrac{1}{2\sqrt{1+x+2y}}$, $f_y(x,y) = \dfrac{1}{\sqrt{1+x+2y}}$, $f_{xx} = -\dfrac{1}{4}(1+x+2y)^{-3/2}$, $f_{xy}(x,y) = -\dfrac{1}{2}(1+x+2y)^{-3/2}$, $f_{yy} = -(1+x+2y)^{-3/2}$ であるから

$$\begin{aligned}
f(x,y) &= f(0,0) + hf_x(0,0) + kf_y(0,0) + \frac{1}{2}(h^2 f_{xx}(\theta h, \theta k) + 2hk f_{xy}(\theta h, \theta k) \\
&\quad + k^2 f_{yy}(\theta h, \theta k)) \\
&= \frac{h}{2} + k + \frac{1}{2}\left(-\frac{h^2}{4}(1+\theta h + 2\theta k)^{-3/2} - hk(1+\theta h + 2\theta k)^{-3/2} - k^2(1+\theta h + 2\theta k)^{-3/2}\right) \\
&= \frac{h}{2} + k - \frac{1}{2}\left(\frac{h}{2} + k\right)^2 (1+\theta h + 2\theta k)^{-3/2} \quad (0 < \theta < 1).
\end{aligned}$$

(4) $f_x(x,y) = -\dfrac{1+y}{(1+x)^2}$, $f_y(x,y) = \dfrac{1}{1+x}$, $f_{xx} = \dfrac{2(1+y)}{(1+x)^3}$, $f_{xy}(x,y) = -\dfrac{1}{(1+x)^2}$, $f_{yy}(x,y) = 0$ であるから

$$\begin{aligned}
f(x,y) &= f(0,0) + hf_x(0,0) + kf_y(0,0) + \frac{1}{2}(h^2 f_{xx}(\theta h, \theta k) + 2hk f_{xy}(\theta h, \theta k) \\
&\quad + k^2 f_{yy}(\theta h, \theta k)) \\
&= 1 - h + k + \frac{1}{2}\left(h^2 \frac{2(1+\theta k)}{(1+\theta h)^3} - 2hk \frac{1}{(1+\theta h)^2}\right) \\
&= 1 - h + k + \frac{h(h-k)}{(1+\theta h)^3} \quad (0 < \theta < 1).
\end{aligned}$$

5. (1) 原点が極値をもつ条件をみたすかどうか調べる.

$$f_x(x,y) = 2xe^{x^2+y^2}, \quad f_y(x,y) = 2ye^{x^2+y^2}$$

であるから $f_x(0,0) = f_y(0,0) = 0$. よって, 原点は極値をもつ点の候補である.

$$f_{xx}(x,y) = (2+4x^2)e^{x^2+y^2}, \quad f_{xy}(x,y) = 4xye^{x^2+y^2}, \quad f_{yy}(x,y) = (2+4y^2)e^{x^2+y^2}$$

なので $D(0,0) = 4 > 0$. $f_{xx}(0,0) = 2 > 0$ より, $f(x,y)$ は原点で極小値 1 をとる.

(2) 原点が極値をもつ条件をみたすかどうか調べる.
$$f_x(x,y)=2x, \quad f_y(x,y)=4y+9y^2$$
であるから $f_x(0,0)=f_y(0,0)=0$. よって, 原点は極値をもつ点の候補である.
$$f_{xx}(x,y)=2, \quad f_{xy}(x,y)=0, \quad f_{yy}(x,y)=4+18y$$
なので $D(0,0)=8>0$. $f_{xx}(0,0)=2>0$ より, $f(x,y)$ は原点で極小値 0 をとる.

6. (1) $f_x(x,y)=2x+y+3$, $f_y=x+2y$ であるから, $f_x(x,y)=0$ と $f_y(x,y)=0$ を連立させて解くと $x=-2, y=1$. よって, 極値をもつ点の候補は $(-2,1)$.
$$f_{xx}(x,y)=2, \quad f_{xy}(x,y)=1, \quad f_{yy}(x,y)=2$$
であるから, $D(-2,1)=4-1=3$. $f_{xx}(x,y)=2>0$ より, $f(x,y)$ は点 $(-2,1)$ で極小値 -3 をとる.

(2) $f_x(x,y)=-2x-2y-1$, $f_y=-2x-3y^2$ であるから, $f_x(x,y)=0$ と $f_y(x,y)=0$ を連立させる. $f_x(x,y)=0$ と $f_y(x,y)=0$ より, $3y^2-2y-1=0$ であるから $y=1, -\dfrac{1}{3}$. $x=-y-\dfrac{1}{2}$ より, 極値をもつ点の候補は $\left(-\dfrac{3}{2},1\right)$, $\left(-\dfrac{1}{6},-\dfrac{1}{3}\right)$.
$$f_{xx}(x,y)=-2, \quad f_{xy}(x,y)=-2, \quad f_{yy}(x,y)=-6y$$
であるから, $D(x,y)=12y-4$.

(i) 点 $\left(-\dfrac{3}{2},1\right)$ を考える. $D\left(-\dfrac{3}{2},1\right)=8>0$, $f_{xx}\left(-\dfrac{3}{2},1\right)=-2<0$ より, $f(x,y)$ は点 $\left(-\dfrac{3}{2},1\right)$ で極大値 $\dfrac{9}{4}$ をとる.

(ii) 点 $\left(-\dfrac{1}{6},-\dfrac{1}{3}\right)$ を考える. $D\left(-\dfrac{1}{6},-\dfrac{1}{3}\right)=-8<0$ より, $f(x,y)$ は点 $\left(-\dfrac{1}{6},-\dfrac{1}{3}\right)$ では極値はとらない.

(3) $f_x(x,y)=2x-4y$, $f_y=-4x+4y^3$ であるから, $f_x(x,y)=0$ と $f_y(x,y)=0$ を連立させて解くと $(x,y)=(0,0), (2\sqrt{2},\sqrt{2}), (-2\sqrt{2},-\sqrt{2})$ で, この 3 点が極値をもつ点の候補である.
$$f_{xx}(x,y)=2, \quad f_{xy}(x,y)=-4, \quad f_{yy}(x,y)=12y^2$$
であるから, $D(x,y)=24y^2-16$.

(i) 原点を考える. $D(0,0)=-16<0$ より, $f(x,y)$ は原点では極値はとらない.

(ii) 点 $(2\sqrt{2},\sqrt{2})$ を考える. $D(2\sqrt{2},\sqrt{2})=32>0$. $f_{xx}(x,y)=2>0$ より, $f(x,y)$ は点 $(2\sqrt{2},\sqrt{2})$ で極小値 -2 をとる.

(iii) 点 $(-2\sqrt{2},-\sqrt{2})$ を考える. $D(-2\sqrt{2},-\sqrt{2})=32>0$. $f_{xx}(x,y)=2>0$ より, $f(x,y)$ は点 $(-2\sqrt{2},-\sqrt{2})$ で極小値 -2 をとる.

(4) $f_x(x,y)=2xe^{1+x^2+y^2}$, $f_y=2ye^{1+x^2+y^2}$ であるから, $f_x(x,y)=0$ と $f_y(x,y)=0$ を連立させて解くと $x=y=0$. よって, 極値をもつ点の候補は $(0,0)$.

4.3 高次偏導関数とテイラーの定理

$$f_{xx}(x,y) = (2+4x^2)e^{1+x^2+y^2}, \quad f_{xy}(x,y) = 4xye^{1+x^2+y^2},$$
$$f_{yy}(x,y) = (2+4y^2)e^{1+x^2+y^2}$$

であるから，$D(0,0) = 4e^2 > 0$．$f_{xx}(0,0) = 2e > 0$ より，$f(x,y)$ は点 $(0,0)$ で極小値 e をとる．

7. $\dfrac{\partial z}{\partial r} = \dfrac{\partial z}{\partial x}\dfrac{\partial x}{\partial r} + \dfrac{\partial z}{\partial y}\dfrac{\partial y}{\partial r} = \dfrac{\partial z}{\partial x}\cos\theta + \dfrac{\partial z}{\partial y}\sin\theta$ であるから

$$\frac{\partial^2 z}{\partial r^2} = \left\{\frac{\partial}{\partial r}\left(\frac{\partial z}{\partial x}\right)\right\}\cos\theta + \left\{\frac{\partial}{\partial r}\left(\frac{\partial z}{\partial y}\right)\right\}\sin\theta$$
$$= \frac{\partial^2 z}{\partial x^2}\cos^2\theta + 2\frac{\partial^2 z}{\partial x \partial y}\sin\theta\cos\theta + \frac{\partial^2 z}{\partial y^2}\sin^2\theta.$$

$\dfrac{\partial z}{\partial \theta} = \dfrac{\partial z}{\partial x}\dfrac{\partial x}{\partial \theta} + \dfrac{\partial z}{\partial y}\dfrac{\partial y}{\partial \theta} = \dfrac{\partial z}{\partial x}(-r\sin\theta) + \dfrac{\partial z}{\partial y}r\cos\theta$ であるから

$$\frac{\partial^2 z}{\partial \theta^2} = \frac{\partial}{\partial \theta}\left(\frac{\partial z}{\partial x}(-r\sin\theta)\right) + \frac{\partial}{\partial \theta}\left(\frac{\partial z}{\partial y}(r\cos\theta)\right)$$
$$= \left\{\frac{\partial}{\partial \theta}\left(\frac{\partial z}{\partial x}\right)\right\}(-r\sin\theta) + \frac{\partial z}{\partial x}(-r\cos\theta) + \left\{\frac{\partial}{\partial \theta}\left(\frac{\partial z}{\partial y}\right)\right\}(r\cos\theta)$$
$$\quad + \frac{\partial z}{\partial y}(-r\sin\theta)$$
$$= \frac{\partial^2 z}{\partial x^2}r^2\sin^2\theta - 2\frac{\partial^2 z}{\partial x \partial y}(r^2\sin\theta\cos\theta) + \frac{\partial^2 z}{\partial y^2}r^2\cos^2\theta + \frac{\partial z}{\partial x}(-r\cos\theta)$$
$$\quad + \frac{\partial z}{\partial y}(-r\sin\theta).$$

したがって，$\dfrac{\partial^2 z}{\partial r^2} + \dfrac{1}{r}\dfrac{\partial z}{\partial r} + \dfrac{1}{r^2}\dfrac{\partial^2 z}{\partial \theta^2} = \dfrac{\partial^2 z}{\partial x^2} + \dfrac{\partial^2 z}{\partial y^2}.$

4.4 陰関数の定理

--- 要約 ──────────────────── 陰関数の定理と条件付き極値 ───

4.4.1 (陰関数) x, y に $f(x, y) = 0$ という関係があるとき，局所的には y は x の関数と考えられる．x の区間で定義される関数 $y = \varphi(x)$ が

$$f(x, \varphi(x)) = 0$$

をみたすとき，$y = \varphi(x)$ を $f(x, y) = 0$ で定義される陰関数という．

4.4.2 (陰関数の定理) $f(x, y)$ が C^1 級関数で，$f(a, b) = 0$, $f_y(a, b) \neq 0$ ならば，a を含む開区間で定義される $f(x, y) = 0$ の陰関数 $y = \varphi(x)$ で，$\varphi(a) = b$ となるものが存在する．この関数 $\varphi(x)$ は微分可能で

$$\varphi'(x) = -\frac{f_x(x, \varphi(x))}{f_y(x, \varphi(x))}, \quad \text{すなわち}, \quad \frac{dy}{dx} = -\frac{f_x(x, y)}{f_y(x, y)}$$

である．

4.4.3 (陰関数の 2 次導関数) $f(x, y)$ が C^2 級関数とする．$f(a, b) = 0$, $f_y(a, b) \neq 0$ ならば，点 (a, b) の近くで定義される $f(x, y) = 0$ の陰関数 $y = \varphi(x)$ は 2 回微分可能で

$$\varphi''(x) = \frac{d^2 y}{dx^2} = -\frac{f_{xx} f_y^2 - 2 f_{xy} f_x f_y + f_{yy} f_x^2}{f_y^3}$$

である．

4.4.4 (ラグランジュの未定乗数法) 変数 x と y が $g(x, y) = 0$ という条件をみたすとき，関数 $f(x, y)$ が点 (a, b) で極値をもつと仮定する．このとき

$$F(x, y, \lambda) = f(x, y) - \lambda g(x, y) \quad (\lambda : 変数)$$

とおくと，$g_x(a, b) = g_y(a, b) = 0$ でないならば

$$F_x(a, b, \alpha) = F_y(a, b, \alpha) = F_\lambda(a, b, \alpha) = 0$$

をみたす α が存在する．

したがって，$F_x(a, b, \alpha) = F_y(a, b, \alpha) = F_\lambda(a, b, \alpha) = 0$ を解けば，点 (a, b) が $g(x, y) = 0$ をみたすときの $f(x, y)$ の極値を与える点の候補になる．

このようにして条件 $g(x, y) = 0$ のもとで，$f(x, y)$ の極値を求める方法をラグランジュの未定乗数法という．

4.4 陰関数の定理

例題 4.13 ─────────────────────────── 接線の方程式

$f(x,y) = x^2 - xy + 3x^2y - y^3 - y^2 - 3 = 0$ で与えられる曲線 C 上の点 $P(1,-2)$ における接線の方程式を求めよ．

[考え方] $f(x,y) = 0$ で定義される曲線の接線は陰関数の微分を調べる．陰関数の微分は要約 **4.4.2**.

[解答] $f(1,-2)=0$ なので点 P は曲線 C 上にある．$f(x,y)$ を y で偏微分すると
$$f_y(x,y) = -x + 3x^2 - 3y^2 - 2y$$
であるから $f_y(1,-2) = -6 \neq 0$．よって，要約 4.4.2 より，$f(x,y)=0$ は点 P の近傍で陰関数 $y = \varphi(x)$ をもち
$$\varphi'(x) = -\frac{f_x(x,\varphi(x))}{f_y(x,\varphi(x))}$$
である．$f_x(x,y) = 2x - y + 6xy$ であるから
$$\varphi'(1) = -\frac{f_x(1,-2)}{f_y(1,-2)} = -\frac{-8}{-6} = -\frac{4}{3}.$$
したがって，点 P における接線は $y+2 = -\frac{4}{3}(x-1)$．ゆえに，$4x + 3y + 2 = 0$. ∎

例題 4.14 ─────────────────────────── 陰関数の 2 次導関数

$f(x,y) = x^2 - xy^2 - 2 = 0$ の陰関数 $y = \varphi(x)$ の導関数 $y' = \varphi'(x)$ と $y'' = \varphi''(x)$ を x, y を用いて表せ．

[考え方] 陰関数の 2 次導関数は要約 **4.4.3** にある．ここでは，$f(x,y) = 0$ の両辺を微分することにより，陰関数の導関数および 2 次導関数を計算する．

[解答] $f(x,y) = x^2 - xy^2 - 2 = 0$ の両辺を x に関して微分すると
$$2x - y^2 - 2xyy' = 0.$$
よって，$y' = \dfrac{2x - y^2}{2xy}$．この両辺を x でさらに微分し，y' を代入すると
$$y'' = \frac{(2-2yy')(2xy) - (2x-y^2)(2y+2xy')}{4x^2y^2} = \frac{y^3 - (2x^2 + xy^2)y'}{2x^2y^2}$$
$$= \frac{y^3 - (2x^2 + xy^2)\dfrac{2x-y^2}{2xy}}{2x^2y^2} = \frac{3y^4 - 4x^2}{4x^2y^3}.$$
∎

(要約 4.4.3 の公式を用いてもよい．また，x, y には $x^2 - xy^2 - 2 = 0$ という関係があるので表し方は 1 通りではない．)

例題 4.15 ────────────────────────── 陰関数の極値

次の方程式で与えられる陰関数 $y = \varphi(x)$ の極値を求めよ.
$$f(x,y) = x^2 + xy + 2y^2 - 7 = 0.$$

考え方 $f(x,y) = 0$ で定義される陰関数 $y = \varphi(x)$ の極値をとる候補 $x = a$ は $\varphi'(a) = 0$ をみたす (要約 2.2.4). $x = a$ で φ が極値をもつかどうかは $\varphi''(a)$ で調べる (要約 2.3.6).

解答 陰関数 $y = \varphi(x)$ は $f(x, \varphi(x)) = 0$ をみたすから, 両辺を x で微分すると
$$(*) \qquad \frac{df(x,y)}{dx} = 2x + \varphi(x) + x\varphi'(x) + 4\varphi(x)\varphi'(x) = 0.$$

極値 $x = a$ では $\varphi'(a) = 0$ であるから, $(*)$ に代入して $2a + \varphi(a) = 0$. よって, 極値をとる点 (x, y) では $y = \varphi(x) = -2x$ をみたす (要約 4.4.2 を用いてもよい).

$y = -2x$ を $f(x,y) = 0$ に代入して $x^2 - 2x^2 + 8x^2 - 7 = 0$. 整理して $x^2 = 1$. よって, $x = \pm 1$ で, これが極値をとる候補である. このときの y の値は $y = -2x$ より
$$\varphi(1) = -2, \quad \varphi(-1) = 2.$$

$(*)$ において, $\varphi'(x)$ について解くと
$$\varphi'(x) = -\frac{2x + \varphi(x)}{x + 4\varphi(x)}$$
であるから, 両辺を x で微分すると (要約 4.4.3 を用いてもよいが, $\varphi'(x)$ を微分する方が早い)
$$\varphi''(x) = -\frac{(2+\varphi'(x))(x+4\varphi(x)) - (2x+\varphi(x))(1+4\varphi'(x))}{(x+4\varphi(x))^2}.$$

$a = \pm 1$ で極値をとるかどうか調べるために, $a = \pm 1$ を $\varphi''(x)$ に代入する ($a = \pm 1$ のときには $\varphi'(a) = 0$).

$a = 1$ ならば, $\varphi''(1) = \dfrac{14}{49} = \dfrac{2}{7} > 0$ であるから, $y = \varphi(x)$ は $x = 1$ で極小値 $\varphi(1) = -2$ をもつ.

$a = -1$ ならば, $\varphi''(-1) = -\dfrac{14}{49} = -\dfrac{2}{7}$ < 0 であるから, $y = \varphi(x)$ は $x = -1$ で極大値 $\varphi(1) = 2$ をもつ (要約 2.3.6). ∎

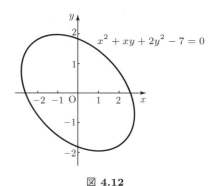

図 4.12

4.4 陰関数の定理

例題 4.16 ─────────────────────────── 条件付き極値

条件 $g(x,y) = x^2 + 2y^2 - 1 = 0$ のもとで，関数 $f(x,y) = xy$ が極大値，極小値をとる点 (x, y) を求めよ．

[考え方] ラグランジュの未定乗数法 (要約 **4.4.4**) を用いる．

[解答] $F(x, y, \lambda) = xy - \lambda(x^2 + 2y^2 - 1)$ とおくと

$$\begin{cases} F_x(x, y, \lambda) = y - 2\lambda x = 0 & \cdots \text{①}, \\ F_y(x, y, \lambda) = x - 4\lambda y = 0 & \cdots \text{②}, \\ -F_\lambda(x, y, \lambda) = x^2 + 2y^2 - 1 = 0 & \cdots \text{③}. \end{cases}$$

① より $y = 2\lambda x$．② に代入して $x(1 - 8\lambda^2) = 0$．よって，$x = 0$，または $\lambda = \pm \dfrac{1}{2\sqrt{2}}$．$x = 0$ とすると，① に代入して $y = 0$ となるが，$x = y = 0$ は ③ をみたさない．よって，$f(x, y)$ が極値をもつならば $\lambda = \pm \dfrac{1}{2\sqrt{2}}$ である．

$\lambda = \dfrac{1}{2\sqrt{2}}$ ならば $y = \dfrac{1}{\sqrt{2}} x$．③ に代入して $2x^2 = 1$ より，$x = \pm \dfrac{1}{\sqrt{2}}$，$y = \pm \dfrac{1}{2}$．

$\lambda = -\dfrac{1}{2\sqrt{2}}$ ならば $y = -\dfrac{1}{\sqrt{2}} x$．③ に代入して $2x^2 = 1$ より，$x = \pm \dfrac{1}{\sqrt{2}}$，$y = \mp \dfrac{1}{2}$．

よって，点 $P_1\left(\dfrac{1}{\sqrt{2}}, \dfrac{1}{2}\right)$，$P_2\left(\dfrac{1}{\sqrt{2}}, -\dfrac{1}{2}\right)$，$P_3\left(-\dfrac{1}{\sqrt{2}}, \dfrac{1}{2}\right)$，$P_4\left(-\dfrac{1}{\sqrt{2}}, -\dfrac{1}{2}\right)$ が極値をとる候補である．点 $P_1\left(\dfrac{1}{\sqrt{2}}, \dfrac{1}{2}\right)$ の近傍における $g(x, y) = 0$ の陰関数を $\varphi(x)$ とする．$g(x, \varphi(x)) = x^2 + 2\varphi(x)^2 - 1 = 0$ を x で微分すると $\varphi'(x) = -\dfrac{x}{2\varphi(x)}$．さらに微分すると $\varphi''(x) = -\dfrac{\varphi(x) - x\varphi'(x)}{2\varphi^2(x)}$ であるから $\varphi'\left(\dfrac{1}{\sqrt{2}}\right) = -\dfrac{1}{\sqrt{2}}$，$\varphi''\left(\dfrac{1}{\sqrt{2}}\right) = -2$．

$p(x) = f(x, \varphi(x)) = x\varphi(x)$ とおくと

$$p'(x) = \varphi(x) + x\varphi'(x),$$
$$p''(x) = 2\varphi'(x) + x\varphi''(x).$$

$\varphi'\left(\dfrac{1}{\sqrt{2}}\right) = -\dfrac{1}{\sqrt{2}}$，$\varphi''\left(\dfrac{1}{\sqrt{2}}\right) = -2$ を代入して

$$p'\left(\dfrac{1}{\sqrt{2}}\right) = 0, \quad p''\left(\dfrac{1}{\sqrt{2}}\right) = -2\sqrt{2} < 0.$$

よって，$g(x, y) = 0$ の条件下で，$f(x, y) = xy$ は P_1 で極大値 $\dfrac{1}{2\sqrt{2}}$ をとる (要約 2.3.6)．

同様に，$f(x, y) = xy$ は P_2，P_3 で極小値 $-\dfrac{1}{2\sqrt{2}}$，P_4 で極大値 $\dfrac{1}{2\sqrt{2}}$ をとる． ∎

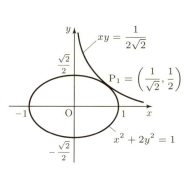

図 **4.13**

問題 4.4

1. 曲線 $C : f(x, y) = 0$ 上の点 P の近傍において，次の方程式 $f(x, y) = 0$ は陰関数 $y = \varphi(x)$ をもつことを示し，$\varphi'(x), \varphi'(a)$ を求めよ．

(1) $f(x, y) = x^3 - 2xy^2 + y^4 - x + y - 2 = 0$, $\quad$ P$(2, -1)$.
(2) $f(x, y) = 3x^4 - x^3y^2 + 2xy + 4x - y^3 + 1 = 0$, $\quad$ P$(1, 2)$.
(3) $f(x, y) = \cos x + 2y \cos xy + 2x \cos y - \pi = 0$, $\quad$ P$\left(\dfrac{\pi}{2}, 0\right)$.

2. 方程式 $f(x, y) = 0$ 上の点 (a, b) で，$f_x(a, b)^2 + f_y(a, b)^2 \neq 0$ であるとき，点 (a, b) における接線は

$$f_x(a, b)(x - a) + f_y(a, b)(y - b) = 0$$

であることを示せ．

3. 次の方程式 $f(x, y) = 0$ で与えられる曲線上の点 P(a, b) における接線と法線を求めよ．

(1) $f(x, y) = 3x^2 - xy^3 + 2xy + y - x = 0$, $\quad$ P$(1, 2)$.
(2) $f(x, y) = x^3 + 2xy^2 - y^3 - 11 = 0$, $\quad$ P$(2, 1)$.
(3) $f(x, y) = xe^{2y} - e^{xy} + \sin(\pi xy) + y = 0$, $\quad$ P$(0, 1)$.

4. 次の方程式 $f(x, y) = 0$ 上の点 P$(1, 1)$ の近傍において，陰関数 $y = \varphi(x)$ が存在することを示し，$\varphi'(1), \varphi''(1)$ を求めよ．

(1) $f(x, y) = x^2 - 2xy^3 + y^2 = 0$.
(2) $f(x, y) = 2x^2 - xy - y^3 = 0$.
(3) $f(x, y) = x^3 + 2xy - 2y^2 - 1 = 0$.

5. 次の方程式で与えられる陰関数 $y = \varphi(x)$ の極値を求めよ．

(1) $f(x, y) = x^2 - xy + y^2 - 2 = 0$.
(2) $f(x, y) = x^2 + xy + 2y^2 - 1 = 0$.

6. 次の与えられた条件 $g(x, y) = 0$ のもとで，関数 $f(x, y)$ の極値を求めよ．

(1) $f(x, y) = xy$, $\quad$ 条件 : $g(x, y) = x^2 + y^2 - 1 = 0$.
(2) $f(x, y) = x + y$, $\quad$ 条件 : $g(x, y) = 2x^2 + y^2 - 1 = 0$.

4.4 陰関数の定理

略解 4.4

1. (1) $f_x(x,y) = 3x^2 - 2y^2 - 1$, $f_y(x,y) = -4xy + 4y^3 + 1$. $f_y(2,-1) = 5 \neq 0$ であるから，$f(x,y)$ は P$(2,-1)$ の近傍で陰関数 $y = \varphi(x)$ をもつ．要約 4.4.2 により

$$\varphi'(x,y) = -\frac{f_x(x,y)}{f_y(x,y)} = -\frac{3x^2 - 2y^2 - 1}{-4xy + 4y^3 + 1},$$

$$\varphi'(2,-1) = -\frac{f_x(2,-1)}{f_y(2,-1)} = -\frac{9}{5}.$$

(2) $f_x(x,y) = 12x^3 - 3x^2y^2 + 2y + 4$, $f_y(x,y) = -2x^3y + 2x - 3y^2$. $f_y(1,2) = -14 \neq 0$ であるから，$f(x,y)$ は P$(1,2)$ の近傍で陰関数 $y = \varphi(x)$ をもつ．要約 4.4.2 により

$$\varphi'(x,y) = -\frac{f_x(x,y)}{f_y(x,y)} = -\frac{12x^3 - 3x^2y^2 + 2y + 4}{-2x^3y + 2x - 3y^2},$$

$$\varphi'(1,2) = -\frac{f_x(1,2)}{f_y(1,2)} = -\frac{8}{-14} = \frac{4}{7}.$$

(3) $f_x(x,y) = -\sin x - 2y^2 \sin xy + 2\cos y$, $f_y(x,y) = 2\cos xy - 2xy\sin xy - 2x\sin y$. $f_y(\pi/2, 0) = 2 \neq 0$ であるから，$f(x,y)$ は P$(\pi/2, 0)$ の近傍で陰関数 $y = \varphi(x)$ をもつ．要約 4.4.2 により

$$\varphi'(x,y) = -\frac{f_x(x,y)}{f_y(x,y)} = -\frac{-\sin x - 2y^2 \sin xy + 2\cos y}{2\cos xy - 2xy\sin xy - 2x\sin y},$$

$$\varphi'(\pi/2, 0) = -\frac{f_x(\pi/2, 0)}{f_y(\pi/2, 0)} = -\frac{1}{2}.$$

2. $f_x(a,b)^2 + f_y(a,b)^2 \neq 0$ であるから，$f_x(a,b) \neq 0$ または $f_y(a,b) \neq 0$. $f_x(a,b) \neq 0$ と仮定すると，点 (a,b) の近傍で $f(x,y) = 0$ の陰関数 $x = \psi(y)$ が存在して $\psi'(b) = -\frac{f_y(a,b)}{f_x(a,b)}$. 点 (a,b) における接線は $x - a = \psi'(b)(y - b)$ と表されるから，$\psi'(b) = -\frac{f_y(a,b)}{f_x(a,b)}$ を代入して

$$f_x(a,b)(x-a) = -f_y(a,b)(y-b)$$

となり与式が示される．$f_y(a,b) \neq 0$ のときは，陰関数 $y = \varphi(x)$ を考えれば同様に示される．

3. (1) $f_x(x,y) = 6x - y^3 + 2y - 1$, $f_y(x,y) = -3xy^2 + 2x + 1$. $f_x(1,2) = 1$, $f_y(1,2) = -9$ であるから，P$(1,2)$ における接線は，問題 4.4-2 より，$(x-1) - 9(y-2) = 0$, すなわち，$x - 9y + 17 = 0$. 法線は $x - 1 = \frac{y-2}{-9}$, すなわち，$9x + y - 11 = 0$.

(2) $f_x(x,y) = 3x^2 + 2y^2$, $f_y(x,y) = 4xy - 3y^2$. $f_x(2,1) = 14$, $f_y(2,1) = 5$ であるから，P$(2,1)$ における接線は，問題 4.4-2 より，$14(x-2) + 5(y-1) = 0$, すなわち，$14x + 5y - 33 = 0$. 法線は $\frac{x-2}{14} = \frac{y-1}{5}$, すなわち，$5x - 14y + 4 = 0$.

(3) $f_x(x,y) = e^{2y} - ye^{xy} + \pi y \cos(\pi xy)$, $f_y(x,y) = 2xe^{2y} - xe^{xy} + \pi x \cos(\pi xy) + 1$. $f_x(0,1) = e^2 - 1 + \pi$, $f_y(0,1) = 1$ であるから，P$(0,1)$ における接線は，問題 4.4-2 より，$(e^2 - 1 + \pi)x + y - 1 = 0$. 法線は $\frac{x}{e^2 - 1 + \pi} = y - 1$, すなわち，$x - (e^2 - 1 + \pi)y + (e^2 - 1 + \pi) = 0$.

4. 要約 4.4.2 と要約 4.4.3 を用いる.

(1) $f_x(x,y)=2x-2y^3$, $f_y(x,y)=-6xy^2+2y$ であるから, $f_x(1,1)=0$, $f_y(1,1)=-4$. $f_y(1,1)\neq 0$ であるから, $f(x,y)=0$ には P の近傍で陰関数 $y=\varphi(x)$ が存在. $\varphi'(x)=-\dfrac{f_x(x,y)}{f_y(x,y)}$ より, $\varphi'(1)=0$. $\varphi''(x)=-\dfrac{f_{xx}f_y^2-2f_{xy}f_xf_y+f_{yy}f_x^2}{f_y^3}$ で $f_{xx}(x,y)=2$, $f_{xy}(x,y)=-6y^2$, $f_{yy}(x,y)=2$ となるから, $\varphi''(1)=\dfrac{1}{2}$.

(2) $f_x(x,y)=4x-y, f_y(x,y)=-x-3y^2$ であるから, $f_x(1,1)=3$, $f_y(1,1)=-4$. $f_y(1,1)\neq 0$ であるから, $f(x,y)=0$ には P の近傍で陰関数 $y=\varphi(x)$ が存在. $\varphi'(x)=-\dfrac{f_x(x,y)}{f_y(x,y)}$ より, $\varphi'(1)=\dfrac{3}{4}$. $\varphi''(x)=-\dfrac{f_{xx}f_y^2-2f_{xy}f_xf_y+f_{yy}f_x^2}{f_y^3}$ で $f_{xx}(x,y)=4$, $f_{xy}(x,y)=-1$, $f_{yy}(x,y)=-6y$ となるから, $\varphi''(1)=-\dfrac{7}{32}$.

(3) $f_x(x,y)=3x^2+2y$, $f_y(x,y)=2x-4y$ であるから, $f_x(1,1)=5$, $f_y(1,1)=-2$. $f_y(1,1)\neq 0$ であるから, $f(x,y)=0$ には P の近傍で陰関数 $y=\varphi(x)$ が存在. $\varphi'(x)=-\dfrac{f_x(x,y)}{f_y(x,y)}$ より, $\varphi'(1)=\dfrac{5}{2}$. $\varphi''(x)=-\dfrac{f_{xx}f_y^2-2f_{xy}f_xf_y+f_{yy}f_x^2}{f_y^3}$ で $f_{xx}(x,y)=6x$, $f_{xy}(x,y)=2$, $f_{yy}(x,y)=-4$ となるから, $\varphi''(1)=-\dfrac{9}{2}$.

5. (1) 陰関数 $y=\varphi(x)$ は $f(x,\varphi(x))=0$ をみたすから, この両辺を x で微分して

$$(*) \qquad 2x-\varphi(x)-x\varphi'(x)+2\varphi(x)\varphi'(x)=0.$$

極値 $x=a$ では $\varphi'(a)=0$ であるから, 上式に $x=a$ を代入して $2a-\varphi(a)=0$. よって, 極値をとる点 (x,y) では $\varphi(x)=2x$ をみたす. $\varphi(x)=2x$ を $f(x,y)=0$ に代入して $x^2-2x^2+4x^2-2=0$. すなわち, $3x^2=2$ であるから $x=\pm\dfrac{\sqrt{6}}{3}$. よって, $x=\pm\dfrac{\sqrt{6}}{3}$ が極値をとる候補である. $\varphi(x)=2x$ に代入して $\varphi\left(\pm\dfrac{\sqrt{6}}{3}\right)=\pm\dfrac{2\sqrt{6}}{3}$ (複号同順). $(*)$ を $\varphi'(x)$ について解くと $\varphi'(x)=\dfrac{2x-\varphi(x)}{x-2\varphi(x)}$. さらに x で微分して $\varphi''(x)=\dfrac{-3\varphi(x)+3x\varphi'(x)}{(x-2\varphi(x))^2}$.

$a=\pm\dfrac{\sqrt{6}}{3}$ で $\varphi(x)$ が極値をとるか調べるために, $\left(\dfrac{\sqrt{6}}{3},\dfrac{2\sqrt{6}}{3}\right)$, $\left(-\dfrac{\sqrt{6}}{3},-\dfrac{2\sqrt{6}}{3}\right)$, $\varphi'(a)=0$ を $\varphi''(x)$ に代入する.

$a=\dfrac{\sqrt{6}}{3}$ ならば $\varphi''\left(\dfrac{\sqrt{6}}{3}\right)=-3\sqrt{6}<0$ より, $\varphi(x)$ は $x=\dfrac{\sqrt{6}}{3}$ で極大値 $\dfrac{2\sqrt{6}}{3}$ をとる.

$a=-\dfrac{\sqrt{6}}{3}$ ならば $\varphi''\left(-\dfrac{\sqrt{6}}{3}\right)=3\sqrt{6}>0$ より, $\varphi(x)$ は $x=-\dfrac{\sqrt{6}}{3}$ で極小値 $-\dfrac{2\sqrt{6}}{3}$ をとる.

4.4 陰関数の定理

(2) 陰関数 $y=\varphi(x)$ は $f(x,\varphi(x))=0$ をみたすから，この両辺を x で微分して
$$(*) \qquad 2x+\varphi(x)+x\varphi'(x)+4\varphi(x)\varphi'(x)=0.$$

極値 $x=a$ では $\varphi'(a)=0$ であるから，上式に $x=a$ を代入して $2a+\varphi(a)=0$. よって，極値をとる点 (x,y) では $\varphi(x)=-2x$ をみたす．$\varphi(x)=-2x$ を $f(x,y)=0$ に代入して $x^2-2x^2+8x^2-1=0$. すなわち，$7x^2=1$ であるから $x=\pm\dfrac{1}{\sqrt{7}}$. よって，$x=\pm\dfrac{1}{\sqrt{7}}$ が極値をとる候補である．$\varphi(x)=-2x$ に代入して $\varphi\left(\pm\dfrac{1}{\sqrt{7}}\right)=\mp\dfrac{2}{\sqrt{7}}$（複号同順）．$(*)$ を $\varphi'(x)$ について解くと $\varphi'(x)=-\dfrac{2x+\varphi(x)}{x+4\varphi(x)}$. さらに x で微分して $\varphi''(x)=\dfrac{7(x\varphi'(x)-\varphi(x))}{(x+4\varphi(x))^2}$.

$a=\pm\dfrac{1}{\sqrt{7}}$ で $\varphi(x)$ が極値をとるか調べるために，$\left(\dfrac{1}{\sqrt{7}},-\dfrac{2}{\sqrt{7}}\right)$, $\left(-\dfrac{1}{\sqrt{7}},\dfrac{2}{\sqrt{7}}\right)$, $\varphi'(a)=0$ を $\varphi''(x)$ に代入する．

$a=\dfrac{1}{\sqrt{7}}$ ならば $\varphi''\left(\dfrac{1}{\sqrt{7}}\right)=\dfrac{2}{\sqrt{7}}>0$ より，$\varphi(x)$ は $x=\dfrac{1}{\sqrt{7}}$ で極小値 $-\dfrac{2}{\sqrt{7}}$ をとる．

$a=-\dfrac{1}{\sqrt{7}}$ ならば $\varphi''\left(-\dfrac{1}{\sqrt{7}}\right)=-\dfrac{2}{\sqrt{7}}<0$ より，$\varphi(x)$ は $x=-\dfrac{1}{\sqrt{7}}$ で極大値 $\dfrac{2}{\sqrt{7}}$ をとる．

6. ラグランジュの未定乗数法 (要約 4.4.4) を用いる．
(1) $F(x,y,\lambda)=xy-\lambda(x^2+y^2-1)$ とおくと
$$\begin{cases} F_x(x,y,\lambda)=y-2\lambda x=0 & \cdots \text{①}, \\ F_y(x,y,\lambda)=x-2\lambda y=0 & \cdots \text{②}, \\ -F_\lambda(x,y,\lambda)=x^2+y^2-1=0 & \cdots \text{③}. \end{cases}$$

① より，$y=2\lambda x$. ② に代入して $x(1-4\lambda^2)=0$. よって，$x=0$，または $\lambda=\pm 1/2$.

$x=0$ とすると，① に代入して $y=0$ となるが，$x=y=0$ は ③ をみたさない．よって，$f(x,y)$ が極値をもつならば $\lambda=\pm 1/2$ である．

$\lambda=1/2$ ならば $y=x$. ③ に代入して $2x^2=1$ より，$x=y=\pm 1/\sqrt{2}$.
$\lambda=-1/2$ ならば $y=-x$. ③ に代入して $2x^2=1$ より，$x=-y=\pm 1/\sqrt{2}$.
よって，点 $\mathrm{P}_1(1/\sqrt{2},1/\sqrt{2})$, $\mathrm{P}_2(1/\sqrt{2},-1/\sqrt{2})$, $\mathrm{P}_3(-1/\sqrt{2},1/\sqrt{2})$, $\mathrm{P}_4(-1/\sqrt{2},-1/\sqrt{2})$ が極値をとる点の候補である．実際に，極大，極小になるかどうか調べる．

点 $\mathrm{P}_1(1/\sqrt{2},1/\sqrt{2})$ の近傍における $g(x,y)=0$ の陰関数を $\varphi(x)$ とする．$g(x,\varphi(x))=x^2+\varphi(x)^2-1=0$ を x で微分すると
$$\varphi'(x)=-\dfrac{x}{\varphi(x)}.$$
さらに微分すると
$$\varphi''(x)=-\dfrac{\varphi(x)-x\varphi'(x)}{\varphi^2(x)}$$
であるから，$\varphi'(1/\sqrt{2})=-1$, $\varphi''(1/\sqrt{2})=-2\sqrt{2}$.

$p(x)=f(x,\varphi(x))=x\varphi(x)$ とおくと
$$p'(x)=\varphi(x)+x\varphi'(x), \qquad p''(x)=2\varphi'(x)+x\varphi''(x)$$

であるから，$\varphi(1/\sqrt{2})$, $\varphi'(1/\sqrt{2})$, $\varphi''(1/\sqrt{2})$ の値を代入して
$$p\left(\frac{1}{\sqrt{2}}\right)=\frac{1}{2}, \quad p'\left(\frac{1}{\sqrt{2}}\right)=0, \quad p''\left(\frac{1}{\sqrt{2}}\right)=-4<0.$$
よって，$g(x,y)=0$ の条件下で，$f(x,y)$ は P_1 で極大値 $\frac{1}{2}$ をとる.

同様に，$g(x,y)=0$ の条件下で，$f(x,y)$ は P_2, P_3 で極小値 $-\frac{1}{2}$, P_4 で極大値 $\frac{1}{2}$ をとる.

(2) $F(x,y,\lambda)=x+y-\lambda(2x^2+y^2-1)$ とおくと
$$\begin{cases} F_x(x,y,\lambda)=1-4\lambda x=0 & \cdots \text{①}, \\ F_y(x,y,\lambda)=1-2\lambda y=0 & \cdots \text{②}, \\ -F_\lambda(x,y,\lambda)=2x^2+y^2-1=0 & \cdots \text{③}. \end{cases}$$

①, ② より，$\lambda(y-2x)=0$. よって，$\lambda=0$，または $y=2x$.

$\lambda=0$ とすると，① に代入して $1=0$ となり矛盾.

$y=2x$ を ③ に代入して，$x=\pm 1/\sqrt{6}$, $y=\pm 2/\sqrt{6}$ （複号同順）.

よって，点 $P_1(1/\sqrt{6}, 2/\sqrt{6})$, $P_2(-1/\sqrt{6}, -2/\sqrt{6})$ が極値をとる点の候補である．実際に，極大，極小になるかどうか調べる.

点 $P_1(1/\sqrt{6}, 2/\sqrt{6})$ の近傍における $g(x,y)=0$ の陰関数を $\varphi(x)$ とする．$g(x,\varphi(x))=2x^2+\varphi(x)^2-1=0$ を x で微分すると
$$\varphi'(x)=-\frac{2x}{\varphi(x)}.$$
さらに微分すると
$$\varphi''(x)=-\frac{2(\varphi(x)-x\varphi'(x))}{\varphi^2(x)}$$
であるから，$\varphi'(1/\sqrt{6})=-1$, $\varphi''(1/\sqrt{6})=-9/\sqrt{6}$.

$p(x)=f(x,\varphi(x))=x+\varphi(x)$ とおくと
$$p'(x)=1+\varphi'(x), \quad p''(x)=\varphi''(x)$$
であるから，$\varphi(1/\sqrt{6})$, $\varphi'(1/\sqrt{6})$, $\varphi''(1/\sqrt{6})$ の値を代入して
$$p\left(\frac{1}{\sqrt{6}}\right)=\frac{3}{\sqrt{6}}, \quad p'\left(\frac{1}{\sqrt{6}}\right)=0, \quad p''\left(\frac{1}{\sqrt{6}}\right)=-\frac{9}{\sqrt{6}}<0.$$
よって，$g(x,y)=0$ の条件下で，$f(x,y)$ は P_1 で極大値 $\frac{3}{\sqrt{6}}$ をとる.

同様に，$g(x,y)=0$ の条件下で，$f(x,y)$ は P_2 で極小値 $-\frac{3}{\sqrt{6}}$ をとる.

章末問題 4

— A —

4.1 次の極限値を求めよ.
(1) $\displaystyle\lim_{(x,y)\to(0,0)}\frac{x^2y+2xy^2}{x^2+y^2}$.
(2) $\displaystyle\lim_{(x,y)\to(0,0)}\frac{xy}{x^2+y^2}$.

4.2 関数 $f(x,y)=\begin{cases}\dfrac{x^3+xy+y^3}{x^2+y^2} & (x,y)\neq(0,0),\\ 0 & (x,y)=(0,0)\end{cases}$
は全平面で連続かどうか調べよ.

4.3 次の関数を偏微分せよ.
(1) $z=x^2y+3xy^2$.
(2) $w=\sin(x^2y-2yz)$.

4.4 変換 $x=2u-v,\ y=u^2v$ のヤコビアンを計算せよ.

4.5 曲面 $z=2x^3y+3xy^2$ の点 $P(1,-1,1)$ における接平面と法線を求めよ.

4.6 関数 $f(x,y)=\begin{cases}\dfrac{8x^2+2y^2+x^3+y^3}{4x^2+y^2} & ((x,y)\neq(0,0)),\\ 2 & ((x,y)=(0,0))\end{cases}$
の原点における連続性,偏微分可能性を調べよ.

4.7 関数 $z=xy+y^2,\ x=\cos t,\ y=\sin t$ を t で微分せよ.

4.8 関数 $z=x^2y,\ x=uv,\ y=u+2v$ であるとき,z を変数 u,v で偏微分せよ.

4.9 関数 $z=ye^{2x+y}$ の 2 次偏導関数をすべて求めよ.

4.10 次を計算せよ.
(1) $\left(2\dfrac{\partial}{\partial x}-\dfrac{\partial}{\partial y}\right)xe^{xy}$.
(2) Δe^{x+y^2}.

4.11 関数 $f(x,y)=x^2+xy+y^2+3x$ の極値を求めよ.

4.12 曲線 $C:f(x,y)=x^3-2xy^2-y^3=0$ を考える.$f(x,y)=0$ は C 上の点 $P(1,-1)$ を含む開区間で,$\varphi(1)=-1$ となる陰関数 $y=\varphi(x)$ をもつことを示せ.また,$\varphi'(x)$ を x,y を用いて表し,$\varphi'(1)$ を求めよ.

4.13 方程式 $f(x,y)=x^3+x^2y+y^3-1=0$ 上の点 $P(-1,1)$ を含む開区間において,$\varphi(-1)=1$ となる陰関数 $y=\varphi(x)$ が存在することを示し,$\varphi'(-1),\varphi''(-1)$ を求めよ.

— B —

4.14 方程式 $f(x,y) = x^2 + 2xy - y^2 + 2 = 0$ で与えられる陰関数 $y = \varphi(x)$ の極値を求めよ.

4.15 条件 $g(x,y) = x^2 + 2y^2 - 6 = 0$ のもとで, 関数 $f(x,y) = x - y + 1$ の極限を求めよ.

4.16 $g(x)$ が 1 変数の C^1 級関数であるとき, 次の関数 $f(x,y)$ は連続かどうか調べよ.

$$f(x,y) = \begin{cases} \dfrac{g(x) - g(y)}{x - y} & (x \neq y), \\ g'(x) & (x = y). \end{cases}$$

4.17 関数 $f(x,y) = \begin{cases} \dfrac{x^2 + y^2 + x^3 + y^3}{x^2 + y^2} & ((x,y) \neq (0,0)), \\ 1 & ((x,y) = (0,0)) \end{cases}$

の原点における全微分可能性を調べよ.

4.18 次の (1), (2) について答えよ.

(1) $z = f(x,y)$ を考える. $u = x + y$, $v = x - y$ と変数変換するとき, z_u, z_v を f_x, f_y を用いて表せ.

(2) $z = f(x,y)$ が 1 変数関数 $g(t)$ を用いて $z = g(x+y)$ と表される必要十分条件は $f_x(x,y) = f_y(x,y)$ であることを示せ.

4.19 次の (1), (2) について答えよ.

(1) $z = f(x,y)$ を考える. $x = r\cos\theta$, $y = r\sin\theta$ のとき, z_r, z_θ を f_x, f_y を用いて表せ.

(2) $z = f(x,y)$ が 1 変数関数 $g(t)$ を用いて $z = g(r)$ と表される必要十分条件は $yf_x(x,y) = xf_y(x,y)$ であることを示せ.

4.20 $z = f(x,y)$ の偏導関数 z_x は x と y で決まるものであり, 関数 z と変数 x のみで決まるものではないから, 偏微分する際には f_x, z_x, f_y, z_y のように, 変数を省略するときには気をつけなければならない. これを確かめるために, 関数 $z = 3x + y$ について次の (1), (2) について答えよ.

(1) z を x と y の関数と考えるときの z_x を求めよ.

(2) z を x と $u = x + y$ の関数と考えての z_x を求めよ.

5 重積分

5.1 重積分

要約 ──────────────────────── **重積分**

5.1.1 (長方形領域と有界領域) 平面 $\mathbf{R}^n$ の部分集合
$$D = \{(x,y) \in \mathbf{R}^2 \mid a \leq x \leq b,\ c \leq y \leq d\}$$
を長方形領域という．ある長方形領域に含まれる領域を有界領域という．

5.1.2 (長方形領域の分割) 要約 5.1.1 の長方形領域において，区間 $[a,b]$ を m 分割したものを Δ_x，区間 $[c,d]$ を n 分割したものを Δ_y と表す．D を Δ_x と Δ_y を用いて，mn 個の小さな長方形に分割することを D の長方形分割という．この分割を
$$\Delta = \Delta_x \times \Delta_y : \begin{array}{l} a = x_0 < x_1 < \cdots < x_m = b \quad (= \Delta_x), \\ c = y_0 < y_1 < \cdots < y_n = d \quad (= \Delta_y) \end{array}$$
と表す．$|x_i - x_{i-1}|, |y_j - y_{j-1}|$ の最大値を分割 Δ の幅といい，$|\Delta|$ と表す．

5.1.3 (分割の細分) 要約 5.1.2 の長方形分割 Δ において Δ_x を細分したものを Δ'_x，Δ_y を細分したものを Δ'_y とし，$\Delta' = \Delta'_x \times \Delta'_y$ を Δ の細分という．

5.1.4 (長方形領域における積分) $f(x,y)$ を長方形領域 D で定義された関数とする．$f(x,y)$ と D の長方形分割 Δ に対して，次のように定義する．
$$S(f, \Delta) = \sum_{j=1}^{n}\sum_{i=1}^{m} M_{ij}(x_i - x_{i-1})(y_j - y_{j-1}), \quad M_{ij} = \sup_{(x,y)\in\Delta} f(x,y),$$
$$s(f, \Delta) = \sum_{j=1}^{n}\sum_{i=1}^{m} m_{ij}(x_i - x_{i-1})(y_j - y_{j-1}), \quad m_{ij} = \inf_{(x,y)\in\Delta} f(x,y).$$
分割 Δ を動かしたとき，$\inf_{\Delta}\{S(f,\Delta)\} = \sup_{\Delta}\{s(f,\Delta)\}$ が成り立つならば，f は D で積分可能であるといい，この値を $\iint_D f(x,y)\,dxdy$ と表す．

5.1.5 (有界領域における積分) D を有界領域，$\tilde{D}$ を D を含む長方形領域とする．長方形領域 $\tilde{D}$ 上の関数 $\tilde{f}(x,y)$ を
$$\tilde{f}(x,y) = \begin{cases} f(x,y) & ((x,y) \in D), \\ 0 & ((x,y) \notin D) \end{cases}$$
とする．$\tilde{f}(x,y)$ が $\tilde{D}$ で積分可能であるとき，$f(x,y)$ は D で積分可能といい
$$\iint_D f(x,y)\,dxdy = \iint_{\tilde{D}} \tilde{f}(x,y)\,dxdy$$
と表す．同様に，$\mathbf{R}^3$ の有界領域 V における関数 $f(x,y,z)$ についても，V における積分を $\iiint_V f(x,y,z)\,dxdydz$ と表す．

要約 ━━━━━━━━━━━━━━━━━━━━━━━━━━━━━ **重積分と累次積分**

5.1.6 (**長方形領域における積分**) 関数 $f(x,y)$ が長方形領域 D で積分可能なとき, D の分割 Δ の小領域 Δ_{ij} の内部に任意に点 $(\alpha_{ij}, \beta_{ij})$ をとると
$$\iint_D f(x,y)\,dxdy = \lim_{|\Delta| \to 0} \sum_{i,j} f(\alpha_{ij}, \beta_{ij})(x_i - x_{i-1})(y_j - y_{j-1}).$$

5.1.7 (**単純領域**) 次のような領域を単純領域という.

$\{(x,y) \mid \varphi_1(x) \leqq y \leqq \varphi_2(x),\ a \leqq x \leqq b\}$ x に関する単純領域,

$\{(x,y) \mid \psi_1(y) \leqq x \leqq \psi_2(y),\ c \leqq y \leqq d\}$ y に関する単純領域.

ここで, $\varphi_1(x), \varphi_2(x)$ は区間 $[a,b]$ で連続な関数であり, $\psi_1(y), \psi_2(y)$ は区間 $[c,d]$ で連続な関数である.

5.1.8 (**累次積分**) 関数 $f(x,y)$ が単純領域 $D = \{(x,y) \mid \varphi_1(x) \leqq y \leqq \varphi_2(x), a \leqq x \leqq b\}$ で連続とする. x を固定して, $f(x,y)$ を y で $\varphi_1(x)$ から $\varphi_2(x)$ まで積分した $\int_{\varphi_1(x)}^{\varphi_2(x)} f(x,y)\,dy$ は x の関数である. この x の関数を a から b まで積分した $\int_a^b \left\{ \int_{\varphi_1(x)}^{\varphi_2(x)} f(x,y)\,dy \right\} dx$ を $\int_a^b dx \int_{\varphi_1(x)}^{\varphi_2(x)} f(x,y)\,dy$ と表す.

D が y に関する単純領域のとき, $f(x,y)$ を x で積分し, 得られた y の関数を y で積分することもできる. これらを累次積分という.

5.1.9 (**重積分と累次積分**) 関数 $f(x,y)$ が x に関する単純領域 $D = \{(x,y) \mid \varphi_1(x) \leqq y \leqq \varphi_2(x),\ a \leqq x \leqq b\}$ で連続ならば積分可能で
$$\iint_D f(x,y)\,dxdy = \int_a^b dx \int_{\varphi_1(x)}^{\varphi_2(x)} f(x,y)\,dy.$$

5.1.10 (**積分の順序の交換と微分と積分の順序の交換**) 関数 $f(x,y), f_y(x,y)$ が長方形領域 $D = \{(x,y) \mid a \leqq x \leqq b,\ c \leqq y \leqq d\}$ で連続とする.

(1) $\displaystyle \int_a^b dx \int_c^d f(x,y)\,dy = \int_c^d dy \int_a^b f(x,y)\,dx.$

(2) $\displaystyle \frac{d}{dy} \int_a^b f(x,y)\,dx = \int_a^b f_y(x,y)\,dx.$

5.1.11 (**図形の面積**) 平面内の図形 D が面積をもつとは $\iint_D dxdy$ が存在するときにいう. この値を $S(D)$ と表し, D の面積という.

5.1.12 (**図形の体積, n 次元の体積**) n 次元空間 $(n \geqq 3)$ の図形 V についても同様に, $v(V) = \iint \cdots \int_V dx_1 dx_2 \cdots dx_n$ を V の n 次元の体積という. V が 3 次元空間の図形ならば, $v(V)$ を単に V の体積という.

5.1 重積分

例題 5.1 ──────────────── 積分の計算

次の積分を計算せよ.

(1) $\iint_D (x+2y)\,dxdy$, $D = \{(x,y) \mid 1 \leqq x \leqq 3,\ 0 \leqq y \leqq 2\}$.

(2) $\iint_D x^2 y\,dxdy$, $D = \{(x,y) \mid 0 \leqq x \leqq 2,\ x+1 \leqq y \leqq 2x+2\}$.

(3) $\iint_D xy^2\,dxdy$, $D = \{(x,y) \mid 0 \leqq x,\ x^2+y^2 \leqq 1\}$.

[考え方] 要約 **5.1.8** により累次積分を用いて計算する.

[解 答] (1) $\displaystyle\iint_D (x+2y)\,dxdy = \int_1^3 dx \int_0^2 (x+2y)\,dy$
$$= \int_1^3 \left[xy+y^2\right]_{y=0}^{y=2} dx = \int_1^3 (2x+4)\,dx$$
$$= \left[x^2+4x\right]_1^3 = 9+12-1-4 = 16.$$

(2) $\displaystyle\iint_D x^2 y\,dxdy = \int_0^2 dx \int_{x+1}^{2x+2} x^2 y\,dy = \int_0^2 \left[\frac{x^2 y^2}{2}\right]_{y=x+1}^{y=2x+2} dx$
$$= \int_0^2 \frac{3(x^4+2x^3+x^2)}{2}\,dx = \frac{3}{2}\left[\frac{x^5}{5}+\frac{1}{2}x^4+\frac{x^3}{3}\right]_0^2$$
$$= \frac{3}{2}\left(\frac{2^5}{5}+2^3+\frac{2^3}{3}\right) = \frac{128}{5}.$$

(3) $\displaystyle\iint_D xy^2\,dxdy = \int_{-1}^1 dy \int_0^{\sqrt{1-y^2}} xy^2\,dx = \int_{-1}^1 \left[\frac{x^2 y^2}{2}\right]_{x=0}^{x=\sqrt{1-y^2}} dy$
$$= \int_{-1}^1 \frac{y^2-y^4}{2}\,dy = \int_0^1 (y^2-y^4)\,dy = \left[\frac{y^3}{3}-\frac{y^5}{5}\right]_0^1 = \frac{2}{15}. \blacksquare$$

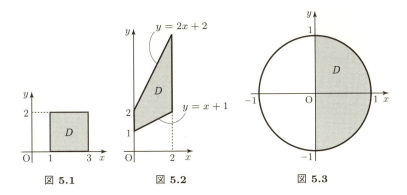

図 5.1　　図 5.2　　図 5.3

例題 5.2 ────────────────────── 積分の順序の変更

次の積分を累次積分の順序を変えて 2 通りに計算せよ．
$$\iint_D e^{2x-y}dxdy, \qquad D=\{(x,y) \mid 0\leq x\leq 2,\ 0\leq y\leq 4-2x\}.$$

[考え方] x から積分するには，D を書き直すことが必要である．

[解答] (1) まず y から積分し，その後 x で積分する．
$$\iint_D e^{2x-y}dxdy = \int_0^2 dx\int_0^{4-2x} e^{2x-y}dy \int_0^2 \left[-e^{2x-y}\right]_{y=0}^{y=4-2x}dx$$
$$=\int_0^2(-e^{4x-4}+e^{2x})\,dx = \left[-\frac{e^{4x-4}}{4}+\frac{e^{2x}}{2}\right]_0^2 = \frac{e^4}{4}+\frac{e^{-4}}{4}-\frac{1}{2}.$$

(2) $D=\left\{(x,y)\ \middle|\ 0\leq y\leq 4,\ 0\leq x\leq \dfrac{4-y}{2}\right\}$ と表せるので (図 5.4)，x から積分し，その後 y で積分すると

$$\iint_D e^{2x-y}dxdy = \int_0^4 dy\int_0^{(4-y)/2} e^{2x-y}dx$$
$$=\int_0^4 \left[\frac{e^{2x-y}}{2}\right]_{x=0}^{x=(4-y)/2} dy$$
$$=\frac{1}{2}\int_0^4(e^{4-2y}-e^{-y})\,dx$$
$$=\frac{1}{2}\left[-\frac{e^{4-2y}}{2}+e^{-y}\right]_0^4 = \frac{e^4}{4}+\frac{e^{-4}}{4}-\frac{1}{2}. \quad\blacksquare$$

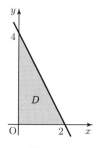

図 5.4

例題 5.3 ────────────────────── 積分の順序の変更

次の積分の順序を変更せよ．
$$\int_0^2 dx\int_0^{x^2} f(x,y)\,dy.$$

[考え方] 積分範囲を平面の領域として表してみる．

[解答] 積分する平面の領域は
$$D=\{(x,y)\mid 0\leq x\leq 2,\ 0\leq y\leq x^2\}$$
と表される．図 5.5 により
$$D=\{(x,y)\mid 0\leq y\leq 4,\ \sqrt{y}\leq x\leq 2\}$$
とも表されるので
$$\int_0^2 dx\int_0^{x^2} f(x,y)\,dy = \int_0^4 dy\int_{\sqrt{y}}^2 f(x,y)\,dx. \quad\blacksquare$$

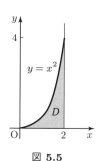

図 5.5

5.1 重積分

例題 5.4 ━━━━━━━━━━━━━━━━━━━━ 微分と積分の順序の変更

関数 $F(y)$ を $F(y) = \int_{\pi/2}^{\pi} \dfrac{\sin(xy)}{x}\,dx$ と定義するとき，$\dfrac{d}{dy}F(y)$ を求めよ．

［考え方］ $f(x,y) = \dfrac{\sin(xy)}{x}$ とすると，関数 $f(x,y)$ および $f_y(x,y)$ が領域 $D = \left\{(x,y)\,\middle|\, \dfrac{\pi}{2} \leqq x \leqq \pi,\ -\infty < y < \infty \right\}$ で連続であるから，微分と積分を交換できる (要約 5.1.10(2))．

［解答］ $\dfrac{\sin(xy)}{x}$, $\dfrac{d}{dy}\left(\dfrac{\sin(xy)}{x}\right) = \cos(xy)$ は，領域 $D = \left\{(x,y)\,\middle|\, \dfrac{\pi}{2} \leqq x \leqq \pi,\ -\infty < y < \infty \right\}$ で連続であるから，微分と積分が交換できて

$$\frac{dF(y)}{dy} = \frac{d}{dy}\int_{\pi/2}^{\pi}\frac{\sin(xy)}{x}\,dx = \int_{\pi/2}^{\pi}\frac{\partial}{\partial y}\left(\frac{\sin(xy)}{x}\right)dx = \int_{\pi/2}^{\pi}\cos(xy)\,dx$$

$$= \left[\frac{\sin(xy)}{y}\right]_{x=\pi/2}^{x=\pi} = \frac{1}{y}\left\{\sin(\pi y) - \sin\left(\frac{\pi y}{2}\right)\right\}. \blacksquare$$

例題 5.5 ━━━━━━━━━━━━━━━━━━━━ 3次元空間の積分

次の積分を計算せよ．

$$\iiint_V z\,dxdydz,$$
$$V = \{(x,y,z)\mid 0\leqq x\leqq 1,\ 0\leqq y\leqq 1-x,\ 0\leqq z\leqq 1-x-y\}.$$

［考え方］ 3次元の領域での積分である．2次元の場合と同様に計算する．

［解答］
$$\iiint_V z\,dxdydz$$
$$= \iint_D dxdy \int_0^{1-x-y} z\,dz \quad (D: 0\leqq x\leqq 1,\ 0\leqq y\leqq 1-x)$$
$$= \iint_D \left[\frac{z^2}{2}\right]_{z=0}^{z=1-x-y} dxdy$$
$$= \int_0^1 dx \int_0^{1-x} \frac{(1-x-y)^2}{2}\,dy$$
$$= \int_0^1 \left[\frac{(1-x-y)^3}{6}\right]_{y=0}^{y=1-x} dx$$
$$= \frac{1}{6}\int_0^1 (1-x)^3\,dx$$
$$= \frac{1}{6}\left[-\frac{(1-x)^4}{4}\right]_0^1 = \frac{1}{24}. \blacksquare$$

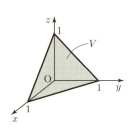

図 5.6

問題 5.1

1. 次の累次積分を計算せよ．

(1) $\displaystyle\int_1^2 dx \int_0^3 (x+y)\,dy.$
(2) $\displaystyle\int_0^1 dx \int_{x^2}^x xy^2\,dy.$

2. 次の積分を計算せよ．

(1) $\displaystyle\iint_D (x-y)^2\,dxdy,\qquad D=\{(x,y)\mid 1\leqq x\leqq 2,\ 0\leqq y\leqq 1\}.$

(2) $\displaystyle\iint_D \sin(x-2y)\,dxdy,\qquad D=\left\{(x,y)\,\middle|\,0\leqq x\leqq \frac{\pi}{2},\ 0\leqq y\leqq \frac{\pi}{2}\right\}.$

(3) $\displaystyle\iint_D y\,dxdy,\qquad D=\{(x,y)\mid x^2+y^2\leqq 1,\ 0\leqq y\}.$

(4) $\displaystyle\iint_D x^2 y\,dxdy,\qquad D=\{(x,y)\mid 0\leqq y\leqq x\leqq 1\}.$

(5) $\displaystyle\iint_D (x+2xy)\,dxdy,\qquad D=\{(x,y)\mid x^2\leqq y\leqq x\}.$

(6) $\displaystyle\iiint_V xy\,dxdydz,$
$V=\{(x,y,z)\mid 0\leqq x\leqq 1,\ 0\leqq y\leqq 1-x,\ 0\leqq z\leqq 1-x-y\}.$

(7) $\displaystyle\iiint_V y\,dxdydz,$
$V=\{(x,y,z)\mid 0\leqq x,\ 0\leqq y,\ 0\leqq z,\ 3x+2y+z\leqq 6\}.$

3. 次の重積分を累次積分の順序を変えて 2 通りに計算せよ．

(1) $\displaystyle\iint_D (y^2-x)\,dxdy,\qquad D:y=x^2\ \text{と}\ x=y^2\ \text{で囲まれた図形}.$

(2) $\displaystyle\iint_D y^2\,dxdy,\qquad D=\{(x,y)\mid 0\leqq x\leqq 1,\ -x\leqq y\leqq x\}.$

4. 次の累次積分の順序を変更せよ．

(1) $\displaystyle\int_{-1}^1 dx \int_0^{2\sqrt{1-x^2}} f(x,y)\,dy.$
(2) $\displaystyle\int_{-1}^1 dy \int_{y^2}^1 f(x,y)\,dx.$
(3) $\displaystyle\int_0^1 dx \int_{-x}^x f(x,y)\,dy.$
(4) $\displaystyle\int_0^4 dy \int_{y-2}^{\sqrt{y}} f(x,y)\,dx.$

5. $\displaystyle\frac{d}{dy}\int_2^3 \frac{e^{xy}}{x}\,dx$ を計算せよ．

5.1 重積分   139

──────────── 略解 5.1 ────────────

1. (1) $\displaystyle\int_1^2 dx\int_0^3 (x+y)\,dy = \int_1^2\left[\frac{1}{2}(x+y)^2\right]_{y=0}^{y=3}dx = \frac{1}{2}\int_1^2\left\{(x+3)^2 - x^2\right\}dx$

$\displaystyle = \frac{1}{2}\int_1^2 (6x+9)\,dx = \frac{1}{2}\left[3x^2 + 9x\right]_1^2 = 9.$

(2) $\displaystyle\int_0^1 dx\int_{x^2}^x xy^2\,dy = \int_0^1\left[\frac{xy^3}{3}\right]_{y=x^2}^{y=x}dx = \frac{1}{3}\int_0^1 (x^4 - x^7)\,dx = \frac{1}{3}\left[\frac{x^5}{5} - \frac{x^8}{8}\right]_0^1$

$\displaystyle = \frac{1}{40}.$

2. (1) $\displaystyle\iint_D (x-y)^2\,dxdy = \int_1^2 dx\int_0^1 (x-y)^2\,dy = \int_1^2\left[-\frac{(x-y)^3}{3}\right]_{y=0}^{y=1}dx$

$\displaystyle = \int_1^2 \left(x^2 - x + \frac{1}{3}\right)dx = \left[\frac{x^3}{3} - \frac{x^2}{2} + \frac{1}{3}x\right]_1^2 = \frac{7}{6}.$

(2) $\displaystyle\iint_D \sin(x-2y)\,dxdy = \int_0^{\pi/2} dx\int_0^{\pi/2}\sin(x-2y)\,dy$

$\displaystyle = \int_0^{\pi/2}\left[\frac{1}{2}\cos(x-2y)\right]_0^{\pi/2}dx = -\int_0^{\pi/2}\cos x\,dx$

$\displaystyle = -\left[\sin x\right]_0^{\pi/2} = -1.$

(3) $\displaystyle\iint_D y\,dxdy = \int_{-1}^1 dx\int_0^{\sqrt{1-x^2}} y\,dy = \int_{-1}^1\left[\frac{y^2}{2}\right]_{y=0}^{y=\sqrt{1-x^2}}dx$

$\displaystyle = \frac{1}{2}\int_{-1}^1 (1-x^2)\,dx = \frac{1}{2}\left[x - \frac{x^3}{3}\right]_{-1}^1 = \frac{2}{3}.$

(4) $\displaystyle\iint_D x^2 y\,dxdy = \int_0^1 dx\int_0^x x^2 y\,dy = \int_0^1\left[\frac{x^2 y^2}{2}\right]_{y=0}^{y=x}dx$

$\displaystyle = \frac{1}{2}\int_0^1 x^4\,dx = \frac{1}{2}\left[\frac{x^5}{5}\right]_0^1 = \frac{1}{10}.$

(5) $\displaystyle\iint_D (x+2xy)\,dxdy = \int_0^1 dx\int_{x^2}^x (x+2xy)\,dy = \int_0^1\left[xy + xy^2\right]_{y=x^2}^{y=x}dx$

$\displaystyle = \int_0^1 (-x^5 + x^2)\,dx = \left[-\frac{x^6}{6} + \frac{x^3}{3}\right]_0^1 = -\frac{1}{6} + \frac{1}{3} = \frac{1}{6}.$

(6) $\displaystyle\iiint_V xy\,dxdydz = \int_0^1 dx\int_0^{1-x} dy\int_0^{1-x-y} xy\,dz = \iint_D\left[xyz\right]_{z=0}^{z=1-x-y}dxdy$

$\displaystyle = \int_0^1 dx\int_0^{1-x} xy(1-x-y)\,dy = \int_0^1\left[-\frac{xy^3}{3} + \frac{x(1-x)y^2}{2}\right]_{y=0}^{y=1-x}dx$

$\displaystyle = \frac{1}{6}\int_0^1\{-(1-x)^4 + (1-x)^3\}\,dx = \frac{1}{6}\left[\frac{(1-x)^5}{5} - \frac{(1-x)^4}{4}\right]_0^1 = \frac{1}{120}.$

(7) $V = \left\{(x,y,z)\,\Big|\,0\leqq x\leqq 2,\ 0\leqq y\leqq\frac{3}{2}(2-x),\ 0\leqq z\leqq 6-3x-2y\right\}$ と表されるから

$$\iiint_V y\,dxdydz = \int_0^2 dx \int_0^{3(2-x)/2} dy \int_0^{6-3x-2y} y\,dz$$

$$= \int_0^2 dx \int_0^{3(2-x)/2} [yz]_{z=0}^{z=6-3x-2y} dy = \int_0^2 dx \int_0^{3(2-x)/2} \{-2y^2 + (6-3x)y\}\,dy$$

$$= \int_0^2 \left[-\frac{2}{3}y^3 + \frac{6-3x}{2}y^2 \right]_0^{3(2-x)/2} dx = \int_0^2 \left\{ -\frac{9}{4}(2-x)^3 + \frac{27}{8}(2-x)^3 \right\} dx$$

$$= \int_0^2 \frac{9}{8}(2-x)^3\,dx = \left[-\frac{9}{32}(2-x)^4 \right]_0^2 = \frac{9}{2}.$$

3. 求める積分を I とする.

(1) (i) $\displaystyle I = \int_0^1 dx \int_{x^2}^{\sqrt{x}} (y^2 - x)\,dy = \int_0^1 \left[\frac{y^3}{3} - xy \right]_{y=x^2}^{y=\sqrt{x}} dx$

$$= \int_0^1 \left(-\frac{x^6}{3} + x^3 - \frac{2}{3}x^{3/2} \right) dx = \left[-\frac{x^7}{21} + \frac{x^4}{4} - \frac{4}{15}x^{5/2} \right]_0^1 = -\frac{9}{140}.$$

(ii) $\displaystyle I = \int_0^1 dy \int_{y^2}^{\sqrt{y}} (y^2 - x)\,dx = \int_0^1 \left[xy^2 - \frac{x^2}{2} \right]_{x=y^2}^{x=\sqrt{y}} dy$

$$= \int_0^1 \left(-\frac{y^4}{2} + y^{5/2} - \frac{y}{2} \right) dy = \left[-\frac{y^5}{10} + \frac{2}{7}y^{7/2} - \frac{y^2}{4} \right]_0^1 = -\frac{9}{140}.$$

(2) (i) $\displaystyle I = \int_0^1 dx \int_{-x}^{x} y^2\,dy = \int_0^1 \left[\frac{y^3}{3} \right]_{y=-x}^{y=x} dx = \frac{2}{3}\int_0^1 x^3\,dx = \frac{2}{3}\left[\frac{x^4}{4} \right]_0^1 = \frac{1}{6}.$

(ii) $\displaystyle I = \int_{-1}^0 dy \int_{-y}^1 y^2\,dx + \int_0^1 dy \int_y^1 y^2\,dx = \int_{-1}^0 [xy^2]_{x=-y}^{x=1} dy + \int_0^1 [xy^2]_{x=y}^{x=1} dy$

$$= \int_{-1}^0 (y^2 + y^3)\,dy + \int_0^1 (y^2 - y^3)\,dy = \left[\frac{y^3}{3} + \frac{y^4}{4} \right]_{-1}^0 + \left[\frac{y^3}{3} - \frac{y^4}{4} \right]_0^1 = \frac{1}{6}.$$

4. (1) $\displaystyle \int_{-1}^1 dx \int_0^{2\sqrt{1-x^2}} f(x,y)\,dy = \int_0^2 dy \int_{-\sqrt{4-y^2}/2}^{\sqrt{4-y^2}/2} f(x,y)\,dx.$

(2) $\displaystyle \int_{-1}^1 dy \int_{y^2}^1 f(x,y)\,dx = \int_0^1 dx \int_{-\sqrt{x}}^{\sqrt{x}} f(x,y)\,dy.$

(3) $\displaystyle \int_0^1 dx \int_{-x}^x f(x,y)\,dy = \int_{-1}^0 dy \int_{-y}^1 f(x,y)\,dx + \int_0^1 dy \int_y^1 f(x,y)\,dx.$

(4) $\displaystyle \int_0^4 dy \int_{y-2}^{\sqrt{y}} f(x,y)\,dx = \int_{-2}^0 dx \int_0^{x+2} f(x,y)\,dy + \int_0^2 dx \int_{x^2}^{x+2} f(x,y)\,dy.$

5. $\displaystyle \frac{d}{dy}\int_2^3 \frac{e^{xy}}{x}\,dx = \int_2^3 \frac{\partial}{\partial y}\left(\frac{e^{xy}}{x} \right) dx = \int_2^3 e^{xy}\,dx = \left[\frac{e^{xy}}{y} \right]_{x=2}^{x=3} = \frac{e^3 y - e^{2y}}{y}.$

5.2 重積分の変数変換と図形の面積，体積

要約 ─────────────────────────────────── 重積分の変数変換 ───

5.2.1 (変数変換) xy 平面の領域 D から，uv 平面の領域 E への写像 $\Phi(u,v) = (x(u,v), y(u,v))$ が，領域 E を領域 D に 1 対 1 に写像するとき，写像 Φ を u,v から x,y への変数変換という．

5.2.2 (積分と変数変換) 要約 5.2.1 において，領域 D, E は境界の点を含み，D, E の境界は連続な曲線で，有限個の点を除き滑らかであるとする．さらに，写像 Φ は $x = x(u,v)$, $y = y(u,v)$ が C^1 級関数であり，Φ のヤコビアン $\dfrac{\partial(x,y)}{\partial(u,v)} = \begin{vmatrix} x_u & x_v \\ y_u & y_v \end{vmatrix}$ が E で 0 にならないと仮定すると

$$\iint_D f(x,y)\,dxdy = \iint_E f(x(u,v), y(u,v)) \left|\frac{\partial(x,y)}{\partial(u,v)}\right| dudv.$$

5.2.3 (極座標への変数変換) xy 平面の極座標 r, θ への変数変換の場合には，ヤコビアンは $\dfrac{\partial(x,y)}{\partial(r,\theta)} = r \ (>0)$ であるから，形式的に

$$dxdy = r\,drd\theta$$

と表される．

5.2.4 (空間の極座標) 3 次元空間の点 $P(x,y,z)$ に対し，θ を z 軸とベクトル $\overrightarrow{OP}$ の角度，φ をベクトル $\overrightarrow{OP}$ の xy 平面への射影と x 軸の角度とすると

$$x = r\sin\theta\cos\varphi, \quad y = r\sin\theta\sin\varphi, \quad z = r\cos\theta$$

が成り立つ．この r, θ, φ を変数にとったものを空間の極座標という．極座標空間の点

$$(r, \theta, \varphi) \quad (0 \leqq r,\ 0 \leqq \theta \leqq \pi,\ 0 \leqq \varphi < 2\pi)$$

と 3 次元空間の点は原点を除き 1 対 1 に対応する．

5.2.5 (空間の極座標への変数変換) 3 次元空間の極座標について，(x,y,z) を (r, θ, φ) で表す変換のヤコビアンは

$$\frac{\partial(x,y,z)}{\partial(r,\theta,\varphi)} = \begin{vmatrix} \sin\theta\cos\varphi & r\cos\theta\cos\varphi & -r\sin\theta\sin\varphi \\ \sin\theta\sin\varphi & r\cos\theta\sin\varphi & r\sin\theta\cos\varphi \\ \cos\theta & -r\sin\theta & 0 \end{vmatrix}$$
$$= r^2 \sin\theta \ (>0)$$

であるから (例題 4.5)，形式的に

$$dxdydz = r^2 \sin\theta\,drd\theta\,d\varphi$$

と表す．

積分の変数変換における領域は 1 対 1 でなくても，1 対 1 でない部分の面積 (体積) が 0 であるならば成立する．

例題 5.6 ─────────────── 変数変換を用いる積分の計算

$$\iint_D (x+y)(2x-y)\,dxdy, \qquad D = \{(x,y) \mid |x+y| \leq 1,\ |x-y| \leq 1\}.$$

考え方 積分の変数変換 (要約 5.2.2) を用いる. Φ が領域 E から，領域 D への 1 対 1 の写像であるとき

$$\iint_D f(x,y)\,dxdy = \iint_E f(x(u,v), y(u,v)) \left| \frac{\partial(x,y)}{\partial(u,v)} \right| dudv.$$

ここで，$\dfrac{\partial(x,y)}{\partial(u,v)}$ は Φ のヤコビアンである．

解 答 $\begin{cases} u = x+y, \\ v = x-y \end{cases}$ とおき，連立 1 次方程式を解くと $\begin{cases} x = \dfrac{1}{2}(u+v), \\ y = \dfrac{1}{2}(u-v). \end{cases}$

uv 平面の領域 E を $E = \{(u,v) \mid |u| \leq 1,\ |v| \leq 1\}$ と定義すると，写像 $\Phi : (u,v) \to (x,y)$ によって，E は D に 1 対 1 に写像される．

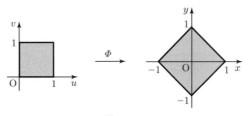

図 5.7

Φ のヤコビアンは

$$\frac{\partial(x,y)}{\partial(u,v)} = \begin{vmatrix} 1/2 & 1/2 \\ 1/2 & -1/2 \end{vmatrix} = -\frac{1}{2}$$

であるから，$dxdy = \dfrac{1}{2}dudv$ と表される．よって

$$\begin{aligned}
\iint_D (x+y)(2x-y)\,dxdy &= \frac{1}{4} \iint_E (u^2 + 3uv)\,dudv \\
&= \frac{1}{4} \int_{-1}^{1} du \int_{-1}^{1} (u^2 + 3uv)\,dv \\
&= \frac{1}{4} \int_{-1}^{1} \left[u^2 v + \frac{3}{2} uv^2 \right]_{v=-1}^{v=1} du \\
&= \frac{1}{2} \int_{-1}^{1} u^2\,du = \frac{1}{2} \left[\frac{u^3}{3} \right]_{-1}^{1} = \frac{1}{3}.
\end{aligned}$$ ∎

5.2 重積分の変数変換と図形の面積, 体積

例題 5.7 ─────────── 重積分の計算 (極座標を用いる)

$$\iint_D (x^2+y^2)^4\,dxdy, \quad D=\{(x,y)\mid x^2+y^2\leqq a^2\}\quad(a>0).$$

[考え方] 積分の変数変換を極座標の場合に考える (要約 5.2.3). この場合には, $\{(x,y)\mid 0\leqq x\leqq 1,\,y=0\}$ においては 1 対 1 ではないが, 1 対 1 でない部分の面積が 0 であるから成り立つ (要約の最後の注意).

[解答] 極座標 $x=r\cos\theta,\,y=r\sin\theta$ を用いて計算する. $r\theta$ 平面の領域 E を $E=\{(r,\theta)\mid 0\leqq r\leqq 1,\,0\leqq\theta\leqq 2\pi\}$ とおくと, 図 5.8 の太線で表した $D,\,E$ の点では 1 対 1 でないし, 原点ではヤコビアンが 0 であるが, それらの部分の面積は 0 であるので無視できる (計算するときに, いちいち断る必要はない).

$$\begin{aligned}
\iint_D (x^2+y^2)^2 dxdy &= \iint_E r^4 r\,drd\theta \\
&= \int_0^1 r^5 dr \int_0^{2\pi} d\theta \\
&= \left[\frac{r^6}{6}\right]_0^a \left[\theta\right]_0^{2\pi} \\
&= \frac{\pi a^6}{3}.\quad\blacksquare
\end{aligned}$$

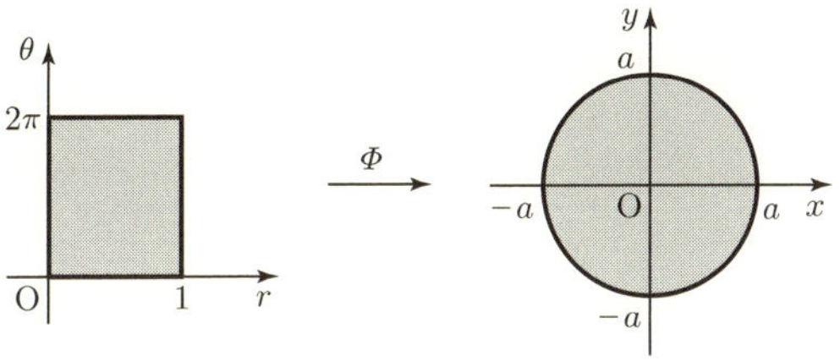

図 5.8

例題 5.8 ─────────── 重積分の計算 (極座標を用いる)

$$\iint_D x\,dxdy, \quad D=\{(x,y)\mid x^2+y^2\leqq 1,\,0\leqq x\}.$$

[考え方] 例題 5.7 と同様に, 極座標を用いて計算する.

[解答] 極座標を用いる. $E=\left\{(r,\theta)\,\middle|\,0\leqq r\leqq\cos\theta,\,-\dfrac{\pi}{2}\leqq\theta\leqq\dfrac{\pi}{2}\right\}$ とおくと

$$\begin{aligned}
\iint_D x\,dxdy &= \iint_E r\cos\theta\cdot r\,drd\theta = \int_{-\pi/2}^{\pi/2} d\theta \int_0^{\cos\theta} r^2\cos\theta\,dr \\
&= \int_{-\pi/2}^{\pi/2} \cos\theta \left[\frac{r^3}{3}\right]_0^{\cos\theta} d\theta = \int_{-\pi/2}^{\pi/2} \frac{\cos^4\theta}{3}\,d\theta \\
&= \frac{2}{3}\int_0^{\pi/2} \cos^4\theta\,d\theta = \frac{2}{3}\cdot\frac{3}{4\cdot 2}\cdot\frac{\pi}{2} \\
&= \frac{\pi}{8}\quad(\text{問題 3.2-6(2)}).\quad\blacksquare
\end{aligned}$$

例題 5.9 ──────────────────── 球の体積

半径が a の球の体積を求めよ.

[考え方] $x = r\sin\theta\cos\varphi,\ y = r\sin\theta\sin\varphi,\ z = r\cos\theta$ とおくと
$$dxdydz = r^2 \sin\theta\, drd\theta d\varphi \quad (\text{要約 5.2.5}).$$

[解答] 半径が a の球 V は $V = \{(x,y,z) \mid x^2+y^2+z^2 \leq a^2\}$. 3次元空間の極座標を用いると

$$\iiint_V dxdydz = \iiint_W r^2 \sin\theta\, drd\theta d\varphi$$
$(W = \{(r,\theta,\varphi) \mid 0 \leq r \leq a, 0 \leq \theta \leq \pi, 0 \leq \varphi < 2\pi\})$

$$= \int_0^a r^2 dr \int_0^\pi \sin\theta d\theta \int_0^{2\pi} d\varphi$$
$$= 2\pi \left[\frac{r^3}{3}\right]_0^a \left[-\cos\theta\right]_0^\pi$$
$$= \frac{4\pi a^3}{3}. \quad \blacksquare$$

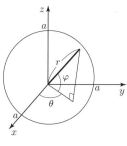

図 5.9

例題 5.10 ──────────────────── 空間の極座標

$$\iiint_V x\, dxdydz, \quad V = \{(x,y,z) \mid x^2+y^2+z^2 \leq 1,\ 0 \leq x\}.$$

[考え方] 3次元空間の極座標を用いて計算する.

[解答] 極座標: $x = r\sin\theta\cos\varphi,\ y = r\sin\theta\sin\varphi,\ z = r\cos\theta$ とおく.
$$W = \left\{(r,\theta,\varphi) \,\bigg|\, 0 \leq r \leq 1,\ 0 \leq \theta \leq \pi,\ -\frac{\pi}{2} \leq \varphi \leq \frac{\pi}{2}\right\}$$
とすると

$$\iiint_V x\, dxdydz = \iiint_W r\sin\theta\cos\varphi \cdot r^2 \sin\theta\, drd\theta d\varphi$$
$$= \int_0^1 dr \int_0^\pi d\theta \int_{-\pi/2}^{\pi/2} r^3 \sin^2\theta \cos\varphi\, d\varphi$$
$$= \int_0^1 r^3 dr \int_0^\pi \sin^2\theta\, d\theta \int_{-\pi/2}^{\pi/2} \cos\varphi\, d\varphi$$
$$= \int_0^1 r^3 dr \int_0^\pi \frac{1}{2}(1-\cos 2\theta)\, d\theta \int_{-\pi/2}^{\pi/2} \cos\varphi\, d\varphi$$
$$= \left[\frac{r^4}{4}\right]_0^1 \left[\frac{1}{2}\left(\theta - \frac{\sin 2\theta}{2}\right)\right]_0^\pi \left[\sin\varphi\right]_{-\pi/2}^{\pi/2} = \frac{\pi}{4}. \quad \blacksquare$$

5.2 重積分の変数変換と図形の面積, 体積

例題 5.11 ──────────────────────────── 図形の体積

平面で囲まれた図形の体積を求めよ $(a, b, c > 0)$.
$$\frac{x}{a} + \frac{y}{b} + \frac{z}{c} = 1, \quad x = 0, \ y = 0, \ z = 0.$$

考え方 V の体積は $v(V) = \int_V dxdydz$ である (要約 5.1.12).

解 答
$$\begin{aligned}
v(V) &= \int_V dxdydz = \int_0^a dx \int_0^{b-(b/a)x} dy \int_0^{c-(c/a)x-(c/b)y} dz \\
&= \int_0^a dx \int_0^{b-(b/a)x} [z]_{z=0}^{z=c-(c/a)x-(c/b)y} dy \\
&= c \int_0^a dx \int_0^{b-(b/a)x} \left(1 - \frac{x}{a} - \frac{y}{b}\right) dy \\
&= c \int_0^a \left[x - \frac{x^2}{2a} - \frac{y^2}{2b}\right]_{y=0}^{y=b-(b/a)x} dx \\
&= bc \int_0^a \left(\frac{1}{2} - \frac{x}{a} + \frac{x^2}{2a^2}\right) dx = bc \left[\frac{x}{2} - \frac{x^2}{2a} + \frac{x^3}{6a^2}\right]_0^a \\
&= \frac{abc}{6}.
\end{aligned}$$ ■

例題 5.12 ──────────────────────────── 図形の体積

$V = \{(x, y, z) \mid 0 \leq x+y \leq 1, \ 0 \leq y+z \leq 1, \ 0 \leq z+x \leq 1\}$ の体積を求めよ.

考え方 変数変換を用いる.

解 答 $u = x+y, \ v = y+z, \ w = z+x$ とおく. $(u, v, w) \to (x, y, z)$ という変数変換をする. 連立方程式を解いて
$$x = \frac{u-v+w}{2}, \quad y = \frac{u+v-w}{2}, \quad z = \frac{-u+v+w}{2}.$$
$W = \{(u, v, w) \mid 0 \leq u \leq 1, 0 \leq v \leq 1, 0 \leq w \leq 1\}$ とおくと, $(u, v, w) \to (x, y, z)$ という対応で, W と V は 1 対 1 に写像する. ヤコビアンは
$$\frac{\partial(x, y, z)}{\partial(u, v, w)} = \begin{vmatrix} 1/2 & -1/2 & 1/2 \\ 1/2 & 1/2 & -1/2 \\ -1/2 & 1/2 & 1/2 \end{vmatrix} = \frac{1}{8} \begin{vmatrix} 1 & -1 & 1 \\ 1 & 1 & -1 \\ -1 & 1 & 1 \end{vmatrix} = \frac{1}{2}$$
であるから
$$\begin{aligned}
v(V) &= \iiint_V dxdydz = \iiint_W \left|\frac{\partial(x, y, z)}{\partial(u, v, w)}\right| dudvdw \\
&= \frac{1}{2} \int_0^1 du \int_0^1 dv \int_0^1 dw = \frac{1}{2}.
\end{aligned}$$ ■

例題 5.13 ──────────────────────── 図形の体積

球 $x^2+y^2+z^2 \leqq 4a^2$ と円柱 $x^2+y^2 \leqq a^2$ の共通部分 V の体積を求めよ $(a>0)$.

[考え方] $x^2+y^2 \leqq a^2$ において極座標を用いる.

[解 答] $D=\{(x,y)\,|\,x^2+y^2 \leqq a^2\}$ とおくと

$$\begin{aligned}
v(V) &= \iiint_V dxdydz = \iint_D dxdy \int_{-\sqrt{4a^2-x^2-y^2}}^{\sqrt{4a^2-x^2-y^2}} dz \\
&= 2\iint_D \sqrt{4a^2-x^2-y^2}\,dxdy \\
&= 2\int_0^a \sqrt{4a^2-r^2}\,r\,dr \int_0^{2\pi} d\theta \\
&\quad (x=r\cos\theta,\ y=r\sin\theta) \\
&= 2\pi \int_0^{a^2} \sqrt{4a^2-t}\,dt \quad (t=r^2,\ dt=2r\,dr) \\
&= 2\pi \left[-\frac{2}{3}(4a^2-t)^{3/2}\right]_0^{a^2} = \frac{4(8-3\sqrt{3})}{3}\pi a^3. \quad \blacksquare
\end{aligned}$$

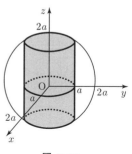

図 5.10

例題 5.14 ──────────────────────── カバリエリの原理

(1) 平面 $x=a$ と $x=b$ $(a<b)$ の間にある図形 V を点 $(x,0,0)$ を通り, x 軸に垂直な平面で切った切り口の面積が, x の連続関数 $S(x)$ ならば

$$v(V) = \int_a^b S(x)\,dx.$$

(2) $y=f(x)$ $(a \leqq x \leqq b)$ を x 軸のまわりに回転した図形の内部 V の体積は

$$v(V) = \pi \int_a^b f(x)^2\,dx.$$

[考え方] カバリエリの原理の発想は単純だが, 知っていると便利である.

[解 答] (1) 点 $(x,0,0)$ を通り, yz 平面と平行な平面による断面を $D(x)$ とすると, $S(x)=\iint_{D(x)} dydz$. よって

$$\begin{aligned}
v(V) &= \iiint_V dxdydz = \int_a^b dx \iint_{D(x)} dydz \\
&= \int_a^b S(x)\,dx.
\end{aligned}$$

(2) 平面 $z=x$ での切り口の面積は

$$S(x) = \pi f(x)^2$$

であるから, (1) を用いると与式が示される. $\blacksquare$

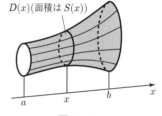

図 5.11

問題 5.2

1. 極座標を用いて，次の積分の値を計算せよ．
(1) $\iint_D \dfrac{1}{(x^2+y^2)^m} dxdy$, $D = \{(x,y) \mid a^2 \leqq x^2+y^2 \leqq b^2\}$ $(0 < a < b)$.
(2) $\iint_D \sqrt{a^2-x^2-y^2}\, dxdy$, $D = \{(x,y) \mid x^2+y^2 \leqq a^2\}$.
(3) $\iint_D xy\, dxdy$, $D = \{(x,y) \mid x^2+y^2 \leqq 1,\ 0 < x, y\}$.

2. 適当な変数変換を用いて，次の積分の値を計算せよ．
(1) $\iint_D (x-y)e^{x+y} dxdy$, $D = \{(x,y) \mid 0 \leqq x+y \leqq 2,\ 0 \leqq x-y \leqq 2\}$.
(2) $\iint_D (2x-y)^2(x+2y)^2 dxdy$, $D = \{(x,y) \mid |2x-y| \leqq 1,\ |x+2y| \leqq 2\}$.
(3) $\iint_D x^2 dxdy$, $D = \left\{(x,y) \,\middle|\, \left(\dfrac{x}{a}\right)^2 + \left(\dfrac{y}{b}\right)^2 \leqq 1\right\}$ $(a,b > 0)$.
(4) $\iint_D (x+y)^4 dxdy$, $D = \{(x,y) \mid x^2+2xy+2y^2 \leqq 1\}$.

3. 次の図形 D の面積を求めよ．
(1) $D = \{(x,y) \mid x^2-2xy+10y^2 \leqq a^2\}$ $(a > 0)$.
(2) $D = \{(x,y) \mid x^2-2x+4y^2+8y-4 \leqq 0\}$.

4. 空間の極座標を用いて，次の積分の値を計算せよ．
(1) $\iiint_V y\, dxdydz$, $V = \{(x,y) \mid x^2+y^2+z^2 \leqq a^2,\ 0 \leqq x, y, z\}$.
(2) $\iiint_V (x^2+y^2+z^2)\, dxdydz$, $V = \{(x,y) \mid x^2+y^2+z^2 \leqq a^2\}$.
(3) $\iiint_V xy^2z\, dxdydz$, $V = \{(x,y) \mid x^2+y^2+z^2 \leqq a^2, 0 \leqq x, z\}$ $(a > 0)$.

5. 次の図形 V の体積を求めよ $(a,b,c > 0)$．
(1) 平面 $x+2y+3z = 9$, $x=0$, $y=0$, $z=1$ で囲まれた図形 V．
(2) $V = \{(x,y,z) \mid 0 \leqq 3x+y \leqq 1,\ 0 \leqq y+2z \leqq 1,\ 0 \leqq 2z+3x \leqq 1\}$.
(3) $V = \left\{(x,y,z) \,\middle|\, \left(\dfrac{x}{a}\right)^2 + \left(\dfrac{y}{b}\right)^2 + \left(\dfrac{z}{c}\right)^2 \leqq 1\right\}$.
(4) $V = \{(x,y,z) \mid x^{2/3}+y^{2/3}+z^{2/3} \leqq a^{2/3}\}$.
(5) 曲面 $z = x^2+y^2$ と平面 $z = 2x$ に囲まれた図形 V．
(6) 曲面 $(x^2+y^2+z^2)^2 = z$ で囲まれた図形 V．
(7) 円柱 $x^2+y^2 \leqq a^2$ と円柱 $y^2+z^2 \leqq a^2$ の共通部分 V．

6. 次の図形の体積を求めよ.

(1) $y = \sin x \ (0 \leq x \leq \pi)$ を x 軸のまわりに回転した図形 V.

(2) 円盤 $x^2 + (y-b)^2 \leq a^2 \ (0 < a < b)$ を x 軸のまわりに回転した図形 V.

(3) 平面 $z = a \ (a \geq 0)$ で切った切り口が, カーディオイドの内部 $r \leq a(1+\cos\theta)$ となるような図形の $0 \leq z \leq 1$ の部分 V.

———————————— 略解 5.2 ————————————

1. (1) $\displaystyle\iint_D \frac{1}{(x^2+y^2)^m}\,dxdy = \int_a^b \frac{r}{r^{2m}}\,dr \int_0^{2\pi} d\theta$

$\displaystyle = 2\pi \int_{a^2}^{b^2} \frac{1}{t^m} \frac{dt}{2} \quad (t = r^2,\ dt = 2r\,dr)$

$= \begin{cases} \dfrac{-\pi}{m-1}\left[\dfrac{1}{t^{m-1}}\right]_{a^2}^{b^2} = \dfrac{\pi}{m-1}\left(\dfrac{1}{a^{2m-2}} - \dfrac{1}{b^{2m-2}}\right) & (m \neq 1), \\ \pi\displaystyle\int_{a^2}^{b^2} \dfrac{dt}{t} = \pi\left[\log t\right]_{a^2}^{b^2} = \pi(\log b^2 - \log a^2) = 2\pi \log \dfrac{b}{a} & (m = 1). \end{cases}$

(2) $\displaystyle\iint_D \sqrt{a^2-x^2-y^2}\,dxdy = \int_0^{2\pi} d\theta \int_0^a \sqrt{a^2-r^2}\, r\,dr = 2\pi \int_0^{a^2} \sqrt{a^2-t}\, \frac{dt}{2}$

$\displaystyle = 2\pi\left[-\frac{(a^2-t)^{3/2}}{3}\right]_0^{a^2} = \frac{2\pi a^3}{3} \quad (t=r^2,\ dt=2r\,dr).$

(3) $\displaystyle\iint_D xy\,dxdy = \int_0^{\pi/2} d\theta \int_0^1 r^3 \sin\theta\cos\theta\, dr = \int_0^{\pi/2} \sin\theta\cos\theta\,d\theta \int_0^1 r^3\,dr$

$\displaystyle = \int_0^1 t\,dt \int_0^1 r^3\,dr = \left[\frac{t^2}{2}\right]_0^1 \left[\frac{r^4}{4}\right]_0^1 = \frac{1}{8} \quad (t=\sin\theta,\ dt=\cos\theta\,d\theta).$

2. (1) $u = x+y,\ v = x-y$ とおく. これを x, y について解くと, $x = \dfrac{u+v}{2},\ y = \dfrac{u-v}{2}$,

$\dfrac{\partial(x,y)}{\partial(u,v)} = \begin{vmatrix} 1/2 & 1/2 \\ 1/2 & -1/2 \end{vmatrix} = -\dfrac{1}{2}, \quad \left|\dfrac{\partial(x,y)}{\partial(u,v)}\right| = \dfrac{1}{2}.$ $E = \{(u,v) \mid 0 \leq u \leq 2,\ 0 \leq v \leq 2\}$ とおくと

$\displaystyle\iint_D (x-y)e^{x+y}\,dxdy = \iint_E v e^u \frac{1}{2}\,dudv = \frac{1}{2}\int_0^2 e^u\,du \int_0^2 v\,dv = \frac{1}{2}[e^u]_0^2 \left[\frac{v^2}{2}\right]_0^2$

$\displaystyle = \frac{1}{2}(e^2-1)2 = e^2-1.$

(2) $u = 2x-y,\ v = x+2y$ とおく. これを x, y について解くと, $x = \dfrac{2u+v}{5},\ y = \dfrac{-u+2v}{5}$,

$\dfrac{\partial(x,y)}{\partial(u,v)} = \begin{vmatrix} 2/5 & 1/5 \\ -1/5 & 2/5 \end{vmatrix} = \dfrac{1}{5}, \quad \left|\dfrac{\partial(x,y)}{\partial(u,v)}\right| = \dfrac{1}{5}.$ $E = \{(u,v) \mid |u| \leq 1,\ |v| \leq 2\}$ とおくと

$\displaystyle\iint_D (2x-y)^2(x+2y)^2\,dxdy = \iint_E u^2 v^2 \frac{1}{5}\,dudv = \frac{1}{5}\int_{-1}^1 u^2\,du \int_{-2}^2 v^2\,dv$

$\displaystyle = \frac{1}{5}\left[\frac{u^3}{3}\right]_{-1}^1 \left[\frac{v^3}{3}\right]_{-2}^2 = \frac{1}{5}\cdot\frac{2}{3}\cdot\frac{16}{3} = \frac{32}{45}.$

(3) $x = ar\cos\theta$, $y = br\sin\theta$ とおく. $\dfrac{\partial(x,y)}{\partial(r,\theta)} = \begin{vmatrix} a\cos\theta & -br\sin\theta \\ b\sin\theta & br\cos\theta \end{vmatrix} = abr$ であるから

$$\iint_D x^2 dxdy = \int_0^{2\pi} d\theta \int_0^1 a^2 r^2 \cos^2\theta \, abr\, dr = a^3 b \int_0^{2\pi} \cos^2\theta\, d\theta \int_0^1 r^3 dr$$

$$= 4a^3 b \int_0^{\pi/2} \cos^2\theta\, d\theta \int_0^1 r^3 dr = 4a^3 b \frac{1}{2}\frac{\pi}{2}\left[\frac{r^4}{4}\right]_0^1$$

$$= \frac{a^3 b \pi}{4} \quad (\text{問題 3.2-6(2)}).$$

(4) $x^2 + 2xy + 2y^2 = (x+y)^2 + y^2$ であるから,$u = x+y$, $v = y$ とおくと,$x = u - v$, $y = v$ であるから,$\dfrac{\partial(x,y)}{\partial(u,v)} = \begin{vmatrix} 1 & -1 \\ 0 & 1 \end{vmatrix} = 1$. よって

$$\iint_D (x+y)^4 dxdy = \iint_E u^4 dudv \quad (E = \{(u,v)\,|\,u^2 + v^2 \leqq 1\}).$$

($u = r\cos\theta$, $v = r\sin\theta$ とおき,問題 3.2-6(2) を用いると)

$$= \int_0^{2\pi} \cos^4\theta\, d\theta \int_0^1 r^5 dr = 4\int_0^{\pi/2} \cos^4\theta\, d\theta \int_0^1 r^5 dr$$

$$= 4 \cdot \frac{3}{4 \cdot 2} \cdot \frac{\pi}{2}\left[\frac{r^6}{6}\right]_0^1 = \frac{\pi}{8}.$$

3. (1) $x^2 - 2xy + 10y^2 = (x-y)^2 + 9y^2$ と表される.$u = x - y$,$v = 3y$ とおくと $x = u + \dfrac{v}{3}$,$y = \dfrac{v}{3}$,$\dfrac{\partial(x,y)}{\partial(u,v)} = \dfrac{1}{3}$ である.$E = \{(u,v)\,|\,u^2 + v^2 \leqq a^2\}$ とおくと,E は半径 a の円であるから,$S(D) = \iint_D dxdy = \dfrac{1}{3}\iint_E dudv = \dfrac{\pi a^2}{3}$.

(2) $x^2 - 2x + 4y^2 + 8y - 4 = (x-1)^2 + 4(y+1)^2 - 9$ と表される.$u = x - 1$,$v = 2y + 2$ とおくと $x = u + 1$,$y = \dfrac{v}{2} - 1$,$\dfrac{\partial(x,y)}{\partial(u,v)} = \dfrac{1}{2}$ である.$E = \{(u,v)\,|\,u^2 + v^2 \leqq 3^2\}$ とおくと,E は半径 3 の円であるから,$S(D) = \iint_D dxdy = \dfrac{1}{2}\iint_E dudv = \dfrac{9\pi}{2}$.

4. 3 次元の極座標 $x = r\sin\theta\cos\varphi$,$y = r\sin\theta\sin\varphi$,$z = r\cos\theta$ を用いると,$dxdydz = r^2 \sin\theta\, drd\theta d\varphi$.

(1) $W = \left\{(r,\theta,\varphi)\,\middle|\,0 \leqq r \leqq a,\ 0 \leqq \theta \leqq \dfrac{\pi}{2},\ 0 \leqq \varphi \leqq \dfrac{\pi}{2}\right\}$ とおくと

$$\iiint_V y\, dxdydz = \iiint_W r\sin\theta\sin\varphi \cdot r^2\sin\theta\, drd\theta d\varphi$$

$$= \int_0^a r^3 dr \int_0^{\pi/2} \sin^2\theta\, d\theta \int_0^{\pi/2} \sin\varphi\, d\varphi = \frac{a^4}{4}\frac{\pi}{4}1 = \frac{\pi a^4}{16} \quad (\text{問題 3.2-6(1)}).$$

(2) $W = \{(r,\theta,\varphi)\,|\,0 \leqq r \leqq a,\ 0 \leqq \theta \leqq \pi,\ 0 \leqq \varphi < 2\pi\}$ とおくと

$$\iiint_V (x^2 + y^2 + z^2)\, dxdydz = \iiint_W r^2 \cdot r^2 \sin\theta\, drd\theta d\varphi$$

$$= \int_0^a r^4 dr \int_0^\pi \sin\theta\, d\theta \int_0^{2\pi} d\varphi = \left[\frac{r^5}{5}\right]_0^a \bigl[-\cos\theta\bigr]_0^\pi \bigl[\varphi\bigr]_0^{2\pi} = \frac{4\pi a^5}{5}.$$

(3) $W = \left\{(r,\theta,\varphi)\,\middle|\,0 \leqq r \leqq a,\ 0 \leqq \theta \leqq \dfrac{\pi}{2},\ -\dfrac{\pi}{2} \leqq \varphi \leqq \dfrac{\pi}{2}\right\}$ とおくと

$$\iiint_V xy^2z\,dxdydz = \iiint_W (r\sin\theta\cos\varphi)(r\sin\theta\sin\varphi)^2(r\cos\theta)\,r^2\sin\theta\,drd\theta d\varphi$$
$$= \int_0^a r^6 dr \int_0^{\pi/2} \sin^4\theta\cos\theta\,d\theta \int_{-\pi/2}^{\pi/2} \sin^2\varphi\cos\varphi\,d\varphi$$
$$= \left[\frac{r^7}{7}\right]_0^a \left[\frac{\sin^5\theta}{5}\right]_0^{\pi/2} \left[\frac{\sin^3\varphi}{3}\right]_{-\pi/2}^{\pi/2} = \frac{a^7}{7}\cdot\frac{1}{5}\cdot\frac{2}{3} = \frac{2}{105}a^7.$$

5. (1) $u=x$, $v=y$, $w=z-1$ とおくと，平面はそれぞれ $u+2v+3w=6$, $u=0$, $v=0$, $w=0$. W をこれらの平面で囲まれた図形とすると，$\dfrac{\partial(x,y,z)}{\partial(u,v,w)}=1$ で
$$v(V) = \iiint_V dxdydz = \iiint_W dudvdw.$$
例題 5.11 で $a=6$, $b=3$, $c=2$ としたものだから $v(V)=v(W)=6$.

(2) $u=3x+y$, $v=y+2z$, $w=2z+3x$ とおく．連立 1 次方程式を解くと
$$x = \frac{u-v+w}{6}, \quad y = \frac{u+v-w}{2}, \quad z = \frac{-u+v+w}{4}.$$
$W=\{(u,v,w)\,|\,0\le u\le 1,\ 0\le v\le 1,\ 0\le w\le 1\}$ とおく．$\dfrac{\partial(x,y,z)}{\partial(u,v,w)}=\dfrac{1}{12}$ より
$$v(V) = \iiint_W \left|\frac{\partial(x,y,z)}{\partial(u,v,w)}\right| dudvdw = \frac{1}{12}\int_0^1 du \int_0^1 dv \int_0^1 dw = \frac{1}{12}.$$

(3) $v(V) = \iiint_W \left|\dfrac{\partial(x,y,z)}{\partial(u,v,w)}\right| dudvdw = abc\iiint_W dudvdw = \dfrac{4\pi abc}{3}$ (例題 5.9)
$(x=au,\ y=bv,\ z=cw,\ W=\{(u,v,w)\,|\,u^2+v^2+w^2\le 1\}).$

(4) $v(V) = \iiint_W 27u^2v^2w^2\,dudvdw$
$$\begin{pmatrix} u=x^{1/3},\ v=y^{1/3},\ w=z^{1/3},\ \dfrac{\partial(x,y,z)}{\partial(u,v,w)}=27u^2v^2w^2, \\ W=\{(u,v,w)\,|\,u^2+v^2+w^2\le a^{2/3}\} \end{pmatrix}$$
$$= 27\iiint_E (r^2\sin^2\theta\cos^2\varphi)(r^2\sin^2\theta\sin^2\varphi)(r^2\cos^2\theta)\,r^2\sin\theta\,drd\theta d\varphi$$
$$\begin{pmatrix} u=r\sin\theta\cos\varphi,\ v=r\sin\theta\sin\varphi,\ w=r\cos\theta, \\ dudvdw=r^2\sin\theta\,drd\theta d\varphi, \\ E=\{(r,\theta,\varphi)\,|\,0\le r\le a^{1/3},\ 0\le\theta\le\pi,\ 0\le\varphi<2\pi\} \end{pmatrix}$$
$$= 27\int_0^{a^{1/3}} r^8 dr \int_0^\pi \sin^5\theta\cos^2\theta\,d\theta \int_0^{2\pi}\sin^2\varphi\cos^2\varphi\,d\varphi.$$

問題 3.2-6(1) より
$$\int_0^\pi \sin^5\theta\cos^2\theta\,d\theta = 2\int_0^{\pi/2}\sin^5\theta(1-\sin^2\theta)\,d\theta = 2\left(\frac{4\cdot 2}{5\cdot 3} - \frac{6\cdot 4\cdot 2}{7\cdot 5\cdot 3}\right) = \frac{16}{105},$$
$$\int_0^{2\pi}\sin^2\varphi\cos^2\varphi\,d\varphi = 4\int_0^{\pi/2}(\sin^2\varphi - \sin^5\varphi)\,d\varphi = 4\left(\frac{\pi}{4} - \frac{3}{4\cdot 2}\frac{\pi}{2}\right) = \frac{\pi}{4}.$$
よって，$v(V) = 27\dfrac{a^3}{9}\dfrac{16}{105}\dfrac{\pi}{4} = \dfrac{4}{35}\pi a^3.$

5.2 重積分の変数変換と図形の面積,体積　　　　　　　　　　　　　　　　　　　　　151

(5) $\quad v(V) = \iiint_V dxdydz = \iint_D dxdy \int_{x^2+y^2}^{2x} dz \quad (D=\{(x,y)\,|\,x^2+y^2 \leqq 2x\})$

$\qquad = \iint_D (2x - (x^2+y^2))\,dxdy = \iint_E (2r\cos\theta - r^2)r\,drd\theta$

$\qquad \left(x = r\cos\theta,\ y = r\sin\theta,\ E = \left\{(r,\theta)\,\Big|\, 0 \leqq r \leqq 2\cos\theta,\ -\dfrac{\pi}{2} \leqq \theta \leqq \dfrac{\pi}{2}\right\}\right)$

$\qquad = \int_{-\pi/2}^{\pi/2} d\theta \int_0^{2\cos\theta} (2r^2\cos\theta - r^3)\,dr = \int_{-\pi/2}^{\pi/2}\left[\dfrac{2}{3}r^3\cos\theta - \dfrac{r^4}{4}\right]_{r=0}^{r=2\cos\theta} d\theta$

$\qquad = \int_{-\pi/2}^{\pi/2} \dfrac{4}{3}\cos^4\theta\,d\theta = \dfrac{8}{3}\int_0^{\pi/2}\cos^4\theta\,d\theta = \dfrac{8}{3}\cdot\dfrac{3\cdot 1}{4\cdot 2}\cdot\dfrac{\pi}{2} = \dfrac{\pi}{2}$ (問題 3.2-6(2)).

(6) $x = r\sin\theta\cos\varphi,\ y = r\sin\theta\sin\varphi,\ z = r\cos\theta$ と極座標表示すると,与えられた式は $r^4 = r\cos\theta$ となる.求める図形 V は極座標で表すと $W = \{(r,\theta,\varphi)\,|\,0 \leqq r^3 \leqq \cos\theta\}$ で

$\qquad v(V) = \iiint_W r^2\sin\theta\,drd\theta d\varphi = \int_0^{2\pi} d\varphi \int_0^{\pi/2} d\theta \int_0^{(\cos\theta)^{1/3}} r^2\sin\theta\,dr$

$\qquad = 2\pi \int_0^{\pi/2}\left[\dfrac{r^3}{3}\sin\theta\right]_{r=0}^{r=(\cos\theta)^{1/3}} d\theta = \dfrac{2\pi}{3}\int_0^{\pi/2}\sin\theta\cos\theta\,d\theta = \dfrac{2\pi}{3}\left[\dfrac{\sin^2\theta}{2}\right]_0^{\pi/2} = \dfrac{\pi}{3}.$

(7) 求める図形の $x \geqq 0,\ y \geqq 0,\ z \geqq 0$ の部分を V' とすると,V の体積は V' の体積の 8 倍である.$D' = \{(x,y)\,|\,x^2+y^2 \leqq a^2,\ 0 \leqq x, y\}$ とおくと $V' = \{(x,y,z)\,|\,0 \leqq z \leqq \sqrt{a^2-y^2},\ (x,y) \in D'\}$.よって

$\qquad v(V) = 8v(V') = 8\iiint_{V'} dxdydz = 8\iint_{D'} dxdy \int_0^{\sqrt{a^2-y^2}} dz = 8\iint_{D'} \sqrt{a^2-y^2}\,dxdy$

$\qquad = 8\int_0^a dy \int_0^{\sqrt{a^2-y^2}} \sqrt{a^2-y^2}\,dx = 8\int_0^a (a^2-y^2)\,dy = \left[a^2 y - \dfrac{y^3}{3}\right]_0^a = \dfrac{16a^3}{3}.$

6. (1) 平面 $x = a$ で切り取られた図形は半径が $\sin a$ の円であるから,回転体の体積は例題 5.14(2) により

$\qquad v(V) = \pi \int_0^\pi \sin^2 x\,dx = 2\pi \int_0^{\pi/2}\sin^2 x\,dx = 2\pi \cdot \dfrac{1}{2}\cdot\dfrac{\pi}{2} = \dfrac{\pi^2}{2}$ (問題 3.2-6(1)).

(2) 平面 $x = x_0$ で切り取られた図形は,半径が $b + \sqrt{a^2-x_0^2}$ の円と半径が $b - \sqrt{a^2-x_0^2}$ の円に囲まれた部分だから,回転体の体積は例題 5.14(2) により

$\qquad v(V) = \pi\int_{-a}^a \left\{(b+\sqrt{a^2-x_0^2})^2 - (b-\sqrt{a^2-x_0^2})^2\right\} dx$

$\qquad = \pi\int_{-a}^a 4b\sqrt{a^2-x^2}\,dx = 8b\pi\int_0^a \sqrt{a^2-x^2}\,dx$

$\qquad = 8b\pi\left[\dfrac{1}{2}\left(x\sqrt{a^2-x^2} + a^2\mathrm{Sin}^{-1}\dfrac{x}{a}\right)\right]_0^a = 2a^2 b\pi^2.$

(3) 平面 $z = a$ で切った切り口がカーディオイドの内部 $r \leqq a(1+\cos\theta)$ であるから,$z = a$ で切った切り口の面積 $S(a)$ は例題 3.17(2) により,$S(a) = \dfrac{3}{2}\pi a^2$.よって,カバリエリの原理 (例題 5.14(1)) を用いると

$\qquad v(V) = \int_0^1 S(z)\,dz = \int_0^1 \dfrac{3}{2}\pi z^2\,dz = \dfrac{3}{2}\pi\left[\dfrac{z^3}{3}\right]_0^1 = \dfrac{\pi}{2}.$

5.3 線積分，領域の面積，曲面積

---要約---------------------------------線積分と曲面積---

5.3.1 (有向曲線) t の閉区間 $I = [a,b]$ で定義された連続曲線 $C : x = \varphi(t), y = \psi(t)$ に対して，始点 $\mathrm{P}(\varphi(a), \psi(a))$ と終点 $\mathrm{Q}(\varphi(b), \psi(b))$ を定め，C の向きを P から Q に (パラメータ t は a から b へと動く) 方向を定めたものを有向曲線という．曲線 C の向きを逆にして，始点は $\mathrm{Q}(\varphi(b), \psi(b))$，終点は $\mathrm{P}(\varphi(a), \psi(a))$ とすると，パラメータ t は逆に b から a に動く．2 つの曲線は有向曲線としては異なる曲線である．C と方向のみが逆の曲線を $-C$ と表す．

5.3.2 (線積分) 有向曲線 $C : x = \varphi(t),\ y = \psi(t)$ (向き $t : a \to b$) と C 上の連続関数 $f(x, y)$ に対して，次のように定義する．

$$\int_C f(x,y)\,dx = \int_a^b f(\varphi(t), \psi(t))\varphi'(t)\,dt,$$
$$\int_C f(x,y)\,dy = \int_a^b f(\varphi(t), \psi(t))\psi'(t)\,dt.$$

5.3.3 (領域の境界の向き) 2 次元の有界閉領域 D の境界に，D の内部が進行方向の左になるように向きをつけた有向曲線を ∂D と表す．

5.3.4 (グリーンの定理) $P(x,y), Q(x,y)$ が有界閉領域 D で C^1 級関数のとき

$$\int_{\partial D} P(x,y)\,dx + Q(x,y)\,dy = \iint_D \left(\frac{\partial Q(x,y)}{\partial x} - \frac{\partial P(x,y)}{\partial y} \right) dxdy.$$

5.3.5 (曲面積) D を xy 平面の有界閉領域とし，$K : z = f(x,y)\,((x,y) \in D)$ を空間内の曲面とする．D を含む長方形領域 $\tilde{D}$ の長方形分割を Δ とする．Δ'_{ij} を Δ を分割した小長方形とし $\Delta_{ij} = D \cap \Delta'_{ij}$ とおく．Δ_{ij} 上の任意の点 Q をとり，xy 平面への射影が点 Q となる曲面 K 上の点 P をとる．点 P における K の接平面を π とする．xy 平面への射影が Δ_{ij} に含まれる π の点全体を $\tilde{\Delta}_{ij}$ とし，$\tilde{\Delta}_{ij}$ の面積の和 $S(\Delta_{ij})$ の極限が $|\Delta| \to 0$ のとき収束するならば，この値を $S(K)$ と表し，曲面 K の曲面積 (面積，表面積) という．

5.3.6 (曲面積の計算) 関数 $f(x,y)$ が C^1 級で，平面の領域 D が面積をもつならば，曲面 $K : z = f(x,y)\ ((x,y) \in D)$ は面積をもち

$$S(K) = \iint_D \sqrt{1 + f_x(x,y)^2 + f_y(x,y)^2}\,dxdy.$$

5.3.7 (回転体の表面積) C^1 級の曲線 $y = f(x)\ (a \leqq x \leqq b)$ を x 軸のまわりに回転させてできる曲面 K の表面積は

$$S(K) = 2\pi \int_a^b |f(x)| \sqrt{1 + f'(x)^2}\,dx.$$

5.3 線積分，領域の面積，曲面積

例題 5.15 ─────────────────────────── 線積分

次の線積分の値を求めよ．

$$\int_C xy\,dx + x^3 dy, \quad C: 始点 \mathrm{P}(0,1), 終点 \mathrm{Q}(2,5) を結んだ線分.$$

[考え方] この場合はパラメータとして x をとる．

[解答] パラメータ t として x をとる．点 P, Q を結ぶ直線は $y=2x+1$, $x:0 \to 2$ と表される．$y=2x+1$ とおくと $dy=2\,dx$. よって

$$\int_C xy\,dx = \int_0^2 2x^2\,dx = \left[\frac{2}{3}x^3\right]_0^2 = \frac{16}{3},$$

$$\int_C x^3\,dy = 2\int_0^2 x^3\,dx = 2\left[\frac{x^4}{4}\right]_0^2 = 8.$$

したがって

$$\int_C xy\,dx + x^3 dy = \frac{16}{3} + 8 = \frac{40}{3}.$$ ∎

例題 5.16 ─────────────────────────── グリーンの定理

グリーンの定理を用いて，次の積分を計算せよ．

$$\int_C x^2 y^3 dx, \quad C: 単位円の円周に左回りの向きをつけた有向曲線.$$

[考え方] 直接に線積分としても計算できる．この場合その方が早いが，ここではグリーンの定理を用いて計算する．グリーンの定理は，線積分と領域での重積分の関係を与える．すなわち，$P(x,y), Q(x,y)$ が有界閉領域 D で C^1 級関数のとき

$$\int_{\partial D} P(x,y)\,dx + Q(x,y)\,dy = \iint_D \left(\frac{\partial Q(x,y)}{\partial x} - \frac{\partial P(x,y)}{\partial y}\right) dxdy.$$

[解答] D を単位円周 $D = \{(x,y) \mid x^2+y^2 \leq 1\}$ とすると $\partial D = C$ である．$P = x^2 y^3$, $Q = 0$ ととると，グリーンの定理により

$$\int_C x^2 y^3 dx = -\iint_D 3x^2 y^2 dxdy = -3\iint_E (r^2\cos^2\theta)(r^2\sin^2\theta) r\,drd\theta$$
$$(E = \{(r,\theta) \mid 0 \leq r \leq 1,\ 0 \leq \theta \leq 2\pi\})$$

$$= -3\int_0^1 r^5 dr \int_0^{2\pi} \cos^2\theta \sin^2\theta\,d\theta = -\frac{3}{6}\int_0^{2\pi}(1-\sin^2\theta)\sin^2\theta\,d\theta$$

$$= -\frac{4}{2}\left(\int_0^{\pi/2}\sin^2\theta\,d\theta - \int_0^{\pi/2}\sin^4\theta\,d\theta\right) = -2\left(\frac{1}{2} - \frac{3}{4\cdot 2}\right)\frac{\pi}{2}$$

$$= -\frac{\pi}{8} \quad (問題 3.2\text{-}6(1)).$$ ∎

例題 5.17 ──────────────────── グリーンの定理と領域の面積

領域 D の面積 $S(D)$ は次のように表されることを示せ.
$$S(D) = \int_{\partial D} x\,dy = -\int_{\partial D} y\,dx = \frac{1}{2}\int_{\partial D} x\,dy - y\,dx.$$

[考え方] グリーンの定理を用いて, 領域の面積の計算を線積分に帰着して計算する.

[解答] $P=0$, $Q=x$ ととると, グリーンの定理により
$$\int_{\partial D} x\,dy = \iint_D \frac{\partial x}{\partial x}\,dxdy = \iint_D dxdy = S(D).$$
同様に, $P=-y$, $Q=0$ ととると
$$-\int_{\partial D} y\,dx = -\iint_D \frac{\partial (-y)}{\partial y}\,dxdy = \iint_D dxdy = S(D).$$
この 2 つの式の平均をとって $S(D) = \dfrac{1}{2}\int_{\partial D} x\,dy - y\,dx$. ■

例題 5.18 ──────────────────── 線積分とグリーンの定理

関数 $P(x,y), Q(x,y)$ が全平面で C^1 級のとき, $P_y(x,y) = Q_x(x,y)$ ならば
$$P(x,y)\,dx + Q(x,y)\,dy$$
を点 A から点 B へ連続曲線に沿って積分したものは, A から B を結ぶ曲線の取り方によらないことを示せ.

[考え方] 点 A と点 B を結ぶ 2 本の曲線を考え, 囲まれた領域にグリーンの定理を用いる.

[解答] 点 A と点 B を結ぶ 2 つの曲線を C_1, C_2 とする. 曲線 C_1 と C_2 が交われば, そこで区切ることにより, C_1 と C_2 は点 A と点 B 以外では共通点をもたないとしても構わない. 点 A から点 B へ C_1 で行って, 点 B から点 A へ C_2 で戻る曲線を $\tilde{C}$ とする. $\tilde{C}$ で囲まれた領域を D とする. 必要があれば, C_1 と C_2 を取り替えることにより $\partial D = \tilde{C} = C_1 \cup (-C_2)$ としてよい. 仮定とグリーンの定理を用いると
$$\int_{\partial D} P(x,y)\,dx + Q(x,y)\,dy = \iint_D (Q_x(x,y) - P_y(x,y))\,dxdy = 0$$
である. $\partial D = \tilde{C} = C_1 \cup (-C_2)$ であるから
$$0 = \int_{\partial D} P(x,y)\,dx + Q(x,y)\,dy = \left\{\int_{C_1} - \int_{C_2}\right\}(P(x,y)\,dx + Q(x,y)\,dy).$$
よって
$$\int_{C_1} P(x,y)\,dx + Q(x,y)\,dy = \int_{C_2} P(x,y)\,dx + Q(x,y)\,dy.$$
■

5.3 線積分，領域の面積，曲面積

例題 5.19 ──────────────── 曲面積

円柱 $y^2+z^2=a^2$ の円柱 $x^2+y^2=a^2$ の内部にある部分の曲面積を求めよ $(a>0)$.

考え方 $z=f(x,y)$ の曲面積は $S=\iint_D \sqrt{1+z_x^2+z_y^2}\,dxdy$ （要約 5.3.6）.

解答 定義に従って計算する．$y^2+z^2=a^2$ を z に関して解くと $z=\pm\sqrt{a^2-y^2}$ である．与えられた曲面を K とし，K のうち $x\geq 0$, $y\geq 0$, $z\geq 0$ の部分を K' とすると，K の曲面積は K' の曲面積の 8 倍である．K' を xy 平面に射影した領域を D' とすると $D'=\{(x,y)\,|\,x^2+y^2\leq a^2,\ x\geq 0,\ y\geq 0\}$.

$$\begin{aligned}
S(K)&=8\iint_{D'}\sqrt{1+z_x^2+z_y^2}\,dxdy\\
&=8\iint_{D'}\sqrt{1+\left(\frac{y}{\sqrt{a^2-y^2}}\right)^2}\,dxdy\\
&=8a\iint_{D'}\frac{1}{\sqrt{a^2-y^2}}\,dxdy\\
&=8a\int_0^a dy\int_0^{\sqrt{a^2-y^2}}\frac{1}{\sqrt{a^2-y^2}}\,dx\\
&=8a\int_0^a\left[\frac{x}{\sqrt{a^2-y^2}}\right]_{x=0}^{x=\sqrt{a^2-y^2}}dy\\
&=8a\int_0^a dy=8a^2.
\end{aligned}$$

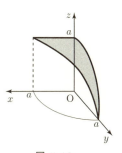

図 5.12

例題 5.20 ──────────────── 回転体の表面積

曲線 $y=\sin x$ $(0\leq x\leq 2\pi)$ を x 軸のまわりに回転した図形の表面積を求めよ．

考え方 $y=f(x)$ $(a\leq x\leq b)$ を x 軸のまわりに回転させてできる曲面の表面積は $S=2\pi\int_a^b |f(x)|\sqrt{1+f'(x)^2}\,dx$ （要約 5.3.7）.

解答 $\sin x$ の周期性より $S=8\pi\int_0^{\pi/2}\sin x\sqrt{1+\cos^2 x}\,dx$. この積分を計算する．

$$\begin{aligned}
S&=8\pi\int_0^{\pi/2}\sin x\sqrt{1+\cos^2 x}\,dx\\
&=-8\pi\int_1^0\sqrt{1+t^2}\,dt \quad (t=\cos x,\ dt=-\sin x\,dx)\\
&=8\pi\int_0^1\sqrt{1+t^2}\,dt=4\pi\left[t\sqrt{1+t^2}+\log(t+\sqrt{1+t^2})\right]_0^1\\
&=4\pi\{\sqrt{2}+\log(1+\sqrt{2})\}.
\end{aligned}$$

問題 5.3

1. 次の線積分を計算せよ．

   (1) $\displaystyle\int_C x^3 dx + x^2 y\,dy$, $C:(0,0)$ から $(2,4)$ を直線で結ぶ有向曲線.

   (2) $\displaystyle\int_C x^3 dx + x^2 y\,dy$, $C:(0,0)$ から $(2,4)$ を $y=x^2$ に沿って結ぶ有向曲線.

   (3) $\displaystyle\int_C 3xy\,dx + x^2 dy$, $C:(x,y)=(\cos\theta,\sin\theta),\ \theta:0\to\dfrac{\pi}{2}$.

2. 次の線積分をグリーンの定理を用いて，重積分に帰着して計算せよ (C は単位円の円周に時計の逆回りに一周した曲線).

   (1) $\displaystyle\int_C (e^x + y)\,dx + (x^3 + y^4)\,dy$.

   (2) $\displaystyle\int_C (y^3 - y)\,dx + (3xy^2 - x)\,dy$.

3. 次の領域 D の面積 $S(D)$ を例題 5.17 を用いて，線積分を使って計算せよ．

   (1) アステロイド $x = a\cos^3\theta,\ y = a\sin^3\theta\ (a>0)$ で囲まれた領域 D.

   (2) カーディオイド $r = a(1+\cos\theta)\ (a>0)$ で囲まれた領域 D.

   (3) 曲線 $x = \cos\theta,\ y = \sin^5\theta\ (0 \leq \theta \leq 2\pi)$ で囲まれた領域 D.

4. 次の線積分は両端の点 (始点 A と終点 B) のみで決まり，積分の経路にはよらないことを示せ．

   (1) $\displaystyle\int_A^B 2x\sin y\,dx + x^2\cos y\,dy$.   (2) $\displaystyle\int_A^B (1+xy)e^{xy}dx + x^2 e^{xy}dy$.

5. 次の図形の曲面積を求めよ $(a>0)$.

   (1) 曲面 $z = x^2 + y^2$ の平面 $z = a$ より下の部分.

   (2) 曲面 $z = xy$ の円柱 $x^2 + y^2 = a^2$ の内部にある部分.

   (3) 円柱 $y^2 + z^2 = a^2$ の球 $x^2 + y^2 + z^2 = 2a^2$ の内部にある部分.

   (4) 球 $x^2 + y^2 + z^2 = 2a^2$ の円柱 $x^2 + y^2 = a^2$ の内部にある部分.

   (5) 球面 $x^2 + y^2 + z^2 = 4$ の回転放物面 $x^2 + y^2 = 2z + 1$ より上の部分.

6. 次の回転体の表面積 (曲面積) を求めよ $(a>0)$.

   (1) カテナリー $y = \dfrac{a}{2}(e^{x/a} + e^{-x/a})\ (-a \leq x \leq a)$ を x 軸のまわりに回転.

   (2) アステロイド $x^{2/3} + y^{2/3} = a^{2/3}$ を x 軸のまわりに回転.

   (3) 円 $x^2 + (y-b)^2 = a^2\ (a<b)$ を x 軸のまわりに回転.

5.3 線積分，領域の面積，曲面積

略解 5.3
---

1. (1) C は $y=2x$, $x:0\to 2$. パラメータとして x をとると $y=2x$, $dy=2\,dx$ であるから
$$\int_C x^3\,dx+x^2y\,dy=\int_0^2 x^3\,dx+x^2(2x)2\,dx=\int_0^2 5x^3\,dx=\left[\frac{5}{4}x^4\right]_0^2=20.$$

(2) C は $y=x^2$, $x:0\to 2$. パラメータとして x をとると $y=x^2$, $dy=2x\,dx$ であるから
$$\int_C x^3\,dx+x^2y\,dy=\int_0^2 x^3\,dx+x^2(x^2)(2x)\,dx=\int_0^2(x^3+2x^5)\,dx=\left[\frac{x^4}{4}+\frac{x^6}{3}\right]_0^2=\frac{76}{3}.$$

(3) パラメータとして θ をとる. $dx=-\sin\theta\,d\theta$, $dy=\cos\theta\,d\theta$ であるから
$$\int_C 3xy\,dx+x^2\,dy=\int_0^{\pi/2}(-3\cos\theta\sin^2\theta+\cos^2\theta\cos\theta)\,d\theta$$
$$=\int_0^{\pi/2}(-3\sin^2\theta+1-\sin^2\theta)\cos\theta\,d\theta$$
$$=\int_0^{\pi/2}(1-4t^2)\,dt\quad(t=\sin\theta)$$
$$=\left[t-\frac{4}{3}t^3\right]_0^1=-\frac{1}{3}.$$

2. $D=\{(x,y)\mid x^2+y^2\leq 1\}$ とする.

(1) $\displaystyle\int_C(e^x+y)\,dx+(x^3+y^4)\,dy=\iint_D\left(\frac{\partial(x^3+y^4)}{\partial x}-\frac{\partial(e^x+y)}{\partial y}\right)dxdy$
$$=\iint_D(3x^2-1)\,dxdy$$
$$=\int_0^{2\pi}d\theta\int_0^1(3r^2\cos^2\theta-1)r\,dr\quad(x=r\cos\theta,\ y=r\sin\theta)$$
$$=\int_0^{2\pi}\left[\frac{3}{4}r^4\cos^2\theta-\frac{r^2}{2}\right]_{r=0}^{r=1}d\theta=\int_0^{2\pi}\left(\frac{3}{4}\cos^2\theta-\frac{1}{2}\right)d\theta$$
$$=\int_0^{\pi/2}3\cos^2\theta\,d\theta-\int_0^{2\pi}\frac{1}{2}\,d\theta=3\frac{1}{2}\frac{\pi}{2}-\frac{2\pi}{2}=-\frac{\pi}{4}\quad(\text{問題 3.2-6(2)}).$$

(2) $\displaystyle\int_C(y^3-y)\,dx+(3xy^2-x)\,dy=\iint_D\left(\frac{\partial(3xy^2-x)}{\partial x}-\frac{\partial(y^3-y)}{\partial y}\right)dxdy$
$$=\iint_D(3y^2-1-3y^2+1)\,dxdy=0.$$

3. 計算には問題 3.2-6(1),(2) を用いる.

(1) $\displaystyle S(D)=\int_{\partial D}x\,dy=\int_0^{2\pi}a(\cos^3\theta)(3a)(\sin^2\theta)(\cos\theta)\,d\theta=3a^2\int_0^{2\pi}\cos^4\theta\sin^2\theta\,d\theta$
$$=12a^2\int_0^{\pi/2}\cos^4\theta\sin^2\theta\,d\theta=12a^2\int_0^{\pi/2}(\cos^4\theta-\cos^6\theta)\,d\theta$$
$$=12a^2\left(\frac{3}{4\cdot 2}\frac{\pi}{2}-\frac{5\cdot 3}{6\cdot 4\cdot 2}\frac{\pi}{2}\right)=\frac{3\pi a^2}{8}.$$

(2) $x=r\cos\theta=a(1+\cos\theta)\cos\theta$, $y=r\sin\theta=a(1+\cos\theta)\sin\theta$, $dy=a(\cos\theta-\sin^2\theta+\cos^2\theta)\,d\theta$ であるから
$$S(D)=\int_{\partial D}x\,dy=a^2\int_0^{2\pi}(1+\cos\theta)\cos\theta(\cos\theta-\sin^2\theta+\cos^2\theta)\,d\theta$$

$$=a^2\left(\int_0^{2\pi}(\cos^4\theta+2\cos^3\theta-\cos^2\theta\sin^2\theta-\cos\theta\sin^2\theta+\cos^2\theta)\,d\theta\right)$$

$$=a^2\left(\frac{3\pi}{4}+0-\frac{\pi}{4}+0+\pi\right)=\frac{3\pi a^2}{2}.$$

(3) $\displaystyle S(D)=-\int_{\partial D}y\,dx=-\int_0^{2\pi}\sin^5\theta(-\sin\theta)\,d\theta=\int_0^{2\pi}\sin^6\theta\,d\theta$

$\displaystyle =4\int_0^{\pi/2}\sin^6\theta\,d\theta=\frac{5\pi}{8}.$

4. 例題 5.18 により,$P_y(x,y)=Q_x(x,y)$ が全平面で成り立つことを示せばよい.

(1) $P(x,y)=2x\sin y$, $Q(x,y)=x^2\cos y$ とおく.$P_y(x,y)=2x\cos y=Q_x(x,y)$ であるから,線積分は積分の経路によらない.

(2) $P(x,y)=(1+xy)e^{xy}$, $Q(x,y)=x^2e^{xy}$ とおく.$P_y(x,y)=xe^{xy}+(1+xy)xe^{xy}$
$=(2x+x^2y)e^{xy}$, $Q_x=2xe^{xy}+x^2ye^{xy}=(2x+x^2y)e^{xy}$ であるから $P_y=Q_x$ となり,線積分は積分の経路によらない.

5. 求める曲面積を S とする.

(1) $D=\{(x,y)\,|\,x^2+y^2\leq a\}$ とする.$z_x=2x$, $z_y=2y$ であるから

$$S=\iint_D\sqrt{1+4x^2+4y^2}\,dxdy=\iint_E\sqrt{1+4r^2}\,r\,drd\theta$$

$$=\int_0^{2\pi}d\theta\int_0^a\sqrt{1+4t}\,\frac{dt}{2}=2\pi\left[\frac{1}{12}(1+4t)^{3/2}\right]_0^{\sqrt{a}}=\frac{\pi}{6}((1+4a)^{3/2}-1)$$

$(x=r\cos\theta,\ y=r\sin\theta,\ E=\{(r,\theta)\,|\,0\leq r\leq a,\ 0\leq\theta\leq 2\pi\};\ t=r^2,\ dt=2r\,dr).$

(2) $D=\{(x,y)\,|\,x^2+y^2\leq a^2\}$ とする.$z_x=y$, $z_y=x$ であるから

$$S=\iint_D\sqrt{1+x^2+y^2}\,dxdy=\iint_E\sqrt{1+r^2}\,r\,drd\theta=\int_0^{2\pi}d\theta\int_0^a\sqrt{1+r^2}\,r\,dr$$

$$=2\pi\left[\frac{1}{3}(1+r^2)^{3/2}\right]_0^a=\frac{2}{3}\pi((1+a^2)^{3/2}-1)$$

$(x=r\cos\theta,\ y=r\sin\theta,\ E=\{(r,\theta)\,|\,0\leq r\leq a,\ 0\leq\theta\leq 2\pi\}).$

(3) $y^2+z^2=a^2$ と $x^2+y^2+z^2=2a^2$ を連立させると $x^2=a^2$ である.よって,円柱の球の内部の xy 平面への射影は $D=\{(x,y)\,|\,|x|\leq a,\ |y|\leq a\}$.$y^2+z^2=a^2$ の両辺を x,y で偏微分すると,$z_x=0$, $z_y=-\dfrac{y}{z}$ であるから

$$S=2\iint_D\sqrt{1+\left(\frac{y}{z}\right)^2}\,dxdy=2\iint_D\frac{\sqrt{y^2+z^2}}{|z|}\,dxdy=2\iint_D\frac{a}{\sqrt{a^2-y^2}}\,dxdy$$

$$=2\int_{-a}^a dx\int_{-a}^a\frac{a}{\sqrt{a^2-y^2}}\,dy=8a^2\left[\mathrm{Sin}^{-1}\frac{y}{a}\right]_0^a=4\pi a^2.$$

(4) $D=\{(x,y)\,|\,x^2+y^2\leq a^2\}$ とする.$x^2+y^2+z^2=2a^2$ の両辺を x,y で偏微分すると,$z_x=-\dfrac{x}{z}$, $z_y=-\dfrac{y}{z}$ であるから

$$S=\iint_D\sqrt{1+\left(\frac{x}{z}\right)^2+\left(\frac{y}{z}\right)^2}\,dxdy=\iint_D\frac{\sqrt{2a^2}}{|z|}\,dxdy$$

5.3 線積分，領域の面積，曲面積

$$\begin{aligned}&=\sqrt{2}a\iint_D\frac{1}{\sqrt{2a^2-x^2-y^2}}\,dxdy=\sqrt{2}a\int_0^{2\pi}d\theta\int_0^a\frac{1}{\sqrt{2a^2-r^2}}r\,dr\\ &=\sqrt{2}a(2\pi)\bigl[-\sqrt{2a^2-r^2}\,\bigr]_0^a=\sqrt{2}a(2\pi)(\sqrt{2}-1)a=(4-2\sqrt{2})\pi a^2.\end{aligned}$$

(5) $x^2+y^2+z^2=4$ と $x^2+y^2=2z+1$ を連立させると $z=1$ である．よって，球面の xy 平面への射影は $D=\{(x,y)\,|\,x^2+y^2\leqq 3\}$．(4) と同様にして

$$\begin{aligned}S&=\iint_D\sqrt{1+\left(\frac{x}{z}\right)^2+\left(\frac{y}{z}\right)^2}\,dxdy=\iint_D\frac{2}{|z|}\,dxdy=2\iint_D\frac{1}{\sqrt{4-x^2-y^2}}\,dxdy\\ &=2\int_0^{2\pi}d\theta\int_0^{\sqrt{3}}\frac{1}{\sqrt{4-r^2}}r\,dr=2(2\pi)\bigl[-\sqrt{4-r^2}\,\bigr]_0^{\sqrt{3}}=4\pi.\end{aligned}$$

6. 要約 5.3.7 を用いる．回転体を K とする．

(1) $f'(x)=\dfrac{1}{2}(e^{x/a}-e^{-x/a})$ であるから

$$\begin{aligned}S(K)&=2\pi\int_{-a}^a\frac{a}{2}(e^{x/a}+e^{-x/a})\sqrt{1+\frac{1}{4}(e^{x/a}-e^{-x/a})^2}\,dx\\ &=\pi a\int_0^a(e^{x/a}+e^{-x/a})^2\,dx=\pi a\int_0^a(e^{2x/a}+2+e^{-2x/a})\,dx\\ &=\pi a\left[\frac{a}{2}e^{2x/a}+2x-\frac{a}{2}e^{-2x/a}\right]_0^a=\frac{1}{2}\pi a^2(e^2-e^{-2}+4).\end{aligned}$$

(2) $x^{2/3}+y^{2/3}=a^{2/3}$ の両辺を x で微分すると $\dfrac{2}{3}x^{-1/3}+\dfrac{2}{3}y^{-1/3}y'=0$．よって，$y'=-\dfrac{y^{1/3}}{x^{1/3}}$．$x=a\cos^3\theta,\ y=a\sin^3\theta$ とおくと $dx=3a\cos^2\theta\sin\theta\,d\theta$ であるから

$$\begin{aligned}S(K)&=2\pi\int_{-a}^a(a^{2/3}-x^{2/3})^{3/2}\sqrt{1+\frac{y^{2/3}}{x^{2/3}}}\,dx\\ &=4\pi\int_0^a(a^{2/3}-x^{2/3})^{3/2}\sqrt{1+\frac{y^{2/3}}{x^{2/3}}}\,dx\\ &=4\pi\int_0^{\pi/2}a(1-\cos^2\theta)^{3/2}\sqrt{1+\frac{\sin^2\theta}{\cos^2\theta}}\,3a\cos^2\theta\sin\theta\,d\theta\\ &=12\pi a^2\int_0^{\pi/2}\sin^4\theta\cos\theta\,d\theta=12\pi a^2\left[\frac{\sin^5\theta}{5}\right]_0^{\pi/2}=\frac{12}{5}\pi a^2.\end{aligned}$$

(3) $x^2+(y-b)^2=a^2$ を y について解くと，$y=b\pm\sqrt{a^2-x^2}$．よって，考える図形の面積は $y=b+\sqrt{a^2-x^2}\ (-a\leqq x\leqq a)$ を x 軸のまわりに回転してできる回転体の表面積と，$y=b-\sqrt{a^2-x^2}\ (-a\leqq x\leqq a)$ を x 軸のまわりに回転してできる回転体の表面積の和である．よって

$$\begin{aligned}S(K)&=2\pi\int_{-a}^a\left\{(b+\sqrt{a^2-x^2})\sqrt{1+\left(\frac{x}{\sqrt{a^2-x^2}}\right)^2}\right.\\ &\qquad\left.+(b-\sqrt{a^2-x^2})\sqrt{1+\left(\frac{x}{\sqrt{a^2-x^2}}\right)^2}\right\}dx\\ &=4\pi\int_0^a\frac{2ab}{\sqrt{a^2-x^2}}\,dx=8\pi ab\left[\mathrm{Sin}^{-1}\frac{x}{a}\right]_0^a=4\pi^2 ab.\end{aligned}$$

5.4 ガンマ関数とベータ関数

> **要約** ────────────────────────── ガンマ関数とベータ関数 ─
>
> **5.4.1** (ガンマ関数) ガンマ関数 $\Gamma(s)$ を次のように定義する.
> $$\Gamma(s) = \int_0^\infty e^{-x} x^{s-1} dx \quad (s > 0).$$
>
> **5.4.2** (ベータ関数) 2変数 p, q $(p, q > 0)$ の関数であるベータ関数 $B(p, q)$ を次のように定義する.
> $$B(p, q) = \int_0^1 x^{p-1}(1-x)^{q-1} dx.$$
>
> **5.4.3** (ガンマ関数の基本性質)
> (1) $\Gamma(s)$ は $s > 0$ で収束し, $\Gamma(s) > 0$ $(s > 0)$ である.
> (2) $\Gamma(s+1) = s\Gamma(s) \quad (s > 0)$.
> (3) $\Gamma(1) = 1, \ \Gamma(n) = (n-1)! \quad (n = 2, 3, 4, \cdots)$.
> (4) $\Gamma\left(\dfrac{1}{2}\right) = \sqrt{\pi}$.
>
> **5.4.4** (ベータ関数の基本性質)
> (1) $B(p, q)$ は $p, q > 0$ で収束し, $B(p, q) > 0$ $(p, q > 0)$ である.
> (2) $B(p, q) = B(q, p)$.
> (3) $B(p, q+1) = \dfrac{q}{p} B(p+1, q) \quad (p, q > 0)$.
> (4) $B(p, q) = 2 \displaystyle\int_0^{\pi/2} \sin^{2p-1}\theta \cos^{2q-1}\theta \, d\theta \quad (p, q > 0)$.
> (5) $\displaystyle\int_0^{\pi/2} \sin^a\theta \cos^b\theta \, d\theta = \dfrac{1}{2} B\left(\dfrac{a+1}{2}, \dfrac{b+1}{2}\right) \quad (a, b > -1)$.
>
> **5.4.5** (ガンマ関数とベータ関数)
> $$B(p, q) = \frac{\Gamma(p)\,\Gamma(q)}{\Gamma(p+q)}.$$
>
> **5.4.6** (ガンマ関数の性質)
> (1) $\Gamma\left(\dfrac{s}{2}\right) \Gamma\left(\dfrac{s+1}{2}\right) = 2^{1-s} \sqrt{\pi} \Gamma(s)$.
> (2) $\Gamma(s)\,\Gamma(1-s) = \dfrac{\pi}{\sin(\pi s)}$.

5.4 ガンマ関数とベータ関数

例題 5.21 ────────────────── ガンマ関数を用いた計算

(1) $\Gamma\left(\dfrac{5}{2}\right)$, $\Gamma\left(\dfrac{7}{2}\right)$, $\Gamma(6)$ を計算せよ．

(2) $\displaystyle\int_0^{\pi/2} \sin^4\theta \cos^6\theta\, d\theta$ を計算せよ．

考え方 (2) は積分を要約 5.4.4 を用いてベータ関数で表し，さらにベータ関数を要約 5.4.5 を用いてガンマ関数で表す．

解答 (1) 要約 5.4.3 を用いる．
$$\Gamma\left(\frac{5}{2}\right) = \frac{3}{2}\frac{1}{2}\Gamma\left(\frac{1}{2}\right) = \frac{3}{4}\sqrt{\pi}, \qquad \Gamma\left(\frac{7}{2}\right) = \frac{5}{2}\frac{3}{2}\frac{1}{2}\Gamma\left(\frac{1}{2}\right) = \frac{15}{8}\sqrt{\pi},$$
$\Gamma(6) = 5! = 120$.

(2) $p = \dfrac{5}{2}$, $q = \dfrac{7}{2}$ として，要約 5.4.4(4) を用いると
$$\int_0^{\pi/2} \sin^4\theta \cos^6\theta\, d\theta = \frac{1}{2} B\left(\frac{5}{2}, \frac{7}{2}\right) = \frac{1}{2}\frac{\Gamma\left(\dfrac{5}{2}\right)\Gamma\left(\dfrac{7}{2}\right)}{\Gamma(6)}$$
$$= \frac{1}{2}\frac{\dfrac{3}{4}\sqrt{\pi}\,\dfrac{15}{8}\sqrt{\pi}}{120} = \frac{3}{512}\pi. \quad\blacksquare$$

例題 5.22 ────────────────── ガンマ関数

積分 $\displaystyle\int_0^1 x^{a-1}\left(\log\frac{1}{x}\right)^{b-1} dx$ をガンマ関数で表せ $(a, b > 0)$．

考え方 ガンマ関数とは関係ないようにみえる積分も，変数変換を用いてガンマ関数で表される．

解答 $t = \log\dfrac{1}{x}$ とおくと，$x = e^{-t}$, $dx = -e^{-t}dt$ であるから
$$\int_0^1 x^{a-1}\left(\log\frac{1}{x}\right)^{b-1} dx = \int_\infty^0 e^{-(a-1)t} t^{b-1}(-e^{-t})\, dt$$
$$= \int_0^\infty e^{-at} t^{b-1} e^{-t}\, dt$$
$$= \int_0^\infty e^{-u}\left(\frac{u}{a}\right)^{b-1} \frac{1}{a}\, du \quad (u = at,\ du = a\, dt)$$
$$= a^{-(b-1)-1} \int_0^\infty e^{-u} u^{b-1}\, du$$
$$= a^{-b}\Gamma(b). \quad\blacksquare$$

問題 5.4

1. ベータ関数，ガンマ関数を用いて，次の積分値を計算せよ．

(1) $\displaystyle\int_0^{\pi/2} \sin^5\theta\, d\theta$.

(2) $\displaystyle\int_0^{\pi/2} \cos^4\theta\, d\theta$.

(3) $\displaystyle\int_0^{\pi/2} \sin^3\theta\cos\theta\, d\theta$.

(4) $\displaystyle\int_0^{\pi/2} \sin^7\theta\cos^4\theta\, d\theta$.

(5) $\displaystyle\int_0^{\pi/2} \sin^5\theta\cos^6\theta\, d\theta$.

(6) $\displaystyle\int_0^{\pi/2} \sin^6\theta\cos^6\theta\, d\theta$.

2. ベータ関数，ガンマ関数を用いて，次の積分値を計算せよ．

(1) $\displaystyle\int_0^1 \frac{x}{\sqrt{1-x^4}}\, dx$.

(2) $\displaystyle\int_0^2 \frac{x}{\sqrt{2-x}}\, dx$.

(3) $\displaystyle\int_0^1 \frac{x^5}{\sqrt{1-x^4}}\, dx$.

(4) $\displaystyle\int_0^\infty e^{-x^2} x^7\, dx$.

(5) $\displaystyle\int_0^1 x^2\left(\log\frac{1}{x}\right)^4 dx$.

(6) $\displaystyle\int_{-1}^1 (1-x^2)^5 dx$.

3. 次の積分をガンマ関数で表せ $(a, b > 0)$．

(1) $\displaystyle\int_0^{\pi/2} \sin^a\theta\, d\theta$.

(2) $\displaystyle\int_0^1 \frac{dx}{\sqrt{1-x^5}}$.

(3) $\displaystyle\int_0^1 x^{a-1}(1-x^b)^3\, dx$.

(4) $\displaystyle\int_0^\infty \frac{x^b}{(1+x)^{a+3}}\, dx$.

(5) $\displaystyle\int_0^\infty \frac{dx}{(1+x^2)^p}\quad \left(p > \frac{1}{2}\right)$.

(6) $\displaystyle\int_0^\infty \frac{dx}{1+x^p}\quad (p > 1)$.

4. 要約 5.4.6 を用いて，次の積分値を計算せよ．

(1) $\displaystyle\int_0^\infty \frac{dx}{1+x^3}$.

(2) $\displaystyle\int_0^\infty \frac{x}{1+x^8}\, dx$.

(3) $\displaystyle\int_0^{\pi/2} \sqrt{\tan\theta}\, d\theta$.

(4) $\displaystyle\int_0^1 \frac{dx}{\sqrt[4]{1-x^4}}$.

5.4 ガンマ関数とベータ関数

──────── **略解 5.4** ────────

1. 要約 5.4.4(5), 要約 5.4.5, 要約 5.4.3 を用いる.

(1) $\displaystyle\int_0^{\pi/2}\sin^5\theta\,d\theta=\frac{1}{2}B\left(3,\frac{1}{2}\right)$ (要約 5.4.4(5))

$\displaystyle\qquad\qquad =\frac{1}{2}\frac{\Gamma(3)\,\Gamma(1/2)}{\Gamma(7/2)}=\frac{1}{2}\frac{2\sqrt{\pi}}{(5/2)(3/2)(1/2)\sqrt{\pi}}=\frac{8}{15}.$

(2) $\displaystyle\int_0^{\pi/2}\cos^4\theta\,d\theta=\frac{1}{2}B\left(\frac{1}{2},\frac{5}{2}\right)$ (要約 5.4.4(5))

$\displaystyle\qquad\qquad =\frac{1}{2}\frac{\Gamma(1/2)\,\Gamma(5/2)}{\Gamma(3)}=\frac{1}{2}\frac{(3/2)\sqrt{\pi}\,(1/2)\sqrt{\pi}}{2}=\frac{3\pi}{16}.$

(3) $\displaystyle\int_0^{\pi/2}\sin^3\theta\cos\theta\,d\theta=\frac{1}{2}B(2,1)=\frac{1}{2}\frac{\Gamma(2)\,\Gamma(1)}{\Gamma(3)}=\frac{1}{2}\frac{1}{2}=\frac{1}{4}.$

(4) $\displaystyle\int_0^{\pi/2}\sin^7\theta\cos^4\theta\,d\theta=\frac{1}{2}B\left(4,\frac{5}{2}\right)=\frac{1}{2}\frac{\Gamma(4)\,\Gamma(5/2)}{\Gamma(13/2)}$

$\displaystyle\qquad\qquad =\frac{1}{2}\frac{3\cdot 2(3/2)(1/2)\sqrt{\pi}}{(11/2)(9/2)(7/2)(5/2)(3/2)(1/2)\sqrt{\pi}}=\frac{16}{1155}.$

(5) $\displaystyle\int_0^{\pi/2}\sin^5\theta\cos^6\theta\,d\theta=\frac{1}{2}B\left(3,\frac{7}{2}\right)=\frac{1}{2}\frac{\Gamma(3)\,\Gamma(7/2)}{\Gamma(13/2)}$

$\displaystyle\qquad\qquad =\frac{1}{2}\frac{2(5/2)(3/2)(1/2)\sqrt{\pi}}{(11/2)(9/2)(7/2)(5/2)(3/2)(1/2)\sqrt{\pi}}=\frac{8}{693}.$

(6) $\displaystyle\int_0^{\pi/2}\sin^6\theta\cos^6\theta\,d\theta=\frac{1}{2}B\left(\frac{7}{2},\frac{7}{2}\right)=\frac{1}{2}\frac{\Gamma(7/2)\,\Gamma(7/2)}{\Gamma(7)}$

$\displaystyle\qquad\qquad =\frac{1}{2}\frac{(5/2)(3/2)(1/2)\sqrt{\pi}(5/2)(3/2)(1/2)\sqrt{\pi}}{6\cdot 5\cdot 4\cdot 3\cdot 2\cdot 1}=\frac{5\pi}{2048}.$

2. (1) $\displaystyle\int_0^1\frac{x}{\sqrt{1-x^4}}\,dx=\frac{1}{4}\int_0^1 t^{-1/2}(1-t)^{-1/2}dt\quad (t=x^4,\ dt=4x^3\,dx)$

$\displaystyle\qquad\qquad =\frac{1}{4}B\left(\frac{1}{2},\frac{1}{2}\right)=\frac{1}{4}\frac{\Gamma(1/2)\,\Gamma(1/2)}{\Gamma(1)}=\frac{1}{4}\frac{\sqrt{\pi}\sqrt{\pi}}{1}=\frac{\pi}{4}.$

(2) $\displaystyle\int_0^2\frac{x}{\sqrt{2-x}}\,dx=2\sqrt{2}\int_0^1\frac{t}{\sqrt{1-t}}\,dt\quad (x=2t,\ dx=2\,dt)$

$\displaystyle\qquad\qquad =2\sqrt{2}\,B\left(2,\frac{1}{2}\right)=2\sqrt{2}\frac{\Gamma(2)\,\Gamma(1/2)}{\Gamma(5/2)}=\frac{8\sqrt{2}}{3}.$

(3) $\displaystyle\int_0^1\frac{x^5}{\sqrt{1-x^4}}\,dx=\frac{1}{4}\int_0^1\frac{\sqrt{t}}{\sqrt{1-t}}\,dt\quad (x^4=t,\ 4x^3\,dx=dt)$

$\displaystyle\qquad\qquad =\frac{1}{4}B\left(\frac{3}{2},\frac{1}{2}\right)=\frac{1}{4}\frac{\Gamma(3/2)\,\Gamma(1/2)}{\Gamma(2)}=\frac{\pi}{8}.$

(4) $\displaystyle\int_0^\infty e^{-x^2}x^7\,dx=\frac{1}{2}\int_0^\infty e^{-t}t^3\,dt=\frac{1}{2}\Gamma(4)=\frac{3\cdot 2}{2}=3\quad (x^2=t,\ 2x\,dx=dt).$

(5) $\displaystyle\int_0^1 x^2\left(\log\frac{1}{x}\right)^4 dx=3^{-5}\Gamma(5)=\frac{4\cdot 3\cdot 2}{3^5}=\frac{8}{81}$ (例題 5.22 で $a=3,\ b=5$).

(6) $\int_{-1}^{1}(1-x^2)^5 dx = 2\int_0^1 (1-x^2)^5 dx = 2\int_0^1 (1-t)^5 \dfrac{1}{2\sqrt{t}} dt \quad (x^2=t,\ 2x\,dx=dt)$

$\qquad = B\left(\dfrac{1}{2}, 6\right) = \dfrac{\Gamma(1/2)\,\Gamma(6)}{G(13/2)} = \dfrac{2^9}{11\cdot 9\cdot 7} = \dfrac{512}{693}.$

3. (1) $\int_0^{\pi/2} \sin^a\theta\, d\theta = \dfrac{1}{2} B\left(\dfrac{a+1}{2}, \dfrac{1}{2}\right) = \dfrac{1}{2} \dfrac{\Gamma\left(\dfrac{a+1}{2}\right)\Gamma\left(\dfrac{1}{2}\right)}{\Gamma\left(\dfrac{a}{2}+1\right)}$

(要約 5.4.4(5) で $b=0$).

(2) $\int_0^1 \dfrac{dx}{\sqrt{1-x^5}} = \dfrac{1}{5}\int_0^1 t^{-4/5}(1-t)^{-1/2} dt \quad (x^5=t,\ 5x^4\,dx=dt)$

$\qquad = \dfrac{1}{5} B\left(\dfrac{1}{5}, \dfrac{1}{2}\right) = \dfrac{1}{5} \dfrac{\Gamma\left(\dfrac{1}{5}\right)\Gamma\left(\dfrac{1}{2}\right)}{\Gamma\left(\dfrac{7}{10}\right)}.$

(3) $\int_0^1 x^{a-1}(1-x^b)^3 dx = \int_0^1 x^{a-1}(1-x^b)^3 dx \quad (x^b=t,\ bx^{b-1}\,dx=dt)$

$\qquad = \dfrac{1}{b}\int_0^1 t^{a/b-1}(1-t)^3 dt = \dfrac{1}{b} B\left(\dfrac{a}{b}, 4\right) = \dfrac{1}{b} \dfrac{\Gamma\left(\dfrac{a}{b}\right)\Gamma(4)}{\Gamma\left(\dfrac{a}{b}+4\right)}$

$\qquad \left(= \dfrac{3!\,b^3}{a(a+b)(a+2b)(a+3b)}\right).$

(4) $\int_0^\infty \dfrac{x^b}{(1+x)^{a+3}}\, dx$

$\qquad = \int_1^0 \left(\dfrac{1-t}{t}\right)^b t^{a+3} \dfrac{-1}{t^2} dt \quad \left(t=\dfrac{1}{1+x},\ x=\dfrac{1-t}{t},\ dx=\dfrac{-1}{t^2} dt\right)$

$\qquad = \int_0^1 t^{a-b+1}(1-t)^b dt = B(a-b+2, b+1)$

$\qquad = \dfrac{\Gamma(a-b+2)\,\Gamma(b+1)}{\Gamma(a+3)}.$

(5) $\int_0^\infty \dfrac{dx}{(1+x^2)^p} = \dfrac{1}{2}\int_0^\infty \dfrac{1}{(1+u)^p u^{1/2}} du \quad (u=x^2,\ du=2x\,dx)$

$\qquad = \dfrac{1}{2}\int_1^0 t^p \left(\dfrac{1-t}{t}\right)^{-1/2}\left(-\dfrac{dt}{t^2}\right) \quad \left(t=\dfrac{1}{1+u},\ u=\dfrac{1}{t}-1,\ du=-\dfrac{dt}{t^2}\right)$

$\qquad = \dfrac{1}{2}\int_0^1 t^{p-3/2}(1-t)^{-1/2} dt = \dfrac{1}{2} B\left(p-\dfrac{1}{2}, \dfrac{1}{2}\right) \quad$ (ベータ関数の定義)

$\qquad = \dfrac{1}{2} \dfrac{\Gamma\left(p-\dfrac{1}{2}\right)\Gamma\left(\dfrac{1}{2}\right)}{\Gamma(p)} \quad$ (要約 5.4.5).

5.4 ガンマ関数とベータ関数

(6) $\displaystyle\int_0^\infty \frac{dx}{1+x^p} = \frac{1}{p}\int_0^\infty \frac{u^{1/p-1}}{1+u}\,du \quad \left(u=x^p,\ dx=\frac{1}{p}u^{1/p-1}du\right)$

$\displaystyle = -\frac{1}{p}\int_1^0 t^{-1/p}(1-t)^{1/p-1}dt \quad \left(t=\frac{1}{1+u},\ u=\frac{1-t}{t},\ du=-\frac{dt}{t^2}\right)$

$\displaystyle = \frac{1}{p}\int_0^1 t^{-1/p}(1-t)^{1/p-1}dt = \frac{1}{p}B\left(\frac{1}{p},1-\frac{1}{p}\right)$

$\displaystyle = \frac{1}{p}\frac{\Gamma\left(\frac{1}{p}\right)\Gamma\left(1-\frac{1}{p}\right)}{\Gamma(1)} = \frac{1}{p}\Gamma\left(\frac{1}{p}\right)\Gamma\left(1-\frac{1}{p}\right)\left(=\Gamma\left(1+\frac{1}{p}\right)\Gamma\left(1-\frac{1}{p}\right)\right).$

4. (1) $\displaystyle\int_0^\infty \frac{dx}{1+x^3} = \frac{1}{3}\Gamma\left(\frac{1}{3}\right)\Gamma\left(1-\frac{1}{3}\right)$ (問題 5.4-3(6))

$\displaystyle = \frac{1}{3}\frac{\pi}{\sin(\pi/3)} = \frac{1}{3}\frac{\pi}{\sqrt{3}/2} = \frac{2\pi}{3\sqrt{3}} \quad \left(\text{要約 5.4.6(2) で } s=\frac{1}{3}\right).$

(2) $\displaystyle\int_0^\infty \frac{x}{1+x^8}\,dx = \frac{1}{2}\int_0^\infty \frac{dt}{1+t^4} \quad (t=x^2)$

$\displaystyle = \frac{1}{2}\frac{1}{4}\Gamma\left(\frac{1}{4}\right)\Gamma\left(1-\frac{1}{4}\right)$ (問題 5.4-3(6) で $p=4$)

$\displaystyle = \frac{1}{8}\frac{\pi}{\sin(\pi/4)} = \frac{1}{8}\frac{\pi}{\sqrt{2}/2} = \frac{\pi}{4\sqrt{2}} \quad \left(\text{要約 5.4.6(2) で } s=\frac{1}{4}\right).$

(3) $\displaystyle\int_0^{\pi/2} \sqrt{\tan\theta}\,d\theta = \int_0^\infty u^{1/2}\frac{du}{1+u^2} \quad \left(u=\tan\theta,\ d\theta=\frac{du}{1+u^2}\right)$

$\displaystyle = \frac{1}{2}\int_1^0 \left(\frac{1-t}{t}\right)^{1/4} t\left(-\frac{dt}{2t^{3/2}(1-t)^{1/2}}\right) = \frac{1}{2}\int_0^1 t^{-3/4}(1-t)^{-1/4}dt$

$\left(t=\dfrac{1}{1+u^2},\ u=\left(\dfrac{1-t}{t}\right)^{1/2},\ du=-\dfrac{dt}{2t^{3/2}(1-t)^{1/2}}\right)$

$\displaystyle = \frac{1}{2}B\left(\frac{1}{4},\frac{3}{4}\right) = \frac{1}{2}\frac{\Gamma\left(\frac{1}{4}\right)\Gamma\left(\frac{3}{4}\right)}{\Gamma(1)} = \frac{\pi}{\sqrt{2}}$ (要約 5.4.6(1) または (2)).

(4) $\displaystyle\int_0^1 \frac{dx}{\sqrt[4]{1-x^4}} = \frac{1}{4}\int_0^1 \frac{1}{(1-t)^{1/4}}\frac{dt}{t^{3/4}} = \frac{1}{4}\int_0^1 t^{-3/4}(1-t)^{-1/4}dt$

$\left(t=x^4,\ x=t^{1/4},\ dx=\dfrac{dt}{4t^{3/4}}\right)$

$\displaystyle = \frac{1}{4}B\left(\frac{1}{4},\frac{3}{4}\right) = \frac{1}{4}\frac{\Gamma(1/4)\,\Gamma(3/4)}{\Gamma(1)}$

$\displaystyle = \frac{1}{4}\frac{\pi}{\sin(\pi/4)} = \frac{\pi}{2\sqrt{2}}$ (要約 5.4.6(2)).

章末問題 5

— **A** —

5.1 累次積分 $\displaystyle\int_0^2 dx \int_x^{2x} (xy + y^2)\, dy$ を計算せよ．

5.2 次の重積分を計算せよ．
(1) $\displaystyle\iint_D (x - 3y)\, dxdy, \quad D = \{(x, y) \mid 0 \leq x \leq 1,\ 1 \leq y \leq 2\}$.
(2) $\displaystyle\iint_D (x + y)^2\, dxdy, \quad D = \{(x, y) \mid x^2 \leq y \leq x,\ 0 \leq x \leq 1\}$.

5.3 次の累次積分の順序を変更せよ．
(1) $\displaystyle\int_0^1 dx \int_{-x^2}^x f(x, y)\, dy$. (2) $\displaystyle\int_0^1 dy \int_{y-1}^{1-y} f(x, y)\, dx$.

5.4 次の重積分を変数変換を用いて計算せよ．
(1) $\displaystyle\iint_D x(x^2 + y^2)\, dxdy, \quad D = \{(x, y) \mid x^2 + y^2 \leq 1,\ 0 \leq x\}$.
(2) $\displaystyle\iint_D (2x + y)^4 (x - 2y)^2\, dxdy, \quad D = \{(x, y) \mid |2x + y| \leq 1,\ |x - 2y| \leq 1\}$.

5.5 次の重積分を計算せよ $(a > 0)$．
(1) $\displaystyle\iiint_V x\, dxdydz, \quad V = \{(x, y, z) \mid x + y + z \leq 1,\ 0 \leq x, y, z\}$.
(2) $\displaystyle\iiint_V xy\, dxdydz, \quad V = \{(x, y, z) \mid x^2 + y^2 + z^2 \leq a^2,\ 0 \leq x, y, z\}$.
(3) $\displaystyle\iiint_V z(x^2 + y^2 + z^2)\, dxdydz, \quad V = \{(x, y) \mid x^2 + y^2 + z^2 \leq a^2,\ 0 \leq z\}$.

5.6 領域 D は y 軸と曲線 $x = \sin\theta\cos\theta,\ y = \sin^2\theta\ \left(0 \leq \theta \leq \dfrac{\pi}{2}\right)$ で囲まれているとする．D の面積を例題 5.17 を用い，線積分を使って計算せよ．

5.7 $x^2 + \dfrac{(y-2)^2}{4} + \dfrac{(z-1)^2}{9} \leq a^2\ (a > 0)$ で定義される図形の体積を求めよ．

5.8 円 $9x^2 + 4(y-3)^2 = 1$ を x 軸のまわりに回転させた回転体 V の体積を求めよ．

5.9 次の線積分を計算せよ．
(1) $\displaystyle\int_C x^2\, dx + 2xy\, dy, \quad C : (1, 1)$ から $(-1, 3)$ まで直線で結ぶ有向曲線．
(2) $\displaystyle\int_C y^2\, dx + x^2\, dy, \quad C : x = \cos\theta,\ y = \sin\theta\ (\theta : 0 \to \pi)$.

5.10 線積分 $\displaystyle\int_C (x^2 + y^2)\, dx + (x + 2xy)\, dy$ の計算にグリーンの定理を適用し，重積分に帰着して求めよ．ここで，C は単位円の周を時計の逆向きに一周したものである．

5.11 次の図形の曲面積を求めよ．

(1) $x^2 + y^2 + z^2 = 4a^2$ の $a \leqq z$ の部分 $(a > 0)$．

(2) $y = x$ $(0 \leqq x \leqq 1)$ を x 軸のまわりに回転させた回転体の曲面積の表面積．

5.12 ベータ関数，ガンマ関数を用いて，次の積分値を計算せよ．

(1) $\displaystyle\int_0^{\pi/2} \sin^2 x \cos^3 x \, dx$． (2) $\displaystyle\int_0^1 x^2 \sqrt{1-x} \, dx$．

5.13 次の積分をガンマ関数で表せ．

(1) $\displaystyle\int_0^{\pi/2} \sin^{a-1} x \cos^{b-1} x \, dx \quad (a, b > 0)$．

(2) $\displaystyle\int_a^b (x-a)^p (b-x)^q \, dx \quad (a < b, \ p, q > -1)$．

(3) $\displaystyle\int_0^1 \frac{1}{\sqrt{1-x^3}} \, dx$．

— B —

5.14 $f(x, y)$ が長方形領域 D で積分可能な関数のとき，次の不等式を示せ．
$$\left| \iint_D f(x, y) \, dxdy \right| \leqq \iint_D |f(x, y)| \, dxdy$$

5.15 次の積分を計算せよ．

(1) $\displaystyle\iint_D \frac{x \sin y}{y} \, dxy$，$D$：原点, $(0, \pi), (\pi, \pi)$ を頂点にもつ三角形の内部．

(2) $\displaystyle\iint_D e^{-y^2} \, dxdy$，$D$：$y = 1$，$y$ 軸，$y = x$ で囲まれた領域．

(3) $\displaystyle\iiint_V \frac{1}{(x+y+z+1)^3} \, dxdydz$，
$\qquad V = \{(x, y, z) \mid x + y + z \leqq 1, \ 0 \leqq x, y, z\}$．

5.16 次の体積を計算せよ．

(1) 球面 $x^2 + y^2 + z^2 = 2$ と曲面 $z = x^2 + y^2$ に囲まれた領域．

(2) レムニスケート柱 $(x^2 + y^2)^2 \leqq x^2 - y^2$ と球 $x^2 + y^2 + z^2 \leqq 1$ の共通部分．

5.17 次の等式を示せ．
$$\left(\int_0^{\pi/2} \sqrt{\sin \theta} \, d\theta \right) \left(\int_0^{\pi/2} \frac{d\theta}{\sqrt{\sin \theta}} \right) = \pi.$$

5.18 $\displaystyle\frac{d}{dx} \int_1^2 \frac{e^{x^2 y}}{y} \, dy$ を求めよ．

6 級　　数

6.1 級　　数

> **要約** ───────────────────────────────────── **級数**
>
> **6.1.1** (級数) 数列 $\{a_n\}_{n=0}^{\infty}$ に対し，$A_n = \sum_{k=0}^{n} a_k$ を項とする数列 $\{A_n\}_{n=0}^{\infty}$ を，a_n を第 n 項とする級数といい
> $$\sum_{n=0}^{\infty} a_n, \quad \sum a_n, \quad a_0 + a_1 + \cdots + a_n + \cdots$$
> などと表す．
> $$A_n = \sum_{k=0}^{n} a_k = a_0 + a_1 + \cdots + a_n$$
> を，級数 $\sum_{n=0}^{\infty} a_n$ の第 n 部分和という．
>
> **6.1.2** (級数の収束と和) 級数 $\sum_{n=0}^{\infty} a_n$ は，第 n 部分和からなる数列 $\{A_n\}$ が極限をもつとき，数列 $\{A_n\}$ の極限を級数 $\sum_{n=0}^{\infty} a_n$ の極限という．極限が有限であるとき，級数 $\sum_{n=0}^{\infty} a_n$ は収束するという．極限 $A = \lim_{n \to \infty} A_n$ を級数 $\sum_{n=0}^{\infty} a_n$ の極限といい，(級数と同じ記号である) $\sum_{n=0}^{\infty} a_n$，または $\sum a_n$ と表し，級数の和という．級数は収束しないときに発散するという．
>
> **6.1.3** (級数の和と定数倍) 級数 $\sum a_n, \sum b_n$ が収束すれば，級数
> $$\sum (a_n \pm b_n), \quad \sum c a_n \quad (c: \text{定数})$$
> も収束して
> $$\sum (a_n \pm b_n) = \sum a_n + \sum b_n, \quad \sum c a_n = c \sum a_n.$$
>
> **6.1.4** (正項級数) 級数 $\sum a_n$ は $a_n \geqq 0$ のときに正項級数という．第 n 部分和が有界数列となる正項級数は収束する (これは実数の連続性の公理 (要約 1.1.6) の言い換えである)．
>
> **6.1.5** (正項級数の項の順序を入れ替えた級数) 正項級数が収束すれば，その項の順序を入れ替えた級数も収束する．
> さらに，項を入れ替えた級数の和は，もとの級数の和に一致する．このことは，正項級数でない級数には，一般には成り立たない (要約 6.1.10 も参照)．

__要約__ ――――――――――――――――――――― __正項級数の収束性__

6.1.6 (正項級数の収束判定) 正項級数 $\sum a_n, \sum b_n$ に対し，次の (1),(2),(3) が成り立つ．

(1) 有限個の n を除き $a_n \leq b_n$ で $\sum b_n$ が収束すれば，$\sum a_n$ も収束．

(2) 有限個の n を除き $a_n \leq b_n$ で $\sum a_n$ が発散すれば，$\sum b_n$ も発散．

(3) $\lim\limits_{n\to\infty} \dfrac{a_n}{b_n} = r \neq 0, \infty$ とする．このとき
$$\sum a_n : 収束 \iff \sum b_n : 収束.$$

6.1.7 (等比級数の収束判定) $\sum a^n$ の形の級数を等比級数という．
$$等比級数 \sum a^n が収束 \iff |a| < 1.$$

6.1.8 (正項級数のコーシーの収束判定法) 正項級数 $\sum a_n$ は次の条件を調べることにより収束が判定される．これをコーシーの収束判定法という．

(1) 有限個の n を除き $\sqrt[n]{a_n} \leq r$ となる実数 $r < 1$ が存在するならば，$\sum a_n$ は収束．

(2) $\lim\limits_{n\to\infty} \sqrt[n]{a_n} = r$ が存在するとき，
$\sum a_n$ は $r < 1$ ならば収束，$r > 1$ ならば発散．

6.1.9 (正項級数のダランベールの収束判定法) 正項級数 $\sum a_n$ は次の条件を調べることにより収束が判定される．これをダランベールの収束判定法という．

(1) 有限個の n を除き $\dfrac{a_{n+1}}{a_n} \leq r$ となる実数 $r < 1$ が存在するならば，$\sum a_n$ は収束．

(2) $\lim\limits_{n\to\infty} \dfrac{a_{n+1}}{a_n} = r$ が存在するとき，
$\sum a_n$ は $r < 1$ ならば収束，$r > 1$ ならば発散．

6.1.10 (絶対収束) 級数 $\sum a_n$ が絶対収束するとは，各項の絶対値をとって得られる正項級数 $\sum |a_n|$ が収束するときにいう．

(1) 級数は絶対収束すれば収束する．

(2) 絶対収束する級数は，項の順序を入れ替えても収束し，その和はもとの級数の和に等しい．

6.1.11 (交項級数) a_n と a_{n+1} の符号が異なる級数を交項級数という．
交項級数 $\sum\limits_{n=0}^{\infty} a_n$ は

(ⅰ) $|a_0| \geq |a_1| \geq |a_2| \geq \cdots$,   (ⅱ) $\lim\limits_{n\to\infty} |a_n| = 0$

をみたせば収束する．

6.1 級数

例題 6.1 ─────────────────────────── **級数の収束，発散**

(1) 級数 $\sum_{n=0}^{\infty} a_n$ が収束すれば $\lim_{n\to\infty} a_n = 0$ であることを示せ．

(2) $a_n > 0$ のとき，$\sum_{n=0}^{\infty} a_n$ が収束すれば $\sum_{n=0}^{\infty} a_n^k \ (k \geq 1)$ も収束することを示せ．

考え方 (1) は級数が収束することの定義を用いる．(2) は (1) を用いる．

解答 (1) $A_n = \sum_{k=0}^{n} a_k$ とおき，$\lim_{n\to\infty} A_n = A$ とする．任意に $\varepsilon > 0$ をとると自然数 N が存在して，$N < n$ ならば $|A - A_n| < \varepsilon$ である．よって
$$|a_{n+1}| = |A_{n+1} - A_n| = |A_{n+1} - A + A - A_n| \leq |A_{n+1} - A| + |A - A_n| < 2\varepsilon.$$
したがって，$\lim_{n\to\infty} a_n = 0$．

(2) (1) より，級数 $\sum_{n=0}^{\infty} a_n$ が収束すれば $\lim_{n\to\infty} a_n = 0$ である．よって，n が十分大きければ $a_n \leq 1$．したがって，$a_n^k \leq a_n$ となるので $\sum_{n=0}^{\infty} a_n^k$ も収束（要約 6.1.6(1)）．■

例題 6.2 ─────────────────────────── **級数の収束，発散**

次の級数の収束，発散を調べよ．

(1) $\sum_{n=2}^{\infty} \left(\frac{n-1}{n}\right)^{n^2}$． (2) $\sum_{n=1}^{\infty} \frac{n^n}{n!}$．

考え方 (1) はコーシーの判定法，(2) はダランベールの判定法を用いる．

解答 (1) $a_n = \left(\frac{n-1}{n}\right)^{n^2}$ とおく．$\sqrt[n]{a_n} = \left(\frac{n-1}{n}\right)^n$ であるから

$$\lim_{n\to\infty} \sqrt[n]{a_n} = \lim_{n\to\infty} \left(\frac{n}{n-1}\right)^{-n} = \lim_{n\to\infty} \left(1 + \frac{1}{n-1}\right)^{-(n-1)} \left(1 + \frac{1}{n-1}\right)^{-1} = \frac{1}{e} < 1.$$

よって，要約 6.1.8(2) より，$\sum_{n=2}^{\infty} \left(\frac{n-1}{n}\right)^{n^2}$ は収束．

(2) $a_n = \frac{n^n}{n!}$ とおく．

$$\lim_{n\to\infty} \frac{a_{n+1}}{a_n} = \lim_{n\to\infty} \frac{(n+1)^{n+1}/(n+1)!}{n^n/n!} = \lim_{n\to\infty} \frac{(n+1)^n}{n^n} = \lim_{n\to\infty} \left(1 + \frac{1}{n}\right)^n = e > 1.$$

よって，要約 6.1.9(2) より，$\sum_{n=1}^{\infty} \frac{n^n}{n!}$ は発散．■

例題 6.3 ─────────────────────────────── **級数の収束, 発散**

(1) 関数 $f(x) \geqq 0$ が区間 $[1, \infty)$ で単調減少であるとき, 次を示せ.
$$\sum_{n=1}^{\infty} f(n) \text{ が収束} \iff \int_{1}^{\infty} f(x)\, dx \text{ が収束}.$$

(2) 級数 $\sum_{n=1}^{\infty} \dfrac{1}{n^s}$ は, $s > 1$ のとき収束し, $s \leqq 1$ のとき発散することを示せ.

(3) 級数 $\sum_{n=1}^{\infty} \dfrac{n\sqrt{n}}{n^4 + 2}$ の収束, 発散を調べよ.

───────────────────────────────

[考え方] 級数と積分の収束, 発散を比較して調べる.
(3) は **(2)** と要約 **6.1.6**(正項級数の収束判定) を用いる.

[解 答] (1) $f(x)$ は $[1, \infty)$ において単調減少であるから
$$f(n+1) < f(x) \leqq f(n) \qquad (n \leqq x < n+1).$$
よって, $N \geqq 2$ ならば
$$\sum_{n=1}^{N-1} f(n+1) < \int_{1}^{N} f(x)\, dx \leqq \sum_{n=1}^{N-1} f(n)$$
となり, $\sum_{n=1}^{\infty} f(n)$ が収束することと $\int_{1}^{\infty} f(x)\, dx$ が収束することは同等である.

(2) $0 < s$ ならば, $f(x) = \dfrac{1}{x^s}$ は $[1, \infty)$ において単調減少なので, (1) より次がわかる.

$1 < s$ のとき, $\int_{1}^{\infty} \dfrac{dx}{x^s} = \lim\limits_{\beta \to \infty} \left[\dfrac{x^{1-\beta}}{1-s} \right]_{1}^{\beta} = \dfrac{1}{s-1}$: 収束. よって, $\sum_{n=1}^{\infty} \dfrac{1}{n^s}$ は収束.

$s = 1$ のとき, $\int_{1}^{\infty} \dfrac{dx}{x} = \lim\limits_{\beta \to \infty} [\log x]_{1}^{\beta} = \infty$: 発散. よって, $\sum_{n=1}^{\infty} \dfrac{1}{n^s}$ は発散.

$0 < s < 1$ のとき, $\int_{1}^{\infty} \dfrac{dx}{x^s} = \lim\limits_{\beta \to \infty} \left[\dfrac{x^{1-\beta}}{1-s} \right]_{1}^{\beta} = \infty$: 発散. よって, $\sum_{n=1}^{\infty} \dfrac{1}{n^s}$ は発散.

$s < 0$ ならば, $\lim\limits_{n \to \infty} \dfrac{1}{n^s} = \infty$ であるから, $\sum_{n=0}^{\infty} \dfrac{1}{n^s}$ は発散 (例題 6.1(1) の対偶).

したがって, $\sum_{n=1}^{\infty} \dfrac{1}{n^s}$ は $s > 1$ のとき収束し, $s \leqq 1$ のとき発散する.

(3) $\sum_{n=1}^{\infty} \dfrac{1}{n^{5/2}}$ は級数 $\sum_{n=1}^{\infty} \dfrac{1}{n^s}$ において $s = \dfrac{5}{2} > 1$ のときであるから収束する. 与えられた級数を $\sum_{n=1}^{\infty} \dfrac{1}{n^{5/2}}$ と比較する. $\lim\limits_{n \to \infty} \dfrac{n\sqrt{n}/(n^4+2)}{1/n^{5/2}} = \lim\limits_{n \to \infty} \dfrac{n^4}{n^4+2} = 1$ となるから, $\sum_{n=1}^{\infty} \dfrac{n\sqrt{n}}{n^4+2}$ も収束 (要約 6.1.6(3)). ∎

6.1 級数

問題 6.1

1. 次を示せ $(a_n, b_n > 0)$.
   (1) $\sum_{n=0}^{\infty} a_n$ が収束すれば，$\sum_{n=0}^{\infty} \sqrt{a_n a_{n+1}}$ も収束する．
   (2) $\sum_{n=0}^{\infty} a_n, \sum_{n=0}^{\infty} b_n$ が収束すれば，$\sum_{n=0}^{\infty} a_n b_n$ も収束する．
   (3) $\sum_{n=0}^{\infty} a_n, \sum_{n=0}^{\infty} b_n$ が収束すれば，$\sum_{n=0}^{\infty} (a_n^2 + a_n b_n + b_n^2)$ も収束する．

2. 次の級数の和を求めよ．
   (1) $\sum_{n=0}^{\infty} \dfrac{1}{n^2 + 3n + 2}$.
   (2) $\sum_{n=0}^{\infty} \dfrac{1}{n^2 + 4n + 3}$.
   (3) $\sum_{n=0}^{\infty} \dfrac{(-1)^n}{2^n}$.
   (4) $\sum_{n=0}^{\infty} \dfrac{2^{n+1}}{3^n}$.

3. 次の級数の収束，発散を調べよ．
   (1) $\sum_{n=1}^{\infty} \dfrac{1}{(\log n)^n}$.
   (2) $\sum_{n=1}^{\infty} \left(\dfrac{n+1}{n}\right)^{n^2} \dfrac{1}{2^n}$.
   (3) $\sum_{n=1}^{\infty} \left(\dfrac{n}{n+2}\right)^{n^2} e^n$.
   (4) $\sum_{n=1}^{\infty} a^{n^2} b^n$ $(a, b > 0)$.

4. 次の級数の収束，発散を調べよ．
   (1) $\sum_{n=0}^{\infty} \dfrac{1}{n!}$.
   (2) $\sum_{n=1}^{\infty} n \sin \dfrac{\pi}{2^n}$.
   (3) $\sum_{n=1}^{\infty} \dfrac{(n!)^2}{(2n)!}$.
   (4) $\sum_{n=1}^{\infty} \dfrac{(a+1)(2a+1)\cdots(na+1)}{(b+1)(2b+1)\cdots(nb+1)}$ $(a, b > 0)$.
   (5) $\sum_{n=1}^{\infty} \dfrac{n^n}{n! - \sqrt{n}}$.

5. 交項級数 $\sum_{n=0}^{\infty} (-1)^n a_n$ $(a_n > 0)$ は，2 条件 (i) $a_0 \geq a_1 \geq a_2 \geq \cdots$, (ii) $\lim_{n \to \infty} a_n = 0$ をみたせば収束することを示せ．

6. 次の級数の収束，発散を調べよ．
   (1) $\sum_{n=1}^{\infty} n \log\left(1 + \dfrac{1}{n}\right)$.
   (2) $\sum_{n=1}^{\infty} \dfrac{(-1)^{n+1}}{n}$.
   (3) $\sum_{n=1}^{\infty} \dfrac{(-1)^{n+1}}{\log n}$.
   (4) $\sum_{n=1}^{\infty} \dfrac{1}{\log n}$.

略解 6.1

1. (1) $\dfrac{a_n+a_{n+1}}{2}-\sqrt{a_na_{n+1}}=\dfrac{(\sqrt{a_n}-\sqrt{a_{n+1}})^2}{2}>0$ より, $\sqrt{a_na_{n+1}}\leq\dfrac{a_n+a_{n+1}}{2}$.

したがって, $\sum_{n=0}^{\infty}a_n,\ \sum_{n=0}^{\infty}a_{n+1}$ は収束するから $\sum_{n=0}^{\infty}\sqrt{a_na_{n+1}}$ も収束 (要約 6.1.6(1)).

(2) $\sum_{n=0}^{\infty}a_n,\ \sum_{n=0}^{\infty}b_n$ が収束するから $\sum_{n=0}^{\infty}a_n^2,\ \sum_{n=0}^{\infty}b_n^2$ も収束 (例題 6.1(2)).

$$a_nb_n\leq\dfrac{a_n^2+b_n^2}{2}\qquad(\text{相乗平均}\leq\text{相加平均})$$

であるから $\sum_{n=0}^{\infty}a_nb_n$ も収束 (要約 6.1.6(1)).

(3) $\sum_{n=0}^{\infty}a_n,\ \sum_{n=0}^{\infty}b_n$ が収束するから $\sum_{n=0}^{\infty}a_n^2,\ \sum_{n=0}^{\infty}b_n^2$ も収束 (例題 6.1(2)). また, (2) より $\sum_{n=0}^{\infty}a_nb_n$ が収束するから $\sum_{n=0}^{\infty}(a_n^2+a_nb_n+b_n^2)$ も収束.

2. (1) $\sum_{n=0}^{\infty}\dfrac{1}{n^2+3n+2}=\lim_{N\to\infty}\sum_{n=0}^{N}\left(\dfrac{1}{n+1}-\dfrac{1}{n+2}\right)$
$=\lim_{N\to\infty}\left(\dfrac{1}{1}-\dfrac{1}{2}+\dfrac{1}{2}-\dfrac{1}{3}+\dfrac{1}{3}-\dfrac{1}{4}+\cdots+\dfrac{1}{N+1}-\dfrac{1}{N+2}\right)$
$=\lim_{N\to\infty}\left(1-\dfrac{1}{N+2}\right)=1.$

(2) $\sum_{n=0}^{\infty}\dfrac{1}{n^2+4n+3}=\lim_{N\to\infty}\sum_{n=0}^{N}\left(\dfrac{1}{n+1}-\dfrac{1}{n+3}\right)$
$=\lim_{N\to\infty}\left(\dfrac{1}{1}-\dfrac{1}{3}+\dfrac{1}{2}-\dfrac{1}{4}+\dfrac{1}{3}-\dfrac{1}{5}+\cdots+\dfrac{1}{N+1}-\dfrac{1}{N+3}\right)$
$=\lim_{N\to\infty}\left(1+\dfrac{1}{2}-\dfrac{1}{N+2}-\dfrac{1}{N+3}\right)=\dfrac{3}{2}.$

(3) $\sum_{n=0}^{\infty}\dfrac{(-1)^n}{2^n}=\lim_{N\to\infty}\sum_{n=0}^{N}\dfrac{(-1)^n}{2^n}=\lim_{N\to\infty}\dfrac{1-(-1/2)^{N+1}}{1+1/2}=\dfrac{2}{3}.$

(4) $\sum_{n=0}^{\infty}\dfrac{2^{n+1}}{3^n}=2\lim_{N\to\infty}\sum_{n=0}^{N}\dfrac{2^n}{3^n}=2\lim_{N\to\infty}\dfrac{1-(2/3)^{N+1}}{1-2/3}=6.$

3. いずれもコーシーの収束判定 (要約 6.1.8) を用いる.

(1) $\lim_{n\to\infty}\sqrt[n]{\dfrac{1}{(\log n)^n}}=\lim_{n\to\infty}\dfrac{1}{\log n}=0<1$ であるから収束.

(2) $\lim_{n\to\infty}\sqrt[n]{\left(\dfrac{n+1}{n}\right)^{n^2}\dfrac{1}{2^n}}=\dfrac{1}{2}\lim_{n\to\infty}\left(\dfrac{n+1}{n}\right)^n=\dfrac{e}{2}>1$ であるから発散.

(3) $\lim_{n\to\infty}\sqrt[n]{\left(\dfrac{n}{n+2}\right)^{n^2}e^n}=e\lim_{n\to\infty}\left(\dfrac{n}{n+2}\right)^n=\dfrac{e}{e^2}=\dfrac{1}{e}<1$ (問題 1.1-2(6)).

よって, 収束.

(4) $\lim_{n\to\infty}\sqrt[n]{a^{n^2}b^n}=\lim_{n\to\infty}a^nb=0\ (a<1),\ b\ (a=1),\ \infty\ (a>1)$. よって, $a<1$ ならば収束. $a=1$ で $b<1$ ならば収束. $a=1$ で $b\geq1$ ならば, 級数の各項は 1 以上であるから発散. $a>1$ ならば発散.

6.1 級数

4. ダランベールの収束判定 (要約 6.1.9) を用いる. 級数の第 n 項を a_n とする.

(1) $\displaystyle\lim_{n\to\infty}\frac{a_{n+1}}{a_n}=\lim_{n\to\infty}\frac{1/(n+1)!}{1/n!}=\lim_{n\to\infty}\frac{1}{n+1}=0<1.$ よって,収束.

(2) $\displaystyle\lim_{n\to\infty}\frac{a_{n+1}}{a_n}=\lim_{n\to\infty}\frac{n+1}{n}\frac{\sin(\pi/2^{n+1})}{\pi/2^{n+1}}\frac{\pi/2^n}{\sin(\pi/2^n)}\frac{1}{2}=\frac{1}{2}<1.$ よって,収束.

(3) $\displaystyle\lim_{n\to\infty}\frac{a_{n+1}}{a_n}=\lim_{n\to\infty}\frac{((n+1)!)^2/(2n+2)!}{(n!)^2/(2n)!}=\lim_{n\to\infty}\frac{(n+1)^2}{(2n+2)(2n+1)}=\frac{1}{4}<1.$
よって,収束.

(4) $\displaystyle\lim_{n\to\infty}\frac{a_{n+1}}{a_n}=\lim_{n\to\infty}\frac{(n+1)a+1}{(n+1)b+1}=\frac{a}{b}.$ $a<b$ ならば,$\dfrac{a}{b}<1$ であるから収束. $a>b$ ならば,$\dfrac{a}{b}>1$ であるから発散. $a=b$ ならば,$a_n=1$ であるから発散.

(5) $\displaystyle\lim_{n\to\infty}\frac{a_{n+1}}{a_n}=\lim_{n\to\infty}\left\{\left(\frac{n+1}{n}\right)^n\frac{1-\sqrt{n}/n!}{1-\sqrt{n+1}/(n+1)!}\right\}=e>1.$ よって,発散.

5. $A_N=\displaystyle\sum_{n=0}^{N}(-1)^n a_n$ とおく. $A_{2N+1}=a_0-(a_1-a_2)-\cdots-(a_{2N}-a_{2N+1})$ である.
条件 (i) より,$a_{2n-1}-a_{2n}\geqq 0$ であるから数列 $\{A_{2N+1}\}$ は単調減少で $A_{2N+1}\leqq a_0$. また

$$A_{2N+1}=(a_0-a_1)+(a_2-a_3)+\cdots+(a_{2N-1}-a_{2N})+a_{2N+1}\geqq 0$$

となるから,数列 $\{A_{2N+1}\}$ は有界な単調数列となり収束 (要約 1.1.6).
$\displaystyle\lim_{N\to\infty}A_{2N+1}=S$ とおくと,条件 (ii) より

$$\lim_{N\to\infty}A_{2N}=\lim_{N\to\infty}(A_{2N+1}-a_{2N})=\lim_{N\to\infty}A_{2N+1}=S.$$

よって,$\displaystyle\lim_{N\to\infty}A_N=S$ となる.

したがって,級数の収束の定義により $\displaystyle\sum_{n=0}^{\infty}(-1)^n a_n=S$ となり,$\displaystyle\sum_{n=0}^{\infty}(-1)^n a_n$ は収束.

6. 級数の第 n 項を a_n とする.

(1) $\displaystyle\lim_{n\to\infty}a_n=n\log\left(1+\frac{1}{n}\right)=\log\left(1+\frac{1}{n}\right)^n=\log e=1\neq 0.$ よって,発散.

(2) $\displaystyle\sum_{n=1}^{\infty}\frac{(-1)^{n+1}}{n}$ は,上の問題 6.1-5 の条件をみたす交項級数であるから収束.

(3) $\displaystyle\sum_{n=1}^{\infty}\frac{(-1)^n}{\log n}$ は,上の問題 6.1-5 の条件をみたす交項級数であるから収束.

(4) $\dfrac{1}{n}<\dfrac{1}{\log n}$ で $\displaystyle\sum_{n=1}^{\infty}\frac{1}{n}$ は発散する (例題 6.3(2)) から,$\displaystyle\sum_{n=1}^{\infty}\frac{1}{\log n}$ は発散 (要約 6.1.6(2)).

(2),(3) は収束するが絶対収束しない例である. このような級数を条件収束する級数という.

6.2 整級数

> 要約 — 整級数

6.2.1 (**整級数と整級数の収束**) 級数 $\sum_{n=0}^{\infty} a_n x^n = a_0 + a_1 x + a_2 x^2 + \cdots$ を整級数という．整級数 $\sum_{n=0}^{\infty} a_n x^n$ が $x = u \, (\neq 0)$ で収束するならば，$|x| < |u|$ をみたすすべての x で絶対収束する．

6.2.2 (**収束半径**) 整級数 $\sum_{n=0}^{\infty} a_n x^n$ に対して，$|x| < r$ ならば絶対収束し，$|x| > r$ ならば発散するような $r \, (0 \leq r \leq \infty)$ が存在すれば，r を級数の収束半径という．すべての整級数には収束半径が存在し

$$r = \sup\left\{ |u| \,\middle|\, \sum_{n=0}^{\infty} a_n u^n \text{ は収束する} \right\}.$$

6.2.3 (**収束半径の計算**) 整級数 $\sum_{n=0}^{\infty} a_n x^n$ の収束半径は次のように計算される．

(1) $\lim_{n \to \infty} \sqrt[n]{|a_n|}$ が存在すれば，$r = \lim_{n \to \infty} \dfrac{1}{\sqrt[n]{|a_n|}}$ (**コーシーの計算法**).

(2) $\lim_{n \to \infty} \left| \dfrac{a_n}{a_{n+1}} \right|$ が存在すれば，$r = \lim_{n \to \infty} \left| \dfrac{a_n}{a_{n+1}} \right|$

(**ダランベールの計算法**).

6.2.4 (**関数列と関数列の一様収束**) 関数を項とする数列を関数列という．区間 I で定義された関数列 $\{f_N(x)\}$ が $f(x)$ に一様収束するとは，任意の $\varepsilon > 0$ に対して，自然数 N が存在して $N < n$ ならば，$x \in I$ に対して $|f(x) - f_N(x)| < \varepsilon$ が成り立つときにいう (すべての $x \in I$ に対し共通の N がとれるのが，各点での収束との違いである).

6.2.5 (**整級数で定義される関数**) 整級数 $\sum_{n=0}^{\infty} a_n x^n$ の収束半径を $r(>0)$ とし，この整級数の第 N 部分和を $f_N(x) = \sum_{n=0}^{N} a_n x^n$ と表す．

(1) $f(x) = \sum_{n=0}^{\infty} a_n x^n$ は区間 $(-r, r)$ で定義された連続関数である．

(2) $f_N(x)$ は $|x| \leq r' \, (0 < r' < r)$ で $f(x)$ に一様収束する．

6.2.6 (**整級数の微積分**) $f(x) = \sum_{n=0}^{\infty} a_n x^n$ のとき，以下が成り立つ．

(1) $\displaystyle\int_0^x f(x) \, dt = \sum_{n=0}^{\infty} \dfrac{a_n}{n+1} x^{n+1} \quad (|x| < r).$

(2) 関数 $f(x)$ は区間 $(-r, r)$ で無限回連続微分可能で

$$f'(x) = \sum_{n=1}^{\infty} n a_n x^{n-1}.$$

6.2 整級数

要約 ─────────────────────────── **整級数展開** ─

6.2.7 (**整級数展開**) 関数 $f(x)$ が $|x-a|<r$ $(0<r)$ で収束する整級数で
$$f(x) = \sum_{n=0}^{\infty} a_n x^n \qquad (|x-a|<r)$$
と表されるとき，$f(x)$ は $x=a$ で**整級数展開**(あるいは**テイラー展開**)可能という．$a=0$ のときの整級数展開を**マクローリン展開**という．すべての関数が整級数展開されるわけではない．

6.2.8 (**整級数展開の項の係数**) $f(x) = \sum_{n=0}^{\infty} a_n x^n$ $(|x-a|<r)$ ならば $f^{(n)}(0) = a_n n!$. 係数 a_n は $f(x)$ で決まるから，$f(x)$ の整級数展開は一意的である．

6.2.9 (**整級数展開の可能性**) 関数 $f(x)$ が $|x|<r$ で無限回微分可能とする．$|x|<r$ で定義された連続関数 $g(x)$ で，$|f^{(n)}(x)| \leqq g(x)$ $(|x|<r,\ n=0,1,2,3,\cdots)$ となるものが存在すれば，$f(x)$ は $x=0$ で整級数展開が可能で
$$f(x) = \sum_{n=0}^{\infty} \frac{f^{(n)}(0)}{n!} x^n \qquad (|x-a|<r).$$

6.2.10 (**基本的な整級数展開**) 次の級数展開は基本的で，これからいろいろな級数展開が得られる (例題 6.5)．

(1) $\dfrac{1}{1-x} = \sum\limits_{n=0}^{\infty} x^n$ $(|x|<1)$ (等比級数)．

(2) $(1+x)^\alpha = \sum\limits_{n=0}^{\infty} \binom{\alpha}{n} x^n$ $(|x|<1)$ (二項展開の一般化)．

例題 6.4 ─────────────────────── 収束半径

次の級数の収束半径を求めよ．

(1) $\sum\limits_{n=1}^{\infty} n x^n$. 　　(2) $\sum\limits_{n=1}^{\infty} \left(\dfrac{n}{n+1}\right)^{n^2} x^n$.

考え方 (1) はダランベールの計算法，(2) はコーシーの計算法を用いる．

解答 (1) $a_n = n$ とすると，$\lim\limits_{n\to\infty} \left|\dfrac{a_{n+1}}{a_n}\right| = \lim\limits_{n\to\infty} \dfrac{n+1}{n} = 1$.
よって，収束半径は $r=1$．

(2) $a_n = \left(\dfrac{n}{n+1}\right)^{n^2}$ とすると
$$\lim_{n\to\infty} \frac{1}{\sqrt[n]{|a_n|}} = \lim_{n\to\infty} \left(\frac{n+1}{n}\right)^n = \lim_{n\to\infty} \left(1+\frac{1}{n}\right)^n = e.$$
よって，収束半径は $r=e$． ∎

例題 6.5 ──────────────────────────── **基本的な整級数展開**

次の整級数展開を示せ.

(1) $\dfrac{1}{1-x} = \sum\limits_{n=0}^{\infty} x^n \quad (|x|<1).$

(2) $(1+x)^\alpha = \sum\limits_{n=0}^{\infty} \binom{\alpha}{n} x^n \quad (|x|<1).$

ここで, $\binom{\alpha}{n} = \begin{cases} \dfrac{\alpha(\alpha-1)\cdots(\alpha-n+1)}{n!} & (n \neq 0), \\ 1 & (n = 0). \end{cases}$

考え方 いずれも, 右辺の級数を計算して和が左辺の関数になることを示す.

解答 (1) 等比級数 $\sum\limits_{n=0}^{\infty} x^n$ の和は, 定義により

$$\lim_{N\to\infty}\sum_{n=0}^{N} x^n = \begin{cases} \lim\limits_{N\to\infty} \dfrac{1-x^{N+1}}{1-x} = \begin{cases} \dfrac{1}{1-x} & (|x|<1), \\ \pm\infty \ (\text{発散}) & (|x|>1), \\ \text{振動} \ (\text{発散}) & (x=-1), \end{cases} \\ \lim\limits_{N\to\infty} N = \infty \ (\text{発散}) \quad\quad\quad\quad\quad (x=1). \end{cases}$$

(2) α: 整数 $(\alpha \geq 0)$ ならば通常の二項展開である. $\alpha \neq 0$, 正の整数とする. 級数 $\sum\limits_{n=0}^{\infty} \binom{\alpha}{n} x^n$ の収束半径は, ダランベールの計算方法により

$$r = \lim_{n\to\infty} \left| \binom{\alpha}{n} \middle/ \binom{\alpha+1}{n+1} \right| = \lim_{n\to\infty} \left| \dfrac{n+1}{\alpha-n} \right| = 1.$$

$f(x) = \sum\limits_{n=0}^{\infty} \binom{\alpha}{n} x^n \ (|x|<1)$ とおくと, 要約 6.2.6(2) により, $f(x)$ は $|x|<r$ で項別微分可能で

$$f'(x) = \sum_{n=1}^{\infty} \binom{\alpha}{n} n x^{n-1} = \sum_{n=0}^{\infty} \binom{\alpha}{n+1}(n+1) x^n$$

$$= \sum_{n=0}^{\infty} \dfrac{\alpha(\alpha-1)\cdots(\alpha-n)}{n!} x^n.$$

上式より $(1+x)f'(x) = \alpha f(x)$ が成り立つことがわかるから

$$\dfrac{d}{dx}\left(\dfrac{f(x)}{(1+x)^\alpha}\right) = \dfrac{f'(x)(1+x)^\alpha - \alpha(1+x)^{\alpha-1} f(x)}{(1+x)^{2\alpha}} = 0.$$

よって, $f(x) = c(1+x)^\alpha$ (c: 定数). $x=0$ を両辺に代入して $c=1$ がわかり

$$(1+x)^\alpha = f(x) = \sum_{n=0}^{\infty} \binom{\alpha}{n} x^n \quad (|x|<1). \quad \blacksquare$$

例題 6.6 ——————————————— $\sin x$, $\cos x$, e^x の整級数展開

次の級数展開を示せ.

(1) $\displaystyle\sin x = \sum_{m=0}^{\infty} \frac{(-1)^m}{(2m+1)!} x^{2m+1}$ $(x \in \mathbf{R})$.

(2) $\displaystyle\cos x = \sum_{m=0}^{\infty} \frac{(-1)^m}{(2m)!} x^{2m}$ $(x \in \mathbf{R})$.

(3) $\displaystyle e^x = \sum_{n=0}^{\infty} \frac{x^n}{n!}$ $(x \in \mathbf{R})$.

考え方 整級数の和が与えられた関数になるという例題 6.5 とは逆に, 関数から要約 6.2.9 を用いることにより整級数展開を求める.

解答 (1) $f(x) = \sin x$ とおく. $f(x)$ は C^∞ 級関数 (無限回微分可能な関数) なので

$$|f^{(n)}(x)| = \left|\frac{d^n \sin x}{dx^n}\right| = \left|\sin\left(x + \frac{n\pi}{2}\right)\right| \leqq 1.$$

よって, $f(x) = \sin x$ は要約 6.2.9 の条件を $r = \infty$, $g(x) = 1$ としてみたす.

$$f^{(n)}(0) = \sin \frac{n\pi}{2} = \begin{cases} (-1)^m & (n = 2m+1), \\ 0 & (n = 2m) \end{cases}$$

であるから

$$\sin x = \sum_{m=0}^{\infty} \frac{(-1)^m}{(2m+1)!} x^{2m+1} \quad (x \in \mathbf{R}).$$

(2) $f(x) = \cos x$ とおく. $f(x)$ は C^∞ 級関数 (無限回微分可能な関数) なので

$$|f^{(n)}(x)| = \left|\frac{d^n \cos x}{dx^n}\right| = \left|\cos\left(x + \frac{n\pi}{2}\right)\right| \leqq 1.$$

よって, $f(x) = \cos x$ は要約 6.2.9 の条件を $r = \infty$, $g(x) = 1$ としてみたす.

$$f^{(n)}(0) = \cos \frac{n\pi}{2} = \begin{cases} (-1)^m & (n = 2m), \\ 0 & (n = 2m+1) \end{cases}$$

であるから

$$\cos x = \sum_{m=0}^{\infty} \frac{(-1)^m}{(2m)!} x^{2m} \quad (x \in \mathbf{R}).$$

(3) $f(x) = e^x$ とおく. $f^{(n)}(x) = e^x$ であるから, 要約 6.2.9 の条件を $r = \infty$, $g(x) = e^x$ としてみたす. $f^{(n)}(0) = e^0 = 1$ なので

$$e^x = \sum_{n=0}^{\infty} \frac{x^n}{n!} \quad (x \in \mathbf{R}). \blacksquare$$

例題 6.7 ────────────────────── 整級数展開

次の関数を与えられた点で整級数展開せよ．

(1) $f(x) = e^{x^2+1}$ （原点）．

(2) $f(x) = \dfrac{2x-1}{x^2-x-2}$ $(x=1)$．

(3) $f(x) = \sin x$ $\left(x = \dfrac{\pi}{3}\right)$．

考え方 **(2),(3)** の $x=a$ における整級数展開は，$t=x-a$ とおいて t に関する整級数展開を考える．

解答 (1) $e^u = \sum_{n=0}^{\infty} \dfrac{u^n}{n!}$ であるから，$u = x^2+1$ とおくと

$$e^{x^2+1} = e \cdot e^{x^2} = e \sum_{n=0}^{\infty} \frac{(x^2)^n}{n!} = e \sum_{n=0}^{\infty} \frac{x^{2n}}{n!} = \sum_{n=0}^{\infty} \frac{e}{n!} x^{2n} \quad (x \in \boldsymbol{R}).$$

(2) $t = x-1$ とおいて，$f(x)$ に代入する．$x = t+1$ であるから

$$f(x) = \frac{2(t+1)-1}{(t+1)^2 - (t+1) - 2} = \frac{2t+1}{t^2+t-2}$$

$$= \frac{1}{t+2} + \frac{1}{t-1} = \frac{1}{2} \frac{1}{1+\dfrac{t}{2}} - \frac{1}{1-t} = \frac{1}{2} \sum_{n=0}^{\infty} \left(-\frac{t}{2}\right)^n - \sum_{n=0}^{\infty} t^n$$

$$= \frac{1}{2} \sum_{n=0}^{\infty} (-1)^n \frac{(x-1)^n}{2^n} - \sum_{n=0}^{\infty} (x-1)^n$$

$$= \sum_{n=0}^{\infty} \left(\frac{(-1)^n}{2^{n+1}} - 1\right) (x-1)^n.$$

例題 6.5(1) の級数展開を用いた．その結果より，級数展開は $|x-1| = |t| < 1$ で成り立つ．

(3) $t = x - \dfrac{\pi}{3}$ とおいて，$f(x)$ に代入する．$x = t + \dfrac{\pi}{3}$ であるから

$$f(x) = \sin\left(t + \frac{\pi}{3}\right)$$

$$= \sin t \cos\left(\frac{\pi}{3}\right) + \cos t \sin\left(\frac{\pi}{3}\right) = \frac{1}{2} \sin t + \frac{\sqrt{3}}{2} \cos t$$

$$= \frac{1}{2} \sum_{m=0}^{\infty} \frac{(-1)^m}{(2m+1)!} t^{2m+1} + \frac{\sqrt{3}}{2} \sum_{m=0}^{\infty} \frac{(-1)^m}{(2m)!} t^{2m}$$

$$= \frac{1}{2} \sum_{m=0}^{\infty} \frac{(-1)^m}{(2m+1)!} \left(x - \frac{\pi}{3}\right)^{2m+1} + \frac{\sqrt{3}}{2} \sum_{m=0}^{\infty} \frac{(-1)^m}{(2m)!} \left(x - \frac{\pi}{3}\right)^{2m}.$$

$\sin t$, $\cos t$ の級数展開には，例題 6.6(1),(2) を用いた．その結果より，級数展開は $x \in \boldsymbol{R}$ に対して成り立つ． ∎

問題 6.2

1. 次の整級数の収束半径を求めよ．

(1) $\displaystyle\sum_{n=1}^{\infty}\frac{x^n}{n}$.
(2) $\displaystyle\sum_{n=0}^{\infty} n!\, x^n$.
(3) $\displaystyle\sum_{n=0}^{\infty} a^{n^2} x^n$.

(4) $\displaystyle\sum_{n=0}^{\infty}(\sqrt{n+1}-\sqrt{n})x^n$.
(5) $\displaystyle\sum_{n=1}^{\infty}\frac{x^{2n}}{2^n}$.

(6) $\displaystyle\sum_{n=1}^{\infty}\frac{(2n-1)!!}{(2n)!!}x^{2n}$.
(7) $\displaystyle\sum_{n=0}^{\infty}\frac{(2n-1)!!}{n^n}x^n$.

2. 次の関数 $f(x)$ の $x=0$ における整級数展開を求めよ．

(1) $\dfrac{1}{\sqrt{1-x}}$.
(2) $\dfrac{1}{\sqrt{1+x^2}}$.
(3) $\log(x+\sqrt{1+x^2}\,)$.

(4) $\dfrac{1}{x^2+3x-4}$.
(5) $\log(1+x)$.
(6) $\dfrac{1}{(1+x)^2}$.

(7) $\sin\left(x+\dfrac{\pi}{4}\right)$.
(8) $\mathrm{Cos}^{-1} x$.
(9) $(1+x)^{3/2}$.

3. 次の関数を $f(x)$ とするとき，$f^{(n)}(0)$ を整級数展開を用いて求めよ．

(1) $x^2\log(1+x)$.
(2) $(1+x)e^{x^2}$.
(3) $\mathrm{Tan}^{-1}(2x)$.

(4) $\dfrac{x^2}{x^2-x-2}$.
(5) $\dfrac{1}{\sqrt{1-x}}$.
(6) $\mathrm{Cos}^{-1} x$.

4. 次の関数を与えられた点で整級数展開せよ．

(1) $\dfrac{2x-4}{x^2-4x}$ $(x=1)$.
(2) $\log(2x-x^2)$ $(x=1)$.

(3) $\cos x$ $\left(x=\dfrac{\pi}{3}\right)$.
(4) $\sin x$ $\left(x=\dfrac{\pi}{4}\right)$.

5. $f(x)=\displaystyle\sum_{n=0}^{\infty} a_n x^n$ と整級数展開されるとき，$f(x)$ が偶関数ならば $a_n=0$ (n：奇数)，$f(x)$ が奇関数ならば $a_n=0$ (n：偶数) を示せ．

略解 6.2

1. 第 n 項を a_n, 収束半径を r とする. コーシーまたはダランベールの計算法を用いる.

(1) $r = \lim\limits_{n\to\infty} \left|\dfrac{a_n}{a_{n+1}}\right| = \lim\limits_{n\to\infty} \dfrac{1/n}{1/n+1} = \lim\limits_{n\to\infty} \dfrac{n+1}{n} = 1.$

(2) $r = \lim\limits_{n\to\infty} \left|\dfrac{a_n}{a_{n+1}}\right| = \lim\limits_{n\to\infty} \dfrac{n!}{(n+1)!} = \lim\limits_{n\to\infty} \dfrac{1}{n+1} = 0.$

(3) $r = \lim\limits_{n\to\infty} \dfrac{1}{\sqrt[n]{|a_n|}} = \lim\limits_{n\to\infty} \dfrac{1}{\sqrt[n]{|a|^{n^2}}} = \lim\limits_{n\to\infty} \dfrac{1}{|a|^n} = \begin{cases} 0 & (|a|>1), \\ 1 & (|a|=1), \\ \infty & (|a|<1). \end{cases}$

(4) $r = \lim\limits_{n\to\infty} \left|\dfrac{a_n}{a_{n+1}}\right| = \lim\limits_{n\to\infty} \dfrac{\sqrt{n+1}-\sqrt{n}}{\sqrt{n+2}-\sqrt{n+1}}$

$= \lim\limits_{n\to\infty} \dfrac{((n+1)-n)(\sqrt{n+2}+\sqrt{n+1})}{(\sqrt{n+1}+\sqrt{n})((n+2)-(n+1))} = \lim\limits_{n\to\infty} \dfrac{\sqrt{n+2}+\sqrt{n+1}}{\sqrt{n+1}+\sqrt{n}} = 1.$

(5) $t=x^2$ とおくと $\sum\limits_{n=1}^{\infty} \dfrac{x^{2n}}{2^n} = \sum\limits_{n=1}^{\infty} \dfrac{t^n}{2^n}$. この右辺の t の級数の収束半径は

$$R = \lim\limits_{n\to\infty} \dfrac{1}{\sqrt[n]{1/2^n}} = \lim\limits_{n\to\infty} 2 = 2.$$

よって, x の級数 $\sum\limits_{n=1}^{\infty} \dfrac{x^{2n}}{2^n}$ の収束半径は $r=\sqrt{R}=\sqrt{2}.$

(6) $r = \lim\limits_{n\to\infty} \left|\dfrac{a_n}{a_{n+1}}\right| = \lim\limits_{n\to\infty} \dfrac{(2n-1)!!/(2n)!!}{(2n+1)!!/(2n+2)!!} = \lim\limits_{n\to\infty} \dfrac{2n+2}{2n+1} = 1.$

(7) $r = \lim\limits_{n\to\infty} \left|\dfrac{a_n}{a_{n+1}}\right| = \lim\limits_{n\to\infty} \dfrac{(2n-1)!!/n^n}{(2n+1)!!/(n+1)^{n+1}} = \lim\limits_{n\to\infty} \dfrac{n+1}{2n+1}\left(\dfrac{n+1}{n}\right)^n = \dfrac{e}{2}.$

2. (1) 例題 6.5(2) で $\alpha = -\dfrac{1}{2}$ とおき, x を $-x$ とすると

$$\dfrac{1}{\sqrt{1-x}} = (1-x)^{-1/2} = \sum_{n=0}^{\infty} \binom{-1/2}{n}(-x)^n \quad (|x|<1),$$

$$\binom{-1/2}{n} = \begin{cases} \dfrac{(-1/2)(-1/2-1)\cdots(-1/2-n+1)}{n!} = \dfrac{(-1)^n(2n-1)!!}{(2n)!!} & (n\neq 0), \\ 1 & (n=0). \end{cases}$$

よって, $\dfrac{1}{\sqrt{1-x}} = 1 + \sum\limits_{n=1}^{\infty} \dfrac{(2n-1)!!}{(2n)!!} x^n = \sum\limits_{n=0}^{\infty} \dfrac{(2n-1)!!}{(2n)!!} x^n \quad (|x|<1).$

(2) (1) で x を $-x^2$ として $\dfrac{1}{\sqrt{1+x^2}} = \sum\limits_{n=0}^{\infty} \dfrac{(-1)^n(2n-1)!!}{(2n)!!} x^{2n} \quad (|x|<1).$

(3) $f(x) = \log(x+\sqrt{1+x^2})$ を微分し, (2) を用いると

$$f'(x) = \dfrac{1}{\sqrt{1+x^2}} = \sum_{n=0}^{\infty} \dfrac{(-1)^n(2n-1)!!}{(2n)!!} x^{2n} \quad (|x|<1).$$

両辺を積分し, $\log(x+\sqrt{1+x^2}) = c + \sum\limits_{n=0}^{\infty} \dfrac{(-1)^n(2n-1)!!}{(2n)!!} \dfrac{x^{2n+1}}{2n+1} \quad (|x|<1).$

両辺に $x=0$ を代入して $c=0$. よって

6.2 整級数

$$\log(x+\sqrt{1+x^2}) = \sum_{n=0}^{\infty} \frac{(-1)^n(2n-1)!!}{(2n)!!} \frac{x^{2n+1}}{2n+1} \quad (|x|<1).$$

(4) $f(x)$ を部分分数分解すると $f(x) = \dfrac{1}{x^2+3x-4} = \dfrac{1}{5}\left(\dfrac{1}{x-1} - \dfrac{1}{x+4}\right)$.

$\dfrac{1}{x-1} = -\dfrac{1}{1-x} = -\sum_{n=0}^{\infty} x^n \ (|x|<1)$, $\quad \dfrac{1}{x+4} = \dfrac{1}{4}\dfrac{1}{1+x/4} = \sum_{n=0}^{\infty} \dfrac{(-1)^n}{4^{n+1}} x^n \ (|x|<4)$

であるから

$$\frac{1}{x^2+3x-4} = -\frac{1}{5}\sum_{n=0}^{\infty}\left(1+\frac{(-1)^n}{4^{n+1}}\right)x^n \quad (|x|<1).$$

(5) $\dfrac{1}{1-x} = \sum_{n=0}^{\infty} x^n \ (|x|<1)$ であるから $\dfrac{1}{1+x} = \sum_{n=0}^{\infty} (-1)^n x^n \ (|x|<1)$. この両辺を積分して $\log(1+x) = c + \sum_{n=0}^{\infty} (-1)^n \dfrac{x^{n+1}}{n+1} \ (|x|<1)$. $x=0$ を代入して $c=0$. よって

$$\log(1+x) = \sum_{n=0}^{\infty} (-1)^n \frac{x^{n+1}}{n+1} = \sum_{n=1}^{\infty} (-1)^{n-1} \frac{x^n}{n} \quad (|x|<1).$$

(6) (5) より $\dfrac{1}{1+x} = \sum_{n=0}^{\infty} (-1)^n x^n$. 両辺を微分して $-\dfrac{1}{(1+x)^2} = \sum_{n=1}^{\infty} (-1)^n n x^{n-1} = \sum_{n=0}^{\infty} (-1)^{n+1}(n+1)x^n \ (|x|<1)$. よって

$$\frac{1}{(1+x)^2} = \sum_{n=0}^{\infty} (-1)^n (n+1) x^n \quad (|x|<1).$$

(7) $f(x) = \sin x$ は C^∞ 級関数で, $|f^{(n)}(x)| = \left|\dfrac{d^n \sin x}{dx^n}\right| = \left|\sin\left(x+\dfrac{n\pi}{2}\right)\right| \leq 1$. よって, $f(x)=\sin x$ は要約 6.2.8 の条件を $r=\infty$, $g(x)=1$ としてみたす.

$$f^{(n)}(0) = \sin\left(\frac{n\pi}{2}+\frac{\pi}{4}\right) = \begin{cases} \dfrac{\sqrt{2}}{2} & (n=4k, 4k+1), \\ -\dfrac{\sqrt{2}}{2} & (n=4k+2, 4k+3) \end{cases} = \begin{cases} (-1)^m \dfrac{\sqrt{2}}{2} & (n=2m), \\ (-1)^m \dfrac{\sqrt{2}}{2} & (n=2m+1) \end{cases}$$

であるから

$$\sin\left(x+\frac{\pi}{4}\right) = \frac{\sqrt{2}}{2} \sum_{m=0}^{\infty} \left(\frac{(-1)^m}{(2m)!} x^{2m} + \frac{(-1)^m}{(2m+1)!} x^{2m+1}\right) \quad (x \in \mathbf{R}).$$

(8) $f(x) = \mathrm{Cos}^{-1} x$ を微分すると, $f'(x) = -\dfrac{1}{\sqrt{1-x^2}}$. 右辺を整級数展開する. 問題 6.2-2(1) で x を x^2 とすると $\dfrac{1}{\sqrt{1-x^2}} = \sum_{n=0}^{\infty} \dfrac{(2n-1)!!}{(2n)!!} x^{2n} \ (|x|<1)$. したがって, $f'(x) = -\sum_{n=0}^{\infty} \dfrac{(2n-1)!!}{(2n)!!} x^{2n}$. 両辺を積分して $f(x) = c - \sum_{n=0}^{\infty} \dfrac{(2n-1)!!}{(2n)!!} \dfrac{1}{2n+1} x^{2n+1}$. $x=0$ を代入して $c = f(0) = \mathrm{Cos}^{-1} 0 = \dfrac{\pi}{2}$. よって

$$\mathrm{Cos}^{-1} x = \frac{\pi}{2} - \sum_{n=0}^{\infty} \frac{(2n-1)!!}{(2n)!!} \frac{1}{2n+1} x^{2n+1} \quad (|x|<1).$$

(9) 例題 6.5(2) において, $\alpha = \dfrac{3}{2}$ とおくと, $(1+x)^{3/2} = \sum_{n=0}^{\infty} \binom{3/2}{n} x^n \ (|x|<1)$. $\binom{3/2}{n}$

$$=1\ (n=0),\ =\frac{3}{2}\ (n=1),\ =\frac{(3/2)(1/2)(-1/2)\cdots(3/2-n+1)}{n!}=\frac{3(-1)^n(2n-5)!!}{(2n)!!}$$

$(n\neq 0,1)$ であるから

$$(1+x)^{3/2}=1+\frac{3}{2}x+\sum_{n=0}^{\infty}\frac{3(-1)^n(2n-5)!!}{(2n)!!}x^n.$$

3. (1) $f(x)=x^2\log(1+x)=x^2\sum_{n=1}^{\infty}\frac{(-1)^{n+1}}{n}x^n=\sum_{n=1}^{\infty}\frac{(-1)^{n+1}}{n}x^{n+2}$

$=\sum_{n=3}^{\infty}\frac{(-1)^{n+1}}{n-2}x^n$. $f(x)=\sum_{n=0}^{\infty}\frac{f^{(n)}(0)}{n!}x^n$ であるから $f(0)=f'(0)=f''(0)=0$. $3\leqq n$

ならば $\dfrac{f^{(n)}(0)}{n!}=\dfrac{(-1)^{n+1}}{n-2}$ で $f^{(n)}(0)=\dfrac{(-1)^{n+1}n!}{n-2}$.

(2) $f(x)=(1+x)e^{x^2}=(1+x)\sum_{n=0}^{\infty}\frac{x^{2n}}{n!}=\sum_{n=0}^{\infty}\frac{x^{2n}}{n!}+\sum_{n=1}^{\infty}\frac{x^{2n+1}}{n!}$.

$f(x)=\sum_{n=0}^{\infty}\frac{f^{(n)}(0)}{n!}x^n$ であるから

$n=2m$ (偶数) ならば $\dfrac{f^{(2m)}(0)}{(2m)!}=\dfrac{1}{m!}$ で $f^{(2m)}(0)=\dfrac{(2m)!}{m!}$.

$n=2m+1$ (奇数) ならば $\dfrac{f^{(2m+1)}(0)}{(2m+1)!}=\dfrac{1}{m!}$ で $f^{(2m+1)}(0)=\dfrac{(2m+1)!}{m!}$.

(3) $f(x)=\sum_{n=0}^{\infty}\frac{(-1)^n}{2n+1}(2x)^{2n+1}=\sum_{n=0}^{\infty}\frac{(-1)^n 2^{2n+1}}{2n+1}x^{2n+1}$. $f(x)=\sum_{n=0}^{\infty}\frac{f^{(n)}(0)}{n!}x^n$

であるから

$n=2m$ (偶数) ならば $\dfrac{f^{(2m)}(0)}{(2m)!}=0$ で $f^{(2m)}(0)=0$.

$n=2m+1$ (奇数) ならば $\dfrac{f^{(2m+1)}(0)}{(2m+1)!}=\dfrac{(-1)^m 2^{2m+1}}{2m+1}$ で

$$f^{(2m+1)}(0)=(-1)^m 2^{2m+1}(2m)!.$$

(4) $f(x)=\dfrac{x^2}{x^2-x-2}=\dfrac{x^2}{3}\left(\dfrac{1}{x-2}-\dfrac{1}{x+1}\right)=\dfrac{x^2}{3}\left(-\sum_{n=0}^{\infty}\frac{x^n}{2^{n+1}}+\sum_{n=0}^{\infty}(-1)^{n+1}x^n\right)$

$=\dfrac{1}{3}\sum_{n=2}^{\infty}\left((-1)^{n+1}-\dfrac{1}{2^{n-1}}\right)x^n$. $f(x)=\sum_{n=0}^{\infty}\dfrac{f^{(n)}(0)}{n!}x^n$ であるから

$f^{(n)}(0)=0\ (n=0,1)$. $n\geqq 2$ ならば $\dfrac{f^{(n)}(0)}{n!}=\dfrac{1}{3}\left((-1)^{n+1}-\dfrac{1}{2^{n-1}}\right)$ で

$$f^{(n)}(0)=\frac{n!}{3}\left((-1)^{n+1}-\frac{1}{2^{n-1}}\right).$$

(5) 問題 6.2-2(1) より, $f(x)=\dfrac{1}{\sqrt{1-x}}=\sum_{n=0}^{\infty}\binom{-1/2}{n}(-x)^n=\sum_{n=0}^{\infty}\dfrac{(2n-1)!!}{(2n)!!}x^n$

$=\sum_{n=0}^{\infty}\dfrac{(2n-1)!!}{2^n n!}x^n$. $f(x)=\sum_{n=0}^{\infty}\dfrac{f^{(n)}(0)}{n!}x^n$ であるから $\dfrac{f^{(n)}(0)}{n!}=\dfrac{(2n-1)!!}{2^n n!}$.

したがって, $f^{(n)}(0)=\dfrac{(2n-1)!!}{2^n}$.

(6) 問題 6.2-2(8) より, $f(x)=\mathrm{Cos}^{-1}x=\dfrac{\pi}{2}-\sum_{n=0}^{\infty}\dfrac{(2n-1)!!}{(2n)!!}\dfrac{1}{2n+1}x^{2n+1}$.

6.2 整級数

$f(x) = \sum_{n=0}^{\infty} \frac{f^{(n)}(0)}{n!} x^n$ であるから $f(0) = \frac{\pi}{2}$, $f^{(2n)}(0) = 0$ $(n \geq 1)$. また, $n \geq 1$ のとき $\frac{f^{(2n+1)}(0)}{(2n+1)!} = -\frac{(2n-1)!!}{(2n)!!} \frac{1}{2n+1}$. したがって

$$f^{(2n+1)}(0) = -(2n+1)! \frac{(2n-1)!!}{(2n)!!} \frac{1}{2n+1} = -\frac{(2n)!\,(2n-1)!!}{(2n)!!}$$
$$= -((2n-1)!!)^2 \quad (n \geq 0).$$

4. (1) $t = x - 1$ とおくと, $x = t + 1$ であるから
$$\frac{2x-4}{x^2-4x} = \frac{2(t+1)-4}{(t+1)^2-4(t+1)} = \frac{2t-2}{(t+1)(t-3)} = \frac{1}{t+1} + \frac{1}{t-3}$$
$$= \sum_{n=0}^{\infty}(-t)^n - \frac{1}{3}\sum_{n=0}^{\infty}\left(\frac{t}{3}\right)^n = \sum_{n=0}^{\infty}\left((-1)^n - \frac{1}{3^{n+1}}\right)t^n$$
$$= \sum_{n=0}^{\infty}\left((-1)^n - \frac{1}{3^{n+1}}\right)(x-1)^n \quad (|x-1|<1).$$

(2) $t = x - 1$ とおくと, $x = t + 1$ であるから, 問題 6.2-2(5) を用いて
$$\log(2x-x^2) = \log(1-t^2) = \sum_{n=1}^{\infty}\frac{(-1)^{n+1}}{n}(-t^2)^n$$
$$= -\sum_{n=1}^{\infty}\frac{(x-1)^{2n}}{n} \quad (|x-1|<1).$$

(3) $t = x - \frac{\pi}{3}$ とおくと, $x = t + \frac{\pi}{3}$ であるから, 例題 6.6(1),(2) を用いて
$$\cos x = \cos\left(t + \frac{\pi}{3}\right) = \cos t \cos\frac{\pi}{3} - \sin t \sin\frac{\pi}{3} = \frac{1}{2}\cos t - \frac{\sqrt{3}}{2}\sin t$$
$$= \frac{1}{2}\sum_{n=0}^{\infty}\frac{(-1)^n}{(2n)!}t^{2n} - \frac{\sqrt{3}}{2}\sum_{n=0}^{\infty}\frac{(-1)^n}{(2n+1)!}t^{2n+1}$$
$$= \frac{1}{2}\sum_{n=0}^{\infty}\frac{(-1)^n}{(2n)!}\left(x-\frac{\pi}{3}\right)^{2n} - \frac{\sqrt{3}}{2}\sum_{n=0}^{\infty}\frac{(-1)^n}{(2n+1)!}\left(x-\frac{\pi}{3}\right)^{2n+1} \quad (x \in \boldsymbol{R}).$$

(4) $t = x - \frac{\pi}{4}$ とおくと, $x = t + \frac{\pi}{4}$ であるから, 例題 6.6(1),(2) を用いて
$$\sin x = \sin\left(t + \frac{\pi}{4}\right) = \sin t \cos\frac{\pi}{4} + \cos t \sin\frac{\pi}{4} = \frac{\sqrt{2}}{2}\sin t + \frac{\sqrt{2}}{2}\cos t$$
$$= \frac{\sqrt{2}}{2}\left(\sum_{n=0}^{\infty}\frac{(-1)^n}{(2n+1)!}t^{2n+1} + \sum_{n=0}^{\infty}\frac{(-1)^n}{(2n)!}t^{2n}\right)$$
$$= \frac{\sqrt{2}}{2}\left\{\sum_{n=0}^{\infty}\frac{(-1)^n}{(2n)!}\left(x-\frac{\pi}{4}\right)^{2n} + \sum_{n=0}^{\infty}\frac{(-1)^n}{(2n+1)!}\left(x-\frac{\pi}{4}\right)^{2n+1}\right\} \quad (x \in \boldsymbol{R}).$$

5. $f(x) = f(-x) = \sum_{n=0}^{\infty} a_n(-x)^n = \sum_{n=0}^{\infty}(-1)^n a_n x^n$ である. よって, $0 = f(x) - f(-x) = 2\sum_{n=0}^{\infty} a_{2n+1} x^{2n+1}$. 整級数展開の一意性 (要約 6.2.7) により, $a_{2n+1} = 0$ $(n \geq 0)$. $f(x)$ が奇関数ならば $f(x) + f(-x) = 0$ であるから, 同様にして整級数展開の一意性 (要約 6.2.7) により, $a_{2n} = 0$ $(n \geq 0)$.

章末問題 6

— A —

6.1 次の級数の和を求めよ．
(1) $\sum_{n=1}^{\infty} \dfrac{1}{n^2+2n}$. (2) $\sum_{n=0}^{\infty} \dfrac{3^n}{5^{n+2}}$.

6.2 次の級数の収束，発散を調べよ．
(1) $\sum_{n=1}^{\infty} \dfrac{a^n}{n!}$ $(a>0)$. (2) $\sum_{n=1}^{\infty} \left(\dfrac{n}{n+1}\right)^{n^2}$. (3) $\sum_{n=2}^{\infty} \dfrac{\log n}{n^2}$.

6.3 $\sum_{n=1}^{\infty} a_n^2$ が収束するならば，$\sum_{n=1}^{\infty} \dfrac{a_n}{n}$ も収束することを示せ．

6.4 $\sum_{n=1}^{\infty} \left(\dfrac{a}{n} - \dfrac{b}{n+1}\right)$ の収束，発散を調べよ．

6.5 次の整級数の級数半径を求めよ．
(1) $\sum_{n=2}^{\infty} (\log n) x^n$. (2) $\sum_{n=0}^{\infty} \left(1+\dfrac{1}{n}\right)^{n^2} x^n$. (3) $\sum_{n=1}^{\infty} n x^n$.

6.6 次の関数を与えられた点で整級数展開せよ．
(1) $f(x) = \dfrac{1}{\sqrt{1-x^2}}$ $(x=0)$. (2) $f(x) = \mathrm{Sin}^{-1} x$ $(x=0)$.
(3) $f(x) = \log x(3-x)$ $(x=2)$. (4) $f(x) = \dfrac{7}{(x+1)(2x-5)}$ $(x=1)$.

— B —

6.7 $a_n > 0$, $\lim_{n\to\infty} a_n = 0$, $a_1 \geqq a_2 \geqq a_3 \geqq \cdots$ ならば，級数
$$\sum_{n=1}^{\infty} (-1)^n \dfrac{a_1 + a_2 + \cdots + a_n}{n}$$
は収束することを示せ．

6.8 級数 $\sum_{n=2}^{\infty} \dfrac{1}{n^p (\log n)^q}$ $(p, q \in \boldsymbol{R})$ の収束，発散を調べよ．

6.9 $a_n, b_n > 0$ とし，自然数 N が存在し，$N \leqq n$ ならば $\dfrac{b_{n+1}}{b_n} \leqq \dfrac{a_{n+1}}{a_n}$ であるとする．このとき，次を示せ．
(1) $\sum_{n=0}^{\infty} a_n$ が収束すれば，$\sum_{n=0}^{\infty} b_n$ は収束する．
(2) $\sum_{n=0}^{\infty} b_n$ が発散すれば，$\sum_{n=0}^{\infty} a_n$ は発散する．

6.10 (ラーベの収束判定法) 正項級数 $\sum_{n=0}^{\infty} a_n$ が $\lim_{n\to\infty} n\left(\dfrac{a_n}{a_{n+1}} - 1\right) = r$ をみたすとき，級数 $\sum_{n=0}^{\infty} a_n$ は $1 < r$ ならば収束し，$r < 1$ ならば発散することを示せ．

章末問題 6

6.11 ラーベの収束判定法を用いて、級数 $\sum_{n=0}^{\infty} (-1)^n \binom{\alpha}{n}$ は $\alpha \geq 0$ のとき収束、$\alpha < 0$ のとき発散することを示せ.

6.12 整級数 $\sum_{n=0}^{\infty} a_n x^n$ と $\sum_{n=1}^{\infty} n a_n x^n$ の収束半径は一致することを示せ.

6.13 $\dfrac{1}{\sqrt{\cos x}}$ の整級数展開を x^6 の項まで求めよ.

6.14 $\displaystyle\int_0^x \dfrac{\sin t}{t}\, dx$ の整級数展開を求めよ.

6.15 (ディリクレの収束判定法) 数列 $\{a_n\}$, $\{b_n\}$ が次の条件 (i), (ii) を満たせば、級数 $\sum_{n=0}^{\infty} a_n b_n$ は収束することを示せ.

(i) $a_n > 0$, $a_1 \geq a_2 \geq \cdots$, $\displaystyle\lim_{n \to \infty} a_n = 0$.

(ii) 級数 $\sum_{n=1}^{\infty} b_n$ の第 N 部分和 $B_N = \sum_{n=1}^{N} b_n$ は有界である.

6.16 ディリクレの収束判定法を用いて、$\sum_{n=1}^{\infty} \dfrac{\sin n\theta}{n}$ は収束することを示せ.

7 微分方程式

7.1 1階微分方程式

要約 ──────────────────────────── 1階微分方程式 ──

7.1.1 (微分方程式) 関数 $y = f(x)$ とその導関数 $y', y'', \cdots, y^{(n)}$ の間の関係式 $F(x, y, y', \cdots, y^{(n)}) = 0$ を微分方程式といい，この関係式をみたす $y = f(x)$ を求めることを微分方程式を解くという．微分方程式に含まれる導関数の最高次数を微分方程式の階数という．

7.1.2 (正規形の微分方程式) n 階微分方程式で $y^{(n)} = f(x, y, y', \cdots, y^{(n-1)})$ の形に表されるものを正規形の微分方程式という．

7.1.3 (正規形の微分方程式の解の存在) 関数 $f(x, y, p_1, \cdots, p_{n-1})$ は点 $(a, b_0, b_1, \cdots, b_{n-1})$ の近傍で $x, y, p_1, \cdots, p_{n-1}$ に関して C^1 級関数とする．正規形の微分方程式 $y^{(n)} = f(x, y, y', \cdots, y^{(n-1)})$ には，初期条件
$$y(a) = b_0, \ y'(a) = b_1, \cdots, y^{(n-1)}(a) = b_{n-1}$$
をみたす解 $y = y(x)$ が $x = a$ の近傍でただ1つ存在する．

7.1.4 (変数分離形) 1階微分方程式 $\dfrac{dy}{dx} = f(x)g(y)$ を変数分離形という．

7.1.5 (同次形) 1階微分方程式 $\dfrac{dy}{dx} = f\left(\dfrac{y}{x}\right)$ を同次形という．

7.1.6 (線形微分方程式) 次の形の微分方程式を，線形微分方程式という．
$$y^{(n)} + p_{n-1}(x)y^{(n-1)} + \cdots + p_1(x)y' + p_0(x)y = q(x)$$
$q(x) = 0$ のとき**斉次形**，$q(x) \neq 0$ のとき**非斉次形**という．$p_{n-1}, \cdots, p_1, p_0$ がすべて定数のとき**定数係数の線形微分方程式**という．

7.1.7 (ベルヌーイの微分方程式) 1階微分方程式
$$y' + p(x)y = q(x)y^m \quad (m: \text{整数}, m \neq 0, 1)$$
をベルヌーイの微分方程式という．

7.1.8 (完全微分形) 1階微分方程式 $P(x, y) + Q(x, y)\dfrac{dy}{dx} = 0$ を

$(*)$ $\qquad\qquad P(x, y)\,dx + Q(x, y)\,dy = 0$

と表す．関数 $F(x, y)$ で $F_x(x, y) = P(x, y), \ F_y(x, y) = Q(x, y)$ をみたすものが存在するとき完全微分形であるといい，$F(x, y)$ を $P(x, y)\,dx + Q(x, y)\,dy$ の積分という．$F(x, y) = 0$ が上の完全微分方程式の解である．微分方程式が完全微分形である必要十分条件は $P_y(x, y) = Q_x(x, y)$ である．

7.1.9 (積分因子) 式 $(*)$ に関数 $M(x, y)$ を掛ければ $MP\,dx + MQ\,dy = 0$ が完全微分形になることがある．この関数 $M(x, y)$ を積分因子という．

例題 7.1 ─────────────────────────── 変数分離形

変数分離形の微分方程式 $\dfrac{dy}{dx} = f(x)g(y)$ の解は，次式で与えられることを示せ．

$$\int \frac{dy}{g(y)} = \int f(x)\,dx + c.$$

[考え方] 変数分離形の微分方程式は最も基本的な **1** 階微分方程式である．

[解答] 微分方程式の両辺を $g(y)$ で割ると $\dfrac{1}{g(y)}\dfrac{dy}{dx}=f(x)$．この両辺を x で積分する．左辺の積分は

$$\int \frac{1}{g(y)}\frac{dy}{dx}dx = \int \frac{dy}{g(y)}$$

となるから，x,y の関係式 $\displaystyle\int \frac{dy}{g(y)} = \int f(x)\,dx + c$ が得られる．このように，微分方程式の解が陰関数で得られる (しか得られない) ことも多い．解の両辺を x で微分すれば，これが与えられた微分方程式をみたすことがわかる． ∎

例題 7.2 ─────────────────────────── 同次形

(1) 同次形の微分方程式 $\dfrac{dy}{dx} = f\!\left(\dfrac{y}{x}\right)$ は，$y=xz$ とおくと，z に関する変数分離形の微分方程式となることを示せ．

(2) (1) を用いて，$\dfrac{dy}{dx} = \dfrac{x-y}{x+y}$ を解け．

[考え方] 同次形の微分方程式は $\boldsymbol{y = xz}$ とおくことにより，変数分離形の微分方程式に帰着される．

[解答] (1) $y=xz$ とおく．$\dfrac{dy}{dx} = z + x\dfrac{dz}{dx}$ であるから，微分方程式は $z + x\dfrac{dz}{dx} = f(z)$ となる．変形すると $\dfrac{dz}{dx} = \dfrac{f(z)-z}{x}$ となり，z の変数分離形の微分方程式になる．

(2) 微分方程式は $\dfrac{dy}{dx} = \dfrac{1-y/x}{1+y/x}$ と表されるから同次形の微分方程式である．$y=xz$ とおくと $z + x\dfrac{dz}{dx} = \dfrac{1-z}{1+z}$ となる．これを整理すると $\dfrac{1+z}{1-2z-z^2}\dfrac{dz}{dx} = \dfrac{1}{x}$．両辺を x で積分すると

$$-\frac{1}{2}\log|1-2z-z^2| = \log|x| + c.$$

変形して $\log|x^2 - 2xy - y^2| = -2c$．両辺に指数関数を施す．$C = e^{-2c}$ とおき C が任意の実数をとるとすると，解は

$$x^2 - 2xy - y^2 = C \qquad (C \in \boldsymbol{R}).$$
∎

7.1　1階微分方程式

例題 7.3 ─────────────────────── **1階線形微分方程式**

1階線形微分方程式 $y' + p(x)y = q(x)$ の解は，次式で与えられることを示せ．
$$y = e^{-\int p(x)\,dx}\left(\int q(x)e^{\int p(x)\,dx}dx + c\right) \qquad (c \in \mathbf{R}).$$

───────────────────────────────────

[考え方]　1階線形微分方程式を解くには，まず斉次形の微分方程式を解き，その1つの解を $\boldsymbol{u(x)}$ として，もとの方程式の解を $\boldsymbol{y = u(x)v(x)}$ とおいて $\boldsymbol{v(x)}$ を求める (この解法を定数変化法という)．

[解答]　定数変化法を用いて解く．1階線形微分方程式 $y' + p(x)y = q(x)$ において，$q(x) = 0$ とおいた斉次形の微分方程式
$$y' + p(x)y = 0$$
を考える．この微分方程式は変数分離形の方程式であるから，解は
$$\int \frac{1}{y}\,dy = \log|y| = -\int p(x)\,dx + c_1.$$
指数関数を施して $y = C_1 e^{-\int p(x)\,dx}$ $(C_1 = e^{c_1})$．$C_1 = 1$ とおくと特別解
$$u(x) = e^{-\int p(x)\,dx}$$
を得る．

$y' + p(x)y = q(x)$ を解く．$y = u(x)v(x)$ とおいて微分方程式に代入すると，$(uv)' = u'v + uv'$ であるから
$$u'v + uv' + p(x)uv = q(x).$$
$u(x)$ は $y' + p(x)y = 0$ の解なので，$u' + p(x)u = 0$．これを上式に代入して
$$uv' = q(x).$$
したがって，$v(x)$ を求めるにはこの方程式を解けばよい．この方程式を変形して
$$v' = \frac{q(x)}{u(x)}.$$
この両辺を積分して
$$v(x) = \int \frac{q(x)}{u(x)}\,dx = \int q(x)e^{\int p(x)\,dx}dx + c$$
となるから，求める微分方程式の解は
$$\begin{aligned}y &= u(x)v(x)\\ &= e^{-\int p(x)\,dx}\left(\int q(x)e^{\int p(x)\,dx}dx + c\right) \qquad (c \in \mathbf{R}).\end{aligned}$$ ∎

例題 7.4 ——————————————————— ベルヌーイの微分方程式

微分方程式 $y' - y = xy^2$ を解け。

[考え方] ベルヌーイの微分方程式 $y' + p(x)y = q(x)y^m$ は $z = y^{1-m}$ とおけば，z の 1 階線形微分方程式になる．

[解答] $y = 0$ は明らかに微分方程式の解である．
$y \neq 0$ とし，$z = y^{-1} = \dfrac{1}{y}$ とおく．$y = \dfrac{1}{z}$ であるから，$\dfrac{dy}{dx} = -\dfrac{1}{z^2}\dfrac{dz}{dx}$．
よって，y の微分方程式は，z の微分方程式 $-\dfrac{1}{z^2}\dfrac{dz}{dx} - \dfrac{1}{z} = \dfrac{x}{z^2}$ と書き換えられる．
これを整理すると

$$\frac{dz}{dx} + z = -x.$$

これは z の 1 階線形微分方程式である．例題 7.3 により

$$z = e^{-\int dx}\left(-\int xe^{\int dx}dx + c\right) = e^{-x}\left(-\int xe^x dx + c\right)$$
$$= e^{-x}(-xe^x + e^x + c) = -x + 1 + ce^{-x}.$$

計算には部分積分の公式 (要約 3.1.8(1)) を用いた．よって，$y = \dfrac{1}{z} = \dfrac{1}{-x + 1 + ce^{-x}}$．
ベルヌーイの微分方程式の解は

$$y = 0, \quad y(-x + 1 + ce^{-x}) = 1 \quad (c \in \boldsymbol{R}). \qquad \blacksquare$$

例題 7.5 ——————————————————— 完全微分形の方程式

微分方程式 $(2x + 3y + 1)\,dx + (3x - 4y + 3)\,dy = 0$ は完全微分形であることを示し，微分方程式を解け．

[考え方] $P(x, y)\,dx + Q(x, y)\,dy = 0$ が完全微分形のとき，積分 $F(x, y)$ は $F(x, y) = \displaystyle\int_a^x P(s, 0)\,ds + \int_b^y Q(x, t)\,dt$ で与えられる．(a, b) は平面上の適当な点で，点 (a, b) を積分の始点という．

[解答] $P(x, y) = 2x + 3y + 1$, $Q(x, y) = 3x - 4y + 3$ とおく．$P_y(x, y) = Q_x(x, y)$ を確かめる．$P_y = 3 = Q_x$ であるから与えられた方程式は完全微分形である．$F_x(x, y) = P(x, y)$，$F_y(x, y) = Q(x, y)$ となる $F(x, y)$ を見つければ，$F(x, y) = c$ がこの完全微分方程式の解である．原点を積分の始点として積分すると

$$F(x, y) = \int_0^x P(s, 0)\,ds + \int_0^y Q(x, t)\,dt = \int_0^x (2s + 1)\,ds + \int_0^y (3x - 4t + 3)\,dt$$
$$= \left[s^2 + s\right]_0^x + \left[3xt - 2t^2 + 3t\right]_0^y = x^2 + x + 3xy - 2y^2 + 3y.$$

よって，解は $x^2 + x + 3xy - 2y^2 + 3y = c\ (c \in \boldsymbol{R})$． $\blacksquare$

例題 7.6 ──────────────────── 積分因子

微分方程式 $P(x,y)\,dx + Q(x,y)\,dy = 0$ において，次の (1),(2) を示せ．

(1) $\dfrac{P_y - Q_x}{Q}$ が x のみの関数ならば，$M(x) = \exp\left(\displaystyle\int \dfrac{P_y - Q_x}{Q}\,dx\right)$ は積分因子．

(2) $\dfrac{Q_x - P_y}{P}$ が y のみの関数ならば，$M(y) = \exp\left(\displaystyle\int \dfrac{Q_x - P_y}{P}\,dy\right)$ は積分因子．

ここで，$\exp(f(x)) = e^{f(x)}$ である．

考え方 $(M(x)P(x,y))_y = (M(x)Q(x,y))_x$ が成り立つことを示す．

解答 (1) $\dfrac{P_y - Q_x}{Q}$ が x のみの関数と仮定し，$M(x) = \exp\left(\displaystyle\int \dfrac{P_y - Q_x}{Q}\,dx\right)$

とおく．$\tilde{P}(x,y) = M(x)P(x,y),\ \tilde{Q}(x,y) = M(x)Q(x,y)$ とおき

$$\tilde{P}(x,y)\,dx + \tilde{Q}(x,y)\,dy = 0$$

が完全微分形であることを示す．

$$\tilde{P}_y(x,y) = \frac{\partial}{\partial y}\left\{P \exp\left(\int \frac{P_y - Q_x}{Q}\,dx\right)\right\} = P_y \exp\left(\int \frac{P_y - Q_x}{Q}\,dx\right),$$

$$\tilde{Q}_x(x,y) = \frac{\partial}{\partial x}\left\{Q \exp\left(\int \frac{P_y - Q_x}{Q}\,dx\right)\right\}$$

$$= Q_x \exp\left(\int \frac{P_y - Q_x}{Q}\,dx\right) + Q \frac{\partial}{\partial x}\left\{\exp\left(\int \frac{P_y - Q_x}{Q}\,dx\right)\right\}$$

$$= Q_x \exp\left(\int \frac{P_y - Q_x}{Q}\,dx\right) + Q \frac{P_y - Q_x}{Q} \exp\left(\int \frac{P_y - Q_x}{Q}\,dx\right)$$

$$= P_y \exp\left(\int \frac{P_y - Q_x}{Q}\,dx\right).$$

よって，$\tilde{P}_y(x,y) = \tilde{Q}_x(x,y)$ が示された．したがって

$$\tilde{P}(x,y)\,dx + \tilde{Q}(x,y)\,dy = 0$$

は完全微分形である．

(2) (1) と同様に示される． ∎

---

(1),(2) の他にも，次のようにして積分因子を見つけることができる．

(3) $P(x,y),\ Q(x,y)$ が多項式のとき，$M(x,y) = x^a y^b$ とおいて比較することにより，$M(x,y)$ が積分因子となるような a,b が見つかる場合がある．

(4) x,y の多項式 $f(x,y)$ は $f(cx,cy) = c^k f(x,y)$ をみたすとき，k 次同次式であるという．$P(x,y),\ Q(x,y)$ がともに k 次同次式であるとき，$xP + yQ \ne 0$ ならば，$M(x,y) = \dfrac{1}{xP + yQ}$ は積分因子である (章末問題 7.9(2) で証明)．

問題 7.1

1. 次の微分方程式の階数を求めよ．また，正規形かどうかをいえ．
(1) $yy' = xy''$.
(2) $y'' = (y' + x)^3$.
(3) $(y')^2 + y' = y + x$.
(4) $y''' + 2y'' - y = 0$.

2. 次の微分方程式を解け (変数分離形とその応用).
(1) $y' = x^2 y$.
(2) $xy' + y = 2xy$.
(3) $y' = \dfrac{y}{x(x+1)}$.
(4) $y' = \dfrac{1+y}{1-x}$.
(5) $y' = x + 2y - 1$.
(6) $y' = e^{x+y} - 1$.

3. 次の微分方程式を解け (同次形).
(1) $y' = \dfrac{x+y}{x-y}$.
(2) $y' = \dfrac{2x-y}{x}$.
(3) $y' = -\dfrac{x+2y}{y}$.
(4) $y' = \dfrac{y^2 - x^2}{xy}$.

4. 次の微分方程式を解け (1 階線形微分方程式).
(1) $y' - y = e^{2x}$.
(2) $y' - \dfrac{2}{x}y = x + 2$.
(3) $y' + 2xy = x$.
(4) $xy' - y = x$.
(5) $y' + y \cos x = \cos x$.
(6) $xy' + 2y = \dfrac{\sin x}{x}$.

5. 次の微分方程式を解け (ベルヌーイの微分方程式).
(1) $y' + 2xy = 2x^3 y^3$.
(2) $y' - 2y = e^{2x} y^3$.
(3) $y' - xy = -x^3 y^2$.
(4) $(1-x^2)y' - xy = 2xy^2$.

6. 次の微分方程式が完全微分形であることを確かめて解け．
(1) $(-x + y + 2)\,dx + (x - y + 1)\,dy = 0$.
(2) $(e^x + 2xy + 2y^2)\,dx + (x^2 + 4xy + 3)\,dy = 0$.
(3) $(\sin y + 3x^2 - 1)\,dx + (x \cos y + 2y^3)\,dy = 0$.

7. 次の微分方程式の積分因子を求めて解け．
(1) $(x + 2y)\,dx + dy = 0$.
(2) $y^3\,dx + (2xy^2 + 3y)\,dy = 0$.
(3) $3x^2 y\,dx + (2x^3 + 2)\,dy = 0$.

7.1　1階微分方程式

───── **略解 7.1** ─────

1. (1) 2階，非正規形.

(2) 2階，正規形.

(3) 1階，非正規形.

(4) 3階，正規形.

2. (1) $\dfrac{dy}{dx}=x^2y$ であるから $\dfrac{dy}{y}=x^2 dx$. 両辺を積分して $\log|y|=\dfrac{x^3}{3}+c$. よって，$|y|=e^c e^{x^3/3}$. $y=0$ も解であるから，$C=e^c$ とおき C が任意の実数をとるとすると，解は $y=Ce^{x^3/3}$ ($C\in\boldsymbol{R}$).

(2) 変形すると $\dfrac{dy}{dx}=\dfrac{2x-1}{x}y$ であるから $\dfrac{dy}{y}=\dfrac{2x-1}{x}dx$. 両辺を積分して $\log|y|=2x-\log|x|+c$. よって，$|y|=e^c\dfrac{e^{2x}}{|x|}$. $y=0$ も解であるから，$C=e^c$ とおき C が任意の実数をとるとすると，解は $y=C\dfrac{e^{2x}}{x}$ ($C\in\boldsymbol{R}$).

(3) 変形すると $\dfrac{dy}{y}=\left(\dfrac{1}{x}-\dfrac{1}{x+1}\right)dx$. 両辺を積分して $\log|y|=\log|x|-\log|x+1|+c=\log\left|\dfrac{x}{x+1}\right|+c$. よって，$|y|=e^c\left|\dfrac{x}{x+1}\right|$. $y=0$ も解であるから，$C=e^c$ とおき C が任意の実数をとるとすると，解は $y=\dfrac{Cx}{x+1}$ ($C\in\boldsymbol{R}$).

(4) 変形すると $\dfrac{dy}{1+y}=\dfrac{dx}{1-x}$. 両辺を積分して $\log|1+y|=-\log|1-x|+c$. よって，$|y+1|=\dfrac{e^c}{|1-x|}$. $y=-1$ も解であるから，$c_1=e^c$ とおき c_1 が任意の実数をとるとすると，$y+1=\dfrac{c_1}{1-x}$. $C=c_1-1$ とおくと，解は $y=\dfrac{C+x}{1-x}$ ($C\in\boldsymbol{R}$).

(5) $z=x+2y-1$ とおくと $z'=2y'+1$. 微分方程式は (*) $z'=2z+1$ と z の変数分離形の微分方程式になる．変形すると $\dfrac{dz}{z+1/2}=2\,dx$. 両辺を積分して $\log\left|z+\dfrac{1}{2}\right|=2x+c$. よって，$z+\dfrac{1}{2}=e^c e^{2x}$. $z=-\dfrac{1}{2}$ も (*) の解であるから，$c_1=2e^{2c}$ とおき c_1 が任意の実数をとるとすると $2z+1=c_1 e^{2x}$. $z=x+2y-1$ を代入し $C=\dfrac{c_1}{4}$ とおくと，解は $y=Ce^{2x}-\dfrac{x}{2}+\dfrac{1}{4}$ ($C\in\boldsymbol{R}$).

(6) $z=x+y$ とおくと，微分方程式は $z'=e^z$ と z の変数分離形の微分方程式になる．変形すると $e^{-z}dz=dx$. 両辺を積分して $-e^{-z}=x+c$. よって，$-z=\log(-x-c)$. $z=x+y$ を代入し $C=-c$ とおくと，解は $y=-x-\log(C-x)$ ($C\in\boldsymbol{R}$).

3. $y=xz$ とおくと $y'=z+xz'$ である．

(1) $y=xz$, $y'=z+xz'$ を代入すると $z+xz'=\dfrac{x+xz}{x-xz}$. 整理して $xz'=\dfrac{1+z^2}{1-z}$ と z の変数分離形になる．よって，$\dfrac{1-z}{1+z^2}dz=\dfrac{dx}{x}$ であるから，両辺を積分して $\mathrm{Tan}^{-1}z-\dfrac{1}{2}\log(1+$

z^2) $= \log|x| + c$. $z = \dfrac{y}{x}$ を代入して,解は $\mathrm{Tan}^{-1}\dfrac{y}{x} - \dfrac{1}{2}\log(x^2+y^2) = c$ $(c \in \boldsymbol{R})$.

(2) $y = xz$, $y' = z + xz'$ を代入すると $z + xz' = \dfrac{2x - xz}{x}$. 整理して $(*)$ $xz' = 2 - 2z$ と z の変数分離形になる. よって, $\dfrac{z}{1-z}\,dz = 2\dfrac{dx}{x}$ であるから, 両辺を積分して $-\log|1-z| = 2\log|x| + c$. $|1-z| = e^c\left|\dfrac{1}{x^2}\right|$ となるが, $z = 1$ も $(*)$ の解であるから, $C\,(=e^c)$ が任意の実数をとるとすると $1 - z = C\dfrac{1}{x^2}$. $z = \dfrac{y}{x}$ を代入して, 解は $y = x - \dfrac{C}{x}$ $(C \in \boldsymbol{R})$.

(3) $y = xz$, $y' = z + xz'$ を代入すると $z + xz' = -\dfrac{x + 2xz}{xz} = -\dfrac{1+2z}{z}$. 整理して $xz' = -\dfrac{z^2 + 2z + 1}{z}$ と z の変数分離形になる. よって, $\dfrac{z}{(1+z)^2}\,dz = -\dfrac{dx}{x}$ であるから, 両辺を積分して $\log|z+1| + \dfrac{1}{z+1} = -\log|x| + c$. $z = \dfrac{y}{x}$ を代入して, 解は $\log|x+y| + \dfrac{x}{x+y} = c$ $(c \in \boldsymbol{R})$.

(4) $y = xz$, $y' = z + xz'$ を代入すると $z + xz' = \dfrac{x^2z^2 - x^2}{x^2z} = -\dfrac{z^2-1}{z}$. 整理して $xz' = -\dfrac{1}{z}$ と z の変数分離形になる. よって, $z\,dz = -\dfrac{1}{x}\,dx$ であるから, 両辺を積分して $\dfrac{z^2}{2} = -\log|x| + c$. $z = \dfrac{y}{x}$ を代入して, 解は $x^2\log x^2 + y^2 = Cx^2$ $(C = 2c \in \boldsymbol{R})$.

4. 例題 7.3 の公式を用いて解く. 解答の手順を理解するために, (1) のみ例題 7.3 の議論をたどって示す.

(1) 斉次部分 $y' = y$ は変数分離形であるから変形して $\dfrac{dy}{y} = dx$. 両辺を積分して $\log|y| = x + c_1$. よって, $y = \pm e^{c_1}e^x$ であるが $y = 0$ も解となるので, C_1 を任意の実数とすると斉次形の微分方程式 $y' - y = 0$ の一般解は $y = C_1 e^x$.

1 階線形微分方程式 $y' - y = e^{2x}$ の解を求める. $y = u(x)v(x)\,(u(x) = e^x)$ において微分方程式に代入すると, $(uv)' = u'v + uv'$ であるから $u'v + uv' - uv = e^{2x}$.

$u = e^x$ は $y' - y = 0$ の解なので, $uv' = e^{2x}$. $v(x)$ を求めるには $uv' - uv = 0$, すなわち, $v' = e^x$ を解けばよい. 両辺を積分して $v(x) = \displaystyle\int e^x\,dx + c = e^x + c$. したがって, 求める微分方程式の解は $y = u(x)v(x) = e^x(e^x + c) = e^{2x} + ce^x$ $(c \in \boldsymbol{R})$.

(2) $p(x) = -\dfrac{2}{x}$ とおく. $\displaystyle\int p(x)\,dx = -\int \dfrac{2}{x}\,dx = -2\log|x| = -\log x^2$ であるから

$$y = e^{\log x^2}\left(\int (x+2)e^{-\log x^2}\,dx + c\right) = x^2\left(\int \dfrac{x+2}{x^2}\,dx + c\right)$$

$$= x^2\left(\log|x| - \dfrac{2}{x} + c\right) = x^2\log|x| - 2x + cx^2 \quad (c \in \boldsymbol{R}).$$

(3) $p(x) = 2x$ とおく. $\displaystyle\int p(x)\,dx = \int 2x\,dx = x^2$ であるから

$$y = e^{-x^2}\left(\int xe^{x^2}\,dx + c\right) = e^{-x^2}\left(\dfrac{e^{x^2}}{2} + c\right) = \dfrac{1}{2} + ce^{-x^2} \quad (c \in \boldsymbol{R}).$$

7.1　1階微分方程式

(4)　方程式を変形すると $y' - \dfrac{1}{x}y = 1$ と1階線形微分方程式になる．$p(x) = -\dfrac{1}{x}$ とおく．$\int p(x)\,dx = \int -\dfrac{1}{x}\,dx = -\log|x|$ であるから

$$y = e^{\log|x|}\left(\int e^{-\log|x|}\,dx + c\right) = |x|\left(\int \dfrac{1}{|x|}\,dx + c\right)$$
$$= x\left(\int \dfrac{1}{x}\,dx + c\right) = x(\log|x| + c) = x\log|x| + cx \quad (c \in \boldsymbol{R}).$$

(5)　$p(x) = \cos x$ とおく．$\int p(x)\,dx = \int \cos x\,dx = \sin x$ であるから

$$y = e^{-\sin x}\left(\int \cos x\, e^{\sin x}\,dx + c\right) = e^{-\sin x}\left(e^{\sin x} + c\right)$$
$$= 1 + ce^{-\sin x} \quad (c \in \boldsymbol{R}).$$

(6)　方程式を変形すると $y' + \dfrac{2}{x}y = \dfrac{\sin x}{x^2}$ となる．$\int \dfrac{2}{x}\,dx = 2\log|x| = \log x^2$ であるから

$$y = e^{-\log x^2}\left(\int \dfrac{\sin x}{x^2}e^{\log x^2}\,dx + c\right) = \dfrac{1}{x^2}\left(\int \sin x\,dx + c\right)$$
$$= -\dfrac{\cos x}{x^2} + \dfrac{c}{x^2} \quad (c \in \boldsymbol{R}).$$

5.　例題7.4の[考え方]のように，ベルヌーイの微分方程式 $y' + p(x)y = q(x)y^m$ は $z = y^{1-m}$ とおくと，z の1階線形微分方程式になる．

(1)　$y = 0$ は明らかに解である．$y \neq 0$ とし $z = y^{-2}$ とおくと $z' = -2y^{-3}y'$ で，z の1階線形微分方程式 $z' - 4xz = -4x^3$ となる．これを解くと

$$z = e^{2x^2}\left(-4\int x^3 e^{-2x^2}\,dx + c\right) = e^{2x^2}\left\{e^{-2x^2}\left(x^2 + \dfrac{1}{2}\right) + c\right\}$$
$$= x^2 + \dfrac{1}{2} + ce^{2x^2}.$$

よって，解は $y = 0,\ y^2\left(x^2 + \dfrac{1}{2} + ce^{2x^2}\right) = 1\ (c \in \boldsymbol{R})$.

(2)　$y = 0$ は明らかに解である．$y \neq 0$ とし $z = y^{-2}$ とおくと $z' = -2y^{-3}y'$ で，z の1階線形微分方程式 $z' + 4z = -2e^{2x}$ となる．これを解くと

$$z = e^{-4x}\left(-2\int e^{6x}\,dx + c\right) = -\dfrac{e^{2x}}{3} + ce^{-4x}.$$

よって，解は $y = 0,\ y^2\left(-\dfrac{e^{2x}}{3} + ce^{-4x}\right) = 1\ (c \in \boldsymbol{R})$.

(3)　$y = 0$ は明らかに解である．$y \neq 0$ とし $z = y^{-1}$ とおくと $z' = -y^{-2}y'$ で，z の1階線形微分方程式 $z' + xz = x^3$ となる．これを解くと $\int xe^{x^2/2}\,dx = e^{x^2/2}$ であるから

$$z = e^{-\int x\,dx}\left\{\int x^3 \exp\left(\int x\,dx\right)dx + c\right\} = e^{-x^2/2}\left(\int x^3 e^{x^2/2}\,dx + c\right)$$
$$= e^{-x^2/2}\left(x^2 e^{x^2/2} - \int 2x e^{x^2/2}\,dx + c\right) = e^{-x^2/2}\left(x^2 e^{x^2/2} - 2e^{x^2/2} + c\right)$$
$$= x^2 - 2 + ce^{-x^2/2}.$$

よって，解は $y=0$, $y(x^2-2+ce^{-x^2/2})=1$ $(c\in\mathbf{R})$.

(4) $y=0$ は明らかに解である．$y\neq 0$ とし $z=y^{-1}$ とおくと $z'=-y^{-2}y'$ で，z の 1 階線形微分方程式 $z'+\dfrac{x}{1-x^2}z=-\dfrac{2x}{1-x^2}$ となる．これを解くと $\displaystyle\int\dfrac{x}{1-x^2}dx=-\dfrac{1}{2}\log|1-x^2|$ であるから

$$z=\exp\left(-\int\dfrac{x}{1-x^2}\,dx\right)\left\{\int\dfrac{-2x}{1-x^2}\exp\left(\int\dfrac{x}{1-x^2}\,dx\right)dx+c\right\}$$
$$=\sqrt{|1-x^2|}\left\{\int\dfrac{-2x}{(1-x^2)\sqrt{|1-x^2|}}\,dx+c\right\}=-2+c\sqrt{|1-x^2|}.$$

よって，解は $y=0$, $y\left(-2+c\sqrt{|1-x^2|}\right)=1$ $(c\in\mathbf{R})$.

（厳密には $\displaystyle\int\dfrac{-2x}{(1-x^2)\sqrt{|1-x^2|}}\,dx$ は $|x|>1$ と $|x|<1$ に分けて考える必要がある）

6. 与えられた微分方程式を $P(x,y)\,dx+Q(x,y)\,dy=0$ と表す．例題 7.5 のように，$F_x(x,y)=P(x,y)$, $F_y(x,y)=Q(x,y)$ となる関数 $F(x,y)$ を求めれば $F(x,y)=0$ が解である．

(1) $P_y=1=Q_x$ であるから完全微分形である．積分の始点を原点にとる．

$$F(x,y)=\int_0^x P(s,0)\,ds+\int_0^y Q(x,t)\,dt=\int_0^x(-s+2)\,ds+\int_0^y(x-t+1)\,dt$$
$$=\left[-\dfrac{s^2}{2}+2s\right]_{s=0}^{s=x}+\left[xt-\dfrac{t^2}{2}+t\right]_{t=0}^{t=y}=-\dfrac{x^2}{2}+2x+xy-\dfrac{y^2}{2}+y.$$

よって，解は $-\dfrac{x^2}{2}+2x+xy-\dfrac{y^2}{2}+y=c$ $(c\in\mathbf{R})$.

(2) $P_y=2x+4y=Q_x$ であるから完全微分形である．積分の始点を原点にとる．

$$F(x,y)=\int_0^x P(s,0)\,ds+\int_0^y Q(x,t)\,dt=\int_0^x e^s\,ds+\int_0^y(x^2+4xt+3)\,dt$$
$$=[e^s]_{s=0}^{s=x}+[x^2 t+2xt^2+3t]_{t=0}^{t=y}=e^x-1+x^2 y+2xy^2+3y.$$

よって，解は $e^x+x^2 y+2xy^2+3y=c$ $(c\in\mathbf{R})$.

(3) $P_y=\cos y=Q_x$ であるから完全微分形である．積分の始点を原点にとる．

$$F(x,y)=\int_0^x P(s,0)\,ds+\int_0^y Q(x,t)\,dt=\int_0^x(3s^2-1)\,ds+\int_0^y(x\cos t+2t^3)\,dt$$
$$=[s^3-s]_{s=0}^{s=x}+\left[x\sin t+\dfrac{t^4}{2}\right]_{t=0}^{t=y}=x^3-x+x\sin y+\dfrac{y^4}{2}.$$

よって，解は $x^3-x+x\sin y+\dfrac{y^4}{2}=c$ $(c\in\mathbf{R})$.

7. 与えられた微分方程式を $P(x,y)\,dx+Q(x,y)\,dy=0$ と表す．

(1) 変数分離形としても解けるが，積分因子を例題 7.6(1) を用いて解く．$\dfrac{P_y-Q_x}{Q}=2$ は x のみの関数であるから，積分因子として $M(x)=\exp\left(\displaystyle\int\dfrac{P_y-Q_x}{Q}\,dx\right)=e^{2x}$ がとれる．$\tilde{P}(x,y)=M(x)P(x,y)=xe^{2x}+2ye^{2x}$, $\tilde{Q}(x,y)=M(x)Q(x,y)=e^{2x}$ とおく．$\tilde{P}(x,y)\,dx+\tilde{Q}(x,y)\,dy=0$ は完全微分形であるから，積分の始点を原点にとると

7.1 1階微分方程式

$$\tilde{F}(x,y) = \int_0^x \tilde{P}(s,0)\,ds + \int_0^y \tilde{Q}(x,t)\,dt = \int_0^x se^{2s}\,ds + \int_0^y e^{2x}\,dt$$
$$= \left[\frac{1}{2}se^{2s} - \frac{1}{4}e^{2s}\right]_{s=0}^{s=x} + \left[e^{2x}t\right]_{t=0}^{t=y} = \frac{1}{2}xe^{2x} - \frac{1}{4}e^{2x} + \frac{1}{4} + e^{2x}y.$$

よって，解は $\frac{1}{2}xe^{2x} - \frac{1}{4}e^{2x} + \frac{1}{4} + e^{2x}y = c$ $(c \in \boldsymbol{R})$. 両辺を 4 倍して $C = 4c - 1$ とおくと，解は $e^{2x}(2x + 4y - 1) = C$ $(C \in \boldsymbol{R})$.

(2) 積分因子を例題 7.6(2) を用いて解く．$\dfrac{Q_x - P_y}{P} = -\dfrac{1}{y}$ は y のみの関数であるから，積分因子として $M(y) = \exp\left(\int \dfrac{Q_x - P_y}{P}\,dx\right) = \exp\left(-\int \dfrac{1}{y}\,dy\right) = \dfrac{1}{y}$ がとれる．$\tilde{P}(x,y) = M(y)P(x,y) = y^2$, $\tilde{Q}(x,y) = M(y)Q(x,y) = 2xy + 3$ とおく．$\tilde{P}(x,y)\,dx + \tilde{Q}(x,y)\,dy = 0$ は完全微分形であるから，積分の始点を原点にとると

$$\tilde{F}(x,y) = \int_0^x \tilde{P}(s,0)\,ds + \int_0^y \tilde{Q}(x,t)\,dt = \int_0^y (2xt + 3)\,dt$$
$$= \left[xt^2 + 3t\right]_{t=0}^{t=y} = xy^2 + 3y.$$

よって，解は $xy^2 + 3y = c$ $(c \in \boldsymbol{R})$.

(3) 積分因子を例題 7.6 の後に記した方法 (3) を用いて求める．積分因子として $M(x,y) = x^a y^b$ の形の関数があると仮定する．$\tilde{P}(x,y) = M(x,y)P(x,y)$, $\tilde{Q}(x,y) = M(x,y)Q(x,y)$ とおき，$\tilde{P}(x,y)\,dx + \tilde{Q}(x,y)\,dy = 0$ が完全微分形であると仮定する．

$$\tilde{P}_y(x,y) = M(x,y)P_y(x,y) + M_y(x,y)P(x,y) = 3(b+1)x^{a+2}y^b,$$
$$\tilde{Q}_x(x,y) = M(x,y)Q_x(x,y) + M_x(x,y)Q(x,y) = 2(a+3)x^{a+2}y^b + 2ax^{a-1}y^b$$

であるから，$\tilde{P}_y(x,y) = \tilde{Q}_x(x,y)$ とおき，a, b を決定する．a, b は $3(b+1) = 2(a+3)$, $2a = 0$ をみたすから $a = 0$, $b = 1$. よって，$M(y) = y$ が積分因子であり，$3x^2y^2\,dx + (2x^3y + 2y)\,dy = 0$ は完全微分形である．積分の始点を原点にとると

$$\tilde{F}(x,y) = \int_0^x \tilde{P}(s,0)\,ds + \int_0^y \tilde{Q}(x,t)\,dt = \int_0^y (2x^3t + 2t)\,dt$$
$$= \left[x^3t^2 + t^2\right]_{t=0}^{t=y} = x^3y^2 + y^2.$$

よって，解は $x^3y^2 + y^2 = c$ $(c \in \boldsymbol{R})$.

7.2 定数係数の線形微分方程式

要約 ──────────────────── 定数係数の線形微分方程式 ─

7.2.1 (微分演算子と定数係数の線形微分方程式) $D = \dfrac{d}{dx}$ と定義し，$D^2 = D \cdot D$, $D^3 = D \cdot D \cdot D$, $\cdots$ と表す．D の多項式 $F(D) = a_m D^m + a_{m-1} D^{m-1} + \cdots + a_0$ を微分演算子といい，微分方程式 $F(D)y = 0$ を斉次線形微分方程式，$F(D)y = q(x)$ $(q(x) \neq 0)$ を非斉次線形微分方程式という．

7.2.2 (斉次線形微分方程式の解) $(D^n + a_{n-1} D^{n-1} + \cdots + a_1 D + a_0)y = 0$ に n 個の解 $u_1(x), u_2(x), \cdots, u_n(x)$ で，次をみたすものが存在する．

(1) すべての解 (一般解) は $c_1 u_1(x) + c_2 u_2(x) + \cdots + c_n u_n(x)$ $(c_i \in \mathbf{R})$．

(2) $c_1 u_1(x) + c_2 u_2(x) + \cdots + c_n u_n(x) = 0$ を恒等的にみたす定数 $c_1, c_2, \cdots, c_n$ は $c_1 = c_2 = \cdots = c_n = 0$ に限る．

7.2.3 (非斉次線形微分方程式の解) $(D^n + a_{n-1} D^{n-1} + \cdots + a_1 D + a_0)y = q(x)$ の 1 つの解を $y_0(x)$ とすると，この微分方程式の一般解は $y = y_0(x) + y_1(x)$ と表すことができる．ここで，$y_1(x)$ は $(D^n + a_{n-1} D^{n-1} + \cdots + a_1 D + a_0)y = 0$ の一般解である．微分方程式の 1 つの解 $y_0(x)$ を**特別解**という．

7.2.4 (線形微分方程式の構造) $F_1(t), F_2(t), \cdots, F_k(t)$ はどの 2 つをとっても互いに素な多項式であるとする．$y = y(x)$ が定数係数の線形微分方程式 $F_1(D) F_2(D) \cdots F_k(D)y = 0$ の解である必要十分条件は，$y(x) = u_1(x) + u_2(x) + \cdots + u_k(x)$ $(u_i(x)$ は $F_i(D)y = 0$ の解$)$．

7.2.5 ($(D - a)^m y = 0$ の解)

(1) $(D - a)y = 0$ の解は $y = ce^{ax}$ $(c \in \mathbf{R})$．

(2) $(D - a)^m y = 0$ の解は $y = c_0 e^{ax} + c_1 x e^{ax} + \cdots + c_{m-1} x^{m-1} e^{ax}$ $(c_0, \cdots, c_{m-1} \in \mathbf{R})$．

7.2.6 ($(D^2 + bD + c)^m y = 0$ の解) 2 次方程式 $t^2 + bt + c = 0$ が虚根をもつとき，2 根を $\alpha \pm \beta i$ $(\alpha, \beta \in \mathbf{R})$ とする．

(1) $(D^2 + bD + c)y = 0$ の解は $y = a_0 e^{\alpha x} \cos \beta x + b_0 e^{\alpha x} \sin \beta x$ $(a_0, b_0 \in \mathbf{R})$．

(2) $(D^2 + bD + c)^m y = 0$ の解は
$y = a_0 e^{\alpha x} \cos \beta x + a_1 x e^{\alpha x} \cos \beta x + \cdots +$
$a_{m-1} x^{m-1} e^{\alpha x} \cos \beta x + b_0 e^{\alpha x} \sin \beta x + b_1 x e^{\alpha x} \sin \beta x + \cdots +$
$b_{m-1} x^{m-1} e^{\alpha x} \sin \beta x$ $(a_0, \cdots, a_{m-1}, b_0, \cdots, b_{m-1} \in \mathbf{R})$．

7.2.7 (逆微分演算子) 微分演算子 $F(D)$ と関数 $f(x), g(x)$ が $F(D)f(x) = g(x)$ をみたすとき，$f(x) = \dfrac{1}{F(D)} g(x)$ と表し，$\dfrac{1}{F(D)}$ を逆微分演算子という．$\dfrac{1}{F(D)} g(x)$ は不定積分の一般化であり，特に $\dfrac{1}{D} g(x)$ が $g(x)$ の不定積分である．逆微分演算子の作用でただ 1 つの関数が決まるわけではない．

例題 7.7 ──────────────────────────── 斉次線形微分方程式

次の微分方程式を解け.

(1) $(D-2)(D+1)^2 y = 0$.

(2) $(D-1)(D^2+1)y = 0$.

(3) $D(D^2-1)y = 0$.

考え方 要約 **7.2.4**, 要約 **7.2.5**, 要約 **7.2.6** を用いる.

解答 (1) この方程式の一般解は, 要約 7.2.4 により, $(D-2)y=0$ の一般解と $(D+1)^2 y=0$ の一般解の 1 次結合である. よって, 各々の方程式を解けばよい.

（ⅰ） $(D-2)y=0$ の一般解は, 要約 7.2.5(1) により, $y=c_1 e^{2x}$.

（ⅱ） $(D+1)^2 y=0$ の一般解は, 要約 7.2.5(2) により, $y=c_2 e^{-x}+c_3 x e^{-x}$.

$(D-2)(D+1)^2 y=0$ の一般解は, 要約 7.2.4 により, （ⅰ）と（ⅱ）の 1 次結合なので
$$y=c_1 e^{2x}+c_2 e^{-x}+c_3 x e^{-x} \quad (c_1, c_2, c_3 \in \boldsymbol{R}).$$

(2) この方程式の一般解は, 要約 7.2.4 により, $(D-1)y=0$ の一般解と $(D^2+1)y=0$ の一般解の 1 次結合である. よって, 各々の方程式を解けばよい.

（ⅰ） $(D-1)y=0$ の一般解は, 要約 7.2.5(1) により, $y=c_1 e^x$.

（ⅱ） $(D^2+1)y=0$ の一般解は, 2 次方程式 $t^2+1=0$ で虚根 $t=\pm i$ をもつから, 要約 7.2.6(1) により, $y=c_2 \cos x + c_3 \sin x$.

$(D-2)(D^2+1)y=0$ の一般解は, 要約 7.2.4 により, （ⅰ）と（ⅱ）の 1 次結合なので
$$y=c_1 e^x + c_2 \cos x + c_3 \sin x \quad (c_1, c_2, c_3 \in \boldsymbol{R}).$$

(3) $D(D^2-1)=D(D-1)(D+1)$ であるから, この方程式の解は, 要約 7.2.4 により, $Dy=0$ の一般解, $(D-1)y=0$ の一般解, $(D+1)y=0$ の一般解の 1 次結合である. よって, 各々の方程式を解けばよい.

（ⅰ） $Dy=0$ の一般解は, 要約 7.2.5(1) により, $y=c_1$.

（ⅱ） $(D-1)y=0$ の一般解は, 要約 7.2.5(1) により, $y=c_2 e^x$.

（ⅲ） $(D+1)y=0$ の一般解は, 要約 7.2.5(1) により, $y=c_3 e^{-x}$.

$D(D^2-1)y=0$ の一般解は, 要約 7.2.4 により, （ⅰ）, （ⅱ）, （ⅲ）の 1 次結合なので
$$y=c_1+c_2 e^x+c_3 e^{-x} \quad (c_1, c_2, c_3 \in \boldsymbol{R}). \qquad \blacksquare$$

例題 7.8 ──────────────────────── 逆微分演算子 I

次式を示せ．

(1) $\dfrac{1}{D-a} q(x) = e^{ax} \displaystyle\int e^{-ax} q(x)\, dx.$

(2) $\dfrac{1}{D^2+a^2} q(x) = \dfrac{1}{a} \left(\sin ax \displaystyle\int q(x) \cos ax\, dx - \cos ax \displaystyle\int q(x) \sin ax\, dx \right)$
$(a \neq 0).$

[考え方] 逆微分演算子を関数に作用させた公式である．

[解 答] いずれも微分演算子を右辺に作用させて，$q(x)$ になることを確かめればよい．

(1) $(D-a) \left\{ e^{ax} \displaystyle\int e^{-ax} q(x)\, dx \right\}$

$= (De^{ax}) \displaystyle\int e^{-ax} q(x)\, dx + e^{ax} e^{-ax} q(x) - a e^{ax} \displaystyle\int e^{-ax} q(x)\, dx$

$= a e^{ax} \displaystyle\int e^{-ax} q(x)\, dx + e^{ax} e^{-ax} q(x) - a e^{ax} \displaystyle\int e^{-ax} q(x)\, dx$

$= q(x).$

(2) $D^2 \left\{ \dfrac{1}{a} \left(\sin ax \displaystyle\int q(x) \cos ax\, dx - \cos ax \displaystyle\int q(x) \sin ax\, dx \right) \right\}$

$= \dfrac{1}{a} D \left(a \cos ax \displaystyle\int q(x) \cos ax\, dx + q(x) \sin ax \cos ax \right.$

$\left. + a \sin ax \displaystyle\int q(x) \sin ax\, dx - q(x) \cos ax \sin ax \right)$

$= D \left(\cos ax \displaystyle\int q(x) \cos ax\, dx + \sin ax \displaystyle\int q(x) \sin ax\, dx \right)$

$= -a \sin ax \displaystyle\int q(x) \cos ax\, dx + a \cos ax \displaystyle\int q(x) \sin ax\, dx$

$\quad + q(x)(\cos^2 ax + \sin^2 ax)$

$= -a \sin ax \displaystyle\int q(x) \cos ax\, dx + a \cos ax \displaystyle\int q(x) \sin ax\, dx + q(x).$

したがって

$(D^2 + a^2) \left\{ \dfrac{1}{a} \left(\sin ax \displaystyle\int q(x) \cos ax\, dx - \cos ax \displaystyle\int q(x) \sin ax\, dx \right) \right\}$

$= -a \sin ax \displaystyle\int q(x) \cos ax\, dx + a \cos ax \displaystyle\int q(x) \sin ax\, dx + q(x)$

$\quad + \dfrac{a^2}{a} \left(\sin ax \displaystyle\int q(x) \cos ax\, dx - \cos ax \displaystyle\int q(x) \sin ax\, dx \right)$

$= q(x).$ ∎

例題 7.9 ——————————————————————————————— 逆微分演算子 II

関数 $F(t)$ を t の多項式とするとき，次式を示せ．

(1) $\dfrac{1}{F(D)}q(x) = e^{ax}\dfrac{1}{F(D+a)}(e^{-ax}q(x))$.

(2) $F(a) \neq 0$ ならば $\dfrac{1}{F(D)}e^{ax} = \dfrac{1}{F(a)}e^{ax}$.

(3) n 次多項式 $q(x)$ に対して
$$\dfrac{1}{1-aD}q(x) = (1 + aD + (aD)^2 + \cdots + (aD)^n)q(x).$$

考え方　例題 7.8 に続き，逆微分演算子の公式である．

解答　(1) $p(x) = \dfrac{1}{F(D+a)}(e^{-ax}q(x))$ とおくと，$q(x) = e^{ax}F(D+a)p(x)$．よって，(1) の等式にこれを代入すると
$$\dfrac{1}{F(D)}(e^{ax}F(D+a)p(x)) = e^{ax}\dfrac{1}{F(D+a)}(F(D+a)p(x))$$
と変形される．この右辺は $e^{ax}\dfrac{1}{F(D+a)}(F(D+a)p(x)) = e^{ax}p(x)$ となるから，関数 $p(x)$ に対して $e^{ax}F(D+a)p(x) = F(D)(e^{ax}p(x))$．両辺に e^{-ax} を掛けて，等式
$$F(D+a)p(x) = e^{-ax}F(D)(e^{ax}p(x))$$
が成り立つことを示せばよい．そのためには，$F(D) = D^n$ に対して示せば十分である．n に関する帰納法で示す．$n = k$ まで成り立つと仮定して，$k+1$ のときにも成り立つことを示す．$(D+a)^k p(x) = (D+a)\{e^{-ax}D^k(e^{ax}p(x))\}$ であるから
$$\begin{aligned}(D+a)^{k+1}p(x) &= (D+a)(D+a)^k p(x)\\&= (D+a)\{e^{-ax}D^k(e^{ax}p(x))\}\\&= -ae^{-ax}D^k(e^{ax}p(x)) + e^{-ax}D^{k+1}(e^{ax}p(x)) + ae^{-ax}D^k(e^{ax}p(x))\\&= e^{-ax}D^{k+1}(e^{ax}p(x)).\end{aligned}$$
よって，(1) が示された．

(2) $De^{ax} = ae^{ax}$ であるから，$F(D)e^{ax} = F(a)e^{ax}$．よって，$F(a) \neq 0$ ならば
$$\dfrac{1}{F(D)}e^{ax} = \dfrac{1}{F(a)}e^{ax}.$$

(3) $q(x)$ は n 次多項式であるから $D^{n+1}q(x) = 0$ である．よって
$$(1-aD)(1+aD+(aD)^2+\cdots+(aD)^n)q(x) = (1-a^{n+1}D^{n+1})q(x) = q(x).$$
したがって，$(1+aD+(aD)^2+\cdots+(aD)^n)q(x) = \dfrac{1}{1-aD}q(x)$. ∎

例題 7.10 ────────────────────────── 具体的な逆微分演算子の計算 I

例題 7.8 を用いて，次式を計算せよ．

(1) $\dfrac{1}{D-1}e^{3x}$. (2) $\dfrac{1}{D-3}e^{3x}$.

(3) $\dfrac{1}{(D+1)(D-2)}e^{2x}$. (4) $\dfrac{1}{D^2+1}\sin 2x$.

[考え方] ここでは例題 7.8 が指定されているが，実は (1), (2), (3) は例題 7.9 を用いた方が計算が楽である (別解)．

[解答] (1) $\dfrac{1}{D-1}e^{3x} = e^x \int e^{-x}e^{3x}dx = e^x \int e^{2x}dx = e^x \dfrac{1}{2}e^{2x} = \dfrac{1}{2}e^{3x}$.

(別解) 例題 7.9(2) を用いると，$\dfrac{1}{D-1}e^{3x} = \dfrac{1}{3-1}e^{3x} = \dfrac{1}{2}e^{3x}$.

(2) $\dfrac{1}{D-3}e^{3x} = e^{3x}\int e^{-3x}e^{3x}dx = e^{3x}\int dx = xe^{3x}$.

(別解) 例題 7.9(1) で，$q(x)=e^{3x}$, $F(D)=D-3$ とすると

$$\dfrac{1}{D-3}e^{3x} = e^{3x}\dfrac{1}{D}1 = xe^{3x}.$$

(3) $\dfrac{1}{(D+1)(D-2)}e^{2x} = \dfrac{1}{D-2}\dfrac{1}{D+1}e^{2x} = \dfrac{1}{D-2}\left(e^{-x}\int e^x e^{2x}dx\right)$

$= \dfrac{1}{D-2}\left(e^{-x}\int e^{3x}dx\right) = \dfrac{1}{3}\dfrac{1}{D-2}e^{2x}$

$= \dfrac{1}{3}e^{2x}\int e^{-2x}e^{2x}dx = \dfrac{1}{3}e^{2x}\int dx = \dfrac{1}{3}xe^{2x}$.

(別解) 例題 7.9(1) で，$q(x)=e^{2x}$, $F(D)=D-2$ とすると

$$\dfrac{1}{3}\dfrac{1}{D-2}e^{2x} = \dfrac{1}{3}e^{2x}\int dx = \dfrac{1}{3}xe^{2x}.$$

(4) 例題 7.8(2) を用いる．

$\dfrac{1}{D^2+1}\sin 2x = \sin x \int \sin 2x \cos x\, dx - \cos x \int \sin 2x \sin x\, dx$

$= \sin x \int 2\sin x \cos^2 x\, dx - \cos x \int 2\sin^2 x \cos x\, dx$

$= \sin x \left(-\dfrac{2}{3}\cos^3 x\right) - \cos x \left(\dfrac{2}{3}\sin^3 x\right)$

$= -\dfrac{2}{3}\sin x \cos x(\cos^2 x + \sin^2 x) = -\dfrac{1}{3}\sin 2x.$ ∎

7.2 定数係数の線形微分方程式

例題 7.11 ———————————————— 具体的な逆微分演算子の計算 II

例題 7.9 を用いて，次式を計算せよ．

(1) $\dfrac{1}{D^2-3D+1}e^x$.

(2) $\dfrac{1}{D^2+2D-3}x$.

(3) $\dfrac{1}{D^2-1}(e^x x^2)$.

[考え方] 具体的な逆微分演算子を具体的な関数に作用させた例である．例題 7.9 の (2),(3) は特定の関数にしか適用されないが，適用される関数については計算が容易である．

[解答] (1) $F(D)=D^2-3D+1$ とおくと，例題 7.9(2) より
$$\frac{1}{D^2-3D+1}e^x = \frac{1}{F(D)}e^x = \frac{1}{F(1)}e^x = -e^x.$$

(2) $D^2+2D-3=(D+3)(D-1)$ であるから，例題 7.9(3) より
$$\frac{1}{D^2+2D-3}x = \frac{1}{(D+3)(D-1)}x = \frac{1}{4}\left(\frac{1}{D-1}-\frac{1}{D+3}\right)x$$
$$= \frac{1}{4}\left(-\frac{1}{1-D}-\frac{1}{3}\frac{1}{1+\dfrac{D}{3}}\right)x$$
$$= \frac{1}{4}\left(-(1+D)-\frac{1}{3}\left(1-\frac{D}{3}\right)\right)x$$
$$= \frac{1}{4}\left(-x-1-\frac{1}{3}\left(x-\frac{1}{3}\right)\right)$$
$$= -\frac{1}{3}x-\frac{2}{9}.$$

(3) $F(D)=D^2-1$ とおくと，例題 7.9(1) より
$$\frac{1}{D^2-1}(e^x x^2) = \frac{1}{F(D)}(e^x x^2) = e^x \frac{1}{F(D+1)}(e^{-x}e^x x^2)$$
$$= e^x \frac{1}{D^2+2D}x^2 = e^x \frac{1}{D+2}\frac{1}{D}x^2 = e^x \frac{1}{D+2}\frac{x^3}{3}$$
$$= e^x \frac{1}{2}\frac{1}{1+\dfrac{D}{2}}\frac{x^3}{3} = e^x \frac{1}{2}\left(1-\frac{D}{2}+\left(\frac{D}{2}\right)^2-\left(\frac{D}{2}\right)^3\right)\frac{x^3}{3}$$
$$= e^x\left(\frac{x^3}{6}-\frac{x^2}{4}+\frac{x}{4}-\frac{1}{8}\right). \blacksquare$$

例題 7.12 ──────────────────── 定数係数の線形微分方程式

次の定数係数の線形微分方程式を解け.

(1) $(D^2+1)y = x^2$. (2) $D(D+3)y = \sin x$.

[考え方] 線形微分方程式 $F(D)y = q(x)$ の一般解は, 斉次微分方程式 $F(D)y = 0$ の一般解と, $F(D)y = q(x)$ の特別解の和である.

[解答] (1) 斉次線形微分方程式 $(D^2+1)y = 0$ を解く. この方程式の一般解 y_1 は, 要約 7.2.6(1) により, $y_1 = c_1 \cos x + c_2 \sin x$ である.

次に, $(D^2+1)y = x^2$ の特別解 y_0 を求める. 例題 7.9(3) と同様の考え方で
$$y_0 = \frac{1}{D^2+1}x^2 = \frac{1}{1+D^2}x^2 = (1-D^2)x^2 = x^2 - 2.$$
したがって, $(D^2+1)y = x^2$ の一般解は $y = x^2 - 2 + c_1 \cos x + c_2 \sin x$ $(c_1, c_2 \in \mathbf{R})$.

(2) 斉次線形微分方程式 $D(D+3)y = 0$ を解く. この方程式の一般解 y_1 は, 要約 7.2.2, 要約 7.2.5(1) により, $y_1 = c_1 + c_2 e^{-3x}$ である.

次に, $D(D+3)y = \sin x$ の特別解 y_0 を求める. そのためには, $y_0 = \dfrac{1}{D(D+3)} \sin x$ を計算すればよい. $\dfrac{1}{D(D+3)} = \dfrac{1}{3}\left(\dfrac{1}{D} - \dfrac{1}{D+3}\right)$ である.

(i) $\dfrac{1}{D} \sin x = \int \sin x \, dx = -\cos x$.

(ii) 例題 7.8(1) を用いると $\dfrac{1}{D+3} \sin x = e^{-3x} \int e^{3x} \sin x \, dx$. $I = \int e^{3x} \sin x \, dx$ とおき, I を計算すると
$$I = \int e^{3x} \sin x \, dx = \frac{1}{3}e^{3x} \sin x - \frac{1}{3}\int e^{3x} \cos x \, dx$$
$$= \frac{1}{3}e^{3x} \sin x - \frac{1}{9}e^{3x} \cos x + \frac{1}{9}I.$$
よって, $\dfrac{10}{9}I = \dfrac{1}{3}e^{3x} \sin x - \dfrac{1}{9}e^{3x} \cos x$. すなわち, $I = \dfrac{3}{10}e^{3x} \sin x - \dfrac{1}{10}e^{3x} \cos x$ となり,
$$\frac{1}{D(D+3)} \sin x = \frac{1}{3}\left(\frac{1}{D} - \frac{1}{D+3}\right) \sin x = -\frac{1}{10}\sin x - \frac{3}{10}\cos x.$$
したがって, $D(D+3)y = \sin x$ の一般解は
$$y = -\frac{1}{10}\sin x - \frac{3}{10}\cos x + c_1 + c_2 e^{-3x} \quad (c_1, c_2 \in \mathbf{R}). \quad \blacksquare$$

(2) においては, 特別解を計算するのに一般的な例題 7.8(1) を用いて計算したが, 解が $y = a\cos x + b\sin x$ であると仮定して微分方程式に代入して a, b を求める方が計算が容易である.

問題 7.2

1. 次の斉次線形微分方程式の一般解を求めよ．

(1) $(D-2)(D+3)y = 0.$
(2) $(D-2)^2(D+1)y = 0.$
(3) $(D^2+2D+2)(D+1)y = 0.$
(4) $y'' + 2y' - 3y = 0.$
(5) $y''' + 3y'' + 3y' + y = 0.$
(6) $y''' - 3y'' + 2y' = 0.$

2. 次式を計算せよ (逆微分演算子)．

(1) $\dfrac{1}{D^2-D}e^{2x}.$
(2) $\dfrac{1}{D(D+1)}e^{-x}.$
(3) $\dfrac{1}{D-2}xe^{2x}.$
(4) $\dfrac{1}{D^2+2D-8}e^{2x}.$
(5) $\dfrac{1}{D(D-2)(D-3)}e^{2x}.$
(6) $\dfrac{1}{(D-1)(D-2)}xe^{x}.$
(7) $\dfrac{1}{D-1}\sin x.$
(8) $\dfrac{1}{(D-1)(D-2)}\cos 2x.$
(9) $\dfrac{1}{D+1}(x^2+x-1).$
(10) $\dfrac{1}{(D+1)(D-2)}(x^2-x).$

3. 次の線形微分方程式の一般解を求めよ．

(1) $D(D+3)y = e^{3x} + x.$
(2) $(D-1)(D-2)(D+3)y = e^x.$
(3) $(D-2)(D+3)y = \cos x.$
(4) $(D^3 + D^2 + D + 1)y = e^x.$
(5) $(D^2 - 2D - 3)y = e^{-x} + x.$
(6) $y'' + y = e^x.$
(7) $y''' - 5y'' + 2y' + 8y = 16x.$
(8) $y''' - y = e^{2x}.$

4. 次の線形微分方程式を与えられた初期条件のもとで解け．

(1) $(D-2)(D+3)y = e^{3x},\quad y(0)=1,\quad y'(0)=0.$
(2) $(D^2-2D-3)y = e^{-x},\quad y(0)=0,\quad y'(0)=0.$
(3) $y''-4y = 5\sin x,\quad y(0)=1,\quad y'(0)=1.$

5. 次の2階線形微分方程式を $x = e^t$ という変数変換を用いて解け．

(1) $x^2 y'' - xy' + y = (\log x)^2.$
(2) $x^2 y'' - 2xy' + 2y = x^3.$

略解 7.2
---

1. 要約 7.2.2, 要約 7.2.4, 要約 7.2.5, 要約 7.2.6 を用いる.

(1) $(D-2)y=0$ の一般解は, 要約 7.2.5(1) より, $c_1 e^{2x}$.
$(D+3)y=0$ の一般解は, 要約 7.2.5(1) より, $c_2 e^{-3x}$.
よって, 要約 7.2.4 より, $y=c_1 e^{2x}+c_2 e^{-3x}$ $(c_1, c_2 \in \boldsymbol{R})$.

(2) $(D-2)^2 y=0$ の一般解は, 要約 7.2.5(2) より, $c_1 e^{2x}+c_2 x e^{2x}$.
$(D+1)y=0$ の一般解は, 要約 7.2.5(1) より, $c_3 e^{-x}$.
よって, 要約 7.2.4 より, $y=c_1 e^{2x}+c_2 x e^{2x}+c_3 e^{-x}$ $(c_1, c_2, c_3 \in \boldsymbol{R})$.

(3) D の 2 次方程式 $D^2+2D+2=0$ の根は $-1\pm i$ であるから,
$(D^2+2D+2)y=0$ の一般解は, 要約 7.2.6(1) より, $y=c_1 e^{-x}\cos x+c_2 e^{-x}\sin x$.
$(D+1)y=0$ の一般解は, 要約 7.2.5(1) より, $c_3 e^{-x}$.
よって, 要約 7.2.4 より, $y=c_1 e^{-x}\cos x+c_2 e^{-x}\sin x+c_3 e^{-x}$ $(c_1, c_2, c_3 \in \boldsymbol{R})$.

(4) 微分方程式は $(D^2+2D-3)y=0$ と書ける. $D^2+2D-3=(D+3)(D-1)$ であるから, 一般解は, 要約 7.2.4 より, $y=c_1 e^x+c_2 e^{-3x}$ $(c_1, c_2 \in \boldsymbol{R})$.

(5) 微分方程式は $(D^3+3D^2+3D+1)y=0$ と書ける. $D^3+3D^2+3D+1=(D+1)^3$ であるから, 一般解は, 要約 7.2.5(2) より, $y=c_0 e^{-x}+c_1 x e^{-x}+c_2 x^2 e^{-x}$ $(c_0, c_1, c_2 \in \boldsymbol{R})$.

(6) 微分方程式は $(D^3-3D^2+2D)y=0$ と書ける. $D^3-3D^2+2D=D(D-1)(D-2)$ であるから, 一般解は, 要約 7.2.4 より, $y=c_1 x+c_2 e^x+c_3 e^{2x}$ $(c_1, c_2, c_3 \in \boldsymbol{R})$.

2. (1) $\dfrac{1}{D^2-D}=\dfrac{1}{2}e^{2x}$ (例題 7.9(2)).

(2) $\dfrac{1}{D(D+1)}e^{-x}=\dfrac{1}{(D+1)}\dfrac{1}{D}e^{-x}=\dfrac{1}{(D+1)}(-e^{-x})$
$=-e^{-x}\int e^x e^{-x}dx=-xe^{-x}$ (例題 7.9(2), 例題 7.8(1)).

(3) $\dfrac{1}{D-2}xe^{2x}=e^{2x}\int e^{-2x}xe^{2x}dx=\dfrac{1}{2}x^2 e^{2x}$ (例題 7.8(1)).

(4) $\dfrac{1}{D^2+2D-8}e^{2x}=\dfrac{1}{(D-2)(D+4)}e^{2x}=\dfrac{1}{D-2}\dfrac{1}{D+4}e^{2x}$
$=\dfrac{1}{6}\dfrac{1}{D-2}e^{2x}=\dfrac{1}{6}e^{2x}\int dx=\dfrac{1}{6}xe^{2x}$ (例題 7.9(2), 例題 7.8(1)).

(5) $\dfrac{1}{D(D-2)(D-3)}e^{2x}=\dfrac{1}{D-2}\dfrac{1}{D(D-3)}e^{2x}=-\dfrac{1}{2}\dfrac{1}{D-2}e^{2x}$
$=-\dfrac{1}{2}e^{2x}\int e^{-2x}e^{2x}dx$
$=-\dfrac{1}{2}xe^{2x}$ (例題 7.9(2), 例題 7.8(1)).

7.2 定数係数の線形微分方程式

(6) $\dfrac{1}{(D-1)(D-2)} xe^x = \left(\dfrac{1}{D-2} - \dfrac{1}{D-1}\right) xe^x$

$\qquad = e^{2x}\displaystyle\int e^{-2x} xe^x\,dx - e^x \int e^{-x} xe^x\,dx$

$\qquad = e^{2x}\left(-xe^{-x} + \displaystyle\int e^{-x}\,dx\right) - \dfrac{x^2}{2} e^x = -xe^x - e^x - \dfrac{x^2}{2} e^x$

$\qquad = -\dfrac{1}{2}(x^2 + 2x + 2)e^{-x}$ （部分分数展開，例題 7.8(1)).

(7) $\dfrac{1}{D-1}\sin x = e^x \displaystyle\int e^{-x}\sin x\,dx$

$\qquad = -\dfrac{1}{2}(\sin x + \cos x)$ （例題 7.8(1)，問題 3.2-5).

(8) $\dfrac{1}{(D-1)(D-2)}\cos 2x = \left(\dfrac{1}{D-2} - \dfrac{1}{D-2}\right)\cos 2x$

$\qquad = e^{2x}\displaystyle\int e^{-2x}\cos 2x\,dx - e^x \int e^{-x}\cos 2x\,dx$

$\qquad = \dfrac{1}{4}(\sin 2x - \cos 2x) - \dfrac{1}{5}(2\sin 2x - \cos 2x)$

$\qquad = -\dfrac{1}{20}(3\sin 2x + \cos 2x)$

（部分分数展開，章末問題 3.13(1),(2)).

(9) $\dfrac{1}{D+1}(x^2+x-1) = (1 - D + D^2)(x^2+x-1)$

$\qquad = (x^2+x-1) - (2x+1) + 2 = x^2 - x$ （例題 7.9(3)).

(10) $\dfrac{1}{(D+1)(D-2)}(x^2-x) = \dfrac{1}{3}\left(\dfrac{1}{D-2} - \dfrac{1}{D+1}\right)(x^2-x)$

$\qquad = \dfrac{1}{3}\left(\dfrac{-1}{2}\dfrac{1}{1-D/2} - \dfrac{1}{1+D}\right)(x^2-x)$

$\qquad = \dfrac{1}{3}\left\{\dfrac{-1}{2}\left(1 + \dfrac{D}{2} + \left(\dfrac{D}{2}\right)^2\right) - 1 + D - D^2\right\}(x^2-x)$

$\qquad = -\dfrac{x^2}{2} + x - 1$ （部分分数展開，例題 7.9(3)).

3. (1) $D(D+3)y = 0$ の一般解は $c_1 + c_2 e^{-3x}$.

特別解は

$\qquad \dfrac{1}{D(D+3)} e^{3x} = \dfrac{1}{18} e^{3x}$ （例題 7.9(2)),

$\qquad \dfrac{1}{D(D+3)} x = \dfrac{1}{3}\left(\dfrac{1}{D} - \dfrac{1}{D+3}\right) x = \dfrac{1}{3}\left(\dfrac{x^2}{2} - \dfrac{1}{3}\left(1 - \dfrac{D}{3}\right)x\right)$

$\qquad = \dfrac{1}{6} x^2 - \dfrac{1}{9} x - \dfrac{1}{27}$.

ここで，$-\dfrac{1}{27}$ は c_1 に吸収される．よって，$D(D+3)y = e^{3x} + x$ の一般解は

$\qquad y = c_1 + c_2 e^{-3x} + \dfrac{1}{18} e^{3x} + \dfrac{1}{6} x^2 - \dfrac{1}{9} x$ $(c_1, c_2 \in \mathbf{R})$.

(2) $(D-1)(D-2)(D+3)y=0$ の一般解は $c_1e^x+c_2e^{2x}+c_3e^{-3x}$.
特別解は
$$\frac{1}{(D-1)(D-2)(D+3)}e^x = -\frac{1}{4}\frac{1}{D-1}e^x \quad (\text{例題 } 7.9(2))$$
$$= -\frac{1}{4}e^x\int dx \quad (\text{例題 } 7.8(1))$$
$$= -\frac{1}{4}xe^x.$$

よって,$(D-1)(D-2)(D+3)y=e^x$ の一般解は
$$c_1e^x+c_2e^{2x}+c_3e^{-3x}-\frac{1}{4}xe^x \quad (c_1,c_2,c_3\in\boldsymbol{R}).$$

(3) $(D-2)(D+3)y=0$ の一般解は $c_1e^{2x}+c_2e^{-3x}$.
特別解を求める.例題 7.12 の後の注意のように,$y_0=a\cos x+b\sin x$ が求める関数であると仮定し,$(D-2)(D+3)y_0=\cos x$ とおいて a,b を求める.
$$(D^2+D-6)(a\cos x+b\sin x)=(-7a+b)\cos x+(-a-7b)\sin x$$
であるから $-7a+b=1,\ -a-7b=0$.この連立 1 次方程式を解いて $a=-\dfrac{7}{50},\ b=\dfrac{1}{50}$.よって,$y_0=\dfrac{1}{50}(-7\cos x+\sin x)$.

したがって,$(D-2)(D+3)y=\cos x$ の一般解は
$$y=c_1e^{2x}+c_2e^{-3x}+\frac{1}{50}(-7\cos x+\sin x) \quad (c_1,c_2\in\boldsymbol{R}).$$

(4) $(D^3+D^2+D+1)=(D+1)(D^2+1)$ である.$(D+1)y=0$ の一般解は c_1e^{-x}.$(D^2+1)y=0$ の一般解は $c_2\cos x+c_3\sin x$.よって,$(D^3+D^2+D+1)y=0$ の一般解は $c_1e^{-x}+c_2\cos x+c_3\sin x$.

$(D^3+D^2+D+1)y=e^x$ の特別解は,例題 7.9(2) より,$\dfrac{1}{4}e^x$.

したがって,$(D^3+D^2+D+1)y=e^x$ の一般解は
$$y=c_1e^{-x}+c_2\cos x+c_3\sin x+\frac{1}{4}e^x \quad (c_1,c_2,c_3\in\boldsymbol{R}).$$

(5) $(D^2-2D-3)=(D-3)(D+1)$ である.$(D-3)y=0$ の一般解は c_1e^{3x}.$(D+1)y=0$ の一般解は c_2e^{-x}.よって,$(D^2-2D-3)y=0$ の一般解は $c_1e^{3x}+c_2e^{-x}$.
特別解は
$$\frac{1}{(D-3)(D+1)}e^{-x}=\frac{1}{D+1}\frac{1}{D-3}e^{-x}=-\frac{1}{4}\frac{1}{D+1}e^{-x} \quad (\text{例題 } 7.9(2))$$
$$=-\frac{1}{4}e^{-x}\int dx \quad (\text{例題 } 7.8(1))$$
$$=-\frac{1}{4}xe^{-x},$$
$$\frac{1}{(D-3)(D+1)}x=\frac{1}{4}\left(\frac{1}{D-3}-\frac{1}{D+1}\right)x=\frac{1}{4}\left\{-\frac{1}{3}\left(1+\frac{1}{3}D\right)-(1-D)\right\}x$$
$$=\frac{1}{4}\left(-\frac{1}{3}x-\frac{1}{9}-x+1\right)=-\frac{1}{3}x+\frac{2}{9}.$$

7.2 定数係数の線形微分方程式

したがって，$(D^2-2D-3)y=e^{-x}+x$ の一般解は
$$y=c_1e^{3x}+c_2e^{-x}-\frac{1}{4}xe^{-x}-\frac{1}{3}x+\frac{2}{9} \quad (c_1,c_2\in \boldsymbol{R}).$$

(6) $y''+y=e^x$ は $(D^2+1)y=e^x$ と表される．$(D^2+1)y=0$ の一般解は，要約 7.2.6(1) より，$c_1\cos x+c_2\sin x$.

特別解は，例題 7.9(2) より，$\dfrac{1}{D^2+1}e^x=\dfrac{1}{2}e^x$．よって，$y''+y=e^x$ の一般解は
$$y=c_1\cos x+c_2\sin x+\frac{1}{2}e^x \quad (c_1,c_2\in \boldsymbol{R}).$$

(7) $y'''-5y''+2y'+8y=16x$ は $(D^3-5D^2+2D+8)y=16x$ と表される．$D^3-5D^2+2D+8=(D+1)(D-2)(D-4)$ であるから，$(D^3-5D^2+2D+8)y=0$ の一般解は $c_1e^{-x}+c_2e^{2x}+c_3e^{4x}$.

特別解は
$$\frac{1}{D^3-5D^2+2D+8}16x=\frac{1}{8}\frac{1}{1+D/4-(5D^2)/8+D^3/8}16x$$
$$=\frac{1}{8}\left\{1-\left(D/4-(5D^2)/8+D^3/8\right)\right\}16x$$
$$=\frac{1}{8}(16x-4)=2x-\frac{1}{2}.$$

よって，$y'''-5y''+2y'+8y=16x$ の一般解は
$$y=c_1e^{-x}+c_2e^{2x}+c_3e^{4x}+2x-\frac{1}{2} \quad (c_1,c_2,c_3\in \boldsymbol{R}).$$

(8) $y'''-y=e^{2x}$ は $(D^3-1)y=e^{2x}$ と表される．$D^3-1=(D-1)(D^2+D+1)$ であるから，$(D^3-1)y=0$ の一般解は $c_1e^x+c_2e^{-x/2}\cos\left(\dfrac{\sqrt{3}}{2}x\right)+c_3e^{-x/2}\sin\left(\dfrac{\sqrt{3}}{2}x\right)$.

特別解は，例題 7.9(2) より，$\dfrac{1}{D^3-1}e^{2x}=\dfrac{1}{7}e^{2x}$.
よって，$y'''-y=e^{2x}$ の一般解は
$$y=c_1e^x+c_2e^{-x/2}\cos\left(\frac{\sqrt{3}}{2}x\right)+c_3e^{-x/2}\sin\left(\frac{\sqrt{3}}{2}x\right)+\frac{1}{7}e^{2x} \quad (c_1,c_2,c_3\in \boldsymbol{R}).$$

4. 微分方程式の一般解は，問題 7.2-3 と同様にして求める．

(1) $(D-2)(D+3)y=e^{3x}$ の一般解は $y=c_1e^{2x}+c_2e^{-3x}+\dfrac{1}{6}e^{3x}$ で，$y'=2c_1e^{2x}-3c_2e^{-3x}+\dfrac{1}{2}e^{3x}$．$y,y'$ に $x=0$ を代入して
$$y(0)=1=c_1+c_2+\frac{1}{6}, \quad y'(0)=0=2c_1-3c_2+\frac{1}{2}.$$
この c_1,c_2 に関する連立 1 次方程式を解いて，$c_1=\dfrac{2}{5}$, $c_2=\dfrac{13}{30}$．よって，求める解は
$$y=\frac{2}{5}e^{2x}+\frac{13}{30}e^{-3x}+\frac{1}{6}e^{3x}.$$

(2) $(D^2-2D-3)y=e^{-x}$ の一般解は $y=c_1e^{-x}+c_2e^{3x}-\dfrac{1}{4}xe^{-x}$ で，$y'=-c_1e^{-x}+$

$3c_2 e^{3x} - \dfrac{1}{4}e^{-x} + \dfrac{1}{4}xe^{-x}$. y, y' に $x=0$ を代入して

$$y(0)=0=c_1+c_2, \qquad y'(0)=0=-c_1+3c_2-\dfrac{1}{4}.$$

この c_1, c_2 に関する連立 1 次方程式を解いて, $c_1=-\dfrac{1}{16}$, $c_2=\dfrac{1}{16}$. よって, 求める解は

$$y=-\dfrac{1}{16}e^{-x}+\dfrac{1}{16}e^{3x}-\dfrac{1}{4}xe^{-x}.$$

(3) $y''-4y=5\sin x$ の一般解は $y=c_1 e^{2x}+c_2 e^{-2x}-\sin x$ で, $y'=2c_1 e^{2x}-2c_2 e^{-2x}-\cos x$. y, y' に $x=0$ を代入して

$$y(0)=1=c_1+c_2, \qquad y'(0)=1=2c_1-2c_2-1.$$

この c_1, c_2 に関する連立 1 次方程式を解いて, $c_1=1$, $c_2=0$. よって, 求める解は

$$y=e^{2x}-\sin x.$$

5. $x=e^t$ とおくと, $t=\log x$, $\dfrac{dy}{dt}=\dfrac{dy}{dx}\dfrac{dx}{dt}$ であるから

$$\dfrac{dy}{dx}=\dfrac{1}{x}\dfrac{dy}{dt}, \qquad \dfrac{d^2y}{dx^2}=-\dfrac{1}{x^2}\dfrac{dy}{dt}+\dfrac{1}{x^2}\dfrac{d^2y}{dt^2}.$$

(1) $x=e^t$ とおくと, 微分方程式は $\dfrac{d^2y}{dt^2}-2\dfrac{dx}{dt}+y=t^2$ と書き換えられる. この関数 y の変数 t に関する微分方程式の一般解は $y=c_1 e^t+c_2 te^t+t^2+4t+6$.

よって, もとの微分方程式の一般解は

$$y=c_1 x+c_2 x\log x+(\log x)^2+4\log x+6 \quad (c_1, c_2 \in \boldsymbol{R}).$$

(2) $x=e^t$ とおくと, 微分方程式は $\dfrac{d^2y}{dt^2}-3\dfrac{dx}{dt}+2y=e^{3t}$ と書き換えられる. この関数 y の変数 t に関する微分方程式の一般解は $y=c_1 e^t+c_2 e^{2t}+\dfrac{1}{2}e^{3t}$.

よって, もとの微分方程式の一般解は

$$y=c_1 x+c_2 x^2+\dfrac{1}{2}x^3 \quad (c_1, c_2 \in \boldsymbol{R}).$$

章末問題 7

— A —

7.1 次の微分方程式の階数を求めよ．また，正規形かどうかをいえ．

(1) $y'' + 2(y')^3 + x = 0.$ (2) $(y'' - y)^2 - y' = 0.$

7.2 次の微分方程式を解け (変数分離形と同次形).

(1) $xy' = y^2 - 1.$ (2) $y' = \dfrac{2y - x}{y}.$

7.3 次の微分方程式を解け (1 階線形微分方程式とベルヌーイの微分方程式).

(1) $y' + 4xy = x.$ (2) $y' + xy = xy^2.$

7.4 次の微分方程式は完全微分形であることを確かめて解け．

(1) $(\sin y + x)\, dx + (x \cos y + 4y^3)\, dy = 0.$

(2) $(\log |y| + 2xy)\, dx + \left(\dfrac{x}{y} + x^2\right) dy = 0.$

7.5 次の微分方程式の積分因子を求めて解け．

(1) $(2 - xy)\, dx + (2xy - x^2)\, dy = 0.$ (2) $x^3 y^3\, dx + x^4 y^2\, dy = 0.$

7.6 次式を計算せよ．

(1) $\dfrac{1}{D^2 + 2D + 3} e^x.$ (2) $\dfrac{1}{(D-1)(D-2)} e^x.$

(3) $\dfrac{1}{D - 3} \sin x.$ (4) $\dfrac{1}{D - 2}(x^2 + x).$

7.7 次の線形微分方程式の一般解を求めよ．

(1) $(D+2)(D-3)y = e^x.$ (2) $(D-1)(D+1)y = x^2 + 2.$

(3) $(D-1)(D-2)y = e^x.$ (4) $(D-3)y = \sin x.$

7.8 次の線形微分方程式を与えられた初期条件のもとで解け．

(1) $(D+2)(D-3)y = e^x,$ $y(0) = 1,\ y'(0) = 0.$

(2) $(D-1)(D+1)y = x^2 + 2,$ $y(0) = 0,\ y'(0) = 1.$

— B —

7.9 次を示せ．

(1) $f(x, y)$ が k 次同次式ならば $x\dfrac{\partial f}{\partial x} + y\dfrac{\partial f}{\partial y} = kf$ をみたすことを示せ．これをオイラーの関係式という．

(2) 微分方程式 $P(x, y)\, dx + Q(x, y)\, dy = 0$ を考える．$P(x, y), Q(x, y)$ がとも

に k 次同次式であるとき，$xP + yQ \neq 0$ ならば $M(x,y) = \dfrac{1}{xP + yQ}$ は積分因子であることを示せ．

7.10 線形微分方程式

(ⅰ) $\quad y^{(n)} + p_{n-1}(x)y^{(n-1)} + \cdots + p_1(x)y' + p_0(x)y = q(x),$

(ⅱ) $\quad y^{(n)} + p_{n-1}(x)y^{(n-1)} + \cdots + p_1(x)y' + p_0(x)y = 0$

を考える．(ⅰ)の特別解を $y_0(x)$ とする．(ⅱ)の一般解を $y_1(x)$ とすると，(ⅰ)の一般解は $y = y_0(x) + y_1(x)$ と表されることを示せ．

7.11 2 階斉次線形微分方程式 $y'' + P_1(x)y' + P_0(x)y = 0$ の特別解 $u(x)$ が見つかったとする．$y = uv$ とおき，$w(x) = v'(x)$ とおくと，2 階線形微分方程式

$$y'' + P_1(x)y' + P_0(x)y = Q(x)$$

を解くことは，w に関する 1 階線形微分方程式

$$w' + \left(\frac{2u'(x)}{u(x)} + P_1(x)\right)w = \frac{Q(x)}{u(x)}$$

を解くことに帰着されることを示せ．

7.12 $y'' - \dfrac{3}{x}y' + \dfrac{3}{x^2}y = 0$ の特別解が $y = x$ であることがわかったとき，章末問題 7.11 を用いて，次の 2 階線形微分方程式を解け．

$$y'' - \frac{3}{x}y' + \frac{3}{x^2}y = 2x - 1.$$

7.13 2 階斉次線形微分方程式 $y'' + P_1(x)y' + P_0(x)y = 0$ の 1 次独立な特別解 $u_1(x), u_2(x)$ が求められたとき，$y = A_1(x)u_1(x) + A_2(x)u_2(x)$ とおく．これが

$$y'' + P_1(x)y' + P_0(x)y = Q(x)$$

の解であると仮定する．さらに，$A_1(x), A_2(x)$ に $A_1'(x)u_1(x) + A_2'(x)u_2(x) = 0$ という条件を与えるとき

$$A_1'(x) = \frac{-Q(x)u_2(x)}{W(u_1, u_2)}, \quad A_2'(x) = \frac{Q(x)u_1(x)}{W(u_1, u_2)}$$

となることを示せ．ただし，$W(u_1, u_2)$ は u_1, u_2 のロンスキの行列式 $W(u_1, u_2) = \begin{vmatrix} u_1 & u_2 \\ u_1' & u_2' \end{vmatrix}$ である．

7.14 $y'' - \dfrac{3}{x}y' + \dfrac{3}{x^2}y = 0$ の 1 次独立な特別解として，$u_1 = x, u_2 = \dfrac{1}{x}$ であることがわかったとき，章末問題 7.13 を用いて，次の 2 階線形微分方程式を解け．

$$x^2y'' + xy' - y = 8x^3.$$

付　録

三角関数の基本公式

$\sin\left(\dfrac{\pi}{2}-\theta\right)=\cos\theta.$　　$\cos\left(\dfrac{\pi}{2}-\theta\right)=\sin\theta.$　　$\tan\left(\dfrac{\pi}{2}-\theta\right)=\cot\theta.$

$\sin(\pi-\theta)=\sin\theta.$　　$\cos(\pi-\theta)=-\cos\theta.$　　$\tan(\pi-\theta)=-\tan\theta.$

$\sin\left(\theta+\dfrac{\pi}{2}\right)=\cos\theta.$　　$\cos\left(\theta+\dfrac{\pi}{2}\right)=-\sin\theta.$　　$\tan\left(\theta+\dfrac{\pi}{2}\right)=-\cot\theta.$

$\sin(\theta+m\pi)=(-1)^m\sin\theta.$　　$\cos(\theta+m\pi)=(-1)^m\cos\theta.$

$\tan(\theta+m\pi)=\tan\theta.$

加法公式

$\sin(\alpha\pm\beta)=\sin\alpha\cos\beta\pm\cos\alpha\sin\beta.$

$\cos(\alpha\pm\beta)=\cos\alpha\cos\beta\mp\sin\alpha\sin\beta.$　　$\tan(\alpha\pm\beta)=\dfrac{\tan\alpha\pm\tan\beta}{1\mp\tan\alpha\tan\beta}.$

和・差を積にする公式

$\sin\alpha+\sin\beta=2\sin\dfrac{\alpha+\beta}{2}\cos\dfrac{\alpha-\beta}{2}.$

$\sin\alpha-\sin\beta=2\sin\dfrac{\alpha-\beta}{2}\cos\dfrac{\alpha+\beta}{2}.$

$\cos\alpha+\cos\beta=2\cos\dfrac{\alpha+\beta}{2}\cos\dfrac{\alpha-\beta}{2}.$

$\cos\alpha-\cos\beta=-2\sin\dfrac{\alpha+\beta}{2}\sin\dfrac{\alpha-\beta}{2}.$

積を和・差にする公式

$\sin A\cos B=\dfrac{1}{2}\{\sin(A+B)+\sin(A-B)\}.$

$\cos A\sin B=\dfrac{1}{2}\{\sin(A+B)-\sin(A-B)\}.$

$\cos A\cos B=\dfrac{1}{2}\{\cos(A+B)+\cos(A-B)\}.$

$\sin A\sin B=-\dfrac{1}{2}\{\cos(A+B)-\cos(A-B)\}.$

倍角の公式

$\sin 2\alpha=2\sin\alpha\cos\alpha.$

$\cos 2\alpha=\cos^2\alpha-\sin^2\alpha=2\cos^2\alpha-1=1-2\sin^2\alpha.$

$\tan 2\alpha=\dfrac{2\tan\alpha}{1-\tan^2\alpha}.$

$t=\tan\dfrac{\theta}{2}$ とおいたとき

$\sin\theta=\dfrac{2t}{1+t^2}.$　　$\cos\theta=\dfrac{1-t^2}{1+t^2}.$　　$\tan\theta=\dfrac{2t}{1-t^2}.$　　$d\theta=\dfrac{2\,dt}{1+t^2}.$

基本的な関数の導関数

$\dfrac{d}{dx} x^a = ax^{a-1}$ (a:実数). $\dfrac{d}{dx} e^x = e^x$. $\dfrac{d}{dx} \log |x| = \dfrac{1}{x}$.

$\dfrac{d}{dx} x^x = x^x (\log x + 1)$ ($x > 0$). $\dfrac{d}{dx} a^x = (\log a) a^x$ ($a > 0$).

$\dfrac{d}{dx} \sin x = \cos x$. $\dfrac{d}{dx} \cos x = -\sin x$.

$\dfrac{d}{dx} \tan x = \dfrac{1}{\cos^2 x}$. $\dfrac{d}{dx} \mathrm{Sin}^{-1} x = \dfrac{1}{\sqrt{1-x^2}}$.

$\dfrac{d}{dx} \mathrm{Cos}^{-1} x = -\dfrac{1}{\sqrt{1-x^2}}$. $\dfrac{d}{dx} \mathrm{Tan}^{-1} x = \dfrac{1}{1+x^2}$.

$\dfrac{d}{dx} \sinh x = \cosh x$. $\dfrac{d}{dx} \cosh x = \sinh x$.

$\dfrac{d}{dx} \tanh x = \dfrac{1}{\cosh^2 x}$.

基本的な関数の不定積分

$\displaystyle\int x^\alpha \, dx = \dfrac{1}{\alpha + 1} x^{\alpha+1}$ ($\alpha \neq -1$). $\displaystyle\int \dfrac{1}{x} \, dx = \log |x|$.

$\displaystyle\int \dfrac{dx}{\sqrt{a^2 - x^2}} = \mathrm{Sin}^{-1} \dfrac{x}{|a|} \left(= -\mathrm{Cos}^{-1} \dfrac{x}{|a|} \right)$ ($a \neq 0$).

$\displaystyle\int \dfrac{dx}{\sqrt{x^2 + a}} = \log \left| x + \sqrt{x^2 + a} \right|$ ($a \neq 0$).

$\displaystyle\int \sqrt{a^2 - x^2} \, dx = \dfrac{1}{2} \left(x\sqrt{a^2 - x^2} + a^2 \mathrm{Sin}^{-1} \dfrac{x}{|a|} \right)$ ($a \neq 0$).

$\displaystyle\int \sqrt{x^2 + a} \, dx = \dfrac{1}{2} \left(x\sqrt{x^2 + a} + a \log \left| x + \sqrt{x^2 + a} \right| \right)$ ($a \neq 0$).

$\displaystyle\int \dfrac{dx}{x^2 + a^2} = \dfrac{1}{a} \mathrm{Tan}^{-1} \dfrac{x}{a}$ ($a \neq 0$). $\displaystyle\int a^x \, dx = \dfrac{1}{\log a} a^x$ ($a > 0,\ a \neq 1$).

$\displaystyle\int e^x \, dx = e^x$. $\displaystyle\int \log x \, dx = x \log x - x$. $\displaystyle\int \sin x \, dx = -\cos x$.

$\displaystyle\int \cos x \, dx = \sin x$. $\displaystyle\int \tan x \, dx = -\log |\cos x|$. $\displaystyle\int \dfrac{1}{\cos^2 x} \, dx = \tan x$.

基本的な関数の整級数展開

$$\frac{1}{1-x} = \sum_{n=0}^{\infty} x^n \quad (|x|<1). \qquad e^x = \sum_{n=0}^{\infty} \frac{x^n}{n!} \quad (x \in \mathbf{R}).$$

$$(1+x)^\alpha = \sum_{n=0}^{\infty} \binom{\alpha}{n} x^n \quad (|x|<1; \; \alpha \text{ は定数}).$$

$$\log(1+x) = \sum_{n=1}^{\infty} \frac{(-1)^{n-1}}{n} x^n \quad (|x|<1).$$

$$\sqrt{1+x} = 1 + \sum_{n=1}^{\infty} \frac{(-1)^{n-1}(2n-3)!!}{(2n)!!} x^n \quad (|x|<1).$$

$$\frac{1}{\sqrt{1-x}} = \sum_{n=0}^{\infty} \frac{(2n-1)!!}{(2n)!!} x^n \quad (|x|<1).$$

$$\frac{1}{\sqrt{1-x^2}} = \sum_{n=0}^{\infty} \frac{(2n-1)!!}{(2n)!!} x^{2n} \quad (|x|<1).$$

$$\mathrm{Tan}^{-1} x = \sum_{n=0}^{\infty} \frac{(-1)^n}{2n+1} x^{2n+1} \quad (|x|<1).$$

$$\mathrm{Sin}^{-1} x = \sum_{n=0}^{\infty} \frac{(2n-1)!!}{(2n)!!} \frac{1}{2n+1} x^{2n+1} \quad (|x|<1).$$

$$\sin x = \sum_{n=0}^{\infty} \frac{(-1)^n}{(2n+1)!} x^{2n+1} \quad (x \in \mathbf{R}).$$

$$\cos x = \sum_{n=0}^{\infty} \frac{(-1)^n}{(2n)!} x^{2n} \quad (x \in \mathbf{R}).$$

逆三角関数の関係式

$$\mathrm{Sin}^{-1} x + \mathrm{Cos}^{-1} x = \frac{\pi}{2}.$$

二項係数・二重階乗の定義

$$\binom{\alpha}{n} = \begin{cases} \dfrac{\alpha(\alpha-1)\cdots(\alpha-n+1)}{n!} & (n \geq 1), \\ 1 & (n=0). \end{cases}$$

$$n!! = \begin{cases} n(n-2)\cdots 2 & (n>0: \text{偶数}), \\ n(n-2)\cdots 1 & (n>0: \text{奇数}), \\ 1 & (n=0,-1). \end{cases}$$

章末問題略解

章末問題 1

1.1 (1) $\displaystyle\lim_{n\to\infty}\frac{n^2+n+1}{3n^2-n-1}=\lim_{n\to\infty}\frac{1+1/n+1/n^2}{3-1/n-1/n^2}=\frac{1}{3}.$

(2) $\displaystyle\lim_{n\to\infty}\sqrt{3n}(\sqrt{n+3}-\sqrt{n-1})=\lim_{n\to\infty}\frac{\sqrt{3n}(n+3-(n-1))}{\sqrt{n+3}+\sqrt{n-1}}$
$\displaystyle=\lim_{n\to\infty}\frac{4\sqrt{3n}}{\sqrt{n+3}+\sqrt{n-1}}=\lim_{n\to\infty}\frac{4\sqrt{3}}{\sqrt{1+3/n}+\sqrt{1-1/n}}=2\sqrt{3}.$

(3) $\displaystyle\lim_{x\to 0}\frac{\log(1+2x)}{4x}=\lim_{x\to 0}\frac{1}{2}\frac{\log(1+2x)}{2x}=\frac{1}{2}$ (問題 1.3-2(1)).

(4) $\displaystyle\lim_{x\to 0}\frac{e^x-1}{\sin x}=\lim_{x\to 0}\frac{e^x-1}{x}\cdot\frac{x}{\sin x}=1\cdot 1=1$ (問題 1.3-2(2), 例題 1.3-1).

1.2 (1) $\sin x=0$ となる x $\left(-\dfrac{\pi}{2}\leqq x\leqq\dfrac{\pi}{2}\right)$ は $x=0$ なので, $\mathrm{Sin}^{-1}0=0.$

(2) $\cos x=-\dfrac{1}{2}$ となる x $(0\leqq x\leqq\pi)$ は $x=\dfrac{2\pi}{3}$ なので, $\mathrm{Cos}^{-1}\left(-\dfrac{1}{2}\right)=\dfrac{2\pi}{3}.$

(3) $\tan x=-\dfrac{\sqrt{3}}{3}$ となる x $\left(-\dfrac{\pi}{2}<x<\dfrac{\pi}{2}\right)$ は $x=-\dfrac{\pi}{6}$ なので
$$\mathrm{Tan}^{-1}\left(-\frac{\sqrt{3}}{3}\right)=-\frac{\pi}{6}.$$

1.3 (1) $\alpha=\mathrm{Sin}^{-1}x=\mathrm{Tan}^{-1}\sqrt{5}$ とおくと, $0<\alpha<\dfrac{\pi}{2}$ で $x=\sin\alpha,\ \tan\alpha=\sqrt{5}.$ よって, $\cos^2\alpha=\dfrac{1}{1+\tan^2\alpha}=\dfrac{1}{6},\ \cos\alpha=\dfrac{1}{\sqrt{6}}.$ したがって
$$x=\sin\alpha=\tan\alpha\cos\alpha=\frac{\sqrt{5}}{\sqrt{6}}=\frac{\sqrt{30}}{6}.$$

(2) $\alpha=\mathrm{Cos}^{-1}\dfrac{1}{3},\ \beta=\mathrm{Cos}^{-1}\dfrac{7}{9}$ とおくと, $0<\alpha,\beta<\dfrac{\pi}{2}$ で $\cos\alpha=\dfrac{1}{3},\ \sin\alpha=\dfrac{2\sqrt{2}}{3},$ $\cos\beta=\dfrac{7}{9},\ \sin\beta=\dfrac{4\sqrt{2}}{9}.$ したがって
$$x=\sin(\alpha+\beta)=\sin\alpha\cos\beta+\cos\alpha\sin\beta=\frac{2\sqrt{2}}{3}\frac{7}{9}+\frac{1}{3}\frac{4\sqrt{2}}{9}=\frac{2\sqrt{2}}{3}.$$

1.4 (1) $\sin x$ は $(-\infty,\infty)$ で連続. x^2+1 も $(-\infty,\infty)$ で連続で 0 にはならない. $f(x)$ は $\sin x$ を x^2+1 で割った商であるから, $(-\infty,\infty)$ で連続.

(2) $\sin y$ は y に関して連続で, $y=\dfrac{1}{x}$ は $x\neq 0$ で連続. それらの合成関数 $\sin\dfrac{1}{x}$ は $x\neq 0$ で連続. また, x^2 も連続. $f(x)=x^2\sin\dfrac{1}{x}$ は x^2 と $\sin\dfrac{1}{x}$ の積であるから, $x\neq 0$ で連続. $x=0$ で連続であることを示すには, $\lim\limits_{x\to 0}f(x)=f(0)(=0)$ を示せばよい. $\left|\sin\dfrac{1}{x}\right|\leq 1$ であるから $|f(x)|=\left|x^2\sin\dfrac{1}{x}\right|\leq x^2$. よって, $\lim\limits_{x\to 0}f(x)=0=f(0)$ となり, $f(x)$ は 0 でも連続.

1.5 $\theta=\mathrm{Sin}^{-1}x\ \left(-\dfrac{\pi}{2}\leq\theta\leq\dfrac{\pi}{2}\right)$ とおくと $x=\sin\theta$ であるから

$$\mathrm{Tan}^{-1}\left(\dfrac{x}{\sqrt{1-x^2}}\right)=\mathrm{Tan}^{-1}\left(\dfrac{\sin\theta}{\sqrt{1-\sin^2\theta}}\right)=\mathrm{Tan}^{-1}\dfrac{\sin\theta}{\cos\theta}$$
$$=\mathrm{Tan}^{-1}(\tan\theta)=\theta=\mathrm{Sin}^{-1}x.$$

1.6 (1) 問題 1.1-5(2) より, $\lim\limits_{n\to\infty}\log(\sqrt[n]{a_1a_2\cdots a_n})=\lim\limits_{n\to\infty}\dfrac{\log a_1+\log a_2+\cdots+\log a_n}{n}$ $=\log\alpha$. $\log$ の連続性より, $\lim\limits_{n\to\infty}\sqrt[n]{a_1a_2\cdots a_n}=\alpha$.

(2) $\sqrt[n]{a_n}=\sqrt[n]{a_1}\sqrt[n]{\dfrac{a_2}{a_1}\dfrac{a_3}{a_2}\cdots\dfrac{a_n}{a_{n-1}}}$. 問題 1.1-1(2) より, $\lim\limits_{n\to\infty}\sqrt[n]{a_1}=1$. 章末問題 1.6(1) より, $\lim\limits_{n\to\infty}\sqrt[n]{\dfrac{a_2}{a_1}\dfrac{a_3}{a_2}\cdots\dfrac{a_n}{a_{n-1}}}=\lim\limits_{n\to\infty}\dfrac{a_n}{a_{n-1}}=\alpha$. 2式の積をとって $\lim\limits_{n\to\infty}\sqrt[n]{a_n}=\alpha$.

(3) 級数 $\{b_n\}$ は収束するから, $|b_n|<M$ となる正の数 M が存在する. したがって

$$\left|\dfrac{a_1b_n+a_2b_{n-1}+\cdots+a_nb_1}{n}-\alpha\beta\right|$$
$$=\left|\dfrac{1}{n}\left\{\sum_{k=1}^{n}a_kb_{n+1-k}-\sum_{k=1}^{n}\alpha b_{n+1-k}+\sum_{k=1}^{n}(\alpha b_{n+1-k}-\alpha\beta)\right\}\right|$$
$$=\left|\dfrac{1}{n}\sum_{k=1}^{n}(a_k-\alpha)b_{n+1-k}+\dfrac{1}{n}\sum_{k=1}^{n}\alpha(b_{n+1-k}-\beta)\right|$$
$$\leq\left|\dfrac{1}{n}\sum_{k=1}^{n}(a_k-\alpha)M\right|+\left|\dfrac{1}{n}\sum_{k=1}^{n}\alpha(b_{n+1-k}-\beta)\right|$$
$$=M\left|\dfrac{1}{n}\sum_{k=1}^{n}(a_k-\alpha)\right|+|\alpha|\left|\dfrac{1}{n}\sum_{k=1}^{n}\alpha(b_{n+1-k}-\beta)\right|.$$

問題 1.1-5(2) より, $\lim\limits_{n\to\infty}\dfrac{1}{n}\sum\limits_{k=1}^{n}(a_k-\alpha)=0$, $\lim\limits_{n\to\infty}\dfrac{1}{n}\sum\limits_{k=1}^{n}(b_{n+1-k}-\beta)=0$ であるから

$$\lim_{n\to\infty}\dfrac{a_1b_n+a_2b_{n-1}+\cdots+a_nb_1}{n}=\alpha\beta.$$

(4) $\dfrac{n}{\sqrt[n]{n!}}=\dfrac{n}{n+1}\dfrac{n+1}{\sqrt[n]{n!}}$. 右辺のはじめの項の極限は $\lim\limits_{n\to\infty}\dfrac{n}{n+1}=1$.

次に, $\dfrac{n+1}{\sqrt[n]{n!}}=\sqrt[n]{\left(\dfrac{2}{1}\right)\left(\dfrac{3}{2}\right)^2\left(\dfrac{4}{3}\right)^3\cdots\left(\dfrac{n+1}{n}\right)^n}$ と表す. ネピアの定数の定義により, $\lim\limits_{n\to\infty}\left(\dfrac{n+1}{n}\right)^n=e$ であるから, 章末問題 1.6(1) より

$$\lim_{n\to\infty}\sqrt[n]{\left(\dfrac{2}{1}\right)\left(\dfrac{3}{2}\right)^2\left(\dfrac{4}{3}\right)^3\cdots\left(\dfrac{n+1}{n}\right)^n}=e.$$

2つの極限の積をとって $\lim_{n\to\infty} \dfrac{n}{\sqrt[n]{n!}} = e$.

(5) (4) より, $\lim_{n\to\infty} \dfrac{n}{\sqrt[n]{n!}} = e$ で, $\lim_{n\to\infty} n = \infty$ となるから, $\lim_{n\to\infty} \sqrt[n]{n!} = \infty$.

1.7 x を任意の実数とする. $f(x) = f\left(\dfrac{x}{2} + \dfrac{x}{2}\right) = f\left(\dfrac{x}{2}\right)^2$ となるから, $f(x) \geqq 0$ である. すべての点 x で $f(x) \neq 0$ と仮定し, $g(x) = \log(f(x))$ とおく. 任意の x, y に対し, $g(x+y) = g(x) + g(y)$ が成り立つから, 例題 1.5-2 より, $g(x) = cx$ (c: 定数). よって, $f(x) = e^{g(x)} = e^{cx} = a^x$ ($a = e^c$). もし, $f(x_0) = 0$ となる点 x_0 が存在するならば, $f(x) = f(x - x_0)f(x_0) = 0$ である. よって, $f(x) \equiv 0$ (恒等的に 0).

1.8 $f(1) = c$ とおく. $x > 0$ ならば, $f(x) = f(x^{1/2}) = f(x^{1/4}) = \cdots = f(x^{1/2^n})$ となるから, $\lim_{n\to\infty} f(x^{1/2^n}) = f(x)$. $\lim_{n\to\infty} x^{1/2^n} = \lim_{n\to\infty} \sqrt[2^n]{x} = 1$ (問題 1.1-1(2)) なので, $f(x)$ の $x = 1$ における連続性を用いると $\lim_{n\to\infty} f(x^{1/2^n}) = f(1)$. よって, $f(x) = \lim_{n\to\infty} f(x^{1/2^n}) = f(1) = c$.

$f(x)$ の 0 における連続性より, $f(0) = \lim_{x\to+0} f(x) = c$.

$x < 0$ ならば, $f(x) = f(x^2) = c$. これらを合わせると $f(x) = c$ (定数).

1.9 $f(x) = \dfrac{1}{x-a} + \dfrac{1}{x-b} + \dfrac{1}{x-c}$ とおくと

$$f(x) = \dfrac{(x-b)(x-c) + (x-a)(x-c) + (x-a)(x-b)}{(x-a)(x-b)(x-c)}.$$

よって, $f(x) = 0$ の根の個数は, x の 2 次方程式 $(x-b)(x-c) + (x-a)(x-c) + (x-a)(x-b) = 0$ の根の個数に等しく, 高々 2 個である. $\lim_{x\to a+0} f(x) = \infty$, $\lim_{x\to b-0} f(x) = -\infty$ であるから, $f(x) = 0$ は中間値の定理 (要約 1.2.8) により, $a < x_1 < b$ となる解 x_1 をもつ. $\lim_{x\to b+0} f(x) = \infty$, $\lim_{x\to c-0} f(x) = -\infty$ であるから, $f(x) = 0$ は中間値の定理により, $b < x_2 < c$ となる解 x_2 をもつ. よって, $f(x) = 0$ は 2 個の異なる解 x_1, x_2 をもつ.

章末問題 2

2.1 (1) $\dfrac{d}{dx}(x^2+1)^2(x-2)^3 = 2(x^2+1)2x(x-2)^3 + (x^2+1)^2 3(x-2)^2$
$= (x^2+1)(x-2)^2(7x^2 - 8x + 3).$

(2) $y = \sqrt{\dfrac{(x+1)(x-2)}{(x-1)(x+2)}}$ とおき, 両辺の対数をとる. $\log y = \dfrac{1}{2}(\log(x+1) + \log(x-2) - \log(x-1) - \log(x+2))$ であるから, 両辺を微分して

$$\dfrac{y'}{y} = \dfrac{1}{2}\left(\dfrac{1}{x+1} + \dfrac{1}{x-2} - \dfrac{1}{x-1} - \dfrac{1}{x+2}\right).$$
$$y' = \dfrac{1}{2}\sqrt{\dfrac{(x+1)(x-2)}{(x-1)(x+2)}}\left(\dfrac{1}{x+1} + \dfrac{1}{x-2} - \dfrac{1}{x-1} - \dfrac{1}{x+2}\right).$$

(3) $y = e^u$, $u = \dfrac{1}{2x}$ とおく. $\dfrac{d}{dx} e^{1/(2x)} = \dfrac{dy}{du}\dfrac{du}{dx} = e^u\left(-\dfrac{1}{2x^2}\right) = -\dfrac{e^{1/(2x)}}{2x^2}.$

(4) $y = \log u$, $u = 1 + \sqrt{x}$ とおく.
$$\frac{d}{dx}\log(1+\sqrt{x}) = \frac{dy}{du}\frac{du}{dx} = \frac{1}{u}\frac{1}{2\sqrt{x}} = \frac{1}{2\sqrt{x}(1+\sqrt{x})}.$$

(5) $y = \mathrm{Sin}^{-1} u$, $u = \dfrac{x}{\sqrt{x^2+1}}$ とおく.
$$\frac{d}{dx}\left(\mathrm{Sin}^{-1}\frac{x}{\sqrt{x^2+1}}\right) = \frac{dy}{du}\frac{du}{dx} = \frac{1}{\sqrt{1-u^2}}\frac{\sqrt{1+x^2}-x^2/\sqrt{1+x^2}}{1+x^2}$$
$$= \frac{1}{\sqrt{1-(x/\sqrt{1+x^2})^2}}\frac{1+x^2-x^2}{(1+x^2)\sqrt{1+x^2}}$$
$$= \sqrt{1+x^2}\frac{1}{(1+x^2)\sqrt{1+x^2}} = \frac{1}{1+x^2}.$$

(6) $y = \sinh u$, $u = 2x^2 + 3x$ とおく.
$$\frac{d}{dx}\sinh(2x^2+3x) = \frac{dy}{du}\frac{du}{dx} = (4x+3)\cosh(2x^2+3x).$$

2.2 (1) $f(x) = \log(1+x) - \dfrac{x}{1+x}$ とおく. $f(0) = 0$, $f'(x) = \dfrac{x}{(1+x)^2} > 0$ $(x > 0)$ より, $f(x)$ は $0 < x$ で単調増加. したがって, $x > 0$ で $0 < f(x)$ となるので, $x \geqq 0$ で $\dfrac{x}{1+x} \leqq \log(1+x)$.

(2) $f(x) = \cos x - 1 + \dfrac{x^2}{2!}$ とおく. $f(0) = 0$, $f'(x) = -\sin x + x$. $0 < x < \dfrac{\pi}{2}$ ならば, 例題 1.3-1 より, $f'(x) > 0$. $\dfrac{\pi}{2} \leqq x$ ならば, $\sin x < 1 < x$ であるから, $0 < x$ のとき $f'(x) > 0$. 同様にして, $x < 0$ のとき $f'(x) < 0$ となるから $f(x) > 0$ $(x \neq 0)$. すなわち, $1 - \dfrac{x^2}{2} < \cos x$ $(x \neq 0)$.

$g(x) = 1 - \dfrac{x^2}{2!} + \dfrac{x^4}{4!} - \cos x$ とおく. $g(0) = 0$, $g'(x) = -x + \dfrac{x^3}{3!} + \sin x$, $g''(x) = -1 + \dfrac{x^2}{2} + \cos x$. (2) の前半より, $0 < g''(x)$ $(x \neq 0)$. $g'(0) = 0$ であるから $g'(x) < 0$ $(x < 0)$, $g'(x) > 0$ $(0 < x)$. よって, $x < 0$ で $g(x)$ は単調減少, $0 < x$ で $g(x)$ は単調増加. $g(0) = 0$ であるから $g(x) > 0$ $(x \neq 0)$ である. すなわち, $\cos x < 1 - \dfrac{x^2}{2!} + \dfrac{x^4}{4!}$ $(x \neq 0)$.

2.3 いずれもロピタルの定理を用いる.

(1) $\displaystyle\lim_{x \to 0} \frac{x - \sin x}{x^3} = \lim_{x \to 0}\frac{1 - \cos x}{3x^2} = \lim_{x \to 0}\frac{\sin x}{6x} = \lim_{x \to 0}\frac{\cos x}{6} = \frac{1}{6}$.

(2) $y = x^{x/(1-x)}$ とおく. $\displaystyle\lim_{x \to 1}\log y = \lim_{x \to 1}\frac{x\log x}{1-x} = \lim_{x \to 1}\frac{\log x + 1}{-1} = -1$. よって
$$\lim_{x \to 1} y = \frac{1}{e}.$$

(3) $\displaystyle\lim_{x \to 1+0}\left(\frac{x}{x-1} - \frac{1}{\log x}\right) = \lim_{x \to 1+0}\frac{x\log x - (x-1)}{(x-1)\log x} = \lim_{x \to 1+0}\frac{\log x}{\log x + 1 - 1/x}$
$$= \lim_{x \to 1+0}\frac{1/x}{1/x + 1/x^2} = \frac{1}{2}.$$

2.4 $f'(x) = (2\sin x + 1)\cos x$ より, $f'(x) = 0$ となる x は $\dfrac{\pi}{2}, \dfrac{7\pi}{6}, \dfrac{3\pi}{2}, \dfrac{11\pi}{6}$ (表 A.1).

表 A.1

x	0		$\pi/2$		$7\pi/6$		$3\pi/2$		$11\pi/6$		2π
y'		$+$	0	$-$	0	$+$	0	$-$	0	$+$	
y	0	↗	1	↘	$-1/4$	↗	0	↘	$-1/4$	↗	0

$y = \sin x(\sin x + 1)$ $(0 \leqq x \leqq 2\pi)$ のグラフの概形は図 A.1 のようになる.

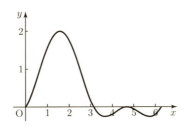

図 **A.1**

2.5 与えられた関数を $f(x)$ とおく.

(1) $\dfrac{2x-3}{x+2} = 2 - \dfrac{7}{x+2}$ より $f^{(0)}(x) = \dfrac{2x-3}{x+2}$ $(n=0)$, $f^{(n)}(x) = \dfrac{(-1)^{n+1} 7 \cdot n!}{(x+2)^{n+1}}$ $(1 \leqq n)$.

(2) 帰納的に計算する. $(\log x)^{(0)} = \log x$, $(\log x)^{(k)}(x) = (-1)^{k-1} \dfrac{(k-1)!}{x^k}$ $(1 \leqq k)$ であるから, $f^{(0)}(x) = x^2 \log x$, $f^{(1)}(x) = 2x \log x + x$, $f^{(2)}(x) = 3 + 2\log x$. $n \geqq 3$ ならば $f^{(n)}(x) = \dfrac{2(-1)^{n-3}(n-3)!}{x^{n-2}}$.

(3) ライプニッツの公式を用いる. $(\cos 2x)^{(k)} = 2^k \cos\left(2x + \dfrac{k}{2}\pi\right)$ であるから

$$f^{(n)}(x) = (x^2 \cos 2x)^{(n)}$$
$$= 2^n x^2 \cos\left(2x + \dfrac{n}{2}\pi\right) + n2^n x \cos\left(2x + \dfrac{n-1}{2}\pi\right)$$
$$+ n(n-1)2^{n-2} \cos\left(2x + \dfrac{n-2}{2}\pi\right).$$

2.6 (1) 例題 2.10(1) を用いる. $f(x) = \sin x$ とおくと

$$\sin x = \sum_{k=0}^{n-1} \dfrac{f^{(k)}(0)}{k!} x^k + \dfrac{f^{(n)}(\theta x)}{n!} x^n$$

である. $k = 2h$ のとき, $f^{(2h)}(x) = \sin(x + h\pi) = (-1)^h \sin x$ であるから $f^{(2h)}(x) = 0$. $k = 2h+1$ のとき, $f^{(2h+1)}(x) = \sin\left(x + \dfrac{2h+1}{2}\pi\right) = \cos(x + h\pi) = (-1)^h \cos x$ であるから $f^{(2h+1)}(0) = (-1)^h$.

$$(\sin x)^{(2m+1)} = \sin\left(x + \dfrac{2m+1}{2}\pi\right) = \cos(x + m\pi) = (-1)^m \cos x.$$

よって

$$\sin x = \sum_{h=0}^{m-1} \frac{(-1)^h}{(2h+1)!} x^{2h+1} + \frac{(-1)^m \cos(\theta x)}{(2m+1)!} x^{2m+1} \quad (0<\theta<1).$$

(2) 問題 2.3-1(4) を用いる．$f(x)=(1+x)^{1/2}$ とおくと

$$f^{(k)}(x) = \frac{(-1)^{k-1}(2k-3)!!}{2^k} \cdot \frac{1}{(1+x)^{k-1/2}}$$

であるから，$f(0)=1$, $f^{(k)}(0) = \dfrac{(-1)^{k-1}(2k-3)!!}{2^k}$. よって

$$\sqrt{1+x} = \sum_{k=0}^{n-1} \frac{f^{(k)}(0)}{k!} x^k + \frac{f^{(n)}(\theta x)}{n!} x^n$$
$$= 1 + \sum_{k=1}^{n-1} \frac{(-1)^{k-1}(2k-3)!!}{k!\, 2^k} x^k + \frac{(-1)^{n-1}(2n-3)!!}{n!\, 2^n} \cdot \frac{1}{(1+\theta x)^{n-1/2}} x^n$$
$$(0<\theta<1).$$

2.7 (1) $(1+x)\cos x = (1+x)\left(1 - \dfrac{x^2}{2} + o(x^3)\right) = 1 + x - \dfrac{x^2}{2} - \dfrac{x^3}{2} + o(x^3)$.

(2) $\sin x = x - \dfrac{x^3}{6} + o(x^3)$, $\dfrac{1}{1+x} = 1 - x + x^2 - x^3 + o(x^3)$ であるから

$$\frac{\sin x}{1+x} = \left(x - \frac{x^3}{6} + o(x^3)\right)\left(1 - x + x^2 - x^3 + o(x^3)\right) = x - x^2 + \frac{5}{6}x^3 + o(x^3).$$

2.8 (1) $\displaystyle\lim_{x\to 0} \frac{x^2 \sin x}{(1-e^x)(\cos x - 1)} = \lim_{x\to 0} \frac{x^2(x+o(x^2))}{(-x-x^2/2+o(x^2))(-x^2/2+o(x^2))}$
$$= \lim_{x\to 0} \frac{x^3 + o(x^3)}{x^3/2 + o(x^3)} = \lim_{x\to 0} \frac{1 + o(x^3)/x^3}{1/2 + o(x^3)/x^3} = 2.$$

(2) $\displaystyle\lim_{x\to 0} \frac{(e^x-1)\sin 3x}{x(\tan x - 1)} = \lim_{x\to 0} \frac{(x+o(x))(3x+o(x))}{x(x+o(x))} = \lim_{x\to 0} \frac{3x^2 + o(x^2)}{x^2 + o(x^2)}$
$$= \lim_{x\to 0} \frac{3 + o(x^2)/x^2}{1 + o(x^2)/x^2} = 3.$$

2.9 (1) $f(x) = \sin x - \log(1+x) - x^2 = (x+o(x^2)) - \left(x - \dfrac{x^2}{2} + o(x^2)\right) - x^2 = -\dfrac{1}{2}x^2$
$+o(x^2)$. よって，$f(x)$ は $x=0$ で極大値をとる．

(2) $f(x) = e^x - \cos x - x = \left(1 + x + \dfrac{x^2}{2} + o(x^2)\right) - \left(1 - \dfrac{x^2}{2} + o(x^2)\right) - x = x^2 +$
$o(x^2)$. よって，$f(x)$ は $x=0$ で極小値をとる．

2.10 (1) 対数をとって計算する．$y = \left\{\dfrac{a^x + b^x}{2}\right\}^{1/x}$ とおく．$\dfrac{a}{b} < 1$ であるから

$$\lim_{x\to\infty} \log y = \lim_{x\to\infty} \frac{\log(a^x+b^x) - \log 2}{x} = \lim_{x\to\infty} \frac{(\log a)a^x + (\log b)b^x}{a^x + b^x}$$
$$= \lim_{x\to\infty} \frac{(\log a)(a/b)^x + \log b}{(a/b)^x + 1} = \log b.$$

よって，$\displaystyle\lim_{x\to\infty} y = e^{\log b} = b$.

(2) 漸近展開を用いる．$\mathrm{Sin}^{-1} x = x + \dfrac{x^3}{6} + o(x^3)$, $\cos x = 1 - \dfrac{x^2}{2} + o(x^2)$ であるから

章末問題略解 (2章)

$$\lim_{x\to 0}\frac{x-\mathrm{Sin}^{-1}x}{x-x\cos x}=\lim_{x\to 0}\frac{x-(x+x^3/6+o(x^3))}{x-x(1-x^2/2+o(x^2))}=\lim_{x\to 0}\frac{-x^3/6+o(x^3)}{x^3/2+o(x^3)}=-\frac{1}{3}.$$

2.11 $y=f(x)^{g(x)}$ とおき,両辺の対数をとると $\log y=g(x)\log f(x)$. 両辺を微分すると $\dfrac{y'}{y}=g'(x)\log f(x)+g(x)\dfrac{f'(x)}{f(x)}$. したがって

$$y'=y\left(g'(x)\log f(x)+g(x)\frac{f'(x)}{f(x)}\right)=f(x)^{g(x)}\left(g'(x)\log f(x)+g(x)\frac{f'(x)}{f(x)}\right).$$

2.12 $g(x)=\log x$ とおき,$f(x),g(x)$ にコーシーの平均値の定理を用いると,$\dfrac{f(b)-f(a)}{g(a)-g(b)}=\dfrac{f'(c)}{g'(c)}$ となる c $(a<c<b)$ が存在.$g(a)-g(b)=\log a-\log b=\log\left(\dfrac{a}{b}\right)$, $g'(x)=\dfrac{1}{x}$ より $g'(c)=\dfrac{1}{c}$. 上式に代入して,$f(b)-f(a)=\log\left(\dfrac{b}{a}\right)cf'(c)$ となる c $(a<c<b)$ が存在.

2.13 $f(x)$ の両方の対数をとり,$g(x)=\log f(x)=\log\left(1+\dfrac{1}{x}\right)^x=x\log\left(1+\dfrac{1}{x}\right)$ とおく. $f(x)$ が単調増加関数であることを示すには,$g(x)$ が単調増加関数,すなわち,$g'(x)>0$ を示す.

(i) $g'(x)=\log\left(1+\dfrac{1}{x}\right)-\dfrac{1}{x+1}$ で $g'(1)=\log 2-\dfrac{1}{2}>0$.

(ii) $g''(x)=\dfrac{-1}{x(x+1)^2}<0$.

(iii) $\displaystyle\lim_{x\to\infty}g'(x)=\lim_{x\to\infty}\left(\log\left(1+\dfrac{1}{x}\right)-\dfrac{1}{x+1}\right)=0$.

問題 2.2-5 の $f(x)$ として $g'(x)$ をとると,$g'(x)>0$ となる.よって,$g(x)$ は単調増加関数.

2.14 $x(t_0)$ において,$\dfrac{dy}{dx}=\dfrac{dy/dt}{dx/dt}(t_0)=\dfrac{3a\sin^2 t_0\cos t_0}{-3a\cos^2 t_0\sin t_0}=-\dfrac{\sin t_0}{\cos t_0}$ であるから,点 P における接線は $y=-\dfrac{\sin t_0}{\cos t_0}(x-a\cos^3 t_0)+a\sin^3 t_0$. $y=0$ とおいて,接線の x 軸との交点は $(a\cos t_0,0)$. $x=0$ とおいて,y 軸との交点は $(0,a\sin t_0)$. したがって,接線が両軸によって切り取られる長さは $\sqrt{a^2\cos^2 t_0+a^2\sin^2 t_0}=\sqrt{a^2(\cos^2 t_0+\sin^2 t_0)}=a$ となり,一定である.

2.15 $f(x)=(x^2-1)^n$ とおくと,$P_n(x)=\dfrac{1}{2^n n!}f^{(n)}(x)$. よって,$f^{(n)}(x)$ が区間 $(-1,1)$ で n 個の異なる零点をもつことを示せばよい.$f(x)=(x-1)^n(x+1)^n$ にライプニッツの公式を用いると $f^{(k)}(x)=\displaystyle\sum_{j=0}^{k}\binom{k}{j}\dfrac{d^j}{dx^j}(x-1)^n\dfrac{d^{k-j}}{x^{k-j}}(x+1)^n$. よって,$0\leqq j\leqq k\leqq n-1$ ならば $0\leqq k-j\leqq n-1$ であるので,$f^{(k)}(-1)=f^{(k)}(1)=0$. 特に,$f(-1)=f(1)=0$. ロルの定理により $f'(x_{1,1})$ をみたす $x_{1,1}$ $(-1<x_{1,1}<1)$ が存在する.

次に,$f'(-1)=f'(x_{1,1})=f'(1)=0$ であるから,$f'(x)$ にロルの定理を適用して $f''(x_{2,1})=f''(x_{2,2})=0$ となる $x_{2,1},x_{2,2}$ $(-1<x_{2,1}<x_{2,2}<1)$ が存在する.

これを繰り返して,$f^{(n)}(x)$ には,$-1<x_{n,1}<x_{n,2}<\cdots<x_{n,n}<1$ をみたす異なる n 個の零点 $x_{n,1},x_{n,2},\cdots,x_{n,n}$ が存在する.

2.16 $f(x)$ に平均値の定理を用いると, $\dfrac{f(x+a)-f(x)}{a}=f'(c)$ となる c $(x<c<x+a)$ が存在する．これを書き換えると $\varphi(x+a)-f(x)=f'(c)a$ となるが，$\displaystyle\lim_{x\to\infty}f'(c)=l$ であるので，$\displaystyle\lim_{x\to\infty}(f(x+a)-f(x))=al$.

2.17 $f(x)$ の平均値の定理は $f(a+h)=f(a)+hf'(a)\theta h$ $(0<\theta<1)$．$f'(x)$ に平均値の定理を用いると $f'(a+k)=f'(a)+kf''(a+\theta_1 k)$ $(0<\theta_1<1)$．$k=\theta h$ とおくと $f'(a+\theta h)=f'(a)+\theta h f''(a+\theta\theta_1 h)$ $(0<\theta_1<1)$．$f(x)$ の平均値の定理に代入すると

$$f(a+h)=f(a)+hf'(a+\theta h)=f(a)+hf'(a)+\theta h^2 f''(a+\theta\theta_1 h).$$

一方，$n=2$ のときのテイラーの定理より

$$f(a+h)=f(a)+hf'(a)+\dfrac{h^2}{2}f''(a+\theta_2 h)\quad(0<\theta_2<1).$$

両式を比較すると $\theta h^2 f''(a+\theta\theta_1 h)=\dfrac{h^2}{2}f''(a+\theta_2 h)$．よって，$\theta=\dfrac{1}{2}\dfrac{f''(a+\theta_2 h)}{f''(a+\theta\theta_1 h)}$．$f''(x)$ は連続であるから $\displaystyle\lim_{h\to 0}\theta=\lim_{h\to 0}\dfrac{1}{2}\dfrac{f''(a+\theta_2 h)}{f''(a+\theta\theta_1 h)}=\dfrac{1}{2}$.

2.18 章末問題 2.17 の一般化である．有限テイラー展開

$$f(a+h)=\sum_{j=0}^{n-1}\dfrac{f^{(j)}(a)}{j!}h^j+\dfrac{f^{(n)}(a+\theta h)}{n!}h^n$$

の剰余項において，$f^{(n)}(x)$ は平均値の定理より

$$f^{(n)}(a+k)=f^{(n)}(a)+kf^{(n+1)}(a+\theta_1 k)\quad(0<\theta_1<1).$$

$k=\theta h$ として，上の有限テイラー展開に代入すると

$$f(a+h)=\sum_{j=0}^{n-1}\dfrac{f^{(j)}(a)}{j!}h^j+\dfrac{f^{(n)}(a)+\theta hf^{(n+1)}(a+\theta_1\theta h)}{n!}h^n$$

$$=\sum_{j=0}^{n}\dfrac{f^{(j)}(a)}{j!}h^j+\dfrac{f^{(n+1)}(a+\theta_1\theta h)}{n!}\theta h^{n+1}.$$

$f(x)$ の $n+1$ 次の有限テイラー展開は

$$f(a+h)=\sum_{j=0}^{n}\dfrac{f^{(j)}(a)}{j!}h^j+\dfrac{f^{(n+1)}(a+\theta_2 h)}{(n+1)!}h^{n+1}.$$

両式を比較すると

$$\dfrac{f^{(n+1)}(a+\theta_1\theta h)}{n!}\theta h^{n+1}=\dfrac{f^{(n+1)}(a+\theta_2 h)}{(n+1)!}h^{n+1}.$$

よって，$\theta=\dfrac{1}{n+1}\dfrac{f^{(n+1)}(a+\theta_2 h)}{f^{(n+1)}(a+\theta_1\theta h)}$．$f^{(n+1)}(x)$ の連続性より

$$\lim_{h\to 0}\theta=\lim_{h\to 0}\dfrac{1}{n+1}\dfrac{f^{(n)}(a+\theta_2 h)}{f^{(n)}(a+\theta_1\theta h)}=\dfrac{1}{n+1}.$$

2.19 $p,q\geqq 0$, $p+q=1$ とする．$a=px+qy$, $b=x-y$ とおき．連立 1 次方程式を解くと $x=a+qb$, $y=a-pb$. 有限テイラー展開を用いる．$f''(x)>0$ であるから

章末問題略解 (3 章)

$$\begin{cases} f(x)=f(a+qb)=f(a)+f'(a)qb+\dfrac{1}{2}f''(a+\theta_1 qb)(qb)^2\geqq f(a)+f'(a)qb,\\ f(y)=f(a-pb)=f(a)-f'(a)pb+\dfrac{1}{2}f''(a+\theta_2 pb)(qb)^2\geqq f(a)-f'(a)pb. \end{cases}$$

第 1 式に p, 第 2 式に q を掛けて両辺を加えると
$$pf(x)+qf(y)\geqq (p+q)f(a)=f(a)=f(px+qy).$$
よって, $f(x)$ は I で凸関数である.

2.20 (1) $f_n'(x)=nx^{n-1}e^{-x}-x^n e^{-x}$ であるから
$$xf_n'(x)=nx^n e^{-x}-x^{n+1}e^{-x}=(n-x)f_n(x).$$

(2) ライプニッツの公式 (要約 2.4.2) を用いて, (1) の両辺を $n+1$ 回微分すると
$$(xf_n'(x))^{(n+1)}=xf_n^{(n+2)}(x)+(n+1)f_n^{(n+1)}(x),$$
$$((n-x)f_n(x))^{(n+1)}(x)=(n-x)f_n^{(n+1)}(x)-(n+1)f_n^{(n)}(x).$$
よって, $xf_n^{(n+2)}(x)+(n+1)f_n^{(n+1)}(x)=(n-x)f_n^{(n+1)}(x)-(n+1)f_n^{(n)}(x)$. これを整理して

(∗) $\qquad xf_n^{(n+2)}(x)+(x+1)f_n^{(n+1)}(x)+(n+1)f_n^{(n)}(x)=0.$

定義の式 $f_n^{(n)}(x)=e^{-x}L_n(x)$ の両辺を微分して
$$f_n^{(n+1)}(x)=-e^{-x}L_n(x)+e^{-x}L_n'(x)=e^{-x}(L_n'(x)-L_n(x)).$$
さらに微分して
$$\begin{aligned}f_n^{(n+2)}(x)&=-e^{-x}(L_n'(x)-L_n(x))+e^{-x}(L_n''(x)-L_n'(x))\\ &=e^{-x}(L_n''(x)-2L_n'(x)+L_n(x)).\end{aligned}$$
これを (∗) に代入して
$$xe^{-x}(L_n''(x)-2L_n'(x)+L_n(x))+(x+1)e^{-x}(L_n'(x)-L_n(x))+(n+1)e^{-x}L_n(x)=0.$$
両辺に e^x を掛けて整理すると, $xL_n''(x)+(1-x)L_n'(x)+nL_n(x)=0.$

章末問題 3

3.1 (1) $\displaystyle\int x^3 e^x\,dx=x^3 e^x-\int 3x^2 e^x\,dx=x^3 e^x-3x^2 e^x+\int 6xe^x\,dx$
$\qquad =x^3 e^x-3x^2 e^x+6xe^x-6\displaystyle\int e^x\,dx=x^3 e^x-3x^2 e^x+6xe^x-6e^x$
$\qquad =(x^3-3x^2+6x-6)e^x\quad$ (部分積分).

(2) $\displaystyle\int\frac{\sin x}{\cos^2 x}\,dx=-\int\frac{dt}{t^2}=\frac{1}{t}=\frac{1}{\cos x}\quad (t=\cos x,\ dt=-\sin x).$

3.2 (1) $\displaystyle\int_0^{\pi/2}x\sin x\,dx=\bigl[-x\cos x\bigr]_0^{\pi/2}+\int_0^{\pi/2}\cos x\,dx$
$\qquad =\bigl[-x\cos x\bigr]_0^{\pi/2}+\bigl[\sin x\bigr]_0^{\pi/2}=1.$

(2) $\displaystyle\int_0^1 \frac{x^4-x}{x^2+1}\,dx = \int_0^1 (x^2-1)\,dx - \int_0^1 \frac{x}{x^2+1}\,dx + \int_0^1 \frac{1}{x^2+1}\,dx$

$\displaystyle= \left[\frac{x^3}{3}-x\right]_0^1 - \frac{1}{2}\int_0^1 \frac{1}{t+1}\,dx + \left[\mathrm{Tan}^{-1}x\right]_0^1 \quad (t=x^2)$

$\displaystyle= \left[\frac{x^3}{3}-x\right]_0^1 - \frac{1}{2}\bigl[\log(t+1)\bigr]_0^1 + \left[\mathrm{Tan}^{-1}x\right]_0^1 = -\frac{2}{3}-\frac{1}{2}\log 2 + \frac{\pi}{4}.$

3.3 (1) $\displaystyle\int \frac{x+1}{x^2+2x+2}\,dx = \int \frac{x+1}{(x+1)^2+1}\,dx = \int \frac{t}{t^2+1}\,dt \quad (t=x+1)$

$\displaystyle= \int \frac{t}{t^2+1}\,dt = \frac{1}{2}\int \frac{du}{u+1} \quad (u=t^2)$

$\displaystyle= \frac{1}{2}\log|u+1| = \frac{1}{2}\log|x^2+2x+2|.$

(別解) $f(x)=x^2+2x+2$ とおくと，$f'(x)=2x+2$ であるから

$\displaystyle\int \frac{x+1}{x^2+2x+2}\,dx = \frac{1}{2}\int \frac{f'(x)}{f(x)}\,dx = \frac{1}{2}\log|f(x)| = \frac{1}{2}\log|x^2+2x+2|.$

(2) $\displaystyle\int \frac{x+1}{(x^2-1)^2}\,dx = \int \left(\frac{x}{(x^2-1)^2} + \frac{1}{(x^2-1)^2}\right)dx = \int \frac{x}{(x^2-1)^2}\,dx + \int \frac{dx}{(x^2-1)^2}.$

$\displaystyle I^{(1)} = \int \frac{x}{(x^2-1)^2}\,dx, \quad I^{(2)} = \int \frac{dx}{(x^2-1)^2}\ \text{とおく.}$

(i) $\displaystyle I^{(1)} = \int \frac{x}{(x^2-1)^2}\,dx = \frac{1}{2}\int \frac{dt}{(t-1)^2} \quad (t=x^2)$

$\displaystyle= -\frac{1}{2}\frac{1}{t-1} = -\frac{1}{2(x^2-1)}.$

(ii) $I^{(2)}$ は例題 3.8(1) の I_2 であるから $\displaystyle I^{(2)} = \frac{x}{2(x^2+1)} + \frac{1}{2}\mathrm{Tan}^{-1}x.$ よって

$\displaystyle\int \frac{x+1}{(x^2-1)^2}\,dx = -\frac{1}{2(x^2-1)} + \frac{x}{2(x^2+1)} + \frac{1}{2}\mathrm{Tan}^{-1}x.$

3.4 (1) $\displaystyle\int \frac{dx}{x+\sqrt{x-1}} = \int \frac{2u\,du}{u^2+u+1} \quad (u=\sqrt{x-1})$

$\displaystyle= \int \frac{2u+1}{u^2+u+1}\,du - \int \frac{du}{(u+1/2)^2+3/4}$

$\displaystyle= \int \frac{2u+1}{u^2+u+1}\,du - \int \frac{dv}{v^2+3/4} \quad (v=u+1/2)$

$\displaystyle= \log(u^2+u+1) - \left(\frac{2}{\sqrt{3}}\right)\mathrm{Tan}^{-1}\frac{v}{\sqrt{3}/2}$

$\displaystyle= \log(u^2+u+1) - \left(\frac{2}{\sqrt{3}}\right)\mathrm{Tan}^{-1}\frac{u+1/2}{\sqrt{3}/2}$

$\displaystyle= \log|x+\sqrt{x-1}| - \left(\frac{2}{\sqrt{3}}\right)\mathrm{Tan}^{-1}\frac{2\sqrt{x-1}+1}{\sqrt{3}}.$

(2) $\displaystyle\int \frac{\sqrt{x}}{x+\sqrt{x}}\,dx = \int \frac{2u^2}{u^2+u}\,du = \int \left(2-\frac{2}{u+1}\right)du \quad (u=\sqrt{x},\ dx=2u\,du)$

$\displaystyle= 2u - 2\log|u+1| = 2(\sqrt{x}-\log(\sqrt{x}+1)).$

章末問題略解 (3 章)

3.5 (1) $\displaystyle\int \frac{dx}{1+2\sin x} = \int \frac{1}{1+2(2u/(1+u^2))} \frac{2\,du}{1+u^2}$

$\displaystyle\left(u=\tan\frac{x}{2},\ \sin x=\frac{2u}{1+u^2},\ dx=\frac{2\,du}{1+u^2}\right)$

$\displaystyle = \int \frac{2\,du}{u^2+4u+1} = \int \frac{2\,du}{(u+2)^2-3} = \frac{1}{\sqrt{3}}\int\left(\frac{1}{u+2-\sqrt{3}} - \frac{1}{u+2+\sqrt{3}}\right)du$

$\displaystyle = \frac{1}{\sqrt{3}}\left(\log|u+2-\sqrt{3}| - \log|u+2+\sqrt{3}|\right) = \frac{1}{\sqrt{3}}\log\left|\frac{\tan(x/2)+2-\sqrt{3}}{\tan(x/2)+2+\sqrt{3}}\right|.$

(2) $\displaystyle\int \frac{\tan x}{\cos^2 x(1+\tan x)}\,dx = \int \frac{u}{1+u}\,du\ \left(u=\tan x,\ du=\frac{dx}{\cos^2 x}\right)$

$\displaystyle = \int \left(1 - \frac{1}{1+u}\right)du = u - \log|u+1| = \tan x - \log|\tan x + 1|.$

3.6 (1) $\displaystyle\int \frac{x}{\sqrt{1-x^4}}\,dx = \frac{1}{2}\int \frac{dt}{\sqrt{1-t^2}}\,dt = \frac{1}{2}\mathrm{Sin}^{-1}t = \frac{1}{2}\mathrm{Sin}^{-1}x^2$ $(t=x^2)$ であるから

$\displaystyle\int_{-1}^{1}\frac{x}{\sqrt{1-x^4}}\,dx = \lim_{\varepsilon,\varepsilon'\to +0}\frac{1}{2}\left[\mathrm{Sin}^{-1}x^2\right]_{-1+\varepsilon}^{1-\varepsilon'}$

$\displaystyle = \frac{1}{2}\lim_{\varepsilon,\varepsilon'\to +0}\left\{\mathrm{Sin}^{-1}(1-\varepsilon')^2 - \mathrm{Sin}^{-1}(-1+\varepsilon)^2\right\} = 0.$

(2) $\displaystyle\int_{-2}^{1}\frac{x+1}{\sqrt{|x|}}\,dx = \int_{-2}^{0}\frac{x+1}{\sqrt{-x}}\,dx + \int_{0}^{1}\frac{x+1}{\sqrt{x}}\,dx$

$\displaystyle = -\int_{2}^{0}\left\{-\sqrt{t} + \frac{1}{\sqrt{t}}\right\}dt + \int_{0}^{1}\left\{\sqrt{x} + \frac{1}{\sqrt{x}}\right\}dx\quad (t=-x)$

$\displaystyle = -\lim_{\varepsilon\to +0}\left[-\frac{2}{3}t^{3/2} + 2\sqrt{t}\right]_{2}^{\varepsilon} + \lim_{\varepsilon'\to +0}\left[\frac{2}{3}x^{3/2} + 2\sqrt{x}\right]_{\varepsilon'}^{1}$

$\displaystyle = -\left(\frac{4}{3}\sqrt{2} - 2\sqrt{2}\right) + \left(\frac{2}{3} + 2\right) = \frac{2}{3}\sqrt{2} + \frac{8}{3}.$

3.7 (1) $x=1$ では $\log x$ は連続であるから, $x=0$ においてのみ考えればよい. $\displaystyle\int_{0}^{1}\log x\,dx$ と $\displaystyle\int_{0}^{1}\frac{1}{\sqrt{x}}\,dx$ を比較する.

$\displaystyle\lim_{x\to +0}\frac{|\log x|}{1/\sqrt{x}} = \lim_{x\to +0}\frac{-\log x}{1/\sqrt{x}} = \lim_{x\to +0}\frac{-1/x}{-x^{-3/2}/2} = \lim_{x\to +0}2\sqrt{x} = 0$

であるから (ロピタルの定理), $x=0$ の近傍で $|\log x| < \dfrac{1}{\sqrt{x}}$. $\displaystyle\int_{0}^{1}\frac{1}{\sqrt{x}}\,dx$ は収束するから (例題 3.11(1)), $\displaystyle\int_{0}^{1}\log x\,dx$ は収束 (要約 3.3.4).

(2) $x=0$ の近傍で $\dfrac{1}{\sqrt{x^2+1}}$ は連続である. ∞ での収束性を調べるために $\dfrac{1}{x}$ と比較する.

$\displaystyle\lim_{x\to\infty}\frac{1/x}{1/\sqrt{x^2+1}} = \lim_{x\to\infty}\frac{\sqrt{x^2+1}}{x} = \lim_{x\to\infty}\sqrt{1+\frac{1}{x^2}} = 1.$

よって, $\displaystyle\int_{1}^{\infty}\frac{dx}{\sqrt{x^2+1}}$ の収束と $\displaystyle\int_{1}^{\infty}\frac{dx}{x}$ の収束は同等である (要約 3.3.6). $\displaystyle\int_{1}^{\infty}\frac{dx}{x}$ は発散するから, $\displaystyle\int_{1}^{\infty}\frac{dx}{\sqrt{x^2+1}}$ は発散. よって, $\displaystyle\int_{0}^{\infty}\frac{1}{\sqrt{x^2+1}}\,dx$ は発散.

3.8 例題 3.17(1)(ii) を用いる． $S = \dfrac{1}{2}\displaystyle\int_0^{\pi/2} a^2\theta^2 d\theta = \dfrac{a^2}{6}\big[\theta^3\big]_0^{\pi/2} = \dfrac{a^2}{6}\dfrac{\pi^3}{2^3} = \dfrac{\pi^3 a^2}{48}.$

3.9 アステロイドは $x = a\cos^3 t,\ y = a\sin^3 t\ (0 \leq t \leq 2\pi)$ とパラメータ表示されるから

$$S = 4\int_0^a y\,dx = 4a\int_{\pi/2}^0 \sin^3 t\,\dfrac{dx}{dt}\,dt$$

$$= -12a^2\int_{\pi/2}^0 \sin^4 t\cos^2 t\,dt \quad \left(\dfrac{dx}{dt} = 3\cos^2 x\sin x\right)$$

$$= 12a^2\int_0^{\pi/2} \sin^4 t(1-\sin^2 t)\,dt = 12a^2\left(\int_0^{\pi/2}\sin^4 t\,dt - \int_0^{\pi/2}\sin^6 t\,dt\right)$$

$$= 12a^2\left(\dfrac{3\cdot 1}{4\cdot 2}\dfrac{\pi}{2} - \dfrac{5\cdot 3\cdot 1}{6\cdot 4\cdot 2}\dfrac{\pi}{2}\right) = \dfrac{3}{8}\pi a^2 \quad (\text{問題 3.2-6(1)}).$$

3.10 (1) $l(C) = \displaystyle\int_1^a \sqrt{1 + \dfrac{1}{x^2}}\,dx = \int_1^a \dfrac{\sqrt{x^2+1}}{x}\,dx$

$$= \dfrac{1}{2}\int_1^{a^2} \dfrac{\sqrt{u+1}}{u}\,du \quad (u = x^2,\ du = 2x\,dx)$$

$$= \int_{\sqrt{2}}^{\sqrt{a^2+1}} \dfrac{t^2}{t^2-1}\,dt \quad (t = \sqrt{u+1},\ du = 2t\,dt)$$

$$= \int_{\sqrt{2}}^{\sqrt{a^2+1}} \left\{1 + \dfrac{1}{2}\left(\dfrac{1}{t-1} - \dfrac{1}{t+1}\right)\right\} dt = \left[t + \dfrac{1}{2}\log\left(\dfrac{t-1}{t+1}\right)\right]_{\sqrt{2}}^{\sqrt{a^2+1}}$$

$$= \sqrt{a^2+1} + \dfrac{1}{2}\log\left(\dfrac{\sqrt{a^2+1}-1}{\sqrt{a^2+1}+1}\right) - \sqrt{2} - \dfrac{1}{2}\log\left(\dfrac{\sqrt{2}-1}{\sqrt{2}+1}\right)$$

$$= \sqrt{a^2+1} - \sqrt{2} + \log(\sqrt{a^2+1}-1) - \log a - \log(\sqrt{2}-1).$$

(2) 要約 3.4.10 を用いる．

$$l(C) = \int_0^1 \sqrt{t^2 + (1+t)^2}\,dt = \int_0^1 \sqrt{2t^2 + 2t + 1}\,dt = \dfrac{1}{\sqrt{2}}\int_0^1 \sqrt{(2t+1)^2 + 1}\,dt$$

$$= \dfrac{\sqrt{2}}{4}\int_1^3 \sqrt{u^2+1}\,du \quad \left(u = 2t+1,\ dt = \dfrac{du}{2}\right)$$

$$= \dfrac{\sqrt{2}}{8}\left[u\sqrt{u^2+1} + \log|u + \sqrt{u^2+1}|\right]_1^3$$

$$= \dfrac{\sqrt{2}}{8}(3\sqrt{10} - \sqrt{2} + \log(3+\sqrt{10}) - \log(1+\sqrt{2})).$$

3.11 $f(x)$ が恒等的に 0 ではないので，$f(c) = l > 0$ となる点 $c\ (a < c < b)$ が存在する．$f(x)$ は $x = c$ で連続であるから，$0 < \varepsilon < l$ に対して，$\delta > 0$ で $|f(x) - l| < \varepsilon\ (c - \delta < x < c + \delta)$ となるものが存在する．したがって，$\displaystyle\int_a^b f(x)\,dx \geq \int_{c-\delta}^{c+\delta} f(x)\,dx \geq 2\delta(l - \varepsilon) > 0.$

3.12 (1) $a > 1$ とし，$\displaystyle\int_1^a \dfrac{dx}{(x^3-1)^p}$ の収束と $\displaystyle\int_a^\infty \dfrac{dx}{(x^3-1)^p}$ の収束を各々に考える．

$x = 1$ の近傍で $\dfrac{1}{(x^3-1)^p}$ と $\dfrac{1}{(x-1)^p}$ を比較すると

$$\lim_{x \to +1} \dfrac{1/(x-1)^p}{1/(x^3-1)^p} = \lim_{x \to +1} \dfrac{(x^3-1)^p}{(x-1)^p} = \lim_{x \to +0}(x^2 + x + 1)^p = 1.$$

よって，$\displaystyle\int_1^a \dfrac{dx}{(x^3-1)^p}$ と $\displaystyle\int_1^a \dfrac{dx}{(x-1)^p}$ の収束，発散は同等である（要約 3.3.6）．$\displaystyle\int_1^a \dfrac{dx}{(x-1)^p}$

章末問題略解 (3 章)   231

が収束する必要十分条件は $-p > -1$ (例題 3.11(1)). すなわち, $p < 1$. よって, $\int_1^a \dfrac{dx}{(x^3-1)^p}$ が収束する必要十分条件は $p < 1$.

次に, $\int_a^\infty \dfrac{dx}{(x^3-1)^p}$ の収束を考える.

$$\lim_{x \to \infty} \frac{1/x^{3p}}{1/(x^3-1)^p} = \lim_{x \to \infty} \frac{(x^3-1)^p}{x^{3p}} = \lim_{x \to \infty} \left(1 - \frac{1}{x^3}\right)^p = 1$$

であるから, $\int_a^\infty \dfrac{dx}{(x^3-1)^p}$ と $\int_a^\infty \dfrac{dx}{x^{3p}}$ の収束, 発散は同等である (要約 3.3.6). $\int_a^\infty \dfrac{dx}{x^{3p}}$ が収束する必要十分条件は $1 < 3p$. すなわち, $\dfrac{1}{3} < p$ (例題 3.11(2)). よって, $\int_a^\infty \dfrac{dx}{(x^3-1)^p}$ が収束する必要十分条件は $\dfrac{1}{3} < p$.

$\int_1^a$ と $\int_a^\infty$ の両方を合わせて, $\int_1^\infty \dfrac{dx}{(x^3-1)^p}$ が収束する必要十分条件は $\dfrac{1}{3} < p < 1$.

(2) $\dfrac{1}{x^p (\log x)^q}$ は $x = 2$ で連続だから, $x = \infty$ における収束性のみ考える. $p < 1$ とし $\dfrac{1}{x^p (\log x)^q}$ を $\dfrac{1}{x}$ と比較する. $0 < 1-p$ なので, $0 \leqq q$ ならば, ロピタルの定理より

$$\lim_{x \to \infty} \frac{1/(x^p (\log x)^q)}{1/x} = \lim_{x \to \infty} \frac{x^{1-p}}{(\log x)^q} = \lim_{t \to \infty} \frac{e^{(1-p)t}}{t^q} \leqq \lim_{t \to \infty} \frac{e^{(1-p)t}}{t^m}$$
$$= \lim_{t \to \infty} \frac{a^m e^{(1-p)t}}{m!} = \infty \quad (t = \log x, \ m = [q]).$$

$q < 0$ ならば $\lim\limits_{x \to \infty} \dfrac{1/(x^p (\log x)^q)}{1/x} = \lim\limits_{x \to \infty} \dfrac{x^{1-p}}{(\log x)^q} = \infty$ である. よって, すべての $q \in \mathbf{R}$ に対して, $\lim\limits_{x \to \infty} \dfrac{1/(x^p (\log x)^q)}{1/x} = \lim\limits_{x \to \infty} \dfrac{x^{1-p}}{(\log x)^q} = \infty$. $\int_2^\infty \dfrac{dx}{x}$ は発散するから (例題 3.11(2)), $\int_2^\infty \dfrac{dx}{x^p (\log x)^q}$ は発散する.

$p = 1$ とする. $\int_2^\infty \dfrac{dx}{x (\log x)^q} = \int_{\log 2}^\infty \dfrac{dt}{t^q}$ $(t = \log x)$ であるから, この積分が収束する必要十分条件は $q > 1$ (例題 3.11(2)).

$p > 1$ とし積分を $\int_2^\infty \dfrac{dx}{x^{(p+1)/2}}$ と比較する. $\lim\limits_{x \to \infty} \dfrac{1/x^p (\log x)^q}{1/x^{(p+1)/2}} = \lim\limits_{x \to \infty} \dfrac{1}{x^{(p-1)/2} (\log x)^q}$ $= 0$. $\dfrac{p+1}{2} > 1$ であるから $\int_2^\infty \dfrac{dx}{x^{(p+1)/2}}$ は収束 (例題 3.11(2)). よって, $\int_2^\infty \dfrac{dx}{x^p (\log x)^q}$ は収束.

以上をまとめて, $\int_2^\infty \dfrac{dx}{x^p (\log x)^q}$ が収束する $\Longleftrightarrow p > 1$ または $p = 1$ で $q > 1$.

3.13 問題 3.2-5 のように求めてもよいが, ここでは連立 1 次方程式を解くことにより I, J を同時に求める.

(1) $I_1 = \int e^{-2x} \sin 2x \, dx = -\dfrac{1}{2} e^{-2x} \cos 2x - \int e^{-2x} \cos 2x \, dx = -\dfrac{1}{2} e^{-2x} \cos 2x - J_1,$

$J_1 = \int e^{-2x} \cos 2x \, dx = \dfrac{1}{2} e^{-2x} \sin 2x + \int e^{-2x} \sin 2x \, dx = \dfrac{1}{2} e^{-2x} \sin 2x + I_1.$

よって，$I_1+J_1=-\dfrac{1}{2}e^{-2x}\cos 2x$, $J_1-I_1=-\dfrac{1}{2}e^{-2x}\sin 2x$.

この連立1次方程式を解いて (1) がわかる.

(2) $I_2=\displaystyle\int e^{-x}\sin 2x\,dx=-\dfrac{1}{2}e^{-x}\cos 2x-\dfrac{1}{2}\int e^{-x}\cos 2x\,dx=-\dfrac{1}{2}e^{-x}\cos 2x-\dfrac{1}{2}J_2$,

$J_2=\displaystyle\int e^{-x}\cos 2x\,dx=\dfrac{1}{2}e^{-x}\sin 2x+\dfrac{1}{2}\int e^{-x}\sin 2x\,dx=\dfrac{1}{2}e^{-2x}\sin 2x+\dfrac{1}{2}I_2$.

よって，$I_2+\dfrac{1}{2}J_2=-\dfrac{1}{2}e^{-2x}\cos 2x$, $J_2-\dfrac{1}{2}I_2=-\dfrac{1}{2}e^{-2x}\sin 2x$.

この連立1次方程式を解いて (2) がわかる.

3.14 (1) $F(t)=\displaystyle\int f(t)\,dt$ とおく.

$$\int_x^{2x+1} f(2t)\,dt=\dfrac{1}{2}\int_{2x}^{4x+2} f(u)\,du=\dfrac{1}{2}(F(4x+2)-F(2x)) \quad (u=2t).$$

よって，$\dfrac{d}{dx}\displaystyle\int_x^{2x+1} f(2t)\,dt=\dfrac{1}{2}\dfrac{d}{dx}(F(4x+2)-F(2x))=2f(4x+2)-f(2x)$.

(2) $F(t)=\displaystyle\int f(t)\,dt$ とおく.

$$\int_{-x}^{2x} tf(t^2)\,dt=\dfrac{1}{2}\int_{x^2}^{4x^2} f(u)\,du=\dfrac{1}{2}(F(4x^2)-F(x^2)) \quad (u=t^2).$$

よって，$\dfrac{d}{dx}\displaystyle\int_{-x}^{2x} tf(t^2)\,dt=\dfrac{1}{2}(F(4x^2)-F(x^2))'=\dfrac{1}{2}(8xf(4x^2)-2xf(x^2))$

$=4xf(4x^2)-xf(x^2)$.

3.15 (1) $I_{p,q}=\displaystyle\int \sin^p x\cos^q x\,dx=\int \sin^p x\cos^{p-1} x\cos x\,dx$

(部分積分: $f=\sin^p x\cos^{p-1} x$, $g=\cos x$)

$=\sin^p x\cos^{q-1} x\sin x$

$\quad -\displaystyle\int \left\{p\sin^{p-1} x\cos x\cos^{q-1} x-(q-1)\sin^p x\cos^{q-2} x\sin x\right\}\sin x\,dx$

$=\sin^{p+1} x\cos^{q-1} x-p\displaystyle\int \sin^p x\cos^q x\,dx+(q-1)\int \sin^p x\cos^{q-2} x\sin^2 x\,dx$

$=\sin^{p+1} x\cos^{q-1} x-p\displaystyle\int \sin^p x\cos^q x\,dx+(q-1)\int \sin^p x\cos^{q-2} x(1-\cos^2 x)\,dx$

$=\sin^{p+1} x\cos^{q-1} x-(p+q-1)I_{p,q}+(q-1)I_{p,q-2}$.

よって，$I_{p,q}=\dfrac{\sin^{p+1} x\cos^{q-1} x}{p+q}+\dfrac{q-1}{p+q}I_{p,q-2}$.

(2) $I_{p,q}=\displaystyle\int \sin^p x\cos^q x\,dx=\int \sin^{p-1} x\cos^p x\sin x\,dx$ (部分積分)

$=-\sin^{p-1} x\cos^q x\cos x$

$\quad -\displaystyle\int \left\{(p-1)\sin^{p-2} x\cos x\cos^q x-q\sin^{p-1} x\cos^{q-1} x\sin x\right\}(-\cos x)\,dx$

$=-\sin^{p-1} x\cos^{q+1} x+(p-1)\displaystyle\int \sin^{p-2} x\cos^{q+2} x\,dx-q\int \sin^p x\cos^q x\,dx$

$=-\sin^{p-1} x\cos^{q+1} x+(p-1)\displaystyle\int \sin^{p-2} x\cos^q x(1-\sin^2 x)\,dx-q\int \sin^p x\cos^q x\,dx$

$$= -\sin^{p-1} x \cos^{q+1} x - (p+q-1)I_{p,q} + (p-1)I_{p-2,q}.$$

よって，$I_{p,q} = -\dfrac{\sin^{p-1} x \cos^{q+1} x}{p+q} + \dfrac{p-1}{p+q} I_{p-2,q}.$

3.16 $I = \displaystyle\int \dfrac{dx}{x\sqrt{1-x^2}}$ とおく．積分の形より $|x| < 1$．

(1) $u = \sqrt{1-x^2}$ とおくと，$x^2 = 1 - u^2$，$du = -\dfrac{x}{\sqrt{1-x^2}}\, dx$，$dx = -\dfrac{u}{x}\, du$ より

$$I = \int \dfrac{du}{u^2 - 1} = \dfrac{1}{2}\int \left(\dfrac{1}{u-1} - \dfrac{1}{u+1}\right) du = \dfrac{1}{2}(\log|u-1| - \log|u+1|)$$

$$= \dfrac{1}{2}\log\left|\dfrac{u-1}{u+1}\right| = \dfrac{1}{2}\log\left|\dfrac{\sqrt{1-x^2}-1}{\sqrt{1-x^2}+1}\right| = \dfrac{1}{2}\log\dfrac{1-\sqrt{1-x^2}}{1+\sqrt{1-x^2}}.$$

(2) $u = \sqrt{\dfrac{1-x}{1+x}}$ とおくと，$x = \dfrac{1-u^2}{1+u^2}$，$\dfrac{1}{\sqrt{1-x^2}} = \dfrac{1+u^2}{2u}$，$dx = \dfrac{-4u}{(1+u^2)^2}\, du$ より

$$I = \int \dfrac{1+u^2}{1-u^2} \dfrac{1+u^2}{2u} \dfrac{-4u}{(1+u^2)^2}\, du = \int \dfrac{-2}{1-u^2}\, du = \int \dfrac{2}{u^2-1}\, du$$

$$= \int \left(\dfrac{1}{u-1} - \dfrac{1}{u+1}\right) du = \log\left|\dfrac{1-u}{1+u}\right| = \log\left|\dfrac{\sqrt{1+x}-\sqrt{1-x}}{\sqrt{1+x}+\sqrt{1-x}}\right|.$$

(3) $x = \sin\theta$ $\left(-1 < x < 1,\ -\dfrac{\pi}{2} < \theta < \dfrac{\pi}{2}\right)$ とおくと，$\sqrt{1-x^2} = \sqrt{1-\sin^2 x} = \cos x$，$dx = \cos\theta\, d\theta$ より

$$I = \int \dfrac{\cos\theta}{\sin\theta \cos\theta}\, d\theta = \int \dfrac{d\theta}{\sin\theta} = \dfrac{1}{2}\log\dfrac{1-\cos x}{1+\cos x} = \dfrac{1}{2}\log\dfrac{1-\sqrt{1-x^2}}{1+\sqrt{1-x^2}}.$$

3.17 $m \leqq n$ と仮定し，$f_n(x) = \dfrac{d^n}{dx^n}(x^2-1)^n$ とおく．$P_n(x) = \dfrac{1}{(2n)!!} f_n(x)$ であるから

$$\int_{-1}^{1} f_m(x) f_n(x)\, dx = \begin{cases} 0 & (m \neq n), \\ \dfrac{2}{2n+1}((2n)!!)^2 & (m = n) \end{cases}$$

を示せばよい．$g_n(x) = (x^2-1)^n$ とおくと $f_n(x) = \dfrac{d^n g_n}{dx^n}(x) = g_n^{(n)}(x)$ である．ライプニッツの公式を用いると $g_n^{(k)}(\pm 1) = 0$ $(0 \leqq k \leqq n-1)$．部分積分を用いると

(∗) $\displaystyle\int_{-1}^{1} f_m(x) f_n(x)\, dx = \int_{-1}^{1} f_m(x) g_n^{(n)}(x)\, dx$

$$= \left[f_m(x) g_n^{(n-1)}(x)\right]_{-1}^{1} - \int_{-1}^{1} f_m'(x) g_n^{(n-1)}(x)\, dx$$

$$= -\int_{-1}^{1} f_m''(x) g_n^{(n-2)}(x)\, dx = \cdots = (-1)^n \int_{-1}^{1} f_m^{(n)}(x) g_n(x)\, dx.$$

$m < n$ のとき，$f_m(x)$ は m 次多項式であるから，$f_m^{(n)}(x) = 0$ となるので

$$\int_{-1}^{1} f_m(x) f_n(x)\, dx = 0 \quad (m < n).$$

$m = n$ のとき，$g_n(x) = x^{2n} + \cdots$ であるから，$f_n^{(n)}(x) = g_n^{(2n)}(x) = (2n)!$. (∗) より

$$\int_{-1}^{1} f_n(x)^2 \, dx = (-1)^n \int_{-1}^{1} f_n^{(n)}(x) g_n(x) \, dx = (-1)^n \int_{-1}^{1} g_n^{(2n)}(x) g_n(x) \, dx$$
$$= (-1)^n (2n)! \int_{-1}^{1} (x^2 - 1)^n \, dx = 2(2n)! \int_{0}^{1} (1 - x^2)^n \, dx.$$

$\int_{0}^{1} (1-x^2)^n \, dx$ を計算するために,$x = \sin\theta$ とおき,問題 3.2-6(2) を用いると

$$\int_{0}^{1} (1-x^2)^n \, dx = \int_{0}^{\pi/2} (1 - \sin^2\theta)^n \cos\theta \, d\theta = \int_{0}^{\pi/2} \cos^{2n+1}\theta \, d\theta = \frac{(2n)!!}{(2n+1)!!}.$$

よって,$\int_{-1}^{1} f_n(x)^2 \, dx = 2(2n)! \frac{(2n)!!}{(2n+1)!!}$ となるが $\frac{(2n)!}{(2n+1)!!} = \frac{(2n)!!}{2n+1}$ であるので,

$2(2n)! \frac{(2n)!!}{(2n+1)!!} = \frac{2}{2n+1}((2n)!!)^2$.したがって,$\int_{-1}^{1} f_n(x)^2 \, dx = \frac{2}{2n+1}((2n)!!)^2$.

3.18 原点から点 $P(a, f(a))$ までの曲線の長さは $\int_{0}^{a} \sqrt{1 + f'(x)^2} \, dx$ であるから

$$\int_{0}^{a} \sqrt{1 + f'(x)^2} \, dx = a^2 + a.$$

a を変数とし両辺を a で微分すると $\sqrt{1 + f'(a)^2} = 2a + 1$.両辺を2乗すると $1 + f'(a)^2$
$= 4a^2 + 4a + 1$.よって,$f'(a) = \pm 2\sqrt{a^2 + a}$, $f(0) = 0$ である.$u = x + \frac{1}{2}$ とおくと

$$f(a) = \pm 2 \int_{0}^{a} \sqrt{x^2 + x} \, dx = \pm 2 \int_{0}^{a} \sqrt{\left(x + \frac{1}{2}\right)^2 - \frac{1}{4}} \, dx = \pm 2 \int_{1/2}^{a+1/2} \sqrt{u^2 - \frac{1}{4}} \, du$$
$$= \pm \left[u\sqrt{u^2 - \frac{1}{4}} - \frac{1}{4} \log \left| u + \sqrt{u^2 - \frac{1}{4}} \right| \right]_{1/2}^{a+(1/2)} \quad (\text{不定積分は問題 3.2-2(4)})$$
$$= \pm \left\{ \left(a + \frac{1}{2}\right) \sqrt{a^2 + a} - \frac{1}{4} \log \left| a + \frac{1}{2} + \sqrt{a^2 + a} \right| - \frac{1}{4} \log 2 \right\}.$$

したがって,$f(x) = \pm \left\{ \left(x + \frac{1}{2}\right) \sqrt{x^2 + x} - \frac{1}{4} \log \left| x + \frac{1}{2} + \sqrt{x^2 + x} \right| - \frac{1}{4} \log 2 \right\}$.

章末問題 4

4.1 (1) $\displaystyle\lim_{(x,y) \to (0,0)} \frac{x^2 y + 2xy^2}{x^2 + y^2} = \lim_{r \to 0} \frac{r^3 (\cos^2\theta \sin\theta + 2\cos\theta \sin^2\theta)}{r^2}$
$= \displaystyle\lim_{r \to 0} r(\cos^2\theta \sin\theta + 2\cos\theta \sin^2\theta) = 0 \quad (x = r\cos\theta,\ y = r\sin\theta).$

(2) $y = 0$ とすると $\displaystyle\lim_{(x,y) \to (0,0)} \frac{xy}{x^2 + y^2} = \lim_{x \to 0} \frac{0}{x^2} = 0.$

$y = x$ とすると $\displaystyle\lim_{(x,y) \to (0,0)} \frac{xy}{x^2 + y^2} = \lim_{x \to 0} \frac{x^2}{2x^2} = \lim_{x \to 0} \frac{1}{2} = \frac{1}{2}$.よって,収束しない.

4.2 $f(x, y)$ は原点以外では連続関数の和を 0 でない連続関数で割った関数であるから連続.$f(x, y)$ が原点で連続かどうかを確かめる.

$y = 0$ とすると $\displaystyle\lim_{(x,y) \to (0,0)} f(x, y) = \lim_{x \to 0} \frac{x^3}{x^2} = 0.$

$y = x$ とすると $\displaystyle\lim_{(x,y) \to (0,0)} f(x, y) = \lim_{x \to 0} \frac{2x^3 + x^2}{2x^2} = \lim_{x \to 0} (2x + 1) = 1.$

章末問題略解 (4章)

よって，$f(x,y)$ は原点で極限値をもたないから，原点では連続でない．

4.3 (1) $z_x = 2xy + 3y^2$, $z_y = x^2 + 6xy$.
(2) $w_x = 2xy\cos(x^2y - 2yz)$, $w_y = (x^2 - 2z)\cos(x^2y - 2yz)$,
$w_z = -2y\cos(x^2y - 2yz)$.

4.4 $\dfrac{\partial(x,y)}{\partial(u,v)} = \begin{vmatrix} x_u & x_v \\ y_u & y_v \end{vmatrix} = \begin{vmatrix} 2 & -1 \\ 2uv & u^2 \end{vmatrix} = 2u^2 + 2uv$.

4.5 要約 4.2.9 と例題 4.8(1) を用いる．$f(x,y) = 2x^3y + 3xy^2$ とおく．$f_x(x,y) = 6x^2y + 3y^2$, $f_y(x,y) = 2x^3 + 6xy$ であるので，$f_x(1,-1) = -3$, $f_y(1,-1) = -4$. したがって
接平面は $z - 1 = 3(x-1) - 4(y+1)$. 整理して $z = -3x - 4y$.
法線は $\dfrac{x-1}{-3} = \dfrac{y+1}{-4} = \dfrac{z-1}{-1}$.

4.6 (連続性) $\displaystyle\lim_{(x,y)\to(0,0)}\left(\dfrac{8x^2 + 2y^2 + x^3 + y^3}{4x^2 + y^2} - 2\right) = \lim_{(x,y)\to(0,0)}\dfrac{x^3 + y^3}{2x^2 + y^2}$
$= \displaystyle\lim_{r\to 0}\dfrac{(1/8)r^3\cos^3\theta + r^3\sin^3\theta}{r^2} \quad \left(x = \dfrac{1}{2}r\cos\theta,\ y = r\sin\theta\right)$
$= \displaystyle\lim_{r\to 0} r\left(\dfrac{\cos^3\theta}{8} + \sin^3\theta\right) = 0$.

よって，$f(x,y)$ は原点で連続である．
(偏微分可能性) $f(x,y)$ は x, y に関して，原点で偏微分可能である．実際

$$\dfrac{\partial f}{\partial x}(0,0) = \lim_{h\to 0}\dfrac{1}{h}\left(\dfrac{8h^2 + h^3}{4h^2} - 2\right) = \lim_{h\to 0}\dfrac{1}{4} = \dfrac{1}{4},$$

$$\dfrac{\partial f}{\partial y}(0,0) = \lim_{k\to 0}\dfrac{1}{k}\left(\dfrac{2k^2 + k^3}{k^2} - 2\right) = \lim_{k\to 0} 1 = 1.$$

4.7 $\dfrac{dz}{dt} = \dfrac{\partial z}{\partial x}\dfrac{dx}{dt} + \dfrac{\partial z}{\partial y}\dfrac{dy}{dt} = y(-\sin t) + (x + 2y)\cos t = -\sin^2 t + (\cos t + 2\sin t)\cos t$
$= -\sin^2 t + \cos^2 t + 2\sin t\cos t \ (= \sin 2t + \cos 2t)$.

4.8 $\dfrac{\partial z}{\partial u} = \dfrac{\partial z}{\partial x}\dfrac{\partial x}{\partial u} + \dfrac{\partial z}{\partial y}\dfrac{\partial y}{\partial u} = 2xyv + x^2 = 2uv(u + 2v)v + (uv)^2 = 3u^2v^2 + 4uv^3$,
$\dfrac{\partial z}{\partial v} = \dfrac{\partial z}{\partial x}\dfrac{\partial x}{\partial v} + \dfrac{\partial z}{\partial y}\dfrac{\partial y}{\partial v} = 2xyu + 2x^2 = 2uv(u + 2v)u + 2u^2v^2 = 2u^3v + 6u^2v^2$.

4.9 $z_{xx} = \dfrac{\partial^2 z}{\partial^2 x} = \dfrac{\partial}{\partial x}\left(\dfrac{\partial z}{\partial x}\right) = \dfrac{\partial}{\partial x}(2ye^{2x+y}) = 4ye^{2x+y}$,
$z_{xy} = \dfrac{\partial^2 z}{\partial y\partial x} = \dfrac{\partial}{\partial y}\left(\dfrac{\partial z}{\partial x}\right) = \dfrac{\partial}{\partial y}(2ye^{2x+y})$
$= 2e^{2x+y} + 2ye^{2x+y} = 2(y+1)e^{2x+y}$,
$z_{yx} = \dfrac{\partial^2 z}{\partial x\partial y} = \dfrac{\partial}{\partial x}\left(\dfrac{\partial}{\partial y}\right) = \dfrac{\partial}{\partial x}(e^{2x+y} + ye^{2x+y})$
$= 2e^{2x+y} + 2ye^{2x+y} = 2(y+1)e^{2x+y}$,
$z_{yy} = \dfrac{\partial^2 z}{\partial^2 y} = \dfrac{\partial}{\partial y}\left(\dfrac{\partial z}{\partial y}\right) = \dfrac{\partial}{\partial y}(e^{2x+y} + ye^{2x+y})$

$$= e^{2x+y} + e^{2x+y} + ye^{2x+y} = (y+2)e^{2x+y}.$$

4.10 (1) $\left(2\dfrac{\partial}{\partial x} - \dfrac{\partial}{\partial y}\right) xe^{xy} = 2e^{xy} + 2xye^{xy} - x^2 e^{xy} = (2+2xy-x^2)e^{xy}.$

(2) $\Delta\, e^{x+y^2} = \left(\dfrac{\partial^2}{\partial x^2} + \dfrac{\partial^2}{\partial y^2}\right) e^{x+y^2} = e^{x+y^2} + 2e^{x+y^2} + 4y^2 e^{x+y^2} = (4y^2+3)e^{x+y^2}.$

4.11 連立1次方程式 $f_x(x,y) = 2x+y+3 = 0$, $f_y(x,y) = x+2y = 0$ を解くと $x = -2$, $y = 1$. 点 $(-2,1)$ で $f(x,y)$ が極値をとるか調べる. $f_{xx} = 2$, $f_{xy} = 1$, $f_{yy} = 2$ であるから, $D(-2,1) = 3 > 0$. $f_{xx}(-2,1) = 2 > 0$ より, $f(x,y)$ は点 $(-2,1)$ で極小値 -3 をとる.

4.12 陰関数の存在をいうには $f_y(1,-1) \neq 0$ を示せばよい (要約 4.4.2). $f_y(x,y) = -4xy - 3y^2$ であるから $f_y(1,-1) = 1 \neq 0$. よって, $f(x,y) = 0$ は 点 $\mathrm{P}(1,-1)$ を含む開区間で, $\varphi(1) = -1$ となる陰関数 $y = \varphi(x)$ をもつ. 要約 4.4.2 より, $\varphi'(x) = -\dfrac{f_x(x,\varphi(x))}{f_y(x,\varphi(x))}.$
$f_x(x,y) = 3x^2 - 2y^2$ であるから $\varphi'(x) = \dfrac{3x^2 - 2\varphi(x)^2}{4x\varphi(x) + 3\varphi(x)^2}.$ よって, $\varphi'(1) = -1.$

4.13 $f_y = x^2 + 3y^2$ であるから $f_y(-1,1) = 4 \neq 0$. よって, $f(x,y) = 0$ は点 $\mathrm{P}(-1,1)$ を含む開区間において陰関数 $y = \varphi(x)$ をもち, $\varphi'(x) = -\dfrac{f_x(x,\varphi(x))}{f_y(x,\varphi(x))}.$ $f_x = 3x^2 + 2xy$, $f_x(-1,1) = 1$ より, $\varphi'(-1) = -\dfrac{1}{4}.$

また, $f_{xx} = 6x + 2y$, $f_{xy} = 2x$, $f_{yy} = 6y$ より, $f_{xx}(-1,1) = -4$, $f_{xy}(-1,1) = -2$, $f_{yy}(-1,1) = 6$. $\varphi''(x) = -\dfrac{f_{xx}f_y^2 - 2f_{xy}f_x f_y + f_{yy}f_x^2}{f_y^3}$ であるから $\varphi''(-1) = \dfrac{21}{32}.$

4.14 $y = \varphi(x)$ を $f(x,y) = 0$ の陰関数とする. x で $\varphi(x)$ が極値をとるならば, $\varphi'(x) = 0$ である.

$(*)$ $\qquad \varphi'(x) = -\dfrac{f_x(x,\varphi(x))}{f_y(x,\varphi(x))} = -\dfrac{x+\varphi(x)}{x-\varphi(x)}.$

$\varphi'(x) = 0$ であるから $y = \varphi(x) = -x$. これを $f(x,y) = 0$ に代入し $x^2 - 2x^2 - x^2 + 2 = 0$. これを解いて $x = \pm 1$, $y = \mp 1$ (複号同順). 点 $(1,-1)$, $(-1,1)$ で極値をとるかどうかを $\varphi''(x)$ を用いて調べる.

$(*)$ を微分して

$$\varphi''(x) = \dfrac{2(\varphi(x) - x\varphi'(x))}{(x-\varphi(x))^2}.$$

$x = \pm 1$ では $\varphi'(x) = 0$ であるから

$x = 1$ のとき $\varphi''(1) = -\dfrac{1}{2} < 0$. よって, $y = \varphi(x)$ は $x = 1$ で極大値 -1 をとる.

$x = -1$ のとき $\varphi''(-1) = \dfrac{1}{2} > 0$. よって, $y = \varphi(x)$ は $x = -1$ で極小値 1 をとる.

4.15 (ラグランジュの未定乗数法) $F(x,y,\lambda) = x - y + 1 - \lambda(x^2 + 2y^2 - 6)$ とおくと

(ⅰ) $F_x = 1 - 2\lambda x = 0$, (ⅱ) $F_y = -1 - 4\lambda y = 0$, (ⅲ) $-F_\lambda = x^2 + 2y^2 - 6 = 0$.

(ⅰ) より $x = \dfrac{1}{2\lambda}$. (ⅱ) より $y = -\dfrac{1}{4\lambda}$. これらを (ⅲ) に代入し $\dfrac{3}{8\lambda^2} - 6 = 0$. よって,

章末問題略解 (4 章)   237

$\lambda=\pm\dfrac{1}{4}$ となる.

$\lambda=\dfrac{1}{4}$ ならば, $x=2$, $y=-1$. $\lambda=-\dfrac{1}{4}$ ならば, $x=-2$, $y=1$. よって, 点 $P_1(2,-1)$, $P_2(-2,1)$ が極値をとる点の候補である. 実際に, 極大, 極小になるかどうか調べる.

点 $P_1(2,-1)$ を考える. P_1 の近傍における $g(x,y)=0$ の陰関数を $\varphi(x)$ とする. $g(x,\varphi(x))=x^2+2\varphi(x)^2-6=0$ を x で微分し $\varphi'(x)=-\dfrac{x}{2\varphi(x)}$. これを微分して $\varphi''(x)=-\dfrac{\varphi(x)-x\varphi'(x)}{2\varphi^2(x)}$ であるから, $\varphi'(2)=1$, $\varphi''(2)=\dfrac{3}{2}$.

$p(x)=x-\varphi(x)+1$ とおく. $p'(x)=1-\varphi'(x)$, $p''(x)=-\varphi''(x)$ であるから, $p''(2)=-\varphi''(2)=-\dfrac{3}{2}<0$. よって, $g(x,y)=0$ の条件下で, $f(x,y)$ は P_1 で極大値 4 をとる.

点 $P_2(-2,1)$ を考える. P_2 の近傍における $g(x,y)=0$ の陰関数を $\varphi(x)$ とすると, P_1 の場合と同様にして, $\varphi'(-2)=-1$, $\varphi''(-2)=-\dfrac{3}{2}$.

$p(x)=x-\varphi(x)+1$ とおく. $p'(x)=1-\varphi'(x)$, $p''(x)=-\varphi''(x)$ であるから, $p''(-2)=-\varphi''(-2)=\dfrac{3}{2}>0$. よって, $g(x,y)=0$ の条件下で, $f(x,y)$ は P_2 で極小値 -2 をとる.

4.16 $f(x,y)$ が $\boldsymbol{R}^2$ で直線 $y=x$ 上の点以外では連続であることは明らかである. $y=x$ 上の点 (a,a) でも連続であることを示す. $x\ne y$ とする. 平均値の定理を用いると

$$f(x,y)=\dfrac{g(x)-g(y)}{x-y}=g'(y+\theta(x-y)) \quad (0<\theta<1)$$

と表される.

$$\lim_{(x,y)\to(a,a)}\{f(x,y)-f(a,a)\}=\lim_{(x,y)\to(a,a)}\{g'(y+\theta(x-y))-g'(a)\}.$$

$g'(x)$ は連続であるから $\displaystyle\lim_{(x,y)\to(a,a)}g'(y+\theta(x-y))=g'(a)$. よって, $f(x,y)$ は点 (a,a) でも連続である.

4.17 $\dfrac{\partial f}{\partial x}(0,0)=\lim_{h\to 0}\dfrac{f(h,0)-f(0,0)}{h}=\lim_{h\to 0}\dfrac{1}{h}\left(\dfrac{h^2+h^3}{h^2}-1\right)=\lim_{h\to 0}1=1$,

$\dfrac{\partial f}{\partial y}(0,0)=\lim_{k\to 0}\dfrac{f(0,k)-f(0,0)}{k}=\lim_{k\to 0}\dfrac{1}{k}\left(\dfrac{k^2+k^3}{k^2}-1\right)=\lim_{k\to 0}1=1$.

よって

$$f(h,k)-f(0,0)-f_x(0,0)h-f_y(0,0)k=\dfrac{h^2+k^2+h^3+k^3}{h^2+k^2}-1-h-k$$
$$=-\dfrac{hk^2+h^2k}{h^2+k^2}$$

が $o(\sqrt{h^2+k^2})$ かどうか調べればよい. $g(h,k)=-\dfrac{hk^2+h^2k}{h^2+k^2}$ とおく. $h=k$ とすると

$$\lim_{(h,k)\to(0,0)}\dfrac{g(h,k)}{\sqrt{h^2+k^2}}=\lim_{h\to 0}\dfrac{-2h^3}{2\sqrt{2}h^3}=-\dfrac{1}{\sqrt{2}}$$

となるので $g(h,k)\ne o(\sqrt{h^2+k^2})$ となり, $f(x,y)$ は原点で全微分可能ではない.

4.18 (1) $u=x+y$, $v=x-y$ と変数変換すると $x=\dfrac{1}{2}(u+v)$, $y=\dfrac{1}{2}(u-v)$ であるから

$$z_u = \frac{\partial f}{\partial x}\frac{\partial x}{\partial u} + \frac{\partial f}{\partial y}\frac{\partial y}{\partial u} = \frac{1}{2}(f_x + f_y), \qquad z_v = \frac{\partial f}{\partial x}\frac{\partial x}{\partial v} + \frac{\partial f}{\partial y}\frac{\partial y}{\partial v} = \frac{1}{2}(f_x - f_y).$$

(2) $z = g(x+y)$ となる必要十分条件は $z_v = 0$ (要約 4.1.9). したがって, $f_x = f_y$.

4.19 (1) $z_r = f_x x_r + f_y y_r = f_x \cos\theta + f_y \sin\theta$,
$z_\theta = f_x x_\theta + f_y y_\theta = f_x r \sin\theta - f_y r \cos\theta$.

(2) $z = g(r, \theta)$ が r のみの関数である必要十分条件は $\dfrac{\partial g}{\partial \theta} = z_\theta = 0$ (要約 4.1.9). よって,
$0 = z_\theta = f_x x_\theta - f_y y_\theta = f_x r \sin\theta - f_y r \cos\theta = y f_x - x f_y = 0$. したがって, $y f_x(x,y) = x f_y(x,y)$.

4.20 (1) 普通に, x, y で偏微分すればよい. $z_x = 3$.

(2) $y = u - x$ であるから, $z = 3x + y = 3x - u + x = 4x - u$. したがって, $z_x = 4$.

章末問題 5

5.1 $\displaystyle\int_0^2 dx \int_x^{2x}(xy + y^2)\,dy = \int_0^2 \left[\frac{xy^2}{2} + \frac{y^3}{3}\right]_{y=x}^{y=2x} dx = \frac{23}{6}\int_0^2 x^3 dx = \left[\frac{23}{24}x^4\right]_0^2 = \frac{46}{3}$.

5.2 (1) $\displaystyle\iint_D (x-3y)\,dxdy = \int_0^1 dx \int_1^2 (x-3y)\,dy = \int_0^1 \left[xy - \frac{3}{2}y^2\right]_{y=1}^{y=2} dx$
$\displaystyle = \int_0^1 \left(x - \frac{9}{2}\right) dx = \left[\frac{x^2}{2} - \frac{9}{2}x\right]_0^1 = -4$.

(2) $\displaystyle\iint_D (x+y)^2\,dxdy = \int_0^1 dx \int_{x^2}^x (x+y)^2 dy = \int_0^1 \left[\frac{(x+y)^3}{3}\right]_{y=x^2}^{y=x} dx$
$\displaystyle = \frac{1}{3}\int_0^1 (7x^3 - 3x^4 - 3x^5 - x^6)\,dx$
$\displaystyle = \frac{1}{3}\left[\frac{7}{4}x^4 - \frac{3}{5}x^5 - \frac{1}{2}x^6 - \frac{1}{7}x^7\right]_0^1 = \frac{71}{420}$.

5.3 (1) $\displaystyle\int_0^1 dx \int_{-x^2}^x f(x,y)\,dy = \int_{-1}^0 dy \int_{\sqrt{-y}}^1 f(x,y)\,dx + \int_0^1 dy \int_y^1 f(x,y)\,dx$.

(2) $\displaystyle\int_0^1 dy \int_{y-1}^{1-y} f(x,y)\,dx = \int_{-1}^0 dx \int_0^{x+1} f(x,y)\,dy + \int_0^1 dx \int_0^{1-x} f(x,y)\,dy$.

5.4 (1) $\displaystyle\iint_D x(x^2+y^2)\,dxdy = \iint_E (r\cos\theta)r^2 r\,drd\theta = \iint_E r^4 \cos\theta\,drd\theta$
$\displaystyle \left(x = r\cos\theta,\ y = r\sin\theta,\ E = \left\{(r,\theta)\,\middle|\,0 \le r \le 1,\ -\frac{\pi}{2} \le \theta \le \frac{\pi}{2}\right\}\right)$
$\displaystyle = \int_0^1 r^4 dr \int_{-\pi/2}^{\pi/2} \cos\theta\,d\theta = \left[\frac{r^5}{5}\right]_0^1 \bigl[\sin\theta\bigr]_{-\pi/2}^{\pi/2} = \frac{2}{5}$.

(2) $\displaystyle\iint_D (2x+y)^4 (x-2y)^2\,dxdy = \iint_E u^4 v^2 \frac{1}{5}\,dudv = \frac{1}{5}\int_{-1}^1 u^4 du \int_{-1}^1 v^2 dv$
$\displaystyle \left(u = 2x+y,\ v = x-2y,\ \left|\frac{\partial(x,y)}{\partial(u,v)}\right| = \frac{1}{5},\ E = \{(u,v)\,|\,|u|\le 1,\ |v|\le 1\}\right)$
$\displaystyle = \frac{1}{5}\frac{2}{5}\frac{2}{3} = \frac{4}{75}$.

5.5 (1) $V=\{(x,y,z)\,|\,0\leq x\leq 1,\ 0\leq y\leq 1-x,\ 0\leq z\leq 1-x-y\}$ と表されるから

$$\iiint_V x\,dxdydz = \int_0^1 dx\int_0^{1-x} dy\int_0^{1-x-y} x\,dz = \int_0^1 dx\int_0^{1-x}[xz]_{z=0}^{z=1-x-y}dy$$

$$= \int_0^1 dx\int_0^{1-x}(x-x^2-xy)\,dy = \int_0^1\left[xy-x^2y-\frac{1}{2}xy^2\right]_{y=0}^{y=1-x}dx$$

$$= \int_0^1\left(\frac{x}{2}-x^2+\frac{x^3}{2}\right)dx = \left[\frac{x^2}{4}-\frac{x^3}{3}+\frac{x^4}{8}\right]_0^1 = \frac{1}{24}.$$

(2) 3次元の極座標を用いる．V は $W=\left\{(r,\theta,\varphi)\,\middle|\,0\leq r\leq a,\ 0\leq\theta\leq\frac{\pi}{2},\ 0\leq\varphi\leq\frac{\pi}{2}\right\}$ の点と面積が0の点を除き1対1に対応し，$dxdydz = r^2\sin\theta\,drd\theta d\varphi$ であるから

$$\iiint_V xy\,dxdydz = \iiint_W (r\sin\theta\cos\varphi)(r\sin\theta\sin\varphi)r^2\sin\theta\,drd\theta d\varphi$$

$$= \int_0^a r^4 dr\int_0^{\pi/2}\sin^3\theta\,d\theta\int_0^{\pi/2}\sin\varphi\cos\varphi\,d\varphi = \frac{a^5}{5}\cdot\frac{2}{3}\cdot\frac{1}{2} = \frac{a^5}{15}\quad(\text{問題 3.2-6(1)}).$$

(3) 3次元の極座標を用いる．V は $W=\left\{(r,\theta,\varphi)\,\middle|\,0\leq r\leq a, 0\leq\theta\leq\frac{\pi}{2}, 0\leq\varphi\leq 2\pi\right\}$ の点と面積が0の点を除き1対1に対応するから

$$\iiint_V z(x^2+y^2+z^2)\,dxdydz = \iiint_W r\cos\theta\cdot r^2 r^2\sin\theta\,drd\theta d\varphi$$

$$= \int_0^a r^5 dr\int_0^{\pi/2}\sin\theta\cos\theta\,d\theta\int_0^{2\pi}d\varphi = \frac{a^6}{6}\cdot\frac{1}{2}(2\pi) = \frac{\pi a^6}{6}.$$

5.6 $S(D) = \int_{\partial D} x\,dy = \int_0^{\pi/2}\sin\theta\cos\theta(2\sin\theta\cos\theta)\,d\theta = 2\int_0^{\pi/2}\sin^2\theta\cos^2\theta\,d\theta$

$$= 2\int_0^{\pi/2}\sin^2\theta(1-\sin^2\theta)\,d\theta = 2\left(\frac{1}{2}\frac{\pi}{2}-\frac{3}{4\cdot 2}\frac{\pi}{2}\right) = \frac{\pi}{8}.$$

5.7 $V=\left\{(x,y,z)\,\middle|\,x^2+\frac{(y-2)^2}{4}+\frac{(z-1)^2}{9}\leq a^2\right\}$ とする．$x=r\sin\theta\cos\varphi$, $y-2=2r\sin\theta\sin\varphi$, $z-1=3r\cos\theta$ とおく．$dxdydz = 6r^2\sin\theta\,drd\theta d\varphi$ であり，V と $W=\{(r,\theta,\varphi)|0\leq r\leq a,\ 0\leq\theta\leq\pi,\ 0\leq\varphi\leq 2\pi\}$ は，面積0の点を除き1対1に対応するから

$$\iiint_V dxdydz = 6\iiint_W r^2\sin\theta\,drd\theta d\varphi = 6\int_0^a r^2 dr\int_0^\pi\sin\theta\,d\theta\int_0^{2\pi}d\varphi = 8\pi a^3.$$

5.8 回転体の体積の公式 (例題5.14(2)) を用いる．体積 $v(V)$ は $y=3+\sqrt{1-x^2}\ (-1\leq x\leq 1)$ を x 軸のまわりに回転して得られる図形の体積から，$y=3-\sqrt{1-x^2}\ (-1\leq x\leq 1)$ を x 軸のまわりに回転して得られる図形の体積を引いたものであるから

$$v = \pi\int_{-1}^1\left\{(3+\sqrt{1-x^2})^2-(3-\sqrt{1-x^2})^2\right\}dx = 12\pi\int_{-1}^1\sqrt{1-x^2}\,dx$$

$$= 6\pi\left[x\sqrt{1-x^2}+\mathrm{Sin}^{-1}x\right]_{-1}^1 = 6\pi\cdot 2\cdot\frac{\pi}{2} = 6\pi^2.$$

5.9 (1) $C:y=-x+2,\ x:1\to -1$ と表されるから，x をパラメータにとると

$$\int_C x^2 dx+2xy\,dy = \int_1^{-1}(x^2-2x(-x+2))\,dx = \int_1^{-1}(3x^2-4x)\,dx = \left[x^3-2x^2\right]_1^{-1} = -2.$$

(2) $\displaystyle\int_C y^2\,dx+x^2\,dy=\int_0^\pi\{\sin^2\theta(-\sin\theta)+\cos^2\theta\cos\theta\}\,d\theta=\int_0^\pi(-\sin^3\theta+\cos^3\theta)\,d\theta$

$\displaystyle\qquad=-\int_0^\pi\sin^3\theta=-2\int_0^{\pi/2}\sin^3\theta\,d\theta=-\frac{4}{3}$ （問題 3.2-6(1)）.

5.10 D を単位円盤とする．グリーンの定理を用いると

$$\int_C(x^2+y^2)\,dx+(x+2xy)\,dy=\iint_D\left(\frac{\partial(x+2xy)}{\partial x}-\frac{\partial(x^2+y^2)}{\partial y}\right)dxdy$$

$$=\iint_D(1+2y-2y)\,dxdy=\iint_D dxdy=v(D)=\pi.$$

5.11 S を求める曲面積とする．

(1) 領域 D を xy 平面上の原点を中心とする半径 $\sqrt{3}a$ の円盤とする．考えている図形を xy 平面へ射影すると D である．$z_x=-\dfrac{x}{z},\ z_y=-\dfrac{y}{z}$ であるから

$$S=\iint_D\sqrt{1+z_x^2+z_y^2}\,dxdy=\iint_D\frac{\sqrt{x^2+y^2+z^2}}{z}\,dxdy$$

$$=2a\iint_D\frac{1}{\sqrt{4a^2-(x^2+y^2)}}\,dxdy=2a\int_0^{2\pi}d\theta\int_0^{\sqrt{3}a}\frac{r\,dr}{\sqrt{4a^2-r^2}}$$

$$=4\pi a\left[-\sqrt{4a^2-r^2}\,\right]_0^{\sqrt{3}a}=4\pi a^2.$$

(2) 要約 5.3.7 を用いる.

$$S=2\pi\int_0^1 x\sqrt{1+y'^2}\,dx=2\pi\int_0^1 x\sqrt{2}\,dx=2\sqrt{2}\pi\left[\frac{x^2}{2}\right]_0^1=\sqrt{2}\pi.$$

5.12 (1) $\displaystyle\int_0^{\pi/2}\sin^2 x\cos^3 x\,dx=\frac{1}{2}B\left(\frac{3}{2},2\right)=\frac{1}{2}\frac{\Gamma(3/2)\,\Gamma(2)}{\Gamma(7/2)}$

$$=\frac{1}{2}\frac{\sqrt{\pi}/2}{(5/2)(3/2)(\sqrt{\pi}/2)}=\frac{2}{15}.$$

(2) $\displaystyle\int_0^1 x^2\sqrt{1-x}\,dx=B\left(3,\frac{3}{2}\right)=\frac{\Gamma(3)\,\Gamma(3/2)}{\Gamma(9/2)}=\frac{2(\sqrt{\pi}/2)}{(7/2)(5/2)(3/2)(\sqrt{\pi}/2)}=\frac{16}{105}.$

5.13 (1) $\displaystyle\int_0^{\pi/2}\sin^{a-1}x\cos^{b-1}x\,dx=\frac{1}{2}B\left(\frac{a}{2},\frac{b}{2}\right)=\frac{1}{2}\frac{\Gamma(a/2)\,\Gamma(b/2)}{\Gamma((a+b)/2)}.$

(2) $\displaystyle\int_a^b(x-a)^p(b-x)^q\,dx=(b-a)^{p+q+1}\int_0^1 t^p(1-t)^q\,dt$

$$(x=a+(b-a)t,\ dx=(b-a)\,dt)$$

$$=(b-a)^{p+q+1}B(p+1,q+1)$$

$$=(b-a)^{p+q+1}\frac{\Gamma(p+1)\,\Gamma(q+1)}{\Gamma(p+q+2)}.$$

(3) $\displaystyle\int_0^1\frac{1}{\sqrt{1-x^3}}\,dx=\frac{1}{3}\int_0^1\frac{1}{\sqrt{1-t}}\frac{1}{t^{2/3}}\,dt\quad(t=x^3,\ dt=3x^2 dx)$

$$=\frac{1}{3}\int_0^1 t^{-2/3}(1-t)^{-1/2}\,dt$$

$$=\frac{1}{3}B\left(\frac{1}{3},\frac{1}{2}\right)=\frac{1}{3}\frac{\Gamma(1/3)\,\Gamma(1/2)}{\Gamma(5/6)}=\frac{\sqrt{\pi}}{3}\frac{\Gamma(1/3)}{\Gamma(5/6)}.$$

章末問題略解 (5 章)　　241

5.14 Δ を領域 D の分割とし，Δ_{ij} を Δ の小領域とする．Δ_{ij} の中に任意の点 $(\alpha_{ij}, \beta_{ij})$ をとると，要約 5.1.6 より

$$\left|\iint_D f(x,y)\,dxdy\right| = \lim_{|\Delta|\to 0}\left|\sum_{i,j} f(\alpha_{ij},\beta_{ij})(x_i-x_{i-1})(y_j-y_{j-1})\right|$$
$$\leqq \lim_{|\Delta|\to 0}\sum_{i,j}|f(\alpha_{ij},\beta_{ij})|(x_i-x_{i-1})(y_j-y_{j-1}) = \iint_D |f(x,y)|\,dxdy.$$

5.15 (1) $\displaystyle\iint_D \frac{x\sin y}{y}\,dxdy = \int_0^\pi dy\int_0^y \frac{x\sin y}{y}\,dx = \int_0^\pi \frac{\sin y}{y}\left[\frac{x^2}{2}\right]_{x=0}^{x=y} dy$
$$= \frac{1}{2}\int_0^\pi y\sin y\,dy = \frac{1}{2}\bigl[-y\cos y\bigr]_0^\pi + \frac{1}{2}\int_0^\pi \cos y\,dy$$
$$= \frac{\pi}{2} + \frac{1}{2}\bigl[\sin y\bigr]_0^\pi = \frac{\pi}{2}.$$

(2) $\displaystyle\iint_D e^{-y^2}\,dxdy = \int_0^1 dy\int_0^y e^{-y^2}\,dx = \int_0^1 \bigl[xe^{-y^2}\bigr]_{x=0}^{x=y} dy$
$$= \int_0^1 ye^{-y^2}\,dy = \left[-\frac{1}{2}e^{-y^2}\right]_0^1 = \frac{1}{2}\left(1-\frac{1}{e}\right).$$

(3) $V=\{(x,y,z)\,|\,0\leqq z\leqq 1-x-y,\ 0\leqq y\leqq 1-x,\ 0\leqq x\leqq 1\}$ と表されるから
$$\iiint_V \frac{1}{(x+y+z+1)^3}\,dxdydz = \int_0^1 dx\int_0^{1-x} dy\int_0^{1-x-y}\frac{1}{(x+y+z+1)^3}\,dz$$
$$= \int_0^1 dx\int_0^{1-x}\left[-\frac{1}{2}\frac{1}{(x+y+z+1)^2}\right]_{z=0}^{z=1-x-y} dy$$
$$= \int_0^1 dx\int_0^{1-x}\left(-\frac{1}{8}+\frac{1}{2}\frac{1}{(x+y+1)^2}\right) dy$$
$$= \int_0^1 \left[-\frac{1}{8}y-\frac{1}{2}\frac{1}{(x+y+1)}\right]_{y=0}^{y=1-x} dx$$
$$= \int_0^1 \left(-\frac{1}{8}(1-x)-\frac{1}{4}+\frac{1}{2}\frac{1}{x+1}\right) dx$$
$$= \left[-\frac{1}{8}\left(x-\frac{x^2}{2}\right)-\frac{1}{4}x+\frac{1}{2}\log(1+x)\right]_0^1$$
$$= -\frac{5}{16}+\frac{1}{2}\log 2.$$

5.16 (1) 球面と曲面の交わる線分を考える．$z=x^2+y^2$ を曲面の方程式に代入して $(x^2+y^2)^2+x^2+y^2=2$．よって，$x^2+y^2=1$．$D=\{(x,y)\,|\,x^2+y^2\leqq 1\}$ とする．極座標を用いると，V の体積 $v(V)$ は

$$v(V) = \iint_D \bigl(\sqrt{2-(x^2+y^2)}-(x^2+y^2)\bigr)\,dxdy = \int_0^{2\pi} d\theta\int_0^1 (\sqrt{2-r^2}-r^2)r\,dr$$
$$= 2\pi\left[-\frac{1}{3}(2-r^2)^{3/2}-\frac{1}{4}r^4\right]_0^1 = 2\pi\left(-\frac{7}{12}+\frac{2\sqrt{2}}{3}\right).$$

(2) $V=\{(x,y,z)\,|\,(x^2+y^2)^2\leqq x^2-y^2,\ x^2+y^2+z^2\leqq 1\}$ であるが，V の対称性より $V'=\{(x,y,z)\,|\,(x^2+y^2)^2\leqq x^2-y^2,\ x^2+y^2+z^2\leqq 1,\ 0\leqq x,y,z\}$ とすると，V の体積は V' の体積の 8 倍である．$D'=\{(x,y)\,|\,(x^2+y^2)^2\leqq x^2-y^2,\ 0\leqq x,y\}$ とおくと

$$v(V) = 8v(V') = 8\iiint_{V'} dxdydz = 8\iint_{D'} dxdy \int_0^{\sqrt{1-x^2-y^2}} dz$$
$$= 8\iint_{D'} \sqrt{1-x^2-y^2}\, dxdy = 8\iint_{E'} \sqrt{1-r^2}\, r\, drd\theta$$
$$\left(x = r\cos\theta,\ y = r\sin\theta,\ E' = \left\{(r,\theta)\,\middle|\, 0 \leq r \leq \sqrt{\cos 2\theta},\ 0 \leq \theta \leq \frac{\pi}{4}\right\}\right)$$
$$= 8\int_0^{\pi/4} d\theta \int_0^{\sqrt{\cos 2\theta}} \sqrt{1-r^2}\, r\, dr$$
$$= 4\int_0^{\pi/4} d\theta \int_0^{\cos 2\theta} \sqrt{1-t}\, dt \quad (t = r^2,\ dt = 2r\, dr)$$
$$= 4\int_0^{\pi/4} \left[-\frac{2}{3}(1-t)^{3/2}\right]_0^{\cos 2\theta} d\theta = 4\int_0^{\pi/4} \left(-\frac{2}{3}(1-\cos 2\theta)^{3/2} + \frac{2}{3}\right) d\theta$$
$$= \frac{8}{3}\int_0^{\pi/4} (1 - 2\sqrt{2}\sin^3\theta)\, d\theta \quad (1 - \cos 2\theta = 2\sin^2\theta)$$
$$= \frac{8}{3}\left\{\frac{\pi}{4} - \sqrt{2}\left(\frac{2}{3} - \frac{5\sqrt{2}}{12}\right)\right\} = \frac{2\pi}{3} + \frac{40 - 32\sqrt{2}}{9} \quad (問題\ 3.2\text{-}7(1)).$$

5.17 $\displaystyle\int_0^{\pi/2} \sqrt{\sin\theta}\, d\theta = \int_0^1 u^{1/2}(1-u^2)^{-1/2} du$
$$\left(u = \sin\theta,\ du = \cos\theta\, d\theta,\ d\theta = \frac{du}{\sqrt{1-u^2}}\right)$$
$$= \frac{1}{2}\int_0^1 t^{-1/4}(1-t)^{-1/2} dt \quad \left(u^2 = t,\ 2u\, du = dt,\ du = \frac{dt}{2\sqrt{t}}\right)$$
$$= \frac{1}{2} B\left(\frac{3}{4}, \frac{1}{2}\right) = \frac{1}{2}\frac{\Gamma(3/4)\,\Gamma(1/2)}{\Gamma(5/4)} = 2\frac{\Gamma(3/4)\,\Gamma(1/2)}{\Gamma(1/4)}$$
$$= 2\frac{\Gamma(3/4)}{\Gamma(1/4)}\sqrt{\pi}.$$

$$\int_0^{\pi/2} \frac{d\theta}{\sqrt{\sin\theta}} = \int_0^1 \frac{1}{\sqrt{u}}\frac{du}{\sqrt{1-u^2}} = \frac{1}{2}\int_0^1 t^{-3/4}(1-t)^{-1/2} dt \quad (u = \sin\theta,\ t = u^2)$$
$$= \frac{1}{2} B\left(\frac{1}{4}, \frac{1}{2}\right) = \frac{1}{2}\frac{\Gamma(1/4)\,\Gamma(1/2)}{\Gamma(3/4)} = \frac{1}{2}\frac{\Gamma(1/4)}{\Gamma(3/4)}\sqrt{\pi}.$$

両式を掛けて $\displaystyle\left(\int_0^{\pi/2} \sqrt{\sin\theta}\, d\theta\right)\left(\int_0^{\pi/2} \frac{d\theta}{\sqrt{\sin\theta}}\right) = \pi.$

5.18 $D = \{(x,y) \mid -\infty < x < \infty,\ 1 \leq y \leq 2\}$ で $\displaystyle\frac{e^{x^2 y}}{y},\ \frac{\partial}{\partial x}\left(\frac{e^{x^2 y}}{y}\right) = 2xe^{x^2 y}$ は連続なので，要約 5.1.10(2) より，微分と積分の交換が可能で
$$\frac{d}{dx}\int_1^2 \frac{e^{x^2 y}}{y}\, dy = \int_1^2 \frac{\partial}{\partial x}\left(\frac{e^{x^2 y}}{y}\right) dy = \int_1^2 2xe^{x^2 y}\, dy = \left[\frac{2}{x}e^{x^2 y}\right]_{y=1}^{y=2}$$
$$= \frac{2}{x}\left(e^{2x^2} - e^{x^2}\right).$$

章末問題 6

6.1 (1) $\displaystyle\sum_{n=1}^{\infty} \frac{1}{n^2 + 2n} = \lim_{N \to \infty} \frac{1}{2}\sum_{n=1}^{N}\left(\frac{1}{n} - \frac{1}{n+2}\right)$

章末問題略解 (6章)

$$= \frac{1}{2} \lim_{N\to\infty} \left\{\left(1-\frac{1}{3}\right)+\left(\frac{1}{2}-\frac{1}{4}\right)+\left(\frac{1}{3}-\frac{1}{5}\right)+\cdots+\left(\frac{1}{N}-\frac{1}{N+2}\right)\right\}$$

$$= \frac{1}{2} \lim_{N\to\infty} \left(1+\frac{1}{2}-\frac{1}{N+1}-\frac{1}{N+2}\right) = \frac{1}{2}\left(1+\frac{1}{2}\right)=\frac{3}{4}.$$

(2) $\displaystyle\sum_{n=0}^{\infty} \frac{3^n}{5^{n+2}} = \lim_{N\to\infty} \frac{1}{25}\sum_{n=0}^{N} \frac{3^n}{5^n} = \lim_{N\to\infty} \frac{1}{25} \frac{1-(3/5)^{N+1}}{1-3/5} = \frac{1}{25}\frac{1}{1-3/5}=\frac{1}{10}.$

6.2 級数の第 n 項を a_n とおく.

(1) $\displaystyle\lim_{n\to\infty}\frac{a_{n+1}}{a_n} = \lim_{n\to\infty}\frac{a^{n+1}/(n+1)!}{a^n/n!} = \lim_{n\to\infty}\frac{a}{n+1} = 0 < 1$ であるから, ダランベールの収束判定法 (要約 6.1.9) により, 級数は収束.

(2) $\displaystyle\lim_{n\to\infty}\sqrt[n]{a_n} = \lim_{n\to\infty}\sqrt[n]{\left(\frac{n}{n+1}\right)^{n^2}} = \lim_{n\to\infty}\left(\frac{n}{n+1}\right)^n = \lim_{n\to\infty}\left(\frac{n+1}{n}\right)^{-n} = \frac{1}{e} < 1$

であるから, コーシーの収束判定法 (要約 6.1.8) により, 級数は収束.

(3) $\displaystyle\lim_{x\to\infty}\frac{x^{1/2}}{\log x} = \lim_{x\to\infty}\frac{1/(2x^{1/2})}{1/x} = \lim_{x\to\infty}\frac{\sqrt{x}}{2} = \infty$ であるから, n が大きければ $\log n < \sqrt{n}$. よって, $\dfrac{\log n}{n^2} \leq \dfrac{n^{1/2}}{n^2} = \dfrac{1}{n^{3/2}}$ で級数 $\displaystyle\sum_{n=1}^{\infty}\frac{1}{n^{3/2}}$ は収束 (例題 6.3(2)). 級数 $\displaystyle\sum_{n=1}^{\infty}\frac{x^{1/2}}{\log x}$ と $\displaystyle\sum_{n=1}^{\infty}\frac{1}{n^{3/2}}$ を比較して, $\displaystyle\sum_{n=2}^{\infty}\frac{\log n}{n^2}$ も収束 (要約 6.1.6(1)).

6.3 $a, b \geq 0$ ならば $\sqrt{ab} \leq \dfrac{a+b}{2}$ であるから, $\dfrac{a_n}{n} \leq \dfrac{1}{2}\left(a_n^2 + \dfrac{1}{n^2}\right)$. 仮定より, $\displaystyle\sum_{n=1}^{\infty} a_n^2$ は収束. $\displaystyle\sum_{n=1}^{\infty}\frac{1}{n^2}$ も収束 (例題 6.3(2)) するから, $\displaystyle\sum_{n=1}^{\infty}\frac{a_n}{n}$ は収束 (要約 6.1.6(1)).

6.4 $a = b$ ならば

$$\sum_{n=1}^{\infty}\left(\frac{a}{n}-\frac{b}{n+1}\right) = a\sum_{n=1}^{\infty}\left(\frac{1}{n}-\frac{1}{n+1}\right)$$

$$= a\left\{\left(1-\frac{1}{2}\right)+\left(\frac{1}{2}-\frac{1}{3}\right)+\left(\frac{1}{3}-\frac{1}{4}\right)+\cdots\right\} = a.$$

よって, 級数は収束.

$a \neq b$ ならば $c = a - b$ とおく. $c \neq 0$ で

$$\sum_{n=1}^{\infty}\left(\frac{a}{n}-\frac{b}{n+1}\right) = a\sum_{n=1}^{\infty}\left(\frac{1}{n}-\frac{1}{n+1}\right) + c\sum_{n=1}^{\infty}\frac{1}{n+1}.$$

上に示したように, $\displaystyle\sum_{n=1}^{\infty}\left(\frac{1}{n}-\frac{1}{n+1}\right)$ は収束するが $\displaystyle\sum_{n=1}^{\infty}\frac{1}{n+1}$ は発散するから (例題 6.3(2)), 級数は発散.

6.5 級数の第 n 項を $a_n x^n$ とし, 級数の収束半径を r とする.

(1) $\displaystyle\lim_{x\to\infty}\frac{\log x}{\log(x+1)} = \lim_{x\to\infty}\frac{1/x}{1/(x+1)} = 1$ なので $\displaystyle\lim_{n\to\infty}\left|\frac{a_n}{a_{n+1}}\right| = \lim_{n\to\infty}\frac{\log n}{\log(n+1)} = 1.$ ダランベールの計算法 (要約 6.2.3(2)) により, 収束半径は $r = 1$.

(2) $\displaystyle\lim_{n\to\infty}\sqrt[n]{a_n} = \lim_{n\to\infty}\left(1+\frac{1}{n}\right)^n = e$. コーシーの計算法 (要約 6.2.3(1)) により, 収束半径は $r = \dfrac{1}{e}$.

(3) $\lim_{n\to\infty} \left|\dfrac{a_n}{a_{n+1}}\right| = \lim_{n\to\infty} \dfrac{n}{n+1} = 1$. ダランベールの計算法 (要約 6.2.3(2)) により, 収束半径は $r=1$.

6.6 (1) 問題 6.2-2(1) で x を x^2 とすると, $\dfrac{1}{\sqrt{1-x^2}} = \sum_{n=0}^{\infty} \dfrac{(2n-1)!!}{(2n)!!} x^{2n}$ $(|x|<1)$.

(2) (1) の両辺を積分して $\mathrm{Sin}^{-1} x = c + \sum_{n=0}^{\infty} \dfrac{(2n-1)!!}{(2n)!!} \dfrac{x^{2n+1}}{2n+1}$. $x=0$ を代入して $c=0$.
よって, $\mathrm{Sin}^{-1} x = \sum_{n=0}^{\infty} \dfrac{(2n-1)!!}{(2n)!!} \dfrac{x^{2n+1}}{2n+1}$ $(|x|<1)$.

(3) $t=x-2$ とおくと $x=t+2$ であるから, 問題 6.2-2(5) を用いると
$$\log x(3-x) = \log(t+2)(1-t) = \log 2 + \log\left(1+\dfrac{t}{2}\right) + \log(1-t)$$
$$= \log 2 + \sum_{n=1}^{\infty} \dfrac{(-1)^{n+1}}{n} \left(\dfrac{t}{2}\right)^n - \sum_{n=1}^{\infty} \dfrac{1}{n} t^n = \log 2 - \sum_{n=1}^{\infty} \dfrac{(-1)^n + 2^n}{2^n n} t^n$$
$$= \log 2 - \sum_{n=1}^{\infty} \dfrac{(-1)^n + 2^n}{2^n n} (x-2)^n \quad (|x-2|<1).$$

(4) $t=x-1$ とおくと $x=t+1$ であるから
$$\dfrac{7}{(x+1)(2x-5)} = \dfrac{7}{(t+2)(2t-3)} = \dfrac{2}{2t-3} - \dfrac{1}{t+2} = -\dfrac{2}{3}\dfrac{1}{1-(2/3)t} - \dfrac{1}{2}\dfrac{1}{1+t/2}$$
$$= -\dfrac{2}{3} \sum_{n=0}^{\infty} \dfrac{2^n}{3^n} t^n - \dfrac{1}{2} \sum_{n=0}^{\infty} \dfrac{(-1)^n}{2^n} t^n$$
$$= \sum_{n=0}^{\infty} \left(-\dfrac{2^{n+1}}{3^{n+1}} + \dfrac{(-1)^{n+1}}{2^{n+1}}\right) (x-1)^n \quad \left(|x-1|<\dfrac{3}{2}\right).$$

6.7 $b_n = \dfrac{a_1 + a_2 + \cdots + a_n}{n}$ とおく. 数列 $\{b_n\}$ が, 問題 6.1-5 の 2 条件 (要約 6.1.11 の 2 条件) をみたすことをいえば, 交項級数 $\sum_{n=1}^{\infty} (-1)^n b_n$ は収束する.

(ⅰ) $\lim_{n\to\infty} b_n = 0$ を示す. 任意の $\varepsilon > 0$ をとる. $\lim_{n\to\infty} a_n = 0$ であるから, 自然数 N が存在して $N \leq n$ ならば $a_n < \varepsilon$. よって
$$b_n = \dfrac{a_1 + \cdots + a_N}{n} + \dfrac{a_{N+1} + \cdots + a_n}{n} \leq \dfrac{a_1 + \cdots + a_N}{n} + \dfrac{n-N}{n} a_{N+1}.$$
N が定まったとき $a_1 + \cdots + a_N$ は定数であるから, 自然数 M が存在して $M \leq n$ ならば $\dfrac{a_1 + \cdots + a_N}{n} < \varepsilon$. また, $\dfrac{n-N}{n} a_{N+1} \leq a_{N+1} \leq \varepsilon$. よって, $0 < b_n < 2\varepsilon$ となり $\lim_{n\to\infty} b_n = 0$.

(ⅱ) $b_n \geq b_{n+1}$ を示す.
$$b_n - b_{n+1} = \dfrac{a_1 + a_2 + \cdots + a_n}{n} - \dfrac{a_1 + a_2 + \cdots + a_{n+1}}{n+1}$$
$$= \dfrac{1}{n(n+1)}(a_1 + \cdots + a_n - n a_{n+1}) \geq 0.$$

数列 $\{b_n\}$ は問題 6.1-5 の 2 条件をみたすので, 交項級数 $\sum_{n=1}^{\infty} (-1)^n b_n$ は収束する.

6.8 (ⅰ) $p<1$ とする. 章末問題 3.12(2) の証明中に示したように, $\lim_{x\to\infty} \dfrac{1/(x^p (\log x)^q)}{1/x} =$

章末問題略解 (6 章)

∞ であるので $\lim_{n\to\infty} \dfrac{1/(n^p(\log n)^q)}{1/n} = \infty$. よって, 有限個の n を除き $\dfrac{1}{n} \leqq \dfrac{1}{n^p(\log n)^q}$. 級数 $\sum_{n=2}^{\infty} \dfrac{1}{n}$ は発散するから (例題 6.3(2)), 級数 $\sum_{n=2}^{\infty} \dfrac{1}{n^p(\log n)^q}$ も発散 (要約 6.1.6(2)).

(ii) $p=1$ とする. $q<0$ ならば $\lim_{n\to\infty} \dfrac{1/(n(\log n)^q)}{1/n} = \lim_{n\to\infty} \dfrac{1}{(\log n)^q} = \infty$. よって, 有限個の n を除き $\dfrac{1}{n} \leqq \dfrac{1}{n^p(\log n)^q}$. $\sum_{n=2}^{\infty} \dfrac{1}{n}$ は発散するから (例題 6.3(2)), $\sum_{n=2}^{\infty} \dfrac{1}{n(\log n)^q}$ も発散 (要約 6.1.6(2)). また, $0 \leqq q$ ならば $\dfrac{1}{x(\log x)^q}$ は x の単調減少の関数だから, 例題 6.3(1) により, $\int_2^{\infty} \dfrac{1}{x(\log x)^q} dx$ が収束 $\Leftrightarrow \sum_{n=2}^{\infty} \dfrac{1}{n(\log n)^q}$ が収束.

章末問題 3.12(2) で示したように, $\int_2^{\infty} \dfrac{1}{x(\log x)^q} dx$ が収束する必要十分条件は $q>1$ だから, $\sum_{n=2}^{\infty} \dfrac{1}{n(\log n)^q}$ が収束する必要十分条件は $q>1$.

(iii) $p>1$ とする. $\dfrac{1}{x^p(\log x)^q}$ は x の単調減少関数だから, 例題 6.3(1) を用いる. 章末問題 3.12(2) により, $\int_2^{\infty} \dfrac{1}{x^p(\log x)^q} dx$ は収束するから, $\sum_{n=2}^{\infty} \dfrac{1}{n^p(\log n)^q}$ も収束.

以上をまとめて, $\sum_{n=2}^{\infty} \dfrac{1}{n^p(\log n)^q}$ が収束する $\Leftrightarrow p>1$ または $p=1$ で $q>1$.

6.9 (1) $N \leqq n$ とすると $b_{n+1} \leqq \dfrac{a_{n+1}}{a_n} b_n \leqq \dfrac{a_{n+1}}{a_n} \dfrac{a_n}{a_{n-1}} b_{n-1} \leqq \cdots \leqq \dfrac{a_{n+1}}{a_N} b_N = \dfrac{b_N}{a_N} a_{n+1}$. N を固定しているから $\dfrac{b_N}{a_N}$ は定数である. $\sum_{n=0}^{\infty} a_n$ が収束するから $\sum_{n=0}^{\infty} b_n$ も収束.

(2) $N \leqq n$ とすると $a_{n+1} \geqq \dfrac{b_{n+1}}{b_n} a_n \geqq \dfrac{b_{n+1}}{b_n} \dfrac{b_n}{b_{n-1}} a_{n-1} \geqq \cdots \geqq \dfrac{b_{n+1}}{b_N} a_N = \dfrac{a_N}{b_N} b_{n+1}$. N を固定しているから $\dfrac{a_N}{b_N}$ は定数である. $\sum_{n=0}^{\infty} b_n$ が発散するから $\sum_{n=0}^{\infty} a_n$ も発散.

6.10 $\lim_{n\to\infty} n\left(\dfrac{a_n}{a_{n+1}} - 1\right) = r$ であるから, 任意の $\varepsilon > 0$ に対して, 自然数 N で

$$\left| n\left(\dfrac{a_n}{a_{n+1}} - 1\right) - r \right| \leqq \varepsilon \qquad (N \leqq n)$$

となるものが存在する. 書き換えて

(*) $\qquad 1 + \dfrac{r-\varepsilon}{n} < \dfrac{a_n}{a_{n+1}} < 1 + \dfrac{r+\varepsilon}{n}$.

(i) $1<r$ と仮定する. $\varepsilon\,(>0)$ を $1<r-\varepsilon$ にとると

$$na_n - (n+1)a_{n+1} = na_{n+1}\left(\dfrac{a_n}{a_{n+1}} - \dfrac{n+1}{n}\right) > na_{n+1}\left(1 + \dfrac{r-\varepsilon}{n} - 1 - \dfrac{1}{n}\right)$$
$$= (r - \varepsilon - 1)a_{n+1}.$$

$N < m$ に対して, 両辺を加えて

$$\sum_{n=N}^{m} (na_n - (n+1)a_{n+1}) > (r-\varepsilon-1) \sum_{n=N}^{m} a_{n+1}.$$

この左辺は

$$\sum_{n=N}^{m}(na_n-(n+1)a_{n+1})=Na_N-(m+1)a_{m+1}<Na_N$$

となり有界である．よって，$\sum_{n=N}^{m} a_{n+1}$ も有界．$A_m=\sum_{n=N}^{m} a_{n+1}$ とおくと，$\{A_m\}$ は有界な単調増加数列になり $\{A_m\}$ は収束．したがって，$\sum_{n=0}^{\infty} a_n$ は収束．

(ii) $r<1$ と仮定する．$\varepsilon\,(>0)$ を $r+\varepsilon<1$ にとると，$(*)$ より

$$\frac{a_n}{a_{n+1}}<1+\frac{1}{n}=\frac{1/n}{1/(n+1)}.$$

逆数をとって $\dfrac{1/(n+1)}{1/n}<\dfrac{a_{n+1}}{a_n}$．$\sum_{n=0}^{\infty}\dfrac{1}{n}$ は発散する（例題 6.3(2)）から，章末問題 6.9(2) により $\sum_{n=0}^{\infty} a_n$ は発散．

6.11 $a_n=(-1)^n\binom{\alpha}{n}$ とおく．$\binom{\alpha}{n}=(-1)^n\dfrac{\alpha(\alpha-1)\cdots(\alpha-n+1)}{n!}$ である．$\alpha=0$ または自然数と仮定する．$\alpha<n$ ならば $a_n=0$．よって，$\sum_{n=0}^{\infty} a_n$ は有限和となるから収束．

$\alpha\neq 0$, 自然数とする．このときには $\binom{\alpha}{n}=(-1)^n\dfrac{\alpha(\alpha-1)\cdots(\alpha-n+1)}{n!}\neq 0$．$\alpha<n$ ならば $\dfrac{a_n}{a_{n+1}}=\dfrac{n+1}{n-\alpha}>0$ となり，$\alpha<n$ のときには a_n の正負は一定だからラーベの収束判定法が適用できる．

$$\lim_{n\to\infty} n\left(\frac{a_n}{a_{n+1}}-1\right)=\lim_{n\to\infty}\frac{n(\alpha+1)}{n-\alpha}=\alpha+1.$$

よって，$\alpha+1>1$ のとき収束，$\alpha+1<1$ のとき発散．

したがって，$\alpha+1>1 \Leftrightarrow \alpha>0$ であるから，$\alpha=0$, 自然数のときの考察と合わせて，$\sum_{n=0}^{\infty}(-1)^n\binom{\alpha}{n}$ は $\alpha\geq 0$ のとき収束，$\alpha<0$ のとき発散．

6.12 $|a_n x^n|\leq|na_n x^n|$ である．よって，$|x|<r$ で $\sum_{n=1}^{\infty} na_n x^n$ が収束すれば，$\sum_{n=0}^{\infty} a_n x^n$ も $|x|<r$ で収束する（要約 6.1.6(1)）．逆に，$\sum_{n=0}^{\infty} a_n x^n$ の収束半径を r とすると，$|x|<r$ で $\sum_{n=0}^{\infty} a_n x^n$ は項別微分できる（要約 6.2.6(2)）．よって，$\sum_{n=1}^{\infty} na_n x^{n-1}$ は $|x|<r$ で収束．したがって，収束半径は一致するが，端点 $x=\pm r$ における収束は一致するとは限らない．

6.13 $f(y)=\dfrac{1}{\sqrt{1-y}}$, $y=\cos x=\sum_{n=0}^{\infty}\dfrac{(-1)^n}{(2n)!}x^{2n}$ とする．問題 6.2-2(1) により

$$f(y)=\sum_{n=0}^{\infty}\frac{(2n-1)!!}{(2n)!!}y^n=1+\frac{1}{2}y+\frac{3}{8}y^2+\frac{5}{16}y^3+\cdots$$

であるから

$$g(x)=1-\cos x=-\sum_{n=1}^{\infty}\frac{(-1)^n}{(2n)!}x^{2n}=\frac{1}{2}x^2-\frac{1}{24}x^4+\frac{1}{720}x^6-\cdots$$

とおくと

$$\frac{1}{\sqrt{\cos x}}=\frac{1}{\sqrt{1-g(x)}}=\sum_{n=0}^{\infty}\frac{(2n-1)!!}{(2n)!!}(g(x))^n$$

章末問題略解 (6 章)

$$= 1 + \frac{1}{2}\left(\frac{1}{2}x^2 - \frac{1}{24}x^4 + \frac{1}{720}x^6 - \cdots\right) + \frac{3}{8}\left(\frac{1}{2}x^2 - \frac{1}{24}x^4 + \frac{1}{720}x^6 - \cdots\right)^2$$
$$+ \frac{5}{16}\left(\frac{1}{2}x^2 - \frac{1}{24}x^4 + \frac{1}{720}x^6 - \cdots\right)^3 + \cdots$$
$$= 1 + \frac{1}{2}\left(\frac{1}{2}x^2 - \frac{1}{24}x^4 + \frac{1}{720}x^6 - \cdots\right) + \frac{3}{8}\left(\frac{1}{4}x^4 - \frac{1}{24}x^6 + \cdots\right)$$
$$+ \frac{5}{16}\left(\frac{1}{8}x^6 - \cdots\right) + \cdots$$
$$= 1 + \frac{1}{4}x^2 + \frac{7}{96}x^4 + \frac{139}{5760}x^6 + \cdots.$$

6.14 $\sin x = \sum_{n=0}^{\infty} \frac{(-1)^n}{(2n+1)!} x^{2n+1}$ であるから $f(x) = \frac{\sin x}{x} = \sum_{n=0}^{\infty} \frac{(-1)^n}{(2n+1)!} x^{2n}$ $(x \neq 0)$.
$f(0) = 1$ と定義すると, $\lim_{x \to 0} \frac{\sin x}{x} = 1$ であるから, $f(x)$ は $\boldsymbol{R}$ で連続な関数で, $f(x) = \sum_{n=0}^{\infty} \frac{(-1)^n}{(2n+1)!} x^{2n}$ が $x \in \boldsymbol{R}$ で成り立つ. 要約 6.2.6(1) を用いて両辺を積分して

$$\int_0^x \frac{\sin t}{t} dt = \int_0^x f(t) dt = c + \sum_{n=0}^{\infty} \int_0^x \frac{(-1)^n}{(2n+1)!} t^{2n} dt$$
$$= c + \sum_{n=0}^{\infty} \frac{(-1)^n}{(2n+1)!(2n+1)} x^{2n+1}.$$

$x = 0$ を代入すると $c = 0$. よって, $\int_0^x \frac{\sin t}{t} dt = \sum_{n=0}^{\infty} \frac{(-1)^n}{(2n+1)!(2n+1)} x^{2n+1}$ $(x \in \boldsymbol{R})$.

6.15 $\sum_{n=0}^{\infty} a_n b_n$ の部分和からなる数列が収束することを示せばよい. この級数の第 n 部分和を $S_n = \sum_{k=0}^{n} a_k b_k$ とおく. 数列 $\{S_n\}$ がコーシー列であることを示す. $n < m$ に対して $S_m - S_n$ を次のように変形する (アーベルの変形). $b_k = B_k - B_{k-1}$ $(k = 2, 3, \cdots)$ であるから

$$S_m - S_n = \sum_{k=n+1}^{m} a_k b_k = a_{n+1} b_{n+1} + a_{n+2} b_{n+2} + \cdots + a_m b_m$$
$$= a_{n+1}(B_{n+1} - B_n) + a_{n+2}(B_{n+2} - B_{n+1}) + \cdots + a_m(B_m - B_{m-1})$$
$$= B_{n+1}(a_{n+1} - a_{n+2}) + B_{n+2}(a_{n+2} - a_{n+3}) + \cdots + B_{m-1}(a_{m-1} - a_m)$$
$$- B_n a_{n+1} + B_m a_m.$$

数列 $\{B_k\}$ は条件 (ii) により有界であるから, $|B_k| < C$ $(k = 2, 3, \cdots)$ となる正の数 C が存在. $\lim_{n \to \infty} a_n = 0$ であるから, 任意の $\varepsilon > 0$ に対して自然数 N が存在して, $N \leqq n$ ならば $a_n < \varepsilon$. 数列 $\{a_n\}$ は単調減少なので $a_k - a_{k+1} \geqq 0$ であるから, $N < n < m$ ならば
$$|S_m - S_n| \leqq C\{(a_{n+1} - a_{n+2}) + (a_{n+2} - a_{n+3}) + \cdots + (a_{m-1} - a_m) + a_{n+1} + a_m\}$$
$$= 2C a_{n+1} < 2C\varepsilon.$$

したがって, 数列 $\{S_n\}$ はコーシー列となり, 級数 $\sum_{n=0}^{\infty} a_n b_n$ は収束.

6.16 $\theta = k\pi$ のときには $\sin n\theta = \sin nk\pi = 0$ となり, 収束は明らかである. $\theta \neq k\pi$ とする. $a_n = \frac{1}{n}$, $b_n = \sin n\theta$ とおき, ディリクレの収束判定法 (章末問題 6.15) の条件 (ⅰ), (ⅱ) が

成り立つことを確かめる．（ⅰ）は明らかに成り立つ．（ⅱ）を示す．
$S_N = \sum_{n=1}^{N} b_n = \sin\theta + \sin 2\theta + \cdots + \sin N\theta$ の右辺を調べるのに $S_N \sin\dfrac{\theta}{2}$ を計算する．

$$\begin{aligned}
S_N \sin\frac{\theta}{2} &= \sin\theta \sin\frac{\theta}{2} + \sin 2\theta \sin\frac{\theta}{2} + \cdots + \sin N\theta \sin\frac{\theta}{2} \\
&= \frac{1}{2}\left\{\left(\cos\frac{\theta}{2} - \cos\frac{3\theta}{2}\right) + \left(\cos\frac{3\theta}{2} - \cos\frac{5\theta}{2}\right) + \cdots \right. \\
&\qquad \left. + \left(\cos\frac{(2N-1)\theta}{2} - \cos\frac{(2N+1)\theta}{2}\right)\right\} \\
&= \frac{1}{2}\left\{\cos\frac{\theta}{2} - \cos\frac{(2N+1)\theta}{2}\right\}.
\end{aligned}$$

よって，$\left|S_N \sin\dfrac{\theta}{2}\right| \leq 1$．$\theta \neq k\pi$ であるから $\sin\dfrac{\theta}{2} \neq 0$ であるので $|S_N| \leq \left|\sin\dfrac{\theta}{2}\right|^{-1}$．
したがって，$\{S_N\}$ は有界となり（ⅱ）も示されるので，$\sum_{n=1}^{\infty} \dfrac{\sin n\theta}{n}$ は収束．

章末問題 7

7.1 (1) 階数は 2，正規形．

(2) 階数は 2，$y'' = F(x, y, y')$ の形ではないから正規形ではない．

7.2 (1) 書き直すと $\dfrac{dy}{dx} = \dfrac{y^2 - 1}{x}$．よって，$\dfrac{dy}{y^2 - 1} = \dfrac{dx}{x}$．変形して $\left(\dfrac{1}{y-1} - \dfrac{1}{y+1}\right) dy = \dfrac{2}{x} dx$．両辺を積分すると $\log|y-1| - \log|y+1| = 2\log|x| + c$．したがって，$\left|\dfrac{y-1}{y+1}\right| = e^c x^2$．$y = 1$ も解であるから，$C = e^c$ とおき，C がすべての実数をとるとすると $\dfrac{y-1}{y+1} = Cx^2$．よって，一般解は $y = \dfrac{1 + Cx^2}{1 - Cx^2}$ $(C \in \mathbf{R})$．

(2) $y = xu$ とおくと $y' = u + xu'$．方程式に代入すると $u + xu' = \dfrac{2xu - x}{xu} = 2 - \dfrac{1}{u}$．整理して $\dfrac{u\,du}{(u-1)^2} = -\dfrac{dx}{x}$．左辺を $\left(\dfrac{1}{u-1} + \dfrac{1}{(u-1)^2}\right) du$ と変形される．両辺を積分して $\log|u-1| - \dfrac{1}{u-1} = -\log|x| + c$．$u = \dfrac{y}{x}$ を代入して $\log|y - x| - \log|x| - \dfrac{x}{y-x} + \log|x| = c$．よって，一般解は $\log|y - x| - \dfrac{x}{y-x} = c$ $(c \in \mathbf{R})$．

7.3 (1) 1 階線形微分方程式の解の公式（例題 7.3）を用いる．一般解は
$$y = e^{-\int 4x\,dx}\left(\int xe^{\int 4x\,dx} dx + c\right) = e^{-2x^2}\left(\int xe^{2x^2} dx + c\right)$$
$$= \frac{1}{4}e^{-2x^2}e^{2x^2} + ce^{-2x^2} = \frac{1}{4} + ce^{-2x^2} \quad (c \in \mathbf{R}).$$

(2) $y = 0$ は明らかに微分方程式の解である．$y \neq 0$ と仮定し $z = y^{-1}$ とおくと，$\dfrac{dz}{dx} = -\dfrac{1}{y^2}\dfrac{dy}{dx}$ であるから，微分方程式は z の x に関する 1 階線形微分方程式 $\dfrac{dz}{dx} - xz = -x$ となる．1 階線形微分方程式の解の公式（例題 7.3）により

章末問題略解 (7 章) 249

$$z = e^{x^2/2}\left(\int -xe^{-x^2/2}\,dx + c\right) = 1 + ce^{x^2/2}.$$

よって，一般解は $y = \dfrac{1}{1+ce^{x^2/2}}$ $(c \in \boldsymbol{R})$.

したがって，微分方程式の解は $y = 0$, $y = \dfrac{1}{1+ce^{x^2/2}}$ $(c \in \boldsymbol{R})$.

7.4 微分方程式を $P(x,y)\,dx + Q(x,y)\,dy = 0$ と表す．

(1) $P_y = \cos y = Q_x$ であるから完全微分形である．積分の始点を原点にとると

$$F(x,y) = \int_0^x P(s,0)\,ds + \int_0^y Q(x,t)\,dt = \int_0^x s\,ds + \int_0^y (x\cos t + 4t^3)\,dt$$
$$= \left[\frac{s^2}{2}\right]_0^x + [x\sin t + t^4]_0^y = \frac{x^2}{2} + x\sin y + y^4.$$

よって，解は $\dfrac{x^2}{2} + x\sin y + y^4 = c$ $(c \in \boldsymbol{R})$.

(2) $P_y = \dfrac{1}{y} + 2x = Q_x$ であるから完全微分形である．積分の始点を点 $(0,1)$ にとると

$$F(x,y) = \int_0^x P(s,1)\,ds + \int_1^y Q(x,t)\,dt = \int_0^x 2s\,ds + \int_1^y \left(\frac{x}{t} + x^2\right)dt$$
$$= [s^2]_0^x + [x\log|t| + x^2t]_1^y = x^2 + x\log|y| + x^2y - x^2 = x\log|y| + x^2y.$$

よって，解は $x\log|y| + x^2y = c$ $(c \in \boldsymbol{R})$.

7.5 微分方程式を $P(x,y)\,dx + Q(x,y)\,dy = 0$ と表す．いずれも例題 7.6 の後の注意 (3) を用いて解けるが，ここでは (1) は例題 7.6(1) を，(2) は例題 7.6 の後の注意 (4) を用いて解く．

(1) $\dfrac{P_y - Q_x}{Q} = \dfrac{x - 2y}{(2y-x)x} = -\dfrac{1}{x}$. よって，$M(x) = \exp\left(\displaystyle\int \dfrac{-1}{x}\,dx\right) = \dfrac{1}{x}$ が積分因子．
$\tilde{P}(x,y) = M(x)P(x,y) = \dfrac{2}{x} - y$, $\tilde{Q}(x,y) = M(x)Q(x,y) = 2y - x$ とおく．積分の始点を点 $(1,0)$ にとり，$\tilde{P}(x,y)\,dx + \tilde{Q}(x,y)\,dy = \left(\dfrac{2}{x} - y\right)dx + (2y-x)\,dy$ を積分すると

$$\int_1^x \frac{2}{s}\,ds + \int_0^y (2t-x)\,dt = [2\log|s|]_{s=1}^{s=x} + [t^2 - xt]_{t=0}^{t=y} = 2\log|x| + y^2 - xy.$$

よって，解は $2\log|x| + y^2 - xy = c$ $(c \in \boldsymbol{R})$.

(2) P, Q は 6 次同次式であり，$xP + yQ = x^4y^3 + x^4y^3 = 2x^4y^3 \neq 0$ であるから，$M(x,y) = \dfrac{2}{xP+yQ} = \dfrac{1}{x^4y^3}$ を積分因子としてとることができる．
$\tilde{P}(x,y) = M(x,y)P(x,y) = \dfrac{1}{x}$, $\tilde{Q}(x,y) = M(x,y)Q(x,y) = \dfrac{1}{y}$ とおくと

$$\tilde{P}(x,y)\,dx + \tilde{Q}(x,y)\,dy = \frac{dx}{x} + \frac{dy}{y} = 0$$

は完全微分形．積分の始点を点 $(1,1)$ にとると

$$\int_1^x \frac{ds}{s} + \int_1^y \frac{dt}{t} = [\log|s|]_{s=1}^{s=x} + [\log|t|]_{t=1}^{t=y} = \log|x| + \log|y|.$$

よって，解は $\log|xy| = c$ $(c \in \boldsymbol{R})$. この解を変形する．$|xy| = e^c$. $C = e^c$ とおき，C は任意の実数をとるとすると，解は $xy = C$ $(C \in \boldsymbol{R})$ と表される．

7.6 (1) $\dfrac{1}{D^2+2D+3}e^x = \dfrac{1}{6}e^x$　(例題 7.9(2)，例題 7.8).

(2) $\dfrac{1}{(D-1)(D-2)}e^x = -\dfrac{1}{D-1}e^x = -e^x\displaystyle\int e^{-x}e^x dx$
$= -xe^x$　(例題 7.9(2)，例題 7.8(1)).

(3) 例題 7.12(2) の注意を用いる.

$\dfrac{1}{D-3}\sin x = a\sin x + b\cos x$ と仮定する．両辺に $D-3$ を作用させると

$$\sin x = (D-3)(a\sin x + b\cos x) = -(3a+b)\sin x + (a-3b)\cos x.$$

よって，$3a+b=-1$, $a-3b=0$. この連立 1 次方程式を解いて $a=-\dfrac{3}{10}$, $b=-\dfrac{1}{10}$.

したがって，$\dfrac{1}{D-3}\sin x = -\dfrac{3}{10}\sin x - \dfrac{1}{10}\cos x$.

(4) 例題 7.9(3) を用いる.

$$\dfrac{1}{D-2}(x^2+x) = -\dfrac{1}{2}\dfrac{1}{1-D/2}(x^2+x) = -\dfrac{1}{2}\left(1+\dfrac{D}{2}+\left(\dfrac{D}{2}\right)^2\right)(x^2+x)$$
$$= -\dfrac{1}{2}x^2 - x - \dfrac{1}{2}.$$

7.7 (1) $(D+2)(D-3)y=0$ の一般解は $c_1 e^{-2x} + c_2 e^{3x}$. 特別解は $\dfrac{1}{(D+2)(D-3)}e^x = -\dfrac{1}{6}e^x$. よって，$(D+2)(D-3)y=e^x$ の一般解は

$$y = c_1 e^{-2x} + c_2 e^{3x} - \dfrac{1}{6}e^x \quad (c_1, c_2 \in \mathbf{R}).$$

(2) $(D-1)(D+1)y=0$ の一般解は $c_1 e^x + c_2 e^{-x}$. 特別解は $\dfrac{1}{D^2-1}(x^2+2) = -(1+D^2)(x^2+2) = -x^2-4$. よって，$(D-1)(D+1)y = x^2+2$ の一般解は

$$y = c_1 e^x + c_2 e^{-x} - x^2 - 4 \quad (c_1, c_2 \in \mathbf{R}).$$

(3) $(D-1)(D-2)y=0$ の一般解は $c_1 e^x + c_2 e^{2x}$. 特別解は，章末問題 7.6(2) より，$\dfrac{1}{(D-1)(D-2)}e^x = -xe^x$. よって，$(D-1)(D-2)y=e^x$ の一般解は

$$y = c_1 e^x + c_2 e^{2x} - xe^x \quad (c_1, c_2 \in \mathbf{R}).$$

(4) $(D-3)y=0$ の一般解は ce^{3x}. 特別解は，章末問題 7.6(3) より，$\dfrac{1}{D-3}\sin x = -\dfrac{3}{10}\sin x - \dfrac{1}{10}\cos x$. よって，$(D-3)y=\sin x$ の一般解は

$$y = ce^{3x} - \dfrac{3}{10}\sin x - \dfrac{1}{10}\cos x \quad (c \in \mathbf{R}).$$

7.8 (1) $(D+2)(D-3)y=e^x$ の一般解は，章末問題 7.7(1) より

$$y = c_1 e^{-2x} + c_2 e^{3x} - \dfrac{1}{6}e^x.$$

初期条件 $y(0)=1$, $y'(0)=0$ を代入して $c_1 + c_2 - \dfrac{1}{6}=1$, $-2c_1 + 3c_2 - \dfrac{1}{6}=0$. この連立 1 次方程式を解いて $c_1=\dfrac{2}{3}$, $c_2=\dfrac{1}{2}$. 求める解は $y=\dfrac{2}{3}e^{-2x} + \dfrac{1}{2}e^{3x} - \dfrac{1}{6}e^x$.

(2) $(D-1)(D+1)y = x^2+2$ の一般解は，章末問題 7.7(2) より
$$y = c_1 e^x + c_2 e^{-x} - x^2 - 4.$$
初期条件 $y(0)=0$, $y'(0)=1$ を代入して $c_1+c_2-4=0$, $c_1-c_2=1$. この連立 1 次方程式を解いて $c_1=\dfrac{5}{2}$, $c_2=\dfrac{3}{2}$. 求める解は $y=\dfrac{5}{2}e^x+\dfrac{3}{2}e^{-x}-x^2-4$.

7.9 (1) k 次同次式 $f(x,y)$ は $f(tx,ty)=t^k f(x,y)$ をみたす．両辺を t で微分すると
$$f_x(tx,ty)\frac{\partial(tx)}{\partial t}+f_y(tx,ty)\frac{\partial(ty)}{\partial t}=kt^{k-1}f(x,y).$$
$\dfrac{\partial(tx)}{\partial t}=x$, $\dfrac{\partial(ty)}{\partial t}=y$ より，$xf_x(tx,ty)+yf_y(tx,ty)=kt^{k-1}f(x,y)$．$t=1$ とおくと求める式が示される．

(2) $M(x,y)=\dfrac{1}{xP+yQ}$ を $P(x,y)$, $Q(x,y)$ に掛けて，$\tilde{P}(x,y)=M(x,y)P(x,y)$, $\tilde{Q}(x,y)=M(x,y)Q(x,y)$ とおく．$\tilde{P}_y=\tilde{Q}_x$ を示せば $\tilde{P}\,dx+\tilde{Q}\,dy=0$ は完全微分形である．

$$\tilde{P}_y = \frac{\partial}{\partial y}\left(\frac{P}{xP+yQ}\right) = \frac{P_y(xP+yQ)-P(xP_y+yQ_y+Q)}{(xP+yQ)^2} = \frac{yP_yQ-yPQ_y-PQ}{(xP+yQ)^2},$$

$$\tilde{Q}_x = \frac{\partial}{\partial x}\left(\frac{Q}{xP+yQ}\right) = \frac{Q_x(xP+yQ)-Q(xP_x+P+yQ_x)}{(xP+yQ)^2} = \frac{xPQ_x-xP_xQ-PQ}{(xP+yQ)^2}$$

であるが，P, Q に (1) のオイラーの関係式を用いると，$yP_y=kP-xP_x$, $yQ_y=kQ-xQ_x$ となるので

$$\tilde{P}_y = \frac{(kP-xP_x)Q-(kQ-xQ_x)P-PQ}{(xP+yQ)^2} = \frac{xPQ_x-xP_xQ-PQ}{(xP+yQ)^2} = \tilde{Q}_x.$$

よって，$\tilde{P}\,dx+\tilde{Q}\,dy=0$ は完全微分形である．

7.10 y が (i) の一般解とすると
$$(y-y_0)^{(n)}+p_{n-1}(x)(y-y_0)^{(n-1)}+\cdots+p_1(x)(y-y_0)'+p_0(x)(y-y_0)$$
$$=y^{(n)}+p_{n-1}(x)y^{(n-1)}+\cdots+p_1(x)y'+p_0(x)y$$
$$-(y_0^{(n)}+p_{n-1}(x)y_0^{(n-1)}+\cdots+p_1(x)y_0'+p_0(x)y_0)$$
$$=q(x)-q(x)=0$$

となり，$y-y_0$ は (ii) の解である．逆に，y_1 が (ii) の解ならば，$y=y_0+y_1$ は同様の議論で (i) の解であることが示される．

7.11 $y=uv$ とおく．$y'=u'v+uv'$, $y''=u''v+2u'v'+uv''$ であるから方程式に代入すると $u''v+2u'v'+uv''+P_1(u'v+uv')+P_0uv=Q$. これを整理すると
$$(u''+P_1u'+P_0u)v+uv''+(2u'+P_1u)v'=Q.$$
u は $y''+P_1(x)y'+P_0(x)y=0$ の特別解であるから，$u''+P_1u'+P_0u=0$. $w=v'$ とおくと，w の 1 階線形微分方程式
$$w'+\left(\frac{2u'}{u}+P_1\right)w=\frac{Q}{u}$$
を得る．この 1 階線形微分方程式の解を求め，$v'=w$ を積分することにより v が得られる．

それを $y=uv$ に代入して $y''+P_1(x)y'+P_0(x)y=Q(x)$ の解が求まる.

7.12 関数 $y=x$ は $x'=1$, $x''=0$ であるから, $-\dfrac{3}{x}+\dfrac{3}{x^2}x=0$ となり, $y''-\dfrac{3}{x}y'+\dfrac{3}{x^2}y=0$ の解である. $y=uv$ とおくと, 章末問題 7.11 により, $w=v'$ は1階線形微分方程式

$$w'-\frac{1}{x}w=\frac{2x-1}{x}$$

をみたす. この1階線形微分方程式を例題 7.3 の公式を用いて解くと

$$w=e^{\int (1/x)\,dx}\left(\int \frac{2x-1}{x}e^{-\int (1/x)\,dx}\,dx+c_1\right)=x\int\left(\frac{2}{x}-\frac{1}{x^2}\right)dx$$
$$=2x\log|x|+1+c_1x.$$

よって, $v=\displaystyle\int w\,dx=x^2\log|x|-\dfrac{x^2}{2}+x+\dfrac{c_1}{2}x^2+c_2$ である. $C_1=\dfrac{c_1}{2}-\dfrac{1}{2}$, $C_2=c_2$ とおけば, $v=x^2\log|x|+x+C_1x^2+C_2$. $y=uv=xv$ であるから

$$y=C_1x^3+C_2x+x^3\log|x|+x^2\quad (C_1,C_2\in\boldsymbol{R}).$$

7.13 $A_1'u_1+A_2'u_2=0$ の両辺を微分すると $A_1''u_1+A_1'u_1'+A_2''u_2+A_2'u_2'=0$.
$y''+P_1y'+P_0y=Q$ の解が $y=A_1u_1+A_2u_2$ であると仮定し, 両辺を微分すると

$$y'=A_1'u_1+A_1u_1'+A_2'u_2+A_2u_2'=A_1u_1'+A_2u_2'\quad (A_1,A_2 \text{の条件を用いた}),$$
$$y''=A_1'u_1'+A_1u_1''+A_2'u_2'+A_2u_2''.$$

$y''+P_1y'+P_0y=Q$ に代入して

$$A_1(u_1''+P_1u_1'+P_0u_1)+A_2(u_2''+P_1u_2'+P_0u_2)+A_1'u_1'+A_2'u_2'=Q.$$

u_1,u_2 は $y''+P_1u'+P_0u=0$ の解であるから

$$u_1''+P_1u_1'+P_0u_1=u_2''+P_1u_2'+P_0u_2=0.$$

よって, $A_1'u_1'+A_2'u_2'=0$ となる. したがって, 仮定 $A_1'u_1+A_2'u_2=0$ と合わせて, A_1', A_2' の連立1次方程式を得る. この連立1次方程式を解くと

$$A_1'(x)=\frac{-Qu_2}{W(u_1,u_2)},\quad A_2'(x)=\frac{Qu_1}{W(u_1,u_2)}.$$

7.14 $u_1=x$, $u_2=\dfrac{1}{x}$ は $y''-\dfrac{3}{x}y'+\dfrac{3}{x^2}y=0$ の1次独立な解なので, 章末問題 7.13 を用いる. 解を $y=A_1(x)u_1+A_2(x)u_2$ とおくと, $A_1'(x)=\dfrac{-Qu_2}{W(u_1,u_2)}$, $A_2'(x)=\dfrac{Qu_1}{W(u_1,u_2)}$ より

$$A_1(x)=\int \frac{-Qu_2}{W(u_1,u_2)}\,dx=\int 4x\,dx=2x^2,$$
$$A_2(x)=\int \frac{Qu_1}{W(u_1,u_2)}\,dx=\int (-4x^3)\,dx=-x^4$$

となり, $A_1(x)u_1(x)+A_2(x)u_2(x)=x^3$. よって, $x^2y''+xy'-y=8x^3$ の一般解は

$$y=c_1x+\frac{c_2}{x}+x^3\quad (c_1,c_2\in\boldsymbol{R}).$$

索　引

■ 欧文
C^n 級関数　40, 113
C^∞ 級関数　40, 113
ε 論法　2, 9

■ あ行
アステロイド　92
アルキメデス
　——の原理　2
　——のらせん　92
一様収束　176
一般解　200
陰関数　122

■ か行
開区間　1
開集合　97
回転体の表面積　152
カーディオイド　91
カテナリ　92
カバリエリの原理　146
関数列　176
完全微分形　189
ガンマ関数　160
逆関数　17
逆三角関数　17, 217
逆微分演算子　200
級数　169
　——の極限　169
　——の収束　169
　——の定数倍　169

——の発散　169
——の和　169
極限
　関数の——　9
　級数の——　169
　数列の——　1
　多変数関数の——　97
極座標　87, 141
極小値　31
曲線
　——の凹凸　40
　——の長さ　87
　——のパラメータ表示　40
極大値　31
極値　31
　——の判定　114
　——をもつ条件　114
曲面積　152
近傍　97
区間　1
区分求積法　86
グリーンの定理　152
原始関数　59
原点　1
広義積分　77
交項級数　170, 173
高次導関数　40
高次偏導関数　113
コーシー
　——の計算法　176
　——の収束判定法　170

――の条件　2
　　――の平均値の定理　31
コーシー列　2

■ さ　行

サイクロイド　42, 90
最小 (元)　2
最大 (元)　2
細分　86, 133
三角関数
　　――の加法公式　215
　　――の基本公式　215
　　――の積を和・差にする公式　215
　　――の倍角の公式　215
　　――の和・差を積にする公式　215
指数関数　17
自然数　1
実数　1
　　――の連続性　2
重積分　133, 134
収束
　　級数の――　169
　　広義積分の――　78
　　数列の――　1
　　整級数の――　176
収束半径　176
収束判定法
　　コーシーの――　170
　　正項級数の――　170
　　ダランベールの――　170
　　ディリクレの――　187
　　等比級数の――　170
　　ラーベの――　186
順序　113, 134
初等関数　17
数直線　1
数列　1
整級数　176
整級数展開　177, 217

正項級数　169
　　――の収束判定　170
整数　1
積分
　　――の順序　134
　　――の漸化式　66
　　三角関数の――　66
　　長方形領域における――　133, 134
　　無理関数の――　66
　　有界領域における――　133
　　有理関数の――　66
積分因子　189
積分定数　59
接線　31
絶対収束　170
接平面　105
漸化式　66
漸近展開　47, 114
線形微分方程式　189
　　――の解　200
　　斉次形の――　189
　　定数係数の――　189
　　非斉次形の――　189
線積分　152
全微分可能　105
双曲線関数　19

■ た　行

対数関数　17
対数微分法　25
体積　134
ダランベール
　　――の計算法　176
　　――の収束判定法　170
単純領域　134
単調関数　17
単調減少　1
単調数列　1
単調増加　1

索　引

置換積分　59
中間値の定理　9
稠密性　2
長方形領域　133, 134
調和関数　114
定積分　59, 86
テイラー展開　177
テイラーの定理　47, 114
ディリクレの収束判定法　187
等角らせん　92
導関数　216
動径　87
同次形　189
同次式　193
等比級数の収束判定　170
特別解　200
凸関数　58

■ な 行

二項係数　217
二重階乗　217
ニュートン近似　47
ネピアの定数　2

■ は 行

発散　1
　　級数の──　169
　　広義積分の──　78
微分
　　──と積分の順序　134
　　逆関数の──　23
　　合成関数の──　23, 105
微分演算子　200
微分可能　23
微分係数　23
微分方程式　189
不定積分　59, 216
部分積分　59
分割　86

　　──の細分　86, 133
　　区間の──　86
　　長方形領域の──　133
平均値の定理　31
閉区間　1
ベータ関数　160
ベルヌーイの微分方程式　189
変数分離形　189
変数変換　141
偏導関数　97
偏微分可能　97
偏微分係数　97, 105
偏微分作用素　113
方向微分　105

■ ま 行

マクローリン展開　114, 177
無限回微分可能　40, 113
無限小数　2
面積　87, 134

■ や 行

ヤコビアン　105, 141
有界　1
有界集合　1
有界数列　1
有界領域　133
有限テイラー展開　47, 114
有限マクローリン展開　47, 114
有向曲線　152
有理数　1
有理数列　1

■ ら 行

ライプニッツの公式　47
ラグランジュの未定乗数法　122
ラプラシアン　114
ラーベの収束判定法　186
ランダウの記号 (o)　47

領域　97
　——の境界の向き　152
累次積分　134
ルジャンドルの多項式　58
レムニスケート　92
連鎖律　105
連続関数　9

連続曲線　40
連続性　2, 9, 97
連続微分可能　40, 113
ロピタルの定理　31
ロルの定理　31
ロンスキの行列式　214

著者紹介

三 宅 敏 恒
（みやけ　とし　つね）

1966 年　大阪大学理学部卒業
　　　　Princeton 高等研究所研究員，
　　　　大阪大学助手，京都大学講師，
　　　　University of Washington 助教授，
　　　　北海道大学大学院理学研究院教授
　　　　などを経て
現　在　北海道大学名誉教授
　　　　Ph. D. （Johns Hopkins 大学）

主要著書

保型形式と整数論 （紀伊國屋書店, 1976, 共著）
微分積分学演習 （共立出版, 1988, 共著）
Modular Forms （Springer-Verlag, 1989）
入門 線形代数 （培風館, 1991）
入門 微分積分 （培風館, 1992）
入門 代数学 （培風館, 1999）
微分と積分 （培風館, 2004）
Modular Forms
　　（Springer Monographs in Mathematics, 2006）
微分方程式 – やさしい解き方 （培風館, 2007）
線形代数学 – 初歩からジョルダン標準形へ
　　　　　　　　　　　　　（培風館, 2008）
線形代数 – 例とポイント （培風館, 2010）
線形代数の演習 （培風館, 2012）
Linear Algebra : From the Beginnings to
　the Jordan Normal Forms （Springer, 2022）
線形代数概論 （培風館, 2023）

Ⓒ　三宅敏恒　2017

2017 年 4 月 3 日　初 版 発 行
2024 年 6 月 20 日　初版第 4 刷発行

微分積分の演習

著　者　三宅敏恒
発行者　山本　格

発行所　株式会社　培風館

東京都千代田区九段南 4-3-12・郵便番号 102-8260
電　話 (03)3262-5256(代表)・振　替 00140-7-44725

D.T.P. アベリー・中央印刷・牧 製本

PRINTED IN JAPAN

ISBN 978-4-563-01215-1　C3041